数 值 分 析

翟瑞彩 谢伟松

天津大学出版社

内容提要

本书介绍科学与工程计算中常用的数值计算方法及其有关理论，其中包括线性代数方程组的直接解法与迭代法、矩阵特征值问题的数值解法、插值法与数值逼近、数值积分与数值微分、常微分方程的数值解法、非线性方程(组)的数值解法，并简单介绍了偏微分方程的差分法与有限元方法.各章都有应用例题和一定量的习题.可作为大学本科生及硕士研究生的教科书或教学参考书，也可供科技工作者参考.

图书在版编目（CIP）数据

数值分析/翟瑞彩，谢伟松主编．—天津：天津大学出版社，（2022.9重印）
ISBN 978-7-5618-1366-9

Ⅰ.数... Ⅱ.①翟... ②谢... Ⅲ.计算方法 Ⅳ.0241.4

中国版本图书馆 CIP 数据核字（2000）第 76060 号

出　　版　天津大学出版社
地　　址　天津市卫津路 92 号天津大学内（邮编：300072）
电　　话　营销部：022-27892072
印　　刷　天津泰宇印务有限公司
经　　销　全国各地新华书店
开　　本　148mm × 210mm
印　　张　11.25
字　　数　328 千
版　　次　2000 年 1 月第 1 版
印　　次　2022 年 9 月第 11 次
定　　价　29.00 元

前　言

随着电子计算机的广泛应用和科学技术的迅速发展，使用计算机进行科学和工程技术领域的科学计算已经成为不可缺少的重要环节．事实上，科学计算已经与理论分析、科学实验成为平行的研究和解决科技问题的科学手段，经常被科技工作者所采用．作为科学计算的核心内容——数值分析（或数值计算方法），已逐渐成为广大科技工作者必备的基本知识并越来越被人们所重视．因此，目前在高等理工院校，数值分析已经成为普遍开设的基础课．编写本书的目的是介绍科学计算中常用的数值计算方法及其相关理论，旨在使读者了解科学计算的重要性，掌握基本数值计算方法及其理论，懂得如何构造算法、评价算法的优劣，培养读者应用计算机独立从事科学计算的能力．

本书是编者在多年来为天津大学理工科大学生及硕士研究生讲授数值分析课程所用教材的基础上，经重新修改、补充、整理编写而成．书中系统地介绍了数值计算的基本方法及其相关理论，包括解线性方程组的直接法、迭代法，矩阵特征值问题的数值解法，插值与逼近，数值积分与数值微分，常微分方程数值解法，非线性方程（组）的数值解法，并简单介绍了偏微分方程的数值解法——差分法与有限元法．对误差估计、数值算法的收敛性与稳定性等做了适当的分析，各章节都列举了应用例题并配有一定数量的习题．若教学时数较少，则可对上述教学内容做适当的删减．故本书兼顾了多学时与少学时之要求．

本书可作为理工科大学本科高年级学生和硕士研究生数值分析（或计算方法）课程的教科书或教学参考书，也可供从事科学计算的科技工作者参考．

本书第 1,3,9 章由谢伟松编写，其余各章均由翟瑞彩编写．

承蒙寇述舜教授对全书作了仔细的审阅，提出了不少宝贵的修改意见．在此，谨致以诚挚的谢意。

对本书编写过程中所用参考书和文献资料的作者一并致谢，向天津大学出版社以及关心、支持并帮助本书出版的同志致谢.

由于编者水平有限,如有不当,恳请读者批评指正.

编　者

2000年8月

目　　录

第 1 章　引　论

1.1　数值分析的研究对象

随着计算机科学的迅速发展，目前几乎在所有的科技及工程领域中，均采用了数值计算作为其研究、设计手段. 数值计算已经在科学研究和工程实际中，得到了越来越广泛的应用. 并且，随着计算机被广泛地应用于大型的科学和工程计算，数值计算方法作为数学科学中的一个重要分支，已迅速地发展起来.

应用数值计算方法解决科学研究和工程实际中的科学计算问题，首先要建立描述具体问题的适当数学模型；其次要选择一定的计算方法并制定相应的计算方案；并编制、设计合理的计算机程序；最后由计算机计算出数值结果. 其中，计算方案的设计和计算方法的选择是上述求解过程中极其重要的一个环节，是程序设计和分析数值计算结果准确性的基础.

本书将介绍科学和工程计算中的一些算法以及有关的数学理论，即针对某些具体的数学模型，给出其具体的数值计算方法，并对这些方法的适用性做出理论分析和论证.

1.2　数值计算误差的基本知识

1.2.1　误差的产生及其基本概念

在本书中，用于科学计算的各种方法多数是通过数值计算来实现的. 注意到计算机中的数一般都表示为 16 位、32 位或 64 位的二进制数,因此任何一个实数只能表示为有限位数,二者之间存在着一个误差——舍入误差.

另外,对于计算中经常遇到的超越运算和极限运算,其精确解是很难在有限步内得到的.但是,在实际的数值计算过程中,通常采用的方法是利用有限的算术运算,用有限步骤内得到的近似结果来代替其精确解.由于这里截去了若干步之后的计算内容,故所引起的误差称为"截断误差".

另外,对于大型的科学计算问题,计算过程中所采用的某些已知数据(如初始条件等)往往是通过实验结果或测量结果给出的,与实际数据有着一定的误差,这种误差被称为"观测误差".

由于"观测误差"是一种由具体的实验或测量手段所引入的误差,不是科学计算过程所能够避免的,因此本书考虑的通常为前两种误差:舍入误差和截断误差.

在分析数值计算结果的误差时,需要有一个比较客观的评价尺度.针对评价方法的不同,在对数值计算结果的精度进行表示时,可分别用绝对误差、相对误差和有效数字三种方式进行描述.下面对以上概念做适当的说明.

定义 1.2.1 设 x^* 为准确值 x 的近似值,则称

$$E(x)=x-x^* \tag{1.2.1}$$

为近似值 x^* 的绝对误差.若存在一个正数 η,使得

$$|x-x^*|\leqslant\eta, \tag{1.2.2}$$

则称 η 为近似值 x^* 的绝对误差限.

由式(1.2.2)知,x 一定落在区间 $[x^*-\eta,x^*+\eta]$ 上.在工程中常用 $x=x^*\pm\eta$ 表示准确值 x,用以标明近似值 x^* 的精确度或准确值 x 所在区间的范围.

但是,绝对误差的大小尚不能完全刻画近似值的准确程度.例如,如果测量 10m 的长度时有 1cm 的绝对误差,测量 1000m 的长度时有 10cm 的绝对误差,那么后者的绝对误差是前者的 10 倍.但是如果考虑被测量的长度本身的数值,则后者每 10m 才有 0.1cm 的绝对误差,绝对误差所占的比例为 1/10 000;而前者这一比例为 1/1 000.因此,后者

的测量应该是较精确的.这就启发我们,在考虑绝对误差的同时,还要考虑近似值本身的大小.为此,我们引入相对误差的概念.

定义 1.2.2 设 x^* 为准确值 x 的近似值,则称

$$E_r(x)=\frac{x-x^*}{x} \tag{1.2.3}$$

为近似值 x^* 的相对误差.在实际应用中,常将

$$E_r^*(x)=\frac{x-x^*}{x^*} \tag{1.2.4}$$

称为近似值 x^* 的相对误差.如果存在一个正数 δ,使得

$$|E_r^*(x)|\leqslant\delta, \tag{1.2.5}$$

则称 δ 为近似值 x^* 的相对误差限.

对于十进制数而言,为了能从近似值本身得到其相对误差的大小,我们将引入有效数字的概念.

注意到,近似数 x^* 可以写成

$$x^*=\pm 10^m\sum_{j=1}^{n}a_j 10^{-j},\ m\ 为整数,a_1\neq 0. \tag{1.2.6}$$

若 x^* 的最后一位是由 x 经四舍五入得到的,则

$$|x-x^*|\leqslant\frac{1}{2}\times 10^{m-n}. \tag{1.2.7}$$

定义 1.2.3 若 x 的近似值可以写成式(1.2.6)的形式,且其绝对误差限为$\frac{1}{2}\times 10^{m-n}$,则称近似值 x^* 具有 n 位有效数字.

根据以上定义可知,π 的近似值 3.14 具有三位有效数字,而近似值 3.141 6 具有五位有效数字,将 $x=0.092\ 53$ 舍成 $x^*=0.092\ 5$ 后具有三位有效数字,而不能说它具有五位有效数字.也就是说,有效数字是从第一位不等于零的数算起的,而与小数点后有多少位数字没有直接关系.另外,一个准确数的有效位数,应该说是有无穷多位.例如$\frac{1}{8}=0.125$ 是准确值,它有无穷多位有效数字.最后,在有效位数的意义下,形如 6.32 和 6.320 00 的精确度是不同的,前者表示具有三位有效数字,其绝对误差不超过$\frac{1}{2}\times 10^{-2}$,而后者具有六位有效数字,其绝对

误差不超过$\frac{1}{2}\times10^{-5}$.

最后给出绝对误差、相对误差和有效数字三者之间关系的定理.

定理 1.2.1 设准确值 x 的近似值 x^* 可以写成式(1.2.6),其相对误差为 $E_r^*(x)$,则 x^* 的有效位数与 $E_r^*(x)$具有以下关系:

(1) 若 x^* 有 n 位有效数字,则

$$|E_r^*(x)|\leqslant\frac{5}{a_1}\times10^{-n}. \tag{1.2.8}$$

(2) 若$|E_r^*(x)|\leqslant\frac{5}{a_1+1}\times10^{-n}$,则 x^* 至少具有 n 位有效数字.

证明:由式(1.2.6)知

$$a_1\times10^{m-1}\leqslant|x^*|<(a_1+1)\times10^{m-1},$$

于是,若 x^* 有 n 位有效数字,则

$$|x^*-x|\leqslant\frac{1}{2}\times10^{m-n},$$

所以

$$|E_r^*(x)|=\left|\frac{x-x^*}{x^*}\right|\leqslant\frac{\frac{1}{2}\times10^{m-n}}{a_1\times10^{m-1}}=\frac{5}{a_1}\times10^{-n}.$$

反之,若$|E_r^*(x)|\leqslant\frac{5}{a_1+1}\times10^{-n}$,则

$$\begin{aligned}|x-x^*|&\leqslant|E_r^*(x)|\cdot|x^*|\\&<\frac{5}{a_1+1}\times10^{-n}\times(a_1+1)\times10^{m-1}\\&=\frac{1}{2}\times10^{m-n}.\end{aligned}$$

故 x^* 至少具有 n 位有效数字.

另外,当 m 一定时,对于具有 n 位有效数字的近似值 x^* 而言,n 越大则绝对误差越小,反之亦然.

1.2.2 避免误差增大的若干原则

解决一个实际问题往往有多种不同的算法,而其中每一步计算又

都可能产生误差.因此,用不同算法计算的结果其精度是不同的:有些算法将使其各计算步所产生的误差累积成更大的误差,也有些算法其各步所产生的误差可以互相抵消乃至减少.因而,人们自然希望设计出计算量小而且精度较高的算法.为此,给出设计数值计算方法应该注意的若干原则.

(1) 尽量避免两个相近数进行减法运算.

如果对两个相近数进行减法运算,将造成有效数字的严重损失,亦即使相对误差急剧增加.为防止上述误差的迅速增加,应考虑将原有算式进行适当改变,而采用另一与之等价的算法进行计算.

例如,$\cos 2° \approx 0.999\ 4$,具有四位有效数字,而 $1-\cos 2° \approx 1-0.999\ 4=0.000\ 6$,却至多具有一位有效数字,其相对误差限为$\frac{1}{12}$.如在此基础上计算$\frac{1-\cos x}{\sin x}$,其中 $x=2°$,则有

$$\frac{1-\cos x}{\sin x} \approx \frac{0.000\ 6}{0.034\ 9} \approx 0.017\ 2. \tag{1.2.9}$$

如果用其等价形式$\frac{\sin x}{1+\cos x}$进行计算,则有

$$\frac{1-\cos x}{\sin x} = \frac{\sin x}{1+\cos x} \approx \frac{0.034\ 9}{1.999\ 4} \approx 0.017\ 5. \tag{1.2.10}$$

注意到$\frac{1-\cos x}{\sin x} = \tan\frac{x}{2} \approx 0.017\ 5$,显然采用式(1.2.10)进行计算的精度要高于式(1.2.9)的计算结果.

(2) 简化计算步骤,以减少算术运算的次数.

减少算术运算的次数,不但可以提高计算速度,而且有可能减小计算过程中的累积误差.

例如,计算多项式 $p_n(x)=\sum_{k=0}^{n} a_k x^k$ 的值.如果直接计算 $a_k x^k$ 后,再对各项求和,则一共需做$\frac{1}{2}n(n+1)$次乘法和 n 次加法运算.但若按下列递推方法

$$
\begin{cases} u_n = a_n, \\ u_k = xu_{k+1} + a_k \quad (k = n-1, n-2, \cdots, 1, 0) \end{cases} \tag{1.2.11}
$$

进行计算,则只需 n 次乘法和 n 次加法就可以计算出 u_0,亦即 $p_n(x)$ 的值.这就是著名的秦九韶算法.

(3) 防止出现机器零和数据溢出现象,并保证某些重要的物理量不被吃掉.

在计算机上进行数值运算时,当某些中间步的数值很小以致于计算机显示不出来时,就会将其赋为零值(机器零);而当中间结果特别大时,如超出了计算机所能表示的数值范围,则会发生溢出现象.因此,为保证计算结果的精度,常需在计算中采取一定的措施,使计算机能正常运行,并给出合理的计算结果.

例如,若计算的有效数字范围是 $2^{-32} \sim 2^{32}$,则 $e^{-26}/10^{-8}$ 的计算解为 0,这是由于 e^{-26} 的机器解为零值.而如果改用 $[e^{-13}/10^{-4}]^2$ 来计算,则可得到较准确的解 $5.109\ 08 \times 10^{-4}$.

又如,若计算机所能表示的有效数字为十位,那么 $10 + 10^{14} - 9.999\ 999\ 996 \times 10^{13}$ 与 $10 + (10^{14} - 9.999\ 999\ 996 \times 10^{13})$ 的计算结果分别为 40000 和 40010,这是由于前者在计算中因有效数字位数的原因,而吃掉了第一个量 10,因此给计算结果带来了较大的误差.

(4) 计算函数值的坏条件判别法.

考虑定义域 $[a,b]$ 上的一阶连续可微函数 $f(x)$.如果在计算过程中 x 的机器值 $x^* \neq x$,则函数值 $f(x)$ 被 $f(x^*)$ 所代替,其绝对误差为

$$
Ef(x) = f(x) - f(x^*) = f'(\xi)E(x), \xi \text{ 介于 } x \text{ 与 } x^* \text{ 之间.}
$$

如果在 $[a,b]$ 上恒有 $|f'(x)| \leqslant 1$,则有 $|Ef(x)| \leqslant |E(x)|$,即自变量的微小变动引起的函数值的变动更小,这正是我们所希望的.但实际情况并不能保证 $|f'(x)| \leqslant 1$ 恒成立,如果存在某一点 $\bar{x} \in [a,b]$,使得 $|f'(\bar{x})|$ 很大,我们就说 $f(x)$ 在 $\bar{x}$ 点的计算是坏条件的.

例如,对函数 $f(x) = \dfrac{1}{n}\sin(n^2 x)$,有 $f'(x) = n\cos(n^2 x)$.故当 n 很大时,在点 $x = 0$ 的计算是坏条件的.

对于大多数问题来讲，其计算效果是用相对误差衡量的. 若 $x\neq 0$，x^* 充分接近 x，则当

$$C_{p(x)}=\left|\frac{E_r f(x)}{E_r(x)}\right|=\left|\frac{x\Delta f}{f\Delta x}\right|\approx\left|\frac{xf'(x)}{f(x)}\right|$$

很大时，称函数 $f(x)$在点 x 的计算在相对误差意义下是坏条件的. 这里 $\Delta f=f(x+\Delta x)-f(x)$.

例如，对函数 $f(x)=\ln x$，有

$$C_{p(x)}\approx\left|\frac{1}{\ln x}\right|,$$

故当 x 很接近于 1 时，计算是坏条件的.

1.3 数值算法的稳定性和收敛性

1.3.1 计算机的浮点舍入误差

众所周知，大多数的数学运算都是建立在诸如实数集这样的具有一定稠密性和连续性的不可数集之上的，以这类集合为定义域的多项式函数一般具有较好的连续性.

但是，正如上节中曾经提到的，计算机中的数值是有一定的范围限制的，在计算机的运算过程中，会出现机器零及溢出等现象. 不仅如此，由于计算机上数据存贮方式的关系，任何一台计算机所能表示的数都是有限的、残缺不全和离散的. 因此，由计算机所表示的数与其实际值之间常有一定的误差. 为此，需要对计算机中数据的表示方式做一介绍，以保证数值计算的准确性.

在计算机中，每个数都是由有限位的二进制数字组成，因而实数系 **R** 是由它的一个很小的离散子集来代替的. 也就是说，这个子集只不过是有理数集合的一个小子集，它包含的每一个数的浮点形式由正负号、确定小数点位置的阶码及小数形式的尾数三部分组成. 因此在计算机上，任何一个二进制、具有 t 位有效数字的实数 x 总可以表示成

$$x=\pm\left(\frac{d_1}{2}+\frac{d_2}{2^2}+\cdots+\frac{d_t}{2^t}\right)\times 2^l. \tag{1.3.1}$$

其中 d_i 为 0 或 1. 这里 2^l 称为指数部分, l 称为阶码, $d_1, d_2, \cdots, d_t$ 称为尾数. 此外, 由于计算机字长的限制, 阶码 l 也是有限制的, 即满足 $L \leqslant l \leqslant U$, 这里 L 和 U 分别称为阶码 l 的下界和上界. 因此, 计算机所能表示的全体数的集合被称为计算机的浮点数系, 记作 $F(2, t, L, U)$. 易知, 尾数部分的 t 越大, 所能表示的数的精度越高, 故 t 也称为数系 $F(2, t, L, U)$ 的精度.

可以验证, 当进行四则运算时, 由于计算机字长的限制, 通常会产生舍入误差. 而一般的数值计算问题都需要进行大量的四则运算, 舍入误差的积累有时会大大影响计算结果的精确度. 因此, 必须考虑这些误差在计算过程中是如何传播的, 以及是否对最终的计算结果产生影响, 影响的程度如何等问题. 这就需要对计算格式进行"舍入误差分析", 并给出算法的数值稳定性及收敛性估计.

1.3.2 数值稳定性

定义 1.3.1 对于某一给定的算法, 如果在运算过程中舍入误差在一定条件下能够得到控制, 不会对计算结果产生较大的影响, 则称该算法是数值稳定的; 否则, 如果舍入误差得不到有效的控制, 使得计算结果与问题的理论解之间产生较大的偏差, 则称该算法是数值不稳定的.

由以上定义我们发现, 数值稳定的算法一定满足以下性质: 原始数据的微小改变只能导致数值计算结果的微小变化. 也就是说, 如果原始数据的误差为 ε_0, 并且在计算过程中的其他误差都是由 ε_0 引起的, 那么对于一个稳定的数值计算方法而言, 其计算结果的相对误差至多是 ε_0 相对于原始数据的相对误差的同阶无穷小量.

作为数值稳定性的一个必要条件, 上述性质通常被看作是判定某个数值计算方法是否稳定的一个准则, 为了保证方法的数值稳定性, 必须在设计算法时着重注意这个问题.

此外, 为了具体描述误差的传播与算法稳定性之间的关系, 我们有以下关于误差传播速度的定义.

定义 1.3.2 设某一给定算法在执行到第 k_0 步时的误差为 e_{k_0}，并且在不引入其他误差的条件下，当执行到第 k 步($k>k_0$)时，由 e_{k_0} 引起的误差为 e_k，那么

(1) 如果存在与 k 无关的常数 $C>0$，使得

$$|e_k|\approx C(k-k_0)|e_{k_0}| \quad (k=k_0+1,k_0+2,\cdots), \tag{1.3.2}$$

则称误差的增长是线性级的；

(2) 如果存在大于 1 的常数 M，使得

$$|e_k|\approx M^{(k-k_0)}|e_{k_0}| \quad (k=k_0+1,k_0+2,\cdots), \tag{1.3.3}$$

则称误差的增长是指数级的.

注意到，由于误差的传播是不可避免的，因此能否控制误差的传播，就成为算法稳定性的决定性条件.通常情况下，误差按线性级增长的算法是数值稳定的，误差按指数级增长的算法是数值不稳定的.另外，如果式(1.3.3)中的 $M\in(0,1)$，即误差是按指数级减小的，则算法也是数值稳定的.

例 1.3.1 为了构造数列 $\left\{\frac{1}{3^n}\right\}_{n=0}^{\infty}$，可以采用两种不同的数值计算格式：

$$x_0=1,x_n=\frac{1}{3}x_{n-1} \quad (n=1,2,\cdots) \tag{1.3.4}$$

和

$$\begin{cases} y_0=1,y_1=\frac{1}{3}, \\ y_n=\frac{10}{3}y_{n-1}-y_{n-2} \quad (n=2,3,\cdots) \end{cases} \tag{1.3.5}$$

分别进行计算，并得到两个不同的数列 $\{x_n\}_{n=0}^{\infty}$ 和 $\{y_n\}_{n=0}^{\infty}$.

事实上，若令 $y_n=\lambda^n(\lambda\neq0)$，则由式(1.3.5)知，$\lambda$ 满足

$$\lambda^2-\frac{10}{3}\cdot\lambda+1=0,$$

上述方程的两个根分别为 $\frac{1}{3}$ 和 3，故二阶线性递推方程(1.3.5)的通解

为

$$y_n = C_1\left(\frac{1}{3}\right)^n + C_2\cdot 3^n,$$

并且，由初值 $y_0=1$ 和 $y_1=\frac{1}{3}$，可以推知 $C_1=1$ 和 $C_2=0$，从而有 $y_n=\left(\frac{1}{3}\right)^n$，即由式(1.3.5)得到的精确解为数列 $\left\{\frac{1}{3^n}\right\}_{n=0}^{\infty}$.

在实际计算时，如果仅考虑初值 $x_1=y_1=\frac{1}{3}$ 的误差，并以0.333 33代替，则递推式(1.3.4)和(1.3.5)分别为

$$a_0=1, a_n=0.333\ 33\cdot a_{n-1} \quad (n=1,2,\cdots), \tag{1.3.6}$$

和

$$\begin{cases} b_0=1, b_1=0.333\ 33, \\ b_n=\frac{10}{3}\cdot b_{n-1}-b_{n-2} \quad (n=2,3,\cdots). \end{cases} \tag{1.3.7}$$

注意到式(1.3.7)的通解可也可表示为

$$b_n = C_1{}'\left(\frac{1}{3}\right)^n + C_2{}'\cdot 3^n$$

将初值 $b_0=1$ 和 $b_1=0.333\ 33$ 代入上式，有(取五位有效数字)

$$C_1{}'=0.100\ 00\times 10^1, C_2{}'=0.125\ 00\times 10^{-5}$$

于是，递推公式(1.3.7)可以改写为

$$\begin{cases} b_0=1, b_1=0.333\ 33, \\ b_n=\frac{1}{3^n}+(-0.125\ 00\times 10^{-5})\times 3^n, \end{cases} \tag{1.3.8}$$

所以，当采用式(1.3.6)进行计算时，因初值的舍入误差 $|\varepsilon|=\left|\frac{1}{3}-0.333\ 33\right|$ 引起的 a_n 的误差为

$$\begin{aligned} |e_n^{(1)}| = |x_n-a_n| &= \frac{1}{3^n}-(0.333\ 33)^n \\ &\approx (0.333\ 33+0.333\ 33\times 10^{-5})^n-(0.333\ 33)^n \\ &\approx n\times(0.333\ 33)^n\times 10^{-5}; \end{aligned}$$

而当采用式(1.3.7)进行计算时,初值的微小变化 $|\varepsilon| = \left|\frac{1}{3} - 0.33333\right|$ 则导致 b_n 产生按指数级增长的误差

$$|e_n^{(2)}| = |y_n - b_n| = 3^n \times (0.12500 \times 10^{-5}).$$

因此,格式(1.3.4)的误差是按指数级减小的,递推公式稳定;而格式(1.3.5)的误差是按指数级增大的,递推公式不稳定.

表 1.1 列出了 $n \leqslant 8$ 时数列 $\{x_n\}$,$\{a_n\}$,$\{b_n\}$ 中各元素的前五位有效数字.可以看出,当 $n \geqslant 6$ 时,b_n 的有效数字已完全与 x_n 相悖.

表 1.1

n	$x_n = \frac{1}{3^n}$	a_n	b_n
0	1.000 0	1.000 0	1.000 0
1	0.333 33	0.333 33	0.333 33
2	0.111 11	0.111 11	0.111 10
3	0.37037×10^{-1}	0.37036×10^{-1}	0.37000×10^{-1}
4	0.12346×10^{-1}	0.12345×10^{-1}	0.12230×10^{-1}
5	0.41152×10^{-2}	0.41150×10^{-2}	0.37660×10^{-2}
6	0.13717×10^{-2}	0.13717×10^{-2}	0.32300×10^{-3}
7	0.45725×10^{-3}	0.45722×10^{-3}	-0.26893×10^{-2}
8	0.15242×10^{-3}	0.15240×10^{-3}	-0.92872×10^{-2}

1.3.3 数值算法的收敛性

我们注意到,由于本书中所考虑的大多数数值算法都是近似算法,因而只有当采用数值计算方法给出的问题的近似解与其理论解之间的误差比较小时,近似解才有一定的实际应用价值;否则,数值方法给出的近似解将没有任何意义.因此,收敛性的研究是本书的一个重要内容.

但是,由于采用数值计算方法进行求解的大部分问题,尤其是工程计算问题的理论解是难以给出的,因而需要对各种近似算法进行分析总结,研究能够使其收敛的条件,并对其收敛速度以及数值解逼近理论解的程度进行估计,用于指导具体的数值求解过程.

从后面各章的内容中可以看到,对于不同的数值计算方法,评价其

收敛性的方式也不尽相同,基本上可以分为两类:

第一类是采用先验误差估计分析其收敛性.这类方法主要包括函数逼近、多项式插值、数值积分及微分方程的数值解法等数值计算方法,通常是通过估计截断误差,对不同算法的误差精度加以分析,并结合计算量的大小及计算的复杂性等因素,直接提供一个符合要求的数值算法,并求出问题的近似解.

第二类是采用后验误差估计分析其收敛性.这类方法主要包括线性代数方程组及非线性方程的迭代求解方法以及其他一些问题的变步长自适应方法等,通常是对近似解序列的收敛速度或者计算量的大小、计算的复杂性等进行综合考虑,构造一个较为合适的数值求解过程.

关于具体问题的收敛性分析、研究方法,详见本书各章对不同问题的具体分析方法.

习题 1

1.设下列各值都是通过四舍五入得到的近似值,求其和并估计和式的绝对误差,并指出每一个数的绝对误差、相对误差和有效数字的位数:

$123.121, 15, 15\times 10^1, 89.235, 0.238.$

2.改变下列表达式使其计算结果更为精确:

(1) $f(x)=\dfrac{1-\cos 2x}{x}, x\approx 0$;

(2) $f(x)=x-\sqrt{x^2-a}, x\gg a$;

(3) $f(x)=\dfrac{1}{x}-\cot x\approx 0$.

3.设 $y=\ln x$,当 $x\approx a(a>0)$时,若已知 y 的绝对误差限为$\dfrac{1}{2}\times 10^{-n}$,试估计自变量 x 的相对误差限及有效数字.

4.证明$\sqrt{x}$的相对误差约等于x 的相对误差的$\dfrac{1}{2}$.

5.已知$\sqrt{23}$的近似值 $\bar{x}$ 的相对误差不大于 0.01%,试问 $\bar{x}$ 至少应具有几位有效数字.

6.方程 $x^2-2x+\ln 2=0$ 的常数项应取几位有效数字,才能使方程的根有四位准确数字.

第 2 章　线性方程组的数值解法

在自然科学和工程技术领域中,许多实际问题经常涉及到解线性方程组,基于这个问题的普遍重要性,我们有必要研究它的解法.在计算机上常用的线性方程组的数值解法大致分为两类,一类称为直接法,另一类称为迭代法..所谓直接法是指经过有限步算术运算,如果运算过程中没有舍入误差,可以求得方程组的精确解.例如 Gauss 消去法、平方根法、追赶法等均属于直接法.但是由于在计算机上进行运算,不可能保证每一步运算都是准确的,因此往往求得的只是方程组的近似解,故需要对误差进行分析.迭代法的基本思想是按照某种规则生成向量序列$\{x^{(k)}\}$,若此向量序列收敛,则当 k 充分大时,可取 $x^{(k)}$ 作为方程组的近似解.本章将讨论 Jacobi 迭代法、Gauss-Seidel 迭代法与 SOR 迭代法.

2.1　Gauss 消去法

2.1.1　Gauss 消去法

Gauss 消去法是计算机上常用的解线性方程组的有效算法.此方法分为消元过程和回代过程.消元过程是把原方程组化为上三角形方程组的过程,而回代过程是求解上三角形方程组的过程.

设有线性方程组

$$\boldsymbol{A}\boldsymbol{x}=\boldsymbol{b}, \tag{2.1.1}$$

其中 $\boldsymbol{A}=(a_{ij})_{n\times n}$ 非奇异,$\boldsymbol{x}=(x_1,x_2,\cdots,x_n)^{\mathrm{T}}$,$\boldsymbol{b}=(b_1,b_2,\cdots,b_n)^{\mathrm{T}}$.为方便起见,将(2.1.1)记为

$$\boldsymbol{A}^{(1)}\boldsymbol{x}=\boldsymbol{b}^{(1)},$$

即

$$\begin{bmatrix} a_{11}^{(1)} & a_{12}^{(1)} & \cdots & a_{1n}^{(1)} \\ a_{21}^{(1)} & a_{22}^{(1)} & \cdots & a_{2n}^{(1)} \\ \cdots & \cdots & \cdots & \cdots \\ a_{n1}^{(1)} & a_{n2}^{(1)} & \cdots & a_{nn}^{(1)} \end{bmatrix} \begin{bmatrix} x_1 \\ x_2 \\ \vdots \\ x_n \end{bmatrix} = \begin{bmatrix} b_1^{(1)} \\ b_2^{(1)} \\ \vdots \\ b_n^{(1)} \end{bmatrix}. \tag{2.1.2}$$

第一次消元:设 $a_{11}^{(1)} \neq 0$,记乘数

$$l_{i1} = a_{i1}^{(1)} / a_{11}^{(1)}, i = 2, 3, \cdots, n.$$

以 $-l_{i1}$ 乘(2.1.2)的第一个方程加到其第 $i(i=2,3,\cdots,n)$ 个方程上去得

$$\boldsymbol{A}^{(2)} \boldsymbol{x} = \boldsymbol{b}^{(2)},$$

即

$$\begin{bmatrix} a_{11}^{(1)} & a_{12}^{(1)} & \cdots & a_{1n}^{(1)} \\ & a_{22}^{(2)} & \cdots & a_{2n}^{(2)} \\ & \cdots & \cdots & \cdots \\ & a_{n2}^{(2)} & \cdots & a_{nn}^{(2)} \end{bmatrix} \begin{bmatrix} x_1 \\ x_2 \\ \vdots \\ x_n \end{bmatrix} = \begin{bmatrix} b_1^{(1)} \\ b_2^{(2)} \\ \vdots \\ b_n^{(2)} \end{bmatrix}. \tag{2.1.3}$$

其中

$$a_{ij}^{(2)} = a_{ij}^{(1)} - l_{i1} a_{1j}^{(1)} \quad (i, j, = 2, 3, \cdots, n);$$

$$b_i^{(2)} = b_i^{(1)} - l_{i1} b_1^{(1)} \quad (i = 2, 3, \cdots, n).$$

显然(2.1.3)与(2.1.1)等价.

第二次消元:设 $a_{22}^{(2)} \neq 0$,记乘数

$$l_{i2} = a_{i2}^{(2)} / a_{22}^{(2)} \quad (i = 3, 4, \cdots, n).$$

以 $-l_{i2}$ 乘(2.1.3)的第二个方程后加到其第 $i(i=3,4,\cdots,n)$ 个方程上去得

$$\boldsymbol{A}^{(3)} \boldsymbol{x} = \boldsymbol{b}^{(3)},$$

即

$$\begin{bmatrix} a_{11}^{(1)} & a_{12}^{(1)} & a_{13}^{(1)} & \cdots & a_{1n}^{(1)} \\ & a_{22}^{(2)} & a_{23}^{(2)} & \cdots & a_{2n}^{(2)} \\ & & a_{33}^{(3)} & \cdots & a_{3n}^{(3)} \\ & & \cdots & \cdots & \cdots \\ & & a_{n3}^{(3)} & \cdots & a_{nn}^{(3)} \end{bmatrix} \begin{bmatrix} x_1 \\ x_2 \\ x_3 \\ \vdots \\ x_n \end{bmatrix} = \begin{bmatrix} b_1^{(1)} \\ b_2^{(2)} \\ b_3^{(3)} \\ \vdots \\ b_n^{(3)} \end{bmatrix}.$$

一般地,设第 $k-1$ 次消元已经完成,得到与(2.1.1)等价的方程组

$$\mathbf{A}^{(k)}\boldsymbol{x}=\boldsymbol{b}^{(k)}, \tag{2.1.4}$$

即

$$\begin{bmatrix} a_{11}^{(1)} & a_{12}^{(1)} & \cdots & a_{1k}^{(1)} & \cdots & a_{1n}^{(1)} \\ & a_{22}^{(2)} & \cdots & a_{2k}^{(2)} & \cdots & a_{2n}^{(2)} \\ & & \ddots & & & \vdots \\ & & & a_{kk}^{(k)} & \cdots & a_{kn}^{(k)} \\ & & & \cdots & \cdots & \cdots \\ & & & a_{nk}^{(k)} & \cdots & a_{nn}^{(k)} \end{bmatrix} \begin{bmatrix} x_1 \\ x_2 \\ \vdots \\ \vdots \\ \vdots \\ x_n \end{bmatrix} = \begin{bmatrix} b_1^{(1)} \\ b_2^{(2)} \\ \vdots \\ b_k^{(k)} \\ \vdots \\ b_n^{(k)} \end{bmatrix}. \tag{2.1.5}$$

第 k 次消元:设 $a_{kk}^{(k)}\neq 0$,记乘数

$$l_{ik}=a_{ik}^{(k)}/a_{kk}^{(k)} \quad (i=k+1,k+2,\cdots,n).$$

以 $-l_{ik}$ 乘(2.1.5)的第 k 个方程后加到其第 i($i=k+1,k+2,\cdots,n$)个方程上去得到与(2.1.1)等价的方程组

$$\mathbf{A}^{(k+1)}\boldsymbol{x}=\boldsymbol{b}^{(k+1)},$$

即

$$\begin{bmatrix} a_{11}^{(1)} & a_{12}^{(1)} & \cdots & a_{1k}^{(1)} & a_{1,k+1}^{(1)} & \cdots & a_{1n}^{(1)} \\ & a_{22}^{(2)} & \cdots & a_{2k}^{(2)} & a_{2,k+1}^{(2)} & \cdots & a_{2n}^{(2)} \\ & & \ddots & \vdots & \vdots & & \vdots \\ & & & a_{kk}^{(k)} & a_{k,k+1}^{(k)} & \cdots & a_{kn}^{(k)} \\ & & & & a_{k+1,k+1}^{(k+1)} & \cdots & a_{k+1,n}^{(k+1)} \\ & & & & \cdots & \cdots & \cdots \\ & & & & a_{n,k+1}^{(k+1)} & \cdots & a_{nn}^{(k+1)} \end{bmatrix} \begin{bmatrix} x_1 \\ x_2 \\ \vdots \\ \vdots \\ \vdots \\ \vdots \\ x_n \end{bmatrix} = \begin{bmatrix} b_1^{(1)} \\ b_2^{(2)} \\ \vdots \\ b_k^{(k)} \\ b_{k+1}^{(k+1)} \\ \vdots \\ b_n^{(k+1)} \end{bmatrix}. \tag{2.1.6}$$

其中 $\mathbf{A}^{(k+1)}$ 与 $\boldsymbol{b}^{(k+1)}$ 中元素的计算公式为

$$\begin{cases} a_{ij}^{(k+1)}=a_{ij}^{(k)}-l_{ik}a_{kj}^{(k)} \quad (i,j=k+1,\cdots,n), \\ b_i^{(k+1)}=b_i^{(k)}-l_{ik}b_k^{(k)} \quad (i=k+1,\cdots,n), \\ \mathbf{A}^{(k+1)}\text{与 }\mathbf{A}^{(k)}\text{的前 }k\text{ 行元素相同}, \\ \boldsymbol{b}^{(k+1)}\text{与 }\boldsymbol{b}^{(k)}\text{的前 }k\text{ 个元素相同}. \end{cases}$$

如此继续下去,共经过 $n-1$ 次消元,得到与(2.1.1)等价的上三角形方程组

$$\boldsymbol{A}^{(n)}\boldsymbol{x}=\boldsymbol{b}^{(n)},$$

即

$$\begin{bmatrix} a_{11}^{(1)} & a_{12}^{(1)} & \cdots & a_{1n}^{(1)} \\ & a_{22}^{(2)} & \cdots & a_{2n}^{(2)} \\ & & \ddots & \vdots \\ & & & a_{nn}^{(n)} \end{bmatrix}\begin{bmatrix} x_1 \\ x_2 \\ \vdots \\ x_n \end{bmatrix}=\begin{bmatrix} b_1^{(1)} \\ b_2^{(2)} \\ \vdots \\ b_n^{(n)} \end{bmatrix}. \tag{2.1.7}$$

将(2.1.1)化为(2.1.7)的过程称为消元过程,$a_{ii}^{(i)}(i=1,2,\cdots,n-1)$称为 Gauss 消去法的主元素.

下面求解(2.1.7).从其最后一个方程解起,设 $a_{nn}^{(n)}\neq 0$,依次从后往前,分别求得 $x_n,x_{n-1},\cdots,x_2,x_1$,其计算公式如下:

$$\begin{cases} x_n=b_n^{(n)}/a_{nn}^{(n)}, \\ x_i=\left(b_i^{(i)}-\sum\limits_{k=i+1}^{n}a_{ik}^{(i)}x_k\right)/a_{ii}^{(i)} \quad (i=n-1,n-2,\cdots,1). \end{cases} \tag{2.1.8}$$

把求解(2.1.7)的过程称为回代过程,并把消元与回代过程合起来称为 Gauss 消去法的全过程.

从上面的分析可以看出,消元过程能进行到底,要求 Gauss 消去法的主元素 $a_{ii}^{(i)}(i=1,2,\cdots,n-1)$全不为零,若还有 $a_{nn}^{(n)}\neq 0$,则方程组有惟一解,其解可由式(2.1.8)表示.

例 2.1.1 采用 Gauss 消去法解线性方程组

$$\begin{cases} x_1+x_2-x_3=3, \\ 2x_1-x_2+3x_3=0, \\ -x_1-2x_2+x_3=-5. \end{cases}$$

解 为了书写简便,写出此方程组的增广矩阵 $\bar{\boldsymbol{A}}$,并用矩阵变换来描述消元过程.

$$\bar{\mathbf{A}} = \left[\begin{array}{ccc:c} 1 & 1 & -1 & 3 \\ 2 & -1 & 3 & 0 \\ -1 & -2 & 1 & -5 \end{array}\right] \xrightarrow[l_{21}=2 \atop l_{31}=-1]{(1)} \left[\begin{array}{ccc:c} 1 & 1 & -1 & 3 \\ 0 & -3 & 5 & -6 \\ 0 & -1 & 0 & -2 \end{array}\right]$$

$$\xrightarrow[l_{32}=\frac{1}{3}]{(2)} \left[\begin{array}{ccc:c} 1 & 1 & -1 & 3 \\ 0 & -3 & 5 & -6 \\ 0 & 0 & -\frac{5}{3} & 0 \end{array}\right].$$

其中箭头上面的(1),(2)分别表示的是第一次、第二次消元,箭头下面的 $l_{ij}(j=1,2)$表示的是第 j 次消元时的乘数.显然,与原方程组等价的线性方程组为

$$\begin{cases} x_1 + x_2 - x_3 = 3, \\ -3x_2 + 5x_3 = -6, \\ -\dfrac{5}{3}x_3 = 0. \end{cases}$$

回代求得方程组的解为 $x=(1,2,0)^{\mathrm{T}}$.

通过前面的讨论可知,Gauss 消去法消元和回代过程要求 $a_{ii}^{(i)} \neq 0$ $(i=1,2,\cdots,n)$,否则将溢出停机.那么,方程组(2.1.1)的系数矩阵 $\mathbf{A}$ 满足什么条件才会使这些元素全不为零呢?

定理 2.1.1 若 n 阶矩阵 $\mathbf{A}=\mathbf{A}^{(1)}$ 的第一阶至第 k 阶顺序主子式均不为零,即 $\Delta_1 = a_{11}^{(1)} \neq 0$, $\Delta_2 = \begin{vmatrix} a_{11}^{(1)} & a_{12}^{(1)} \\ a_{21}^{(1)} & a_{22}^{(1)} \end{vmatrix} \neq 0$, $\cdots$,

$$\Delta_k = \begin{vmatrix} a_{11}^{(1)} & a_{12}^{(1)} & \cdots & a_{1k}^{(1)} \\ a_{21}^{(1)} & a_{22}^{(1)} & \cdots & a_{2k}^{(1)} \\ \cdots & \cdots & \cdots & \cdots \\ a_{k1}^{(1)} & a_{k2}^{(1)} & \cdots & a_{kk}^{(1)} \end{vmatrix} \neq 0,$$ 则 $a_{ii}^{(i)} \neq 0(i=1,2,\cdots,k;1 \leqslant k \leqslant n)$,反之亦真.

证明 对 k 采用归纳法.当 $k=1$ 时,因为 $\Delta_1 = a_{11}^{(1)}$,命题显然成立.

假设命题对 $k-1$ 成立,即 $\Delta_1 \neq 0, \Delta_2 \neq 0, \cdots, \Delta_{k-1} \neq 0$,当且仅当

$a_{11}^{(1)}, a_{22}^{(2)}, \cdots, a_{k-1,k-1}^{(k-1)} \neq 0$,只需证明 $\Delta_k \neq 0$ 当且仅当 $a_{kk}^{(k)} \neq 0$ 即可.

由归纳假设 $a_{ii}^{(i)} \neq 0 (i = 1, 2, \cdots, k-1)$,则 Gauss 消去法至少可进行前 $k-1$ 步,将原方程组化为

$$\boldsymbol{A}^{(k)}\boldsymbol{x} = \boldsymbol{b}^{(k)},$$

其中

$$\boldsymbol{A}^{(k)} = \begin{bmatrix} a_{11}^{(1)} & a_{12}^{(1)} & \cdots & a_{1k}^{(1)} & \cdots & a_{1n}^{(1)} \\ & a_{22}^{(2)} & \cdots & a_{2k}^{(2)} & \cdots & a_{2n}^{(2)} \\ & & \ddots & & & \vdots \\ & & & a_{kk}^{(k)} & \cdots & a_{kn}^{(k)} \\ & & & \cdots & \cdots & \cdots \\ & & & a_{nk}^{(k)} & \cdots & a_{nn}^{(k)} \end{bmatrix}.$$

由于消元时用的是一个数乘某一行再加到另一行上去的初等变换,此变换不改变行列式的值.故

$$\Delta_k = a_{11}^{(1)} a_{22}^{(2)} \cdots a_{kk}^{(k)}.$$

因 $a_{ii}^{(i)} \neq 0 (i = 1, 2, \cdots, k-1)$,所以,$\Delta_k \neq 0$,当且仅当 $a_{kk}^{(k)} \neq 0$,证毕.

利用此定理可知,如果 A 的各阶顺序主子式皆不为零,则 Gauss 消去法能进行到底,最后求出方程组的惟一解.

显然,若 $\boldsymbol{Ax} = \boldsymbol{b}$ 的系数矩阵 $\boldsymbol{A}$ 对称正定时,可直接用 Gauss 消去法求出方程组的解.

下面讨论 Gauss 消去法的计算量.

由消元公式可知,第 k 次$(k = 1, 2, \cdots, n-1)$消元时,计算乘数,需要作 $n-k$ 次除法运算,消元需作$(n-k)(n-k+1)$次乘法运算,于是完成消元过程共需要作

$$\sum_{k=1}^{n-1}(n-k) + \sum_{k=1}^{n-1}(n-k)(n-k+1)$$

次乘除法运算.

回代过程共需要作$\dfrac{n(n+1)}{2}$次乘除法运算.

故用 Gauss 消去法解 n 阶线性方程组 $\boldsymbol{Ax} = \boldsymbol{b}$,所需乘除法的总次

数为

$$\sum_{k=1}^{n-1}(n-k)+\sum_{k=1}^{n-1}(n-k)(n-k+1)+\frac{n(n+1)}{2}$$
$$=\frac{n^3}{3}+n^2-\frac{n}{3}.$$

当 n 很大时,略去 n 的低次方项,通常认为 Gauss 消去法大约需要$\frac{1}{3}n^3$ 次乘除法运算.这比用 Gramer 法则解一个 n 阶线性方程组(用 Gramer 法则共需 $N=(n^2-1)n!\ +n$ 次乘除法运算)要少得多,故为了减少计算量,并避免多个数连乘造成误差的严重积累,在计算机上解高阶方程组一般不采用 Gramer 法则.

2.1.2 Gauss-Jordan 消去法

为了叙述方便,考虑如下形式的线性方程组

$$\begin{bmatrix} a_{11}^{(1)} & a_{12}^{(1)} & \cdots & a_{1n}^{(1)} \\ a_{21}^{(1)} & a_{22}^{(1)} & \cdots & a_{2n}^{(1)} \\ \cdots & \cdots & \cdots & \cdots \\ a_{n1}^{(1)} & a_{n2}^{(1)} & \cdots & a_{nn}^{(1)} \end{bmatrix}\begin{bmatrix} x_1 \\ x_2 \\ \vdots \\ x_n \end{bmatrix}=\begin{bmatrix} a_{1,n+1}^{(1)} \\ a_{2,n+1}^{(1)} \\ \vdots \\ a_{n,n+1}^{(1)} \end{bmatrix}. \tag{2.1.9}$$

设其增广矩阵为$[\boldsymbol{A}^{(1)},\boldsymbol{b}^{(1)}]$,下面用矩阵变换描述 Jordan 消去法.

第一次消元:设 $a_{11}^{(1)}\neq 0$,将(2.1.9)的第一个方程两边同除以 $a_{11}^{(1)}$,然后再将其增广矩阵$[\boldsymbol{A}^{(1)},\boldsymbol{b}^{(1)}]$第一行第一列下面的元素化为零,即将

$$[\boldsymbol{A}^{(1)},\boldsymbol{b}^{(1)}]\to[\boldsymbol{A}^{(2)},\boldsymbol{b}^{(2)}]=\begin{bmatrix} 1 & a_{12}^{(2)} & a_{13}^{(2)} & \cdots & a_{1n}^{(2)} & a_{1,n+1}^{(2)} \\ 0 & a_{22}^{(2)} & a_{23}^{(2)} & \cdots & a_{2n}^{(2)} & a_{2,n+1}^{(2)} \\ \cdots & \cdots & \cdots & \cdots & \cdots & \cdots \\ 0 & a_{n2}^{(2)} & a_{n3}^{(2)} & \cdots & a_{nn}^{(2)} & a_{n,n+1}^{(2)} \end{bmatrix}.$$

其中

$$\begin{cases} a_{1j}^{(2)}=a_{1j}^{(1)}/a_{11}^{(1)} & (j=2,3,\cdots,n+1), \\ a_{ij}^{(2)}=a_{ij}^{(1)}-a_{i1}^{(1)}a_{1j}^{(2)} & (i=2,3,\cdots,n;j=2,\cdots,n+1). \end{cases} \tag{2.1.10}$$

一般地,假设第 $k-1$ 次消元已经完成,得到方程组

$$\boldsymbol{A}^{(k)}\boldsymbol{x}=\boldsymbol{b}^{(k)}, \tag{2.1.11}$$

其增广矩阵为

$$[\boldsymbol{A}^{(k)},\boldsymbol{b}^{(k)}]=\begin{bmatrix} 1 & 0 & \cdots & 0 & a_{1k}^{(k)} & \cdots & a_{1n}^{(k)} & a_{1,n+1}^{(k)} \\ 0 & 1 & \cdots & 0 & a_{2k}^{(k)} & \cdots & a_{2n}^{(k)} & a_{2,n+1}^{(k)} \\ \vdots & \vdots & & \vdots & \vdots & & \vdots & \vdots \\ 0 & 0 & \cdots & 1 & a_{k-1,k}^{(k)} & \cdots & a_{k-1,n}^{(k)} & a_{k-1,n+1}^{(k)} \\ 0 & 0 & \cdots & 0 & a_{kk}^{(k)} & \cdots & a_{kn}^{(k)} & a_{k,n+1}^{(k)} \\ \vdots & \vdots & & \vdots & \vdots & & \vdots & \vdots \\ 0 & 0 & \cdots & 0 & a_{nk}^{(k)} & \cdots & a_{nn}^{(k)} & a_{n,n+1}^{(k)} \end{bmatrix}.$$

第 k 次消元,设 $a_{kk}^{(k)}\neq 0$,(2.1.11)中第 k 个方程两端同除以 $a_{kk}^{(k)}$,然后再进行消元,将 $A^{(k)}$ 中 $a_{kk}^{(k)}$ 上下的元素全化为零,从而得到增广矩阵

$$[\boldsymbol{A}^{(k+1)},\boldsymbol{b}^{(k+1)}]=\begin{bmatrix} 1 & 0 & \cdots & 0 & a_{1,k+1}^{(k+1)} & \cdots & a_{1n}^{(k+1)} & a_{1,n+1}^{(k+1)} \\ \vdots & \vdots & & \vdots & \vdots & & \vdots & \vdots \\ 0 & 0 & \cdots & 1 & a_{k,k+1}^{(k+1)} & \cdots & a_{kn}^{(k+1)} & a_{k,n+1}^{(k+1)} \\ 0 & 0 & \cdots & 0 & a_{k+1,k+1}^{(k+1)} & \cdots & a_{k+1,n}^{(k+1)} & a_{k+1,n+1}^{(k+1)} \\ \vdots & \vdots & & \vdots & \vdots & & \vdots & \vdots \\ 0 & 0 & \cdots & 0 & a_{n,k+1}^{(k+1)} & \cdots & a_{nn}^{(k+1)} & a_{n,n+1}^{(k+1)} \end{bmatrix}. \tag{2.1.12}$$

其中

$$\begin{cases} a_{kj}^{(k+1)}=a_{kj}^{(k)}/a_{kk}^{(k)} \quad (j=k+1,\cdots,n+1), \\ a_{ij}^{(k+1)}=a_{ij}^{(k)}-a_{ik}^{(k)}a_{kj}^{(k+1)} \quad (j=k+1,\cdots,n+1,i\neq k). \end{cases} \tag{2.1.13}$$

共经过 n 次消元得到方程组 $\boldsymbol{A}^{n+1}\boldsymbol{x}=\boldsymbol{b}^{(n+1)}$,其增广矩阵为

$$[\boldsymbol{A}^{(n+1)},\boldsymbol{b}^{(n+1)}]=\begin{bmatrix}1 & 0 & \cdots & 0 & a_{1,n+1}^{(n+1)}\\ 0 & 1 & \cdots & 0 & a_{2,n+1}^{(n+1)}\\ \vdots & \vdots & & \vdots & \vdots\\ 0 & 0 & \cdots & 1 & a_{n,n+1}^{(n+1)}\end{bmatrix}.$$

不必经过回代,由此可得到方程组的解

$$x_i=a_{i,n+1}^{(n+1)}\quad(i=1,2,\cdots,n).$$

使用 Jordan 消去法解 n 阶线性方程组大约需要$\frac{1}{2}n^3$ 次乘除法运算,比用 Gauss 消去法多 50% 的计算量.故解线性方程组一般不用 Jordan 消去法.但是使用 Jordan 消去法求矩阵的逆可以得到一个能节省存贮单元的计算程序.

例 2.1.2 用 Jordan 消去法解例 2.1.1 中的方程组.

解 其增广矩阵

$$\overline{\boldsymbol{A}}=\begin{bmatrix}1 & 1 & -1 & 3\\ 2 & -1 & 3 & 0\\ -1 & -2 & 1 & -5\end{bmatrix}\xrightarrow[l_{31}=-1]{l_{21}=2}\begin{bmatrix}1 & 1 & -1 & 3\\ 0 & -3 & 5 & -6\\ 0 & -1 & 0 & -2\end{bmatrix}$$

$$\longrightarrow\begin{bmatrix}1 & 1 & -1 & 3\\ 0 & 1 & -\frac{5}{3} & 2\\ 0 & -1 & 0 & -2\end{bmatrix}\xrightarrow[l_{32}=-1]{l_{12}=1}\begin{bmatrix}1 & 0 & \frac{2}{3} & 1\\ 0 & 1 & -\frac{5}{3} & 2\\ 0 & 0 & -\frac{5}{3} & 0\end{bmatrix}$$

$$\longrightarrow\begin{bmatrix}1 & 0 & \frac{2}{3} & 1\\ 0 & 1 & -\frac{5}{3} & 2\\ 0 & 0 & 1 & 0\end{bmatrix}\xrightarrow[l_{23}=\frac{-5}{3}]{l_{13}=\frac{2}{3}}\begin{bmatrix}1 & 0 & 0 & 1\\ 0 & 1 & 0 & 2\\ 0 & 0 & 1 & 0\end{bmatrix},$$

可知方程组的解为

$$\boldsymbol{x}=(1,2,0)^{\mathrm{T}}.$$

2.1.3 Gauss 主元素法

前面介绍了 Gauss 消去法，它是按照原给方程组中方程及未知元的排列次序依次进行消元的，故 Gauss 消去法又称为顺序消去法. 下面介绍选主元的必要性.

例如，利用 Gauss 消去法解线性方程组 $\boldsymbol{Ax}=\boldsymbol{b}$，若经过前 $k-1$ 次消元将原方程组化为

$$\begin{bmatrix} a_{11}^{(1)} & a_{12}^{(1)} & \cdots & a_{1k}^{(1)} & \cdots & a_{1n}^{(1)} \\ & & \ddots & \vdots & & \vdots \\ & & & a_{kk}^{(k)} & \cdots & a_{kn}^{(k)} \\ & & & \cdots & \cdots & \cdots \\ & & & a_{nk}^{(k)} & \cdots & a_{nn}^{(k)} \end{bmatrix} \begin{bmatrix} x_1 \\ x_2 \\ \vdots \\ \vdots \\ x_n \end{bmatrix} = \begin{bmatrix} b_1^{(1)} \\ \vdots \\ b_k^{(k)} \\ \vdots \\ b_n^{(k)} \end{bmatrix}. \quad (2.1.5)$$

在进行第 k 次消元时，若

(1) $a_{kk}^{(k)}=0$，则消元不能进行.

(2) 若 $a_{kk}^{(k)}\neq 0$，但与 $a_{ik}^{(k)}\ (i=k+1,\cdots,n)$ 比较，其绝对值甚小(以下这种情况称 $a_{kk}^{(k)}$ 为小主元)，此时消元乘数的绝对值甚大，若(2.1.5)的增广矩阵中第 k 行的数据有误差，这样必然会造成误差的严重扩散，使得计算结果失真，消元乘数绝对值过大是算法数值不稳定的主要因素.

例 2.1.3 采用 Gauss 消去法解下列方程组

$$\begin{bmatrix} 0.50 & 1.1 & 3.1 \\ 2.0 & 4.5 & 0.36 \\ 5.0 & 0.96 & 6.5 \end{bmatrix} \begin{bmatrix} x_1 \\ x_2 \\ x_3 \end{bmatrix} = \begin{bmatrix} 6.0 \\ 0.020 \\ 0.96 \end{bmatrix}.$$

解 设方程组的增广矩阵为 $\bar{A}$，采用三位十进制浮点运算，消元过程用矩阵变换表示如下：

$$\bar{\boldsymbol{A}} \xrightarrow[\substack{l_{21}=4.00 \\ l_{31}=10.0}]{(1)} \begin{bmatrix} 0.500 & 1.10 & 3.10 & 6.00 \\ 0 & 0.100 & -12.0 & -24.0 \\ 0 & -10.0 & -24.5 & -59.0 \end{bmatrix} \xrightarrow[l_{32}=-100]{(2)}$$

$$\begin{bmatrix} 0.500 & 1.10 & 3.10 & 6.00 \\ 0 & 0.100 & -12.0 & -24.0 \\ 0 & 0 & -1220 & -2460 \end{bmatrix},$$

回代后求得

$$\boldsymbol{x}=(-5.80,2.40,2.02)^{\mathrm{T}}.$$

这与方程组的精确解 $\boldsymbol{x}^*=(-2.60,1.00,2.00)^{\mathrm{T}}$ 相差很远,原因是在前两次消元过程中均使用了小主元之结果.

为了避免上述问题发生,解决的办法是采用 Gauss 主元素法.此方法分为两种:Gauss 列主元素法,Gauss 全主元素法.

1. Gauss 列主元素法

对于方程组(2.1.2),设其系数矩阵 $\boldsymbol{A}^{(1)}$ 非奇异,第一次消元之前选取 $\boldsymbol{A}^{(1)}$ 的第一列元素中绝对值最大者作为主元素,即若

$$|a_{r1}^{(1)}|=\max_{1\leqslant i\leqslant n}|a_{i1}^{(1)}|,$$

则取 $a_{r1}^{(1)}$ 为主元素,将(2.1.2)的增广矩阵$[\boldsymbol{A}^{(1)},\boldsymbol{b}^{(1)}]$的第一行与第 r 行进行交换(若 $r=1$ 时,则不必换行),然后再进行 Gauss 消元.

一般地,若第 $k-1$ 次消元已完成,得到形如(2.1.5)的方程组.在进行第 k 次消元前,首先选取此次消元时的主元素,若

$$|a_{lk}^{(k)}|=\max_{k\leqslant i\leqslant n}|a_{ik}^{(k)}|,$$

则取 $a_{lk}^{(k)}$ 为主元素,交换(2.1.5)增广矩阵$[\boldsymbol{A}^{(k)},\boldsymbol{b}^{(k)}]$中的第 k 行与第 l 行(若 $l=k$ 则不必换行),然后再进行 Gauss 消元.

这样,共经过 $n-1$ 次消元,可将原方程组化为一个上三角形方程组,回代后便可求得方程组的解.

这种方法由于是按列选主元的,故称之为列主元素法.

使用列主元素法,显然乘数 $|l_{ik}|\leqslant 1$,因此在一定程度上抑制了误差的传播.

因为 $\boldsymbol{A}^{(1)}$ 非奇异,从而 $a_{ik}^{(k)}(i=k,\cdots,n)$ 不全为零,这说明当方程组的系数矩阵非奇异时,Gauss 列主元素法一定能进行到底.

例 2.1.4 采用 Gauss 列主元素法解例 2.1.3 中的方程组.

解 方程组增广矩阵设为 $\overline{\boldsymbol{A}}$,则

$$
\bar{A} \longrightarrow \begin{bmatrix} 5.0 & 0.96 & 6.5 & 0.96 \\ 2.0 & 4.5 & 0.36 & 0.020 \\ 0.50 & 1.1 & 3.1 & 6.0 \end{bmatrix}
$$

$$
\xrightarrow[l_{21}=0.4,\ l_{31}=0.1]{(1)} \begin{bmatrix} 5.0 & 0.96 & 6.5 & 0.960 \\ 0 & 4.12 & -2.24 & -0.364 \\ 0 & 1.00 & 2.45 & 5.90 \end{bmatrix}
$$

$$
\xrightarrow[l_{32}=0.243]{(2)} \begin{bmatrix} 5.0 & 0.96 & 6.5 & 0.960 \\ 0 & 4.12 & -2.24 & -0.364 \\ 0 & 0 & 2.99 & 5.99 \end{bmatrix}.
$$

上面的运算仍然是采用三位十进制浮点数进行的,通过回代可求得方程组的解为

$$
\boldsymbol{x} = (-2.60, 1.00, 2.00)^{\mathrm{T}}.
$$

可以验证这是方程组的精确解.

2. Gauss 全主元素法

在进行第一次消元前,找到 $\boldsymbol{A} = \boldsymbol{A}^{(1)}$ 中所有元素的绝对值最大者,经过换行换列将该元素置于第 1 行第 1 列的位置后,再作 Gauss 消元,此元素称为第一次消元时的主元素.

一般地,设第 $k-1$ 次消元已经完成,将原方程组化为式(2.1.5),其增广矩阵为

$$
[\boldsymbol{A}^{(k)}, \boldsymbol{b}^{(k)}] = \begin{bmatrix} a_{11}^{(1)} & a_{12}^{(1)} & \cdots & a_{1k}^{(1)} & \cdots & a_{1n}^{(1)} & b_1^{(1)} \\ & \ddots & & & & \vdots & \\ & & & \boxed{\begin{matrix} a_{kk}^{(k)} & \cdots & a_{kn}^{(k)} \\ \cdots & \cdots & \cdots \\ a_{nk}^{(k)} & \cdots & a_{nn}^{(k)} \end{matrix}} & & & \begin{matrix} b_k^{(k)} \\ \vdots \\ b_n^{(k)} \end{matrix} \end{bmatrix}.
$$

在作第 k 次消元之前,先从上述矩阵的黑框中选取绝对值最大者作为此次消元时的主元素.设

$$
|a_{i_1 j_1}^{(k)}| = \max_{k \leqslant i, j \leqslant n} |a_{ij}^{(k)}|,
$$

则交换$[\boldsymbol{A}^{(k)},\boldsymbol{b}^{(k)}]$的第 i_1 行和第 k 行,第 j_1 列和第 k 列,同时将自变量的 x_k 与 x_{j_1} 的位置交换并记录自变量的排列次序,直到整个消去法完成之后,再按记录恢复自变量为自然次序.这种方法称为完全主元素法,简称为全主元素法.

实际中解线性方程组通常采用 Gauss 列主元素法.它是一个很有效的算法,且求得的近似解一般能达到预定的精度.与 Gauss 列主元素法比较,Gauss 全主元素法增加了比较矩阵元素绝对值大小的运算量,这样做的结果一般会使消元乘数的绝对值更小,这对抑制误差传播会更有利,因此,使用全主元素法可望得到精度更高的结果.

2.2 矩阵的三角分解及其应用

2.2.1 Gauss 消去法与矩阵的三角分解

把方程组的系数矩阵 $\boldsymbol{A}$ 分解为两个三角形矩阵的乘积,这会对解线性方程组带来很大的方便,本节给出三角分解的概念及有关理论.

以后用 $\boldsymbol{R}^{n\times n}$ 表示 $n\times n$ 的实矩阵集合,用 $\boldsymbol{R}^n$ 表示 n 维实向量集合,首先给出矩阵的三角分解的定义.

定义 2.2.1 设 $\boldsymbol{A}\in\boldsymbol{R}^{n\times n}$,若 $\boldsymbol{A}$ 能分解为一个下三角矩阵 $\boldsymbol{L}$ 与一个上三角矩阵 $\boldsymbol{U}$ 的乘积,即

$$\boldsymbol{A}=\boldsymbol{L}\boldsymbol{U}, \tag{2.2.1}$$

则称这种分解为矩阵 $\boldsymbol{A}$ 的三角分解.

在(2.2.1)中,若 $\boldsymbol{L}$ 为单位下三角矩阵(主对角元素皆为 1 的下三角矩阵),$\boldsymbol{U}$ 为上三角矩阵,则称(2.2.1)为 $\boldsymbol{A}$ 的 Doolittle 分解.

在(2.2.1)中,若 $\boldsymbol{L}$ 为下三角矩阵,$\boldsymbol{U}$ 为单位上三角矩阵(主对角元素皆为 1 的上三角矩阵),则称(2.2.1)为 $\boldsymbol{A}$ 的 Crout 分解.

下面讨论 Gauss 消去法及矩阵的三角分解.

分析 Gauss 消去法的消元过程.对于方程组 $\boldsymbol{A}^{(1)}\boldsymbol{x}=\boldsymbol{b}^{(1)}$,设其增广矩阵为$[\boldsymbol{A}^{(1)},\boldsymbol{b}^{(1)}]$,第一次消元将 $\boldsymbol{A}^{(1)}\boldsymbol{x}=\boldsymbol{b}^{(1)}$ 化为 $\boldsymbol{A}^{(2)}\boldsymbol{x}=\boldsymbol{b}^{(2)}$,这

相当于对$[\boldsymbol{A}^{(1)},\boldsymbol{b}^{(1)}]$作变换

$$\boldsymbol{F}_1[\boldsymbol{A}^{(1)},\boldsymbol{b}^{(1)}]=[\boldsymbol{A}^{(2)},\boldsymbol{b}^{(2)}].$$

其中

$$\boldsymbol{F}_1=\begin{bmatrix}1 & & & & & \\ -l_{21} & 1 & & & & \\ -l_{31} & 0 & 1 & & & \\ & & 0 & \ddots & & \\ \vdots & \vdots & \vdots & & & \\ -l_{n1} & 0 & 0 & \cdots & 0 & 1\end{bmatrix}$$

为单位下三角矩阵，$l_{i1}(i=2,\cdots,n)$为第一次消元时的乘数，$[\boldsymbol{A}^{(2)},\boldsymbol{b}^{(2)}]$为$\boldsymbol{A}^{(2)}\boldsymbol{x}=\boldsymbol{b}^{(2)}$的增广矩阵.显然

$$\boldsymbol{F}_1=\boldsymbol{I}-\boldsymbol{m}_1\boldsymbol{e}_1^{\mathrm{T}}.$$

其中I为n阶单位矩阵，$\boldsymbol{m}_1=(0,l_{21},l_{31},\cdots,l_{n1})^{\mathrm{T}}$，$\boldsymbol{e}_1$为$\boldsymbol{I}$的第一列元素构成的$n$维向量.

一般地，第k次消元将$\boldsymbol{A}^{(k)}\boldsymbol{x}=\boldsymbol{b}^{(k)}$化为$\boldsymbol{A}^{(k+1)}\boldsymbol{x}=\boldsymbol{b}^{(k+1)}$，这相当于对$\boldsymbol{A}^{(k)}\boldsymbol{x}=\boldsymbol{b}^{(k)}$的增广矩阵$[\boldsymbol{A}^{(k)},\boldsymbol{b}^{(k)}]$作变换

$$\boldsymbol{F}_k[\boldsymbol{A}^{(k)},\boldsymbol{b}^{(k)}]=[\boldsymbol{A}^{(k+1)},\boldsymbol{b}^{(k+1)}].$$

其中

$$\boldsymbol{F}_k=\begin{bmatrix}1 & & & & & \\ & \ddots & & & & \\ & & 1 & & & \\ & & -l_{k+1,k} & 1 & & \\ & & -l_{k+2,k} & & & \\ & & \vdots & & \ddots & \\ & & -l_{nk} & \cdots & & 1\end{bmatrix}\quad(k=2,3,\cdots,n-1)\tag{2.2.2}$$

为单位下三角矩阵，$l_{ik}(i=k+1,\cdots,n)$为第k次消元时的乘数，$[\boldsymbol{A}^{(k+1)},\boldsymbol{b}^{(k+1)}]$为$\boldsymbol{A}^{(k+1)}\boldsymbol{x}=\boldsymbol{b}^{(k+1)}$的增广矩阵.显然

$$\boldsymbol{F}_k=\boldsymbol{I}-\boldsymbol{m}_k\boldsymbol{e}_k^{\mathrm{T}},k=2,3,\cdots,n-1.$$

其中$\boldsymbol{m}_k=(0,\cdots,0,l_{k+1,k},l_{k+2,k},\cdots,l_{nk})^{\mathrm{T}}$，$\boldsymbol{e}_k$为$n$阶单位矩阵$\boldsymbol{I}$的第$k$

列元素构成的 n 维向量.

第 $n-1$ 次消元将 $\boldsymbol{A}^{(n-1)}\boldsymbol{x}=\boldsymbol{b}^{(n-1)}$ 化为 $\boldsymbol{A}^{(n)}\boldsymbol{x}=\boldsymbol{b}^{(n)}$,这相当于对 $\boldsymbol{A}^{(n-1)}\boldsymbol{x}=\boldsymbol{b}^{(n-1)}$ 的增广矩阵$[\boldsymbol{A}^{(n-1)},\boldsymbol{b}^{(n-1)}]$作变换

$$\boldsymbol{F}_{n-1}[\boldsymbol{A}^{(n-1)},\boldsymbol{b}^{(n-1)}]=[\boldsymbol{A}^{(n)},\boldsymbol{b}^{(n)}].$$

其中 $\boldsymbol{F}_{n-1}$ 由(2.2.2)求得,$[\boldsymbol{A}^{(n)},\boldsymbol{b}^{(n)}]$为 $\boldsymbol{A}^{(n)}\boldsymbol{x}=\boldsymbol{b}^{(n)}$ 的增广矩阵.

综上所述有

$$\boldsymbol{F}_{n-1}\boldsymbol{F}_{n-2}\cdots\boldsymbol{F}_1[\boldsymbol{A}^{(1)},\boldsymbol{b}^{(1)}]=[\boldsymbol{A}^{(n)},\boldsymbol{b}^{(n)}]. \tag{2.2.3}$$

令

$$\boldsymbol{F}=\boldsymbol{F}_{n-1}\boldsymbol{F}_{n-2}\cdots\boldsymbol{F}_1, \tag{2.2.4}$$

由式(2.2.3)有

$$\begin{cases}\boldsymbol{F}\boldsymbol{A}^{(1)}=\boldsymbol{A}^{(n)},\\ \boldsymbol{F}\boldsymbol{b}^{(1)}=\boldsymbol{b}^{(n)}.\end{cases} \tag{2.2.5}$$

设

$$\boldsymbol{A}^{(n)}=\boldsymbol{U}=\begin{bmatrix} a_{11}^{(1)} & a_{12}^{(1)} & \cdots & a_{1n}^{(1)} \\ & a_{22}^{(2)} & \cdots & a_{2n}^{(2)} \\ & & \ddots & \vdots \\ & & & a_{nn}^{(n)} \end{bmatrix},$$

由式(2.2.5)可知

$$\boldsymbol{A}=\boldsymbol{A}^{(1)}=\boldsymbol{F}^{-1}\boldsymbol{A}^{(n)}=\boldsymbol{F}_1^{-1}\boldsymbol{F}_2^{-1}\cdots\boldsymbol{F}_{n-1}^{-1}\boldsymbol{U}=\boldsymbol{L}\boldsymbol{U}. \tag{2.2.6}$$

其中

$$\boldsymbol{L}=\boldsymbol{F}_1^{-1}\boldsymbol{F}_2^{-1}\cdots\boldsymbol{F}_{n-1}^{-1}=\begin{bmatrix} 1 & & & & \\ l_{21} & 1 & & & \\ l_{31} & l_{32} & 1 & & \\ \vdots & \vdots & & \ddots & \\ l_{n1} & l_{n2} & \cdots & l_{n,n-1} & 1 \end{bmatrix}.$$

由式(2.2.6)可知,把 $\boldsymbol{A}$ 分解成了一个单位下三角矩阵 $\boldsymbol{L}$ 与一个上三角矩阵 $\boldsymbol{U}$ 的乘积,或称实现了 $\boldsymbol{A}$ 的 Doolittle 分解.

由式(2.2.5)可知

$$\boldsymbol{b}=\boldsymbol{b}^{(1)}=\boldsymbol{F}^{-1}\boldsymbol{b}^{(n)}=\boldsymbol{L}\boldsymbol{b}^{(n)}.$$

可见,若 Gauss 消去法能进行到底,则一定能够实现矩阵 $\boldsymbol{A}$ 的 Doolittle 分解.

矩阵 $\boldsymbol{A}$ 满足什么条件时,其 Doolittle 分解存在且惟一呢?

定理 2.2.1 设 n 阶矩阵 $\boldsymbol{A}$ 的各阶顺序主子式皆不为零,则 $\boldsymbol{A}$ 存在惟一的 Doolittle 分解.

证 因为 $\boldsymbol{A}$ 的各阶顺序主子式皆不为零,由定理 2.1.1 知 Gauss 消去法能进行到底,即存在单位下三角矩阵 $\boldsymbol{F}_i(i=1,2,\cdots,n-1)$使得

$$\boldsymbol{F}_{n-1}\boldsymbol{F}_{n-2}\cdots\boldsymbol{F}_1\boldsymbol{A}=\boldsymbol{A}^{(n)}=\boldsymbol{U},$$

故

$$\boldsymbol{A}=\boldsymbol{L}\boldsymbol{U}.$$

其中

$$\boldsymbol{L}=\boldsymbol{F}_1^{-1}\boldsymbol{F}_2^{-1}\cdots\boldsymbol{F}_{n-1}^{-1}=\begin{bmatrix}1 & & & & \\ l_{21} & 1 & & & \\ l_{31} & l_{32} & 1 & & \\ \cdots & \cdots & \cdots & \cdots & \\ l_{n1} & l_{n2} & \cdots & l_{nn-1} & 1\end{bmatrix}$$

为单位下三角矩阵;

$$\boldsymbol{U}=\begin{bmatrix}a_{11}^{(1)} & a_{12}^{(1)} & \cdots & a_{1n}^{(1)} \\ & a_{22}^{(2)} & \cdots & a_{2n}^{(2)} \\ & & \cdots & \cdots \\ & & & a_{nn}^{(n)}\end{bmatrix}$$

为上三角矩阵.即 $\boldsymbol{A}$ 存在 Doolittle 分解.下面证明分解的惟一性.

采用反证法:假设分解不惟一,即存在两种不同的分解

$$\boldsymbol{A}=\boldsymbol{L}\boldsymbol{U},\boldsymbol{A}=\overline{\boldsymbol{L}}\overline{\boldsymbol{U}}.$$

其中 $\boldsymbol{L}$ 与 $\overline{\boldsymbol{L}}$ 为单位下三角矩阵,$\boldsymbol{U}$ 与 $\overline{\boldsymbol{U}}$ 为上三角矩阵,则有

$$\boldsymbol{L}\boldsymbol{U}=\overline{\boldsymbol{L}}\overline{\boldsymbol{U}}. \tag{2.2.7}$$

由于 $\boldsymbol{A}$ 非奇异,所以

$$\det\boldsymbol{A}=\deg\boldsymbol{L}\cdot\det\boldsymbol{U}=\det\boldsymbol{U}\neq0,$$

即 $\boldsymbol{U}$ 非奇异.由式(2.2.7)有

$$\bar{L}^{-1}L=\bar{U}U^{-1}.$$

而 $\bar{L}^{-1}L$ 为两个单位下三角矩阵的乘积,仍为单位下三角矩阵,$\bar{U}U^{-1}$ 为两个上三角矩阵之积,仍为上三角矩阵,若两边相等,则必有

$$\bar{L}^{-1}L=I,\quad \bar{U}U^{-1}=I. \tag{2.2.8}$$

其中 I 为 n 阶单位矩阵.由式(2.2.8)有

$$\bar{L}=L,\bar{U}=U.$$

这与假设矛盾,故分解惟一.

推论 1 设 n 阶矩阵 A 的各阶顺序主子式皆不为零,则 A 存在惟一的 Crout 分解.

推论 2 设 n 阶矩阵 A 的各阶顺序主子式皆不为零,则 A 存在惟一的分解

$$A=LDU.$$

其中 L 为单位下三角矩阵,D 为对角矩阵,U 为单位上三角矩阵.

这两个推论的证明留作练习.

定义 2.2.2 交换单位矩阵的 i,j 两行所得到的矩阵称为初等置换矩阵,初等置换矩阵的乘积称为排列矩阵.

显然排列矩阵的乘积仍为排列矩阵.

引理 2.2.1 设 $A\in R^{n\times n}$ 非奇异,则存在排列矩阵 $P\in R^{n\times n}$ 使得 PA 的各阶顺序主子矩阵皆非奇异.

证 对 n 采用归纳法.当 $n=1$ 时,命题显然成立.

假设命题对 $n-1$ 成立,证明命题对 n 成立.

因为 A 为 n 阶非奇异矩阵,所以前 $n-1$ 列中至少有一个 $n-1$ 阶子式不等于零,则存在 n 阶排列矩阵 P_1 使得

$$P_1A=B,$$

且 B 的第 $n-1$ 阶顺序主子矩阵 B_{n-1} 非奇异,将 B 写成分块矩阵形式

$$B=\begin{pmatrix} B_{n-1} & \alpha \\ \beta & b_{nn} \end{pmatrix},$$

α 为 $n-1$ 维列向量,β 为 $n-1$ 维行向量.

因为 B_{n-1} 非奇异,由归纳假设,存在 $n-1$ 阶排列矩阵 P_2,使得

$$P_2 B_{n-1} = C$$

的各阶顺序主子矩阵皆非奇异.而

$$\begin{pmatrix} P_2 & O \\ O & 1 \end{pmatrix}$$

也为 n 阶排列矩阵,使得

$$\begin{pmatrix} P_2 & O \\ O & 1 \end{pmatrix} P_1 A = \begin{pmatrix} P_2 & O \\ O & 1 \end{pmatrix} \begin{pmatrix} B_{n-1} & \alpha \\ \beta & b_{nn} \end{pmatrix} = \begin{pmatrix} P_2 B_{n-1} & P_2 \alpha \\ \beta & b_{nn} \end{pmatrix}$$

$$= \begin{pmatrix} C & P_2 \alpha \\ \beta & b_{nn} \end{pmatrix}.$$

令

$$P = \begin{pmatrix} P_2 & O \\ O & 1 \end{pmatrix} P_1,$$

则 P 为排列矩阵,且有

$$PA = \begin{pmatrix} C & P_2 \alpha \\ \beta & b_{nn} \end{pmatrix}.$$

由于 PA 非奇异,可知

$$\begin{pmatrix} C & P_2 \alpha \\ \beta & b_{nn} \end{pmatrix}$$

的各阶顺序主子矩阵非奇异.证毕.

由定理 2.2.1 与上述引理有如下三角分解定理.

定理 2.2.2 设 $A \in R^{n \times n}$ 非奇异,则存在排列矩阵 $P \in R^{n \times n}$ 使得 PA 有惟一的 Doolittle 分解

$$PA = LU.$$

其中 L 为单位下三角矩阵,U 为上三角矩阵.

在上述定理中,将 Doolittle 分解改为 Crout 分解或 LDU 分解也是成立的.

2.2.2 直接三角分解法

可以直接从矩阵 A 出发,利用矩阵的乘法实现 A 的 LU 分解.

设 $\boldsymbol{A}$ 存在惟一的 Doolittle 分解 $\boldsymbol{A}=\boldsymbol{LU}$,即

$$\begin{bmatrix} a_{11} & a_{12} & \cdots & a_{1n} \\ a_{21} & a_{22} & \cdots & a_{2n} \\ \cdots & \cdots & \cdots & \cdots \\ a_{n1} & a_{n2} & \cdots & a_{nn} \end{bmatrix} = \begin{bmatrix} 1 & & & & \\ l_{21} & 1 & & & \\ l_{31} & l_{32} & 1 & & \\ \vdots & \vdots & & \ddots & \\ l_{n1} & l_{n2} & \cdots & & 1 \end{bmatrix} \begin{bmatrix} u_{11} & u_{12} & \cdots & u_{1n} \\ & u_{22} & \cdots & u_{2n} \\ & & \ddots & \vdots \\ & & & u_{nn} \end{bmatrix}. \tag{2.2.9}$$

设 $\boldsymbol{A}$ 中元素已知,下面利用矩阵乘法确定 $\boldsymbol{L}$ 和 $\boldsymbol{U}$ 中的元素.

先确定 $\boldsymbol{U}$ 的第 1 行,$\boldsymbol{L}$ 的第 1 列. 由式(2.2.9)有

$$a_{1j}=u_{1j} \quad (j=1,2,\cdots,n),$$

$$a_{i1}=l_{i1}u_{11} \quad (i=2,3,\cdots,n).$$

故

$$u_{1j}=a_{1j} \quad (j=1,2,\cdots n), \tag{2.2.10}$$

$$l_{i1}=a_{i1}/u_{11} \quad (i=2,3,\cdots,n). \tag{2.2.11}$$

一般地,设 $\boldsymbol{U}$ 的前 $k-1$ 行,$\boldsymbol{L}$ 的前 $k-1$ 列已求出,下面计算 $\boldsymbol{U}$ 的第 k 行,$\boldsymbol{L}$ 的第 k 列. 由式(2.2.9)有

$$a_{kj}=l_{k1}u_{1j}+l_{k2}u_{2j}+\cdots+l_{k,k-1}u_{k-1,j}+l_{kk}u_{kj}+0.$$

注意,$l_{kk}=1$,且 $k\leqslant j$($\because$ $\boldsymbol{U}$ 的第 k 行元素 u_{kj} 中 $k\leqslant j$),故有

$$u_{kj}=a_{kj}-\sum_{r=1}^{k-1}l_{kr}u_{rj} \quad (j=k,k+1,\cdots,n). \tag{2.2.12}$$

又因为

$$a_{ik}=l_{i1}u_{1k}+l_{i2}u_{2k}+\cdots+l_{ik}u_{kk}+0 \quad (i>k),$$

故

$$l_{ik}=(a_{ik}-\sum_{r=1}^{k-1}l_{ir}u_{rk})/u_{kk} \quad (i=k+1,\cdots,n). \tag{2.2.13}$$

最后确定 u_{nn}. 按(2.2.10~2.2.13)可实现 $\boldsymbol{A}$ 的 Doolittle 分解. 这种方法称为直接三角分解法,其计算量大致与 Gauss 消去法同,约为 $\frac{1}{3}n^3$ 次乘除法运算.

三角分解的优越性在于:如果实现了 $\boldsymbol{A}$ 的三角分解(例如 Doolittle 分解)$\boldsymbol{A}=\boldsymbol{LU}$,则解方程组 $\boldsymbol{Ax}=\boldsymbol{b}$ 等价于解方程组 $\boldsymbol{LUx}=\boldsymbol{b}$. 令

$$\boldsymbol{U}\boldsymbol{x}=\boldsymbol{y},$$

则解 $\boldsymbol{A}\boldsymbol{x}=\boldsymbol{b}$ 等价于解

$$\boldsymbol{L}\boldsymbol{y}=\boldsymbol{b}, \tag{2.2.14}$$

$$\boldsymbol{U}\boldsymbol{x}=\boldsymbol{y}. \tag{2.2.15}$$

这是两个三角形方程组,很容易求解.

求解(2.2.14)的递推公式为

$$y_k=b_k-\sum_{r=1}^{k-1}l_{kr}y_r \quad (k=1,2,\cdots,n). \tag{2.2.16}$$

求解(2.2.15)的递推公式为

$$x_k=(y_k-\sum_{r=k+1}^{n}u_{kr}x_r)/u_{kk} \quad (k=n,n-1,\cdots,2,1). \tag{2.2.17}$$

我们总规定 $\sum_{r=n+1}^{n}a_r=0$.

如果要求解若干个系数矩阵相同,而右端项不同的线性代数方程组

$$\boldsymbol{A}\boldsymbol{x}=\boldsymbol{\beta}_i,(i=1,2,\cdots,m),$$

只需对 $\boldsymbol{A}$ 进行一次分解,即可解上述一组方程组,这是很方便的.

2.2.3 追赶法

使用差分法求解二阶常微分方程的边值问题以及三次样条插值函数的求解问题中,均会遇到一种特殊的线性方程组,其形式为

$$\begin{bmatrix} b_1 & c_1 & & & & \\ a_2 & b_2 & c_2 & & & \\ & a_3 & b_3 & c_3 & & \\ & & \ddots & \ddots & \ddots & \\ & & & a_{n-1} & b_{n-1} & c_{n-1} \\ & & & & a_n & b_n \end{bmatrix}\begin{bmatrix} x_1 \\ x_2 \\ \vdots \\ \vdots \\ x_n \end{bmatrix}=\begin{bmatrix} f_1 \\ f_2 \\ \vdots \\ \vdots \\ f_n \end{bmatrix}, \tag{2.2.18}$$

简记为 $\boldsymbol{A}\boldsymbol{x}=\boldsymbol{f}$. 这种方程组称为三对角方程组,其系数矩阵 $\boldsymbol{A}$ 称为三对角矩阵.

定理 2.2.3 设三对角矩阵 **A** 满足

(1) $a_i \neq 0 \quad (i=2,3,\cdots,n)$, (2.2.19)

$c_i \neq 0 \quad (i=1,2,\cdots,n-1)$. (2.2.20)

(2)
$$\left.\begin{array}{l} |b_1| > |c_1|, \\ |b_i| \geqslant |a_i| + |c_i| \quad (i=2,\cdots,n-1), \\ |b_n| > |a_n|. \end{array}\right\} \tag{2.2.21}$$

则 A 存在惟一的 Crout 分解.

证 欲证明 **A** 的各阶顺序主子式皆不为零,对 **A** 的阶数 n 采用归纳法.当 $n=2$ 时,**A** 的二阶顺序主子式

$$\boldsymbol{A}_2 = \begin{vmatrix} b_1 & c_1 \\ a_2 & b_2 \end{vmatrix} = b_1 b_2 - a_2 c_1.$$

由于

$$\begin{aligned} |b_1 b_2 - a_2 c_1| &\geqslant |b_1| \cdot |b_2| - |a_2||c_1| \\ &\geqslant |b_1||b_2| - |a_2| \cdot |b_1| = |b_1|(|b_2| - |a_2|) > 0, \end{aligned}$$

故有 $A_2 \neq 0$.

设 **A** 的第 $k-1$ 阶顺序主子式 $A_{k-1} \neq 0$,而 A 的第 k 阶顺序主子式

$$\boldsymbol{A}_k = \begin{vmatrix} b_1 & c_1 & & & \\ a_2 & b_2 & c_2 & & \\ & \ddots & \ddots & \ddots & \\ & & a_{k-1} & b_{k-1} & c_{k-1} \\ & & & a_k & b_k \end{vmatrix}$$

$$= \begin{vmatrix} b_1 & c_1 & & & & \\ 0 & b_2 - \dfrac{a_2}{b_1} c_1 & c_2 & & & \\ & a_3 & b_3 & c_3 & & \\ & & \ddots & \ddots & \ddots & \\ & & & a_{k-1} & b_{k-1} & c_{k-1} \\ & & & & a_k & b_k \end{vmatrix}$$

$$
= \begin{vmatrix} b_1 & c_1 \\ 0 & B_{k-1} \end{vmatrix}.
$$

其中 $$\boldsymbol{B}_{k-1} = \begin{bmatrix} b_2 - \dfrac{a_2}{b_1}c_1 & c_2 & & & \\ a_3 & b_3 & c_3 & & \\ & \ddots & \ddots & \ddots & \\ & & a_{k-1} & b_{k-1} & c_{k-1} \\ & & & a_k & b_k \end{bmatrix}.$$

显然

$$
\boldsymbol{A}_k = b_1 \cdot \det(\boldsymbol{B}_{k-1}).
$$

因为

$$
\left| b_2 - \frac{a_2}{b_1}c_1 \right| \geqslant |b_2| - |a_2| \cdot \left| \frac{c_1}{b_1} \right| > |b_2| - |a_2| \geqslant |c_2|,
$$

故 $k-1$ 阶方阵 $\boldsymbol{B}_{k-1}$ 满足定理条件.由归纳假设 $\det(\boldsymbol{B}_{k-1}) \neq 0$,又 $b_1 \neq 0$,所以 $A_k \neq 0$.再由定理 2.2.1 的推论 1 得证.

现设 $\boldsymbol{A}$ 满足定理 2.2.3 的条件,则 $\boldsymbol{A}$ 存在惟一的 Crout 分解 $\boldsymbol{A} = \boldsymbol{L} \cdot \boldsymbol{U}$,由于 $\boldsymbol{A}$ 的特殊性,其分解形式如下:

$$
\begin{bmatrix} b_1 & c_1 & & & \\ a_2 & b_2 & c_2 & & \\ & \ddots & \ddots & \ddots & \\ & & a_{n-1} & b_{n-1} & c_{n-1} \\ & & & a_n & b_n \end{bmatrix}
$$

$$
= \begin{bmatrix} l_1 & & & & \\ m_2 & l_2 & & & \\ & m_3 & l_3 & & \\ & & \ddots & \ddots & \\ & & & m_n & l_n \end{bmatrix} \begin{bmatrix} 1 & u_1 & & & \\ & 1 & u_2 & & \\ & & \ddots & \ddots & \\ & & & & u_{n-1} \\ & & & & 1 \end{bmatrix}. \qquad (2.2.22)
$$

利用矩阵乘法,比较等式两边的对应元素有

$$
\begin{cases}
l_1 = b_1, u_1 = \dfrac{c_1}{l_1}, \\
m_i = a_i \quad (i=2,3,\cdots,n), \\
l_i = b_i - m_i u_{i-1} \quad (i=2,3,\cdots,n), \\
u_i = \dfrac{c_i}{l_i} \quad (i=2,3,\cdots,n-1),
\end{cases}
\tag{2.2.23}
$$

利用式(2.2.23)便可实现 $\boldsymbol{A}$ 的 Crout 分解.

这样,将方程组 $\boldsymbol{Ax}=\boldsymbol{f}$ 即 $\boldsymbol{LUx}=\boldsymbol{f}$ 化为解

$$\boldsymbol{Ly}=\boldsymbol{f},$$

$$\boldsymbol{Ux}=\boldsymbol{y}.$$

我们综合分解与求解的过程,可得解三对角方程组的追赶法公式如下:

(1) 计算$\{u_i\}$的递推公式:

$$u_1=\frac{c_1}{b_1},$$

$$u_i=\frac{c_i}{b_i-a_iu_{i-1}} \quad (i=2,3,\cdots,n-1).$$

(2) 解 $\boldsymbol{Ly}=\boldsymbol{f}$ 的递推公式:

$$y_1=\frac{f_1}{b_1},$$

$$y_i=\frac{f_i-a_iy_{i-1}}{b_i-a_iu_{i-1}} \quad (i=2,3,\cdots,n).$$

(3) 解 $\boldsymbol{Ux}=\boldsymbol{y}$ 的计算公式

$$x_n=y_n,$$

$$x_i=y_i-u_ix_{i+1} \quad (i=n-1,n-2,\cdots,2,1).$$

上述方法称为追赶法,它分为追的过程与赶的过程,其中计算 u_i 与 y_i 的过程称为追的过程,求 x_i 的过程称为赶的过程.

这种方法的优点为:

(1) 计算量小,大约需要 $5n-4$ 次乘除法.

(2) 存贮量小,只需用三个一维数组存放对角线与次对角线上的数据,还需两组工作单元保存计算的中间结果和计算解.

(3) 在定理 2.2.3 的条件下,可以证明 $\boldsymbol{L}$ 与 $\boldsymbol{U}$ 中的元素有界,而且没有用很小的数作除数,因此避免了中间结果数量级的巨大增长和舍入误差的严重累积,不必选主元.

2.2.4 平方根法

系数矩阵为对称正定矩阵的线性方程组称为对称正定方程组,所谓平方根法是用来求解对称正定方程组的方法.

定理 2.2.4 (对称正定矩阵的 Cholesky 分解)

设 $\boldsymbol{A}\in\boldsymbol{R}^{n\times n}$ 为对称正定矩阵,则存在一个实的非奇异下三角矩阵 $\boldsymbol{L}$ 使得 $\boldsymbol{A}=\boldsymbol{L}\boldsymbol{L}^{\mathrm{T}}$,当限定 $\boldsymbol{L}$ 的对角元素为正时,这种分解是惟一的.

1. 平方根法

设

$$\begin{aligned}\boldsymbol{A}&=\boldsymbol{L}\cdot\boldsymbol{L}^{\mathrm{T}}\\&=\begin{bmatrix}l_{11}&&&\\l_{21}&l_{22}&&\\\cdots&\cdots&\cdots&\cdots\\l_{n1}&l_{n2}&\cdots&l_{nn}\end{bmatrix}\begin{bmatrix}l_{11}&l_{21}&\cdots&l_{n1}\\&l_{22}&\cdots&l_{n2}\\&\cdots&\cdots&\cdots\\&&&l_{nn}\end{bmatrix},\end{aligned}\tag{2.2.24}$$

其中 $\boldsymbol{A}=(a_{ij})_{n\times n}$ 对称正定且 $l_{ii}>0,(i=1,2,\cdots,n)$,利用直接三角分解法可得

$$\begin{cases}l_{jj}=(a_{jj}-\sum\limits_{k=1}^{j-1}l_{jk}^2)^{\frac{1}{2}} & (j=1,2,\cdots,n),\\ l_{ij}=(a_{ij}-\sum\limits_{k=1}^{j-1}l_{ik}l_{jk})/l_{jj} & (i=j+1,\cdots,n).\end{cases}\tag{2.2.25}$$

利用(2.2.25)便可实现 $\boldsymbol{A}$ 的 $\boldsymbol{L}\boldsymbol{L}^{\mathrm{T}}$ 的分解,这种分解称为 $\boldsymbol{A}$ 的 Cholesky 分解.

于是求解 $\boldsymbol{A}\boldsymbol{x}=\boldsymbol{b}$ 等价于解 $\boldsymbol{L}\boldsymbol{L}^{\mathrm{T}}\boldsymbol{x}=\boldsymbol{b}$,它可化为解

$$\boldsymbol{L}\boldsymbol{y}=\boldsymbol{b},$$

$$\boldsymbol{L}^{\mathrm{T}}\boldsymbol{x}=\boldsymbol{y}.$$

求解公式为

$$y_i=[b_i-\sum_{k=1}^{i-1}l_{ik}y_k]/l_{ii}\quad(i=1,2,\cdots,n),\tag{2.2.26}$$

$$x_i=[y_i-\sum_{k=i+1}^{n}l_{ki}x_k]/l_{ii}\quad(i=n,n-1,\cdots 2,1).\tag{2.2.27}$$

利用 $\boldsymbol{A}$ 的 Cholesky 分解求解对称正定方程组的方法称为平方根法，这是因为在(2.2.25)的第一式中含有开平方运算的缘故，此法约需 $\frac{1}{6}n^3$ 次乘除法.

2. 改进的平方根法

在平方根法的计算公式中，用到开方运算，这是不理想的，为了避免开方可采用改进的平方根法.

定理 2.2.5 设 $\boldsymbol{A}$ 为 n 阶对称正定矩阵，则存在惟一的分解

$$\boldsymbol{A}=\boldsymbol{LDL}^{\mathrm{T}}.\tag{2.2.28}$$

其中 $\boldsymbol{L}$ 为单位下三角矩阵，$\boldsymbol{D}$ 为对角矩阵，且 $\boldsymbol{D}$ 的对角元素都为正数.

证 因为 $\boldsymbol{A}$ 是 n 阶正定矩阵，故其各阶顺序主子式全大于零，由定理 2.2.1 的推论 2 知 $\boldsymbol{A}$ 存在惟一的分解.

$$\boldsymbol{A}=\boldsymbol{LDU},$$

其中 $\boldsymbol{L}$ 为单位下三角矩阵，$\boldsymbol{U}$ 为单位上三角矩阵，$\boldsymbol{D}$ 为对角矩阵.

又因为 $\boldsymbol{A}$ 对称，所以有 $\boldsymbol{A}=\boldsymbol{A}^{\mathrm{T}}=\boldsymbol{U}^{\mathrm{T}}\boldsymbol{DL}^{\mathrm{T}}$，即

$$\boldsymbol{LDU}=\boldsymbol{U}^{\mathrm{T}}\boldsymbol{DL}^{\mathrm{T}}.$$

由分解的惟一性可知 $\boldsymbol{U}=\boldsymbol{L}^{\mathrm{T}}$，于是

$$\boldsymbol{A}=\boldsymbol{LDL}^{\mathrm{T}}.$$

设

$$\boldsymbol{D}=\mathrm{diag}(d_1,d_2,\cdots,d_n),$$

因为 $\boldsymbol{L}$ 为单位下三角矩阵，故对单位坐标向量

$$\boldsymbol{e}_j=(0,\cdots,0,\underset{(j)}{1},0,\cdots,0)^{\mathrm{T}},$$

存在 $\boldsymbol{y}_j\neq 0$，使得

$$\boldsymbol{L}^{\mathrm{T}}\boldsymbol{y}_j=\boldsymbol{e}_j\ (j=1,\cdots,n),$$

于是

$$\boldsymbol{y}_j^{\mathrm{T}}\boldsymbol{A}\boldsymbol{y}_j=\boldsymbol{y}_j^{\mathrm{T}}\boldsymbol{L}\boldsymbol{D}\boldsymbol{L}^{\mathrm{T}}\boldsymbol{y}_j=(\boldsymbol{L}^{\mathrm{T}}\boldsymbol{y}_j)^{\mathrm{T}}\boldsymbol{D}(\boldsymbol{L}^{\mathrm{T}}\boldsymbol{y}_j)=\boldsymbol{e}_j^{\mathrm{T}}\boldsymbol{D}\boldsymbol{e}_j=d_j>0.$$

这是因为 $\boldsymbol{A}$ 正定的缘故.

由分解式(2.2.28),其中

$$\boldsymbol{L}=\begin{bmatrix}1 & & & \\ l_{21} & 1 & & \\ \cdots & \cdots & & \\ l_{n1} & l_{n2} & \cdots & 1\end{bmatrix},\boldsymbol{D}=\mathrm{diag}(d_1,d_2,\cdots,d_n).$$

利用矩阵乘法,比较等式两端的对应元素,不难导出下列分解公式

$$\begin{cases}d_i=a_{ii}-\sum_{k=1}^{i-1}d_k l_{ik}^2 \quad (i=1,2,\cdots,n),\\ l_{ij}=(a_{ij}-\sum_{k=1}^{j-1}d_k l_{ik}l_{jk})/d_j \quad (j=1,2,\cdots,i-1).\end{cases} \tag{2.2.29}$$

据此可按顺序计算 $d_1\to l_{21}\to d_2\to l_{31}\to l_{32}\to d_3\to\cdots$,这样便实现了 $\boldsymbol{A}$ 的 $\boldsymbol{L}\boldsymbol{D}\boldsymbol{L}^{\mathrm{T}}$ 的分解,此时分解式中不再含有开方运算.

如果要解对称正定方程组 $\boldsymbol{A}\boldsymbol{x}=\boldsymbol{b}$,等价于解 $\boldsymbol{L}\boldsymbol{D}\boldsymbol{L}^{\mathrm{T}}\boldsymbol{x}=\boldsymbol{b}$,可化为解

$$\boldsymbol{L}\boldsymbol{y}=\boldsymbol{b},$$
$$\boldsymbol{L}^{\mathrm{T}}\boldsymbol{x}=\boldsymbol{D}^{-1}\boldsymbol{y}.$$

其计算公式分别为

$$y_i=b_i-\sum_{k=1}^{i-1}l_{ik}y_k \quad (i=1,2,\cdots,n), \tag{2.2.30}$$

$$x_i=\frac{y_i}{d_i}-\sum_{k=i+1}^{n}l_{ki}x_k \quad (i=n,n-1,\cdots,2,1). \tag{2.2.31}$$

上述算法称为改进的平方根法.

2.3 向量和矩阵的范数

为了讨论数值方法的收敛性、稳定性及进行误差分析,需要引进向量和矩阵范数的概念,为此首先介绍线性空间与内积空间的概念.

2.3.1　线性空间

用 **R** 表示实数域，**C** 表示复数域，用 **K** 表示数域（或者表示实数域 **R**，或者表示复数域 **C**）.

定义 2.3.1　设 $\boldsymbol{X}$ 是一个非空集合，**K** 是一个数域，若对 $\boldsymbol{X}$ 中的元素定义两种运算：

(1) 加法"+"，满足对任意 $\boldsymbol{x},\boldsymbol{y}\in\boldsymbol{X}$，有 $\boldsymbol{x}+\boldsymbol{y}\in\boldsymbol{X}$（这称为 $\boldsymbol{X}$ 对加法运算封闭）.

(2) 数量乘法"·"（简称数乘），满足对任意 $\lambda\in\mathbf{K}$ 及任意 $\boldsymbol{x}\in\boldsymbol{X}$ 有 $\lambda\boldsymbol{x}\in\boldsymbol{X}$（称为 $\boldsymbol{X}$ 对数量乘法封闭），并对任意 $\boldsymbol{x},\boldsymbol{y},\boldsymbol{z}\in\boldsymbol{X}$，$\alpha,\beta\in\mathbf{K}$，满足下列运算规则：

1°　$\boldsymbol{x}+\boldsymbol{y}=\boldsymbol{y}+\boldsymbol{x}$；

2°　$(\boldsymbol{x}+\boldsymbol{y})+\boldsymbol{z}=\boldsymbol{x}+(\boldsymbol{y}+\boldsymbol{z})$；

3°　存在零元素 $\boldsymbol{O}\in\boldsymbol{X}$，对任意 $\boldsymbol{x}\in\boldsymbol{X}$，都有

$$\boldsymbol{x}+\boldsymbol{O}=\boldsymbol{x};$$

4°　对任意 $\boldsymbol{x}\in\boldsymbol{X}$，存在 $\boldsymbol{x}$ 的逆元素，记为 $-\boldsymbol{x}$，使得 $\boldsymbol{x}+(-\boldsymbol{x})=\boldsymbol{O}$；

5°　$1\cdot\boldsymbol{x}=\boldsymbol{x}$；

6°　$\alpha(\beta\boldsymbol{x})=(\alpha\beta)\boldsymbol{x}$；

7°　$\alpha(\boldsymbol{x}+\boldsymbol{y})=\alpha\boldsymbol{x}+\alpha\boldsymbol{y}$；

8°　$(\alpha+\beta)\boldsymbol{x}=\alpha\boldsymbol{x}+\beta\boldsymbol{x}$.

则称 $\boldsymbol{X}$ 为数域 **K** 上的线性空间（或向量空间）；当 **K** 为实数域 **R** 时，称 $\boldsymbol{X}$ 为实线性空间；当 **K** 为复数域 **C** 时，称 $\boldsymbol{X}$ 为复线性空间.

例如，$\boldsymbol{R}^n$（或 $\boldsymbol{C}^n$）表示 n 维实（或复）向量的全体组成的集合，按向量的加法及数与向量的数量乘法，易验证它是线性空间，$\boldsymbol{R}^n$（或 $\boldsymbol{C}^n$）是实（或复）线性空间.

又如，$\boldsymbol{C}[a,b]$ 表示闭区间 $[a,b]$ 上的连续函数的全体组成的集合，按通常函数的加法及数与函数的数乘运算易验证 $\boldsymbol{C}[a,b]$ 是线性空间.

再如，$\boldsymbol{R}^{n\times n}$（或 $\boldsymbol{C}^{n\times n}$）表示 n 阶实（或复）方阵的全体组成的集合，

按通常矩阵的加法及数与矩阵的数乘运算易验证 $\boldsymbol{R}^{n\times n}$（或 $\boldsymbol{C}^{n\times n}$）是线性空间，$\boldsymbol{R}^{n\times n}$（或 $\boldsymbol{C}^{n\times n}$）是实（或复）线性空间.

为方便，我们仅在实线性空间上讨论问题，不难把结论推广到复线性空间上去.

定义 2.3.2 设 $\boldsymbol{X}$ 是线性空间，$\boldsymbol{Y}\subset\boldsymbol{X}$，$\boldsymbol{Y}$ 非空，若对于任意 $\boldsymbol{x},\boldsymbol{y}\in\boldsymbol{Y}$，和任意 $\alpha\in\mathbf{K}$，有

$$\boldsymbol{x}+\boldsymbol{y}\in\boldsymbol{Y},\alpha\boldsymbol{x}\in\boldsymbol{Y},$$

则称 $\boldsymbol{Y}$ 为 $\boldsymbol{X}$ 的线性子空间，简称为 $\boldsymbol{X}$ 的子空间.

定义 2.3.3 设 $\boldsymbol{X}$ 是线性空间，$\boldsymbol{M}\subset\boldsymbol{X}$，$\boldsymbol{M}$ 非空，记

$$\mathrm{span}\boldsymbol{M}=\{\alpha_1\boldsymbol{x}_1+\alpha_2\boldsymbol{x}_2+\cdots+\alpha_n\boldsymbol{x}_n\mid\boldsymbol{x}_i\in\boldsymbol{M},\alpha_i\in\mathbf{K},\ i=1,\cdots,n,n\in\mathbf{N}\}.$$

其中 $\mathbf{N}$ 为全体正整数组成之集合. 即 $\mathrm{span}\boldsymbol{M}$ 是由 $\boldsymbol{M}$ 中任意有限个元素线性组合的全体组成的集合，可证明 $\mathrm{span}\boldsymbol{M}$ 为 $\boldsymbol{X}$ 的子空间，称之为由 $\boldsymbol{M}$ 张成（或生成）的子空间.

定义 2.3.4 设 $\boldsymbol{X}$ 为数域 $\mathbf{K}$ 上的线性空间，$\boldsymbol{M}=\{\boldsymbol{x}_1,\boldsymbol{x}_2,\cdots,\boldsymbol{x}_n\}\subset\boldsymbol{X}$，若

$$\alpha_1\boldsymbol{x}_1+\alpha_2\boldsymbol{x}_2+\cdots+\alpha_n\boldsymbol{x}_n=0,\alpha_i\in\mathbf{K}(i=1,\cdots,n),\qquad(2.3.1)$$

仅当 $\alpha_1=\alpha_2=\cdots=\alpha_n=0$ 时才成立，则称集合 $\boldsymbol{M}$ 是线性无关的. 若 $\boldsymbol{M}$ 不线性无关，则称 $\boldsymbol{M}$ 是线性相关的. 此时必存在不全为零的 $\alpha_1,\alpha_2,\cdots,\alpha_n$ 使(2.3.1)成立.

一般地，设 $\boldsymbol{M}$ 是线性空间 $\boldsymbol{X}$ 的非空集合（不一定是有限集合）. 若 $\boldsymbol{M}$ 的每个有限子集均线性无关，则称 $\boldsymbol{M}$ 线性无关. 若 $\boldsymbol{M}$ 不线性无关，则称 $\boldsymbol{M}$ 线性相关.

2.3.2 内积与内积空间

定义 2.3.5 设 $\boldsymbol{X}$ 为实数域 $\mathbf{R}$ 上的线性空间，对于任意 $\boldsymbol{x},\boldsymbol{y}\in\boldsymbol{X}$，定义一个二元实函数，记为 $(\boldsymbol{x},\boldsymbol{y})$，满足

(1) $(\boldsymbol{x},\boldsymbol{x})\geqslant0$，并且 $(\boldsymbol{x},\boldsymbol{x})=0$ 时当且仅当 $\boldsymbol{x}=\boldsymbol{O}$；

(2) $(\boldsymbol{x},\boldsymbol{y})=(\boldsymbol{y},\boldsymbol{x})$；

(3) 对任意 $\lambda \in \mathbf{R}$ 有$(\lambda \boldsymbol{x}, \boldsymbol{y}) = \lambda(\boldsymbol{x}, \boldsymbol{y})$;

(4) 对任意 $\boldsymbol{x}, \boldsymbol{y}, \boldsymbol{z} \in \boldsymbol{X}$,有$(\boldsymbol{x}+\boldsymbol{y}, \boldsymbol{z}) = (\boldsymbol{x}, \boldsymbol{z}) + (\boldsymbol{y}, \boldsymbol{z})$.

则称$(\boldsymbol{x}, \boldsymbol{y})$为 $\boldsymbol{x}$ 与 $\boldsymbol{y}$ 的内积,$\boldsymbol{X}$ 称为内积空间(更确切地称为实内积空间).

例 2.3.1 在线性空间 $\boldsymbol{R}^n$ 上,对于任意 $\boldsymbol{x} = (x_1, x_2, \cdots, x_n)^{\mathrm{T}}$, $\boldsymbol{y} = (y_1, y_2, \cdots, y_n)^{\mathrm{T}} \in \boldsymbol{R}^n$,定义

$$(\boldsymbol{x}, \boldsymbol{y}) = \boldsymbol{y}^{\mathrm{T}} \boldsymbol{x} = \sum_{i=1}^{n} x_i y_i, \tag{2.3.2}$$

不难验证(2.3.2)满足内积定义 2.3.5,所以它是 $\boldsymbol{R}^n$ 上的一种内积,按此内积 $\boldsymbol{R}^n$ 成为内积空间.

例 2.3.2 在 $\boldsymbol{C}[a, b]$上,对任意 $f(x), g(x) \in \boldsymbol{C}[a, b]$,定义

$$(f(x), g(x)) = \int_a^b \rho(x) f(x) g(x) \mathrm{d}x, \tag{2.3.3}$$

其中 $\rho(x)$称为权函数,它满足:

(1) $\rho(x) \geqslant 0$,对任意 $x \in [a, b]$;

(2) $\int_a^b \rho(x) \mathrm{d}x > 0$;

(3) 积分$\int_a^b x^n \rho(x) \mathrm{d}x$ 存在,$n = 0, 1, \cdots$.

容易验证(2.3.3)满足内积定义 2.3.5,故它是 $\boldsymbol{C}[a, b]$上的内积,按此内积 $\boldsymbol{C}[a, b]$成为内积空间.

特殊地,当 $\rho(x) = 1$ 时,(2.3.3)成为

$$(f(x), g(x)) = \int_a^b f(x) g(x) \mathrm{d}x.$$

定理 2.3.1 设 $\boldsymbol{X}$ 为实数域 $\mathbf{R}$ 上的线性空间,内积定义了一个实值函数

$$\| \boldsymbol{x} \|_2 = \sqrt{(\boldsymbol{x}, \boldsymbol{x})}, \boldsymbol{x} \in \boldsymbol{X}. \tag{2.3.4}$$

满足如下的 Cauchy-Schwarz 不等式

$$|(\boldsymbol{x}, \boldsymbol{y})| \leqslant \| \boldsymbol{x} \|_2 \| \boldsymbol{y} \|_2, \boldsymbol{x}, \boldsymbol{y} \in \boldsymbol{X}. \tag{2.3.5}$$

证 当 $\boldsymbol{y} = \boldsymbol{O}$ 时,等式(2.3.5)成立.下面设 $\boldsymbol{y} \neq \boldsymbol{O}$,对任意 $\boldsymbol{\lambda} \in \mathbf{R}$

有

$$(\boldsymbol{x}-\lambda\boldsymbol{y},\boldsymbol{x}-\lambda\boldsymbol{y})=(\boldsymbol{x},\boldsymbol{x})-2\lambda(\boldsymbol{x},\boldsymbol{y})+\lambda^2(\boldsymbol{y},\boldsymbol{y})\geqslant 0. \quad (2.3.6)$$

现取

$$\lambda=\frac{(\boldsymbol{x},\boldsymbol{y})}{(\boldsymbol{y},\boldsymbol{y})},$$

代入式(2.3.6)得

$$\|\boldsymbol{x}\|_2^2-2\frac{(\boldsymbol{x},\boldsymbol{y})(\boldsymbol{x},\boldsymbol{y})}{\|\boldsymbol{y}\|_2^2}+\frac{|(\boldsymbol{x},\boldsymbol{y})|^2}{\|\boldsymbol{y}\|_2^2}\geqslant 0,$$

从而

$$|(\boldsymbol{x},\boldsymbol{y})|^2\leqslant\|\boldsymbol{x}\|_2^2\|\boldsymbol{y}\|_2^2.$$

开方后即得式(2.3.5).

2.3.3 向量的范数

定义 2.3.6 设 $\boldsymbol{X}$ 为实数域 $\mathbf{R}$ 上的线性空间,$N(\boldsymbol{x})=\|\boldsymbol{x}\|$ 是定义在 $\boldsymbol{X}$ 上的非负实值函数,并满足

(1) 非负性.对任意 $\boldsymbol{x}\in\boldsymbol{X}$,$\|\boldsymbol{x}\|\geqslant 0$;并且,$\|\boldsymbol{x}\|=0$ 当且仅当 $\boldsymbol{x}=\boldsymbol{O}$;

(2) 齐次性.对任意 $\boldsymbol{x}\in\boldsymbol{X},\lambda\in\mathbf{R}$,有

$$\|\lambda\boldsymbol{x}\|=|\lambda|\,\|\boldsymbol{x}\|;$$

(3) 三角不等式.对任意 $\boldsymbol{x},\boldsymbol{y}\in\boldsymbol{X}$,有

$$\|\boldsymbol{x}+\boldsymbol{y}\|\leqslant\|\boldsymbol{x}\|+\|\boldsymbol{y}\|. \quad (2.3.7)$$

则称 $\boldsymbol{X}$ 为赋范线性空间,$\|\boldsymbol{x}\|$ 称为 $\boldsymbol{X}$ 中向量 $\boldsymbol{x}$ 的范数.

利用三角不等式易推出

$$\big|\|\boldsymbol{x}\|-\|\boldsymbol{y}\|\big|\leqslant\|\boldsymbol{x}-\boldsymbol{y}\|. \quad (2.3.8)$$

例 2.3.3 在线性空间 $\boldsymbol{R}^n$ 中,对于任意的

$\boldsymbol{x}=(x_1,x_2,\cdots,x_n)^{\mathrm{T}}\in\boldsymbol{R}^n$,可以证明

$$\|\boldsymbol{x}\|_\infty=\max_{1\leqslant i\leqslant n}|x_i|, \quad (2.3.9)$$

$$\|\boldsymbol{x}\|_1=\sum_{i=1}^n|x_i|, \quad (2.3.10)$$

$$\|\boldsymbol{x}\|_2=\sqrt{(\boldsymbol{x},\boldsymbol{x})}=\Big(\sum_{i=1}^n x_i^2\Big)^{\frac{1}{2}} \quad (2.3.11)$$

均满足范数定义，故分别称为向量 $\boldsymbol{x}$ 的∞—范数，1—范数，2—范数，2—范数又称为 Euclid 范数，简称欧氏范数. 下面仅就式(2.3.11)加以证明.

范数定义的前两条(2.3.11)显然满足. 下面只需证明它满足三角不等式.

任给 $\boldsymbol{x},\boldsymbol{y}\in\boldsymbol{R}^n$，考虑

$$\begin{aligned}\|\boldsymbol{x}+\boldsymbol{y}\|_2^2&=(\boldsymbol{x}+\boldsymbol{y},\boldsymbol{x}+\boldsymbol{y})=(\boldsymbol{x},\boldsymbol{x})+2(\boldsymbol{x},\boldsymbol{y})+(\boldsymbol{y},\boldsymbol{y})\\&\leqslant(\boldsymbol{x},\boldsymbol{x})+2|(\boldsymbol{x},\boldsymbol{y})|+(\boldsymbol{y},\boldsymbol{y})\\&\leqslant\|\boldsymbol{x}\|_2^2+2\|\boldsymbol{x}\|_2\|\boldsymbol{y}\|_2+\|\boldsymbol{y}\|_2^2\\&=(\|\boldsymbol{x}\|_2+\|\boldsymbol{y}\|_2)^2,\end{aligned}$$

开方后有

$$\|\boldsymbol{x}+\boldsymbol{y}\|_2\leqslant\|\boldsymbol{x}\|_2+\|\boldsymbol{y}\|_2.$$

故(2.3.11)为 $\boldsymbol{R}^n$ 上 $\boldsymbol{x}$ 的范数.

例 2.3.4 在线性空间 $\boldsymbol{C}[a,b]$中，对于任意的 $f(x)\in\boldsymbol{C}[a,b]$，易证明

$$\|f(x)\|_\infty=\max_{a\leqslant x\leqslant b}|f(x)|, \tag{2.3.12}$$

$$\|f(x)\|_2=\left[\int_a^b\rho(x)f^2(x)\mathrm{d}x\right]^{\frac{1}{2}} \tag{2.3.13}$$

满足范数定义，故它们是 $\boldsymbol{C}[a,b]$上的范数，分别称为 $f(x)$的∞—范数，$f(x)$的 2—范数. $f(x)$的 2—范数又称欧氏范数.

定理 2.3.2 设 $\boldsymbol{X}$ 为 n 维线性空间，$\boldsymbol{\varepsilon}_1,\boldsymbol{\varepsilon}_2,\cdots,\boldsymbol{\varepsilon}_n$ 为 $\boldsymbol{X}$ 的一组基，$\boldsymbol{x}\in\boldsymbol{X}$. 则

$$\boldsymbol{x}=\sum_{j=1}^n x_j\boldsymbol{\varepsilon}_j.$$

$\boldsymbol{X}$ 上的任何一种范数 $\|\boldsymbol{x}\|$ 是关于变元 $x_1,x_2,\cdots,x_n$ 的连续函数.

证 设 $\boldsymbol{h}\in\boldsymbol{X},\boldsymbol{h}\neq\boldsymbol{O}$，则 $\boldsymbol{h}=\sum_{j=1}^n h_j\boldsymbol{\varepsilon}_j$. 由式(2.3.8)有

$$\big|\|\boldsymbol{x}+\boldsymbol{h}\|-\|\boldsymbol{x}\|\big|\leqslant\|\boldsymbol{h}\|\leqslant\sum_{j=1}^n|h_j|\,\|\boldsymbol{\varepsilon}_j\|$$

$$\leqslant \max_{1\leqslant j\leqslant n}|h_j|\sum_{j=1}^{n}\|\boldsymbol{\varepsilon}_j\|.$$

对于给定的范数，$\sum\limits_{j=1}^{n}\|\boldsymbol{\varepsilon}_j\|$ 为一个常数，令此常数为 M，即

$$M=\sum_{j=1}^{n}\|\boldsymbol{\varepsilon}_j\|.$$

则有 $\quad |\|\boldsymbol{x}+\boldsymbol{h}\|-\|\boldsymbol{x}\||\leqslant M\cdot\max\limits_{1\leqslant j\leqslant n}|h_j|.$

对任给的 $\varepsilon>0$，只需取 $\delta=\dfrac{\varepsilon}{M}$，当 $\max\limits_{1\leqslant j\leqslant n}|h_j|<\delta$ 时，恒有

$$|\|\boldsymbol{x}+\boldsymbol{h}\|-\|\boldsymbol{x}\||<\varepsilon.$$

定理 2.3.3 设 $\boldsymbol{X}$ 为有限维线性空间，$\|\boldsymbol{x}\|_\alpha$ 与 $\|\boldsymbol{x}\|_\beta$ 为 $\boldsymbol{X}$ 上任何两种范数，则 $\|\boldsymbol{x}\|_\alpha$ 与 $\|\boldsymbol{x}\|_\beta$ 是等价的，即对任意 $\boldsymbol{x}\in\boldsymbol{X}$，存在与 $\boldsymbol{x}$ 无关的正数 C_1,C_2 使得

$$C_1\|\boldsymbol{x}\|_\beta\leqslant\|\boldsymbol{x}\|_\alpha\leqslant C_2\|\boldsymbol{x}\|_\beta \tag{2.3.14}$$

成立.

为证明此定理，先给出如下的引理.

引理 2.3.1 设 $\boldsymbol{x}_1,\boldsymbol{x}_2,\cdots,\boldsymbol{x}_n$ 是赋范线性空间 $\boldsymbol{X}$ 中的线性无关集，则存在一个数 $C>0$，使得对每一组数 $a_1,a_2,\cdots,a_n$ 都有

$$\|a_1\boldsymbol{x}_1+a_2\boldsymbol{x}_2+\cdots+a_n\boldsymbol{x}_n\|\geqslant C(|a_1|+|a_2|+\cdots+|a_n|).$$

下面证明定理 2.3.3.

证 设 $\boldsymbol{X}$ 为 n 维线性空间，$\boldsymbol{\varepsilon}_1,\boldsymbol{\varepsilon}_2,\cdots,\boldsymbol{\varepsilon}_n$ 为 $\boldsymbol{X}$ 的一组基，对任意 $\boldsymbol{x}\in\boldsymbol{X}$，有惟一不表示式

$$\boldsymbol{x}=a_1\boldsymbol{\varepsilon}_1+a_2\boldsymbol{\varepsilon}_2+\cdots+a_n\boldsymbol{\varepsilon}_n.$$

由引理 2.3.1 知，存在正数 C，使得

$$\|\boldsymbol{x}\|_\alpha\geqslant C(|a_1|+|a_2|+\cdots+|a_n|). \tag{2.3.15}$$

由三角不等式有

$$\|\boldsymbol{x}\|_\beta=\|\sum_{j=1}^{n}a_j\boldsymbol{\varepsilon}_j\|_\beta\leqslant\sum_{j=1}^{n}|a_j|\|\boldsymbol{\varepsilon}_j\|_\beta\leqslant k\sum_{j=1}^{n}|a_j|.$$

其中

$$k=\max(\|\boldsymbol{\varepsilon}_1\|_\beta,\|\boldsymbol{\varepsilon}_2\|_\beta,\cdots,\|\boldsymbol{\varepsilon}_n\|_\beta).$$

所以有

$$\sum_{j=1}^{n} |a_j| \geqslant \frac{1}{k} \| \boldsymbol{x} \|_\beta. \tag{2.3.16}$$

由(2.3.15)及(2.3.16)可得

$$C_1 \| \boldsymbol{x} \|_\beta \leqslant \| \boldsymbol{x} \|_\alpha.$$

其中 $C_1 = \frac{C}{k}$. 在上面的证明中将 $\| \boldsymbol{x} \|_\alpha$ 与 $\| \boldsymbol{x} \|_\beta$ 互换可证(2.3.14)的另一个不等式.

例如, $\boldsymbol{R}^n$ 是一个有限维赋范线性空间,故 $\boldsymbol{R}^n$ 上任意两种范数等价. 下面给出 $\boldsymbol{R}^n$ 中向量序列收敛性的定义.

定义 2.3.7 设有 $\boldsymbol{R}^n$ 中一向量序列 $\{\boldsymbol{x}^{(k)}\}$ 及向量 $\boldsymbol{x}^* = (x_1^*, x_2^*, \cdots, x_n^*)^{\mathrm{T}}$, 记 $\boldsymbol{x}^{(k)} = (x_1^{(k)}, x_2^{(k)}, \cdots, x_n^{(k)})^{\mathrm{T}}$, 若

$$\lim_{k \to \infty} x_i^{(k)} = x_i^* \quad (i = 1, 2, \cdots, n),$$

则称 $\{\boldsymbol{x}^{(k)}\}$ 收敛于 x^*, 记为 $\lim\limits_{k \to \infty} \boldsymbol{x}^{(k)} = \boldsymbol{x}^*$. 否则称 $\{\boldsymbol{x}^{(k)}\}$ 不收敛.

定理 2.3.4 设 $\{\boldsymbol{x}^{(k)}\}$ 为 $\boldsymbol{R}^n$ 中一向量序列, $\boldsymbol{x}^* \in \boldsymbol{R}^n$, $\lim\limits_{k \to \infty} \boldsymbol{x}^{(k)} = \boldsymbol{x}^*$ 的充分必要条件是

$$\lim_{k \to \infty} \| \boldsymbol{x}^{(k)} - \boldsymbol{x}^* \| = 0.$$

其中 $\| \cdot \|$ 是指 $\boldsymbol{R}^n$ 中任意一种范数.

证明 由范数的等价性只需就∞—范数证明即可. 设

$$\lim_{k \to \infty} \| \boldsymbol{x}^{(k)} - \boldsymbol{x}^* \|_\infty = 0,$$

即

$$\lim_{k \to \infty} \max_{1 \leqslant j \leqslant n} | x_j^{(k)} - x_j^* | = 0.$$

因为对于 $1 \leqslant j \leqslant n$ 有

$$0 \leqslant | x_j^{(k)} - x_j^* | \leqslant \max_{1 \leqslant j \leqslant n} | x_j^{(k)} - x_j^* |,$$

从而

$$\lim_{k \to \infty} | x_j^{(k)} - x_j^* | = 0 \quad (j = 1, \cdots, n),$$

于是

$$\lim_{k \to \infty} x_j^{(k)} = x_j^* \quad (j = 1, 2, \cdots, n),$$

即

$$\lim_{k\to\infty}\boldsymbol{x}^{(k)}=\boldsymbol{x}^*.$$

另一方面，设$\lim\limits_{k\to\infty}\boldsymbol{x}^{(k)}=\boldsymbol{x}^*$，即

$$\lim_{k\to\infty}x_j^{(k)}=x_j^* \quad (j=1,2,\cdots,n),$$

必有

$$\lim_{k\to\infty}\max_{1\leqslant j\leqslant n}|x_j^{(k)}-x_j^*|=0,$$

从而

$$\lim_{k\to\infty}\|\boldsymbol{x}^{(k)}-\boldsymbol{x}^*\|_\infty=0.$$

再由范数的等价性可得

$$\lim_{k\to\infty}\|\boldsymbol{x}^{(k)}-\boldsymbol{x}^*\|=0.$$

2.3.4 矩阵的范数

定义 2.3.8 设 $\boldsymbol{A}\in\boldsymbol{R}^{n\times n}$，则矩阵 $\boldsymbol{A}$ 的范数 $\|\boldsymbol{A}\|$ 为定义在 $\boldsymbol{R}^{n\times n}$ 上的实值函数，简记为 $\|\cdot\|$，满足，

(1) 非负性：$\|\boldsymbol{A}\|\geqslant\boldsymbol{O}$，且 $\|\boldsymbol{A}\|=\boldsymbol{O}$ 当且仅当 $\boldsymbol{A}=\boldsymbol{O}$；

(2) 齐次性：对任意 $\lambda\in\mathbf{R}$，均有 $\|\lambda\boldsymbol{A}\|=|\lambda|\cdot\|\boldsymbol{A}\|$；

(3) 三角不等式：对任意 $\boldsymbol{A},\boldsymbol{B}\in\boldsymbol{R}^{n\times n}$，均有

$$\|\boldsymbol{A}+\boldsymbol{B}\|\leqslant\|\boldsymbol{A}\|+\|\boldsymbol{B}\|;$$

(4) 相容性：对任意 $\boldsymbol{A},\boldsymbol{B}\in\boldsymbol{R}^{n\times n}$，均有 $\|\boldsymbol{AB}\|\leqslant\|\boldsymbol{A}\|\cdot\|\boldsymbol{B}\|$，

则称 $\|\boldsymbol{A}\|$ 为 $\boldsymbol{R}^{n\times n}$ 上的矩阵范数.

为了建立矩阵范数与向量范数之间的联系，下面给出矩阵范数与向量范数相容的定义.

定义 2.3.9 若对任意 $\boldsymbol{A}\in\boldsymbol{R}^{n\times n}$，及任意 $\boldsymbol{x}\in\boldsymbol{R}^n$ 有

$$\|\boldsymbol{Ax}\|_\alpha\leqslant\|\boldsymbol{A}\|\,\|\boldsymbol{x}\|_\alpha,$$

则称矩阵范数 $\|\boldsymbol{A}\|$ 与向量范数 $\|\boldsymbol{x}\|_\alpha$ 相容.

例 2.3.5 设 $\boldsymbol{A}=(a_{ij})\in\boldsymbol{R}^{n\times n}$，可以验证

$$\|\boldsymbol{A}\|_F=\Big(\sum_{i=1}^n\sum_{j=1}^n a_{ij}^2\Big)^{\frac{1}{2}}$$

是矩阵范数，称为 Frobenius(弗罗宾纽斯)范数，简称 F—范数.

易证明

$$\| \boldsymbol{Ax} \|_2 \leqslant \| A \|_F \| \boldsymbol{x} \|_2 .$$

这表明 $\boldsymbol{A}$ 的 F—范数与向量的 2—范数相容.

定义 2.3.10 设 $\boldsymbol{x} \in \boldsymbol{R}^n, \boldsymbol{A} \in \boldsymbol{R}^{n \times n}$,给定一种向量范数 $\| \boldsymbol{x} \|_P (P=1,2,\infty)$,相应地定义一个矩阵的非负函数

$$\| \boldsymbol{A} \|_P = \max_{x \neq 0} \frac{\| \boldsymbol{Ax} \|_P}{\| \boldsymbol{x} \|_P}. \tag{2.3.17}$$

$\| \boldsymbol{A} \|_P$ 为矩阵 $\boldsymbol{A}$ 的范数.此范数称为由向量范数导出的矩阵范数,又称 $\boldsymbol{A}$ 的算子范数.

若记

$$\boldsymbol{z} = \frac{\boldsymbol{x}}{\| \boldsymbol{x} \|_P},$$

显然 $\| \boldsymbol{z} \|_P = 1$. 于是(2.3.17)可写成其等价形式

$$\| \boldsymbol{A} \|_P = \max_{\| z \|_P = 1} \| \boldsymbol{Az} \|_P . \tag{2.3.18}$$

由(2.3.17)易知

$$\| \boldsymbol{Ax} \|_P \leqslant \| \boldsymbol{A} \|_P \| \boldsymbol{x} \|_P (P=1,2,\infty). \tag{2.3.19}$$

即算子范数满足矩阵P-范数与向量的P-范数相容.

易证明算子范数满足矩阵范数定义中的条件.事实上(1)与(2)显然满足.现证明(3)(4)成立,对任意 $\boldsymbol{A}, \boldsymbol{B} \in \boldsymbol{R}^{n \times n}$,有

$$\begin{aligned} \| \boldsymbol{A} + \boldsymbol{B} \|_P &= \max_{x \neq 0} \frac{\| (\boldsymbol{A} + \boldsymbol{B}) \boldsymbol{x} \|_P}{\| \boldsymbol{x} \|_P} \\ &\leqslant \max_{x \neq 0} \frac{\| \boldsymbol{Ax} \|_P}{\| \boldsymbol{x} \|_P} + \max_{x \neq 0} \frac{\| \boldsymbol{Bx} \|_P}{\| \boldsymbol{x} \|_P} = \| \boldsymbol{A} \|_P + \| \boldsymbol{B} \|_P , \end{aligned}$$

即(3)成立.

由(2.3.19)知

$$\begin{aligned} \| \boldsymbol{ABx} \|_P &= \| \boldsymbol{A}(\boldsymbol{Bx}) \|_P \leqslant \| \boldsymbol{A} \|_P \| \boldsymbol{Bx} \|_P \\ &\leqslant \| \boldsymbol{A} \|_P \| \boldsymbol{B} \|_P \| \boldsymbol{x} \|_P , \end{aligned}$$

故

$$\| \boldsymbol{AB} \|_P = \max_{x \neq 0} \frac{\| \boldsymbol{ABx} \|_P}{\| \boldsymbol{x} \|_P} \leqslant \| \boldsymbol{A} \|_P \| \boldsymbol{B} \|_P .$$

即(4)成立.

定理 2.3.5 设 $\boldsymbol{x}\in\boldsymbol{R}^n$，$\boldsymbol{A}=(a_{ij})\in\boldsymbol{R}^{n\times n}$，则

(1) $\|\boldsymbol{A}\|_\infty=\max\limits_{1\leqslant i\leqslant n}\sum\limits_{j=1}^{n}|a_{ij}|$;

(2) $\|\boldsymbol{A}\|_1=\max\limits_{1\leqslant j\leqslant n}\sum\limits_{i=1}^{n}|a_{ij}|$;

(3) $\|\boldsymbol{A}\|_2=[\lambda_{\max}(\boldsymbol{A}^T\boldsymbol{A})]^{\frac{1}{2}}$.

其中 $\lambda_{\max}(\boldsymbol{A}^{\mathrm{T}}\boldsymbol{A})$ 表示 $\boldsymbol{A}^{\mathrm{T}}\boldsymbol{A}$ 的最大特征值，它们分别称为 $\boldsymbol{A}$ 的行范数、列范数、谱范数，又分别称为 $\boldsymbol{A}$ 的∞—范数，1—范数，2—范数，且分别称为是由向量∞—范数，1—范数和2—范数导出的矩阵范数.

证 只证(1)与(3). 首先证明(1). 对任意 $\boldsymbol{x}=(x_1,x_2,\cdots,x_n)^{\mathrm{T}}\in\boldsymbol{R}^n$，由

$$\|\boldsymbol{Ax}\|_\infty=\max_{1\leqslant i\leqslant n}\Big|\sum_{i=1}^{n}a_{ij}x_j\Big|\leqslant\max_{1\leqslant i\leqslant n}\sum_{j=1}^{n}|a_{ij}||x_j|$$

$$\leqslant(\max_{1\leqslant i\leqslant n}\sum_{j=1}^{n}|a_{ij}|)(\max_{1\leqslant j\leqslant n}|x_j|)=(\max_{1\leqslant i\leqslant n}\sum_{j=1}^{n}|a_{ij}|)\|\boldsymbol{x}\|_\infty,$$

故有

$$\|\boldsymbol{A}\|_\infty=\max_{x\neq0}\frac{\|\boldsymbol{Ax}\|_\infty}{\|\boldsymbol{x}\|_\infty}\leqslant\max_{1\leqslant i\leqslant n}\sum_{j=1}^{n}|a_{ij}|. \tag{2.3.20}$$

设矩阵 $\boldsymbol{A}$ 的第 m 行元素的绝对值之和达到最大，即有

$$\sum_{j=1}^{n}|a_{mj}|=\max_{1\leqslant i\leqslant n}\sum_{j=1}^{n}|a_{ij}|=V.$$

再证明存在一个向量 $\boldsymbol{y}=(y_1,y_2,\cdots,y_n)^{\mathrm{T}}\in\boldsymbol{R}^n$，且 $\boldsymbol{y}\neq\boldsymbol{O}$，使得 $\dfrac{\|\boldsymbol{Ay}\|_\infty}{\|\boldsymbol{y}\|_\infty}=V$，令

$$y_j=\mathrm{sign}(a_{mj})=\begin{cases}1, & \text{当 } a_{mj}\geqslant0,\\ -1, & \text{当 } a_{mj}<0.\end{cases}$$

显然 $\|\boldsymbol{y}\|_\infty=1$，并且

$$\|\boldsymbol{Ay}\|_\infty=\max_{1\leqslant i\leqslant n}\Big|\sum_{j=1}^{n}a_{ij}y_j\Big|=\sum_{j=1}^{n}|a_{mj}|=V=\max_{1\leqslant i\leqslant n}\sum_{j=1}^{n}|a_{ij}|,$$

即

$$\frac{\|\boldsymbol{Ay}\|_\infty}{\|\boldsymbol{y}\|_\infty}=\max_{1\leqslant i\leqslant n}\sum_{j=1}^{n}|a_{ij}|=V,$$

亦即 $\|\boldsymbol{A}\|_\infty=\max_{x\neq 0}\frac{\|\boldsymbol{Ax}\|_\infty}{\|\boldsymbol{x}\|_\infty}\geqslant\frac{\|\boldsymbol{Ay}\|_\infty}{\|\boldsymbol{y}\|_\infty}=\max_{1\leqslant i\leqslant n}\sum_{j=1}^{n}|a_{ij}|$. (2.3.21)

由(2.3.20),(2.3.21)知(1)成立.

再证(3).按(2.3.18),要证明

$$\|\boldsymbol{A}\|_2=\max_{\|\boldsymbol{x}\|_2=1}\|\boldsymbol{Ax}\|_2=[\lambda_{\max}(\boldsymbol{A}^T\boldsymbol{A})]^{\frac{1}{2}},$$

显然

$$\begin{aligned}0\leqslant\|\boldsymbol{Ax}\|_2^2&=(\boldsymbol{Ax},\boldsymbol{Ax})=(\boldsymbol{Ax})^{\mathrm T}\boldsymbol{Ax}=\boldsymbol{x}^{\mathrm T}\boldsymbol{A}^{\mathrm T}\boldsymbol{Ax}\\&=(\boldsymbol{A}^{\mathrm T}\boldsymbol{Ax},\boldsymbol{x}).\end{aligned}$$

故 $\boldsymbol{A}^{\mathrm T}\boldsymbol{A}$ 是半正定矩阵,其特征值皆为非负实数,设其为

$$\lambda_1\geqslant\lambda_2\cdots\geqslant\lambda_n\geqslant 0,$$

又因 $\boldsymbol{A}^{\mathrm T}\boldsymbol{A}$ 对称,故有一组标准正交的特征向量 $\boldsymbol{x}_1,\boldsymbol{x}_2,\cdots,\boldsymbol{x}_n$,它们满足

$$(\boldsymbol{x}_i,\boldsymbol{x}_j)=\begin{cases}1, & i=j,\\0, & i\neq j,\end{cases}\tag{2.3.22}$$

且有 $\boldsymbol{A}^{\mathrm T}\boldsymbol{Ax}_i=\lambda_i\boldsymbol{x}_i$,$(i=1,2,\cdots,n)$,显然 $\boldsymbol{x}_1,\boldsymbol{x}_2,\cdots,\boldsymbol{x}_n$ 可以作为 $\boldsymbol{R}^n$ 的一组基.于是对任意 $\boldsymbol{x}\in\boldsymbol{R}^n$ 且满足 $\|\boldsymbol{x}\|_2=1$,则有 $\boldsymbol{x}=\sum_{j=1}^{n}a_j\boldsymbol{x}_j$,由(2.3.22)有

$$\|\boldsymbol{x}\|_2^2=(\boldsymbol{x},\boldsymbol{x})=(\sum_{j=1}^{n}a_j\boldsymbol{x}_j,\sum_{j=1}^{n}a_j\boldsymbol{x}_j)=\sum_{j=1}^{n}a_j^2=1,$$

$$\begin{aligned}\|\boldsymbol{Ax}\|_2^2&=(\boldsymbol{A}^{\mathrm T}\boldsymbol{Ax},\boldsymbol{x})=(\sum_{j=1}^{n}a_j\boldsymbol{A}^{\mathrm T}\boldsymbol{Ax}_j,\sum_{j=1}^{n}a_j\boldsymbol{x}_j)\\&=(\sum_{j=1}^{n}a_j\lambda_j\boldsymbol{x}_j,\sum_{j=1}^{n}a_j\boldsymbol{x}_j)=\sum_{j=1}^{n}\lambda_ja_j^2\leqslant\lambda_1\sum_{j=1}^{n}a_j^2=\lambda_1.\end{aligned}$$

于是

$$\|\boldsymbol{Ax}\|_2\leqslant\sqrt{\lambda_1}=[\lambda_{\max}(\boldsymbol{A}^{\mathrm T}\boldsymbol{A})]^{\frac{1}{2}}.$$

从而有

$$\|\boldsymbol{A}\|_2=\max_{\|x\|_2=1}\|\boldsymbol{Ax}\|_2\leqslant[\lambda_{\max}(\boldsymbol{A}^{\mathrm{T}}\boldsymbol{A})]^{\frac{1}{2}}. \tag{2.3.23}$$

另一方面,取 $\boldsymbol{x}=\boldsymbol{x}_1$,显然 $\|\boldsymbol{x}_1\|_2=\sqrt{(\boldsymbol{x}_1,\boldsymbol{x}_1)}=1$,则

$$\|\boldsymbol{Ax}_1\|_2^2=(\boldsymbol{A}^{\mathrm{T}}\boldsymbol{Ax}_1,\boldsymbol{x}_1)=(\lambda_1\boldsymbol{x}_1,\boldsymbol{x}_1)=\lambda_1(\boldsymbol{x}_1,\boldsymbol{x}_1)=\lambda_1,$$

开方后得

$$\|\boldsymbol{Ax}_1\|_2=\sqrt{\lambda_1}=[\lambda_{\max}(\boldsymbol{A}^{\mathrm{T}}\boldsymbol{A})]^{\frac{1}{2}},$$

从而有

$$\begin{aligned}\|\boldsymbol{A}\|_2&=\max_{\|x\|_2=1}\|\boldsymbol{Ax}\|_2\geqslant\|\boldsymbol{Ax}_1\|_2\\&=\sqrt{\lambda_1}=[\lambda_{\max}(\boldsymbol{A}^{\mathrm{T}}\boldsymbol{A})]^{\frac{1}{2}}.\end{aligned} \tag{2.3.24}$$

由(2.3.23)、(2.3.24)可知(3)成立.

(2)的证明留给读者.

由于 $\boldsymbol{R}^{n\times n}$ 也是有限维线性空间,故由定理 2.3.3 知定义在 $\boldsymbol{R}^{n\times n}$ 上的任何两种矩阵范数也是等价的,于是有如下的定理.

定理 2.3.6 $\boldsymbol{R}^{n\times n}$ 上的任何两种矩阵范数是等价的.即假设 $\|\boldsymbol{A}\|_\alpha$ 与 $\|\boldsymbol{A}\|_\beta$ 为 $\boldsymbol{R}^{n\times n}$ 上的任何两种矩阵范数,则存在常数 $C_1,C_2>0$ 使得

$$C_1\|\boldsymbol{A}\|_\alpha\leqslant\|\boldsymbol{A}\|_\beta\leqslant C_2\|\boldsymbol{A}\|_\alpha$$

成立.

定理 2.3.7 设 $\boldsymbol{I},\boldsymbol{B}\in\boldsymbol{R}^{n\times n}$,$\boldsymbol{I}$ 为单位矩阵,若 $\|\boldsymbol{B}\|<1$,则 $\boldsymbol{I}\pm\boldsymbol{B}$ 非奇异,且有

$$\|(\boldsymbol{I}\pm\boldsymbol{B})^{-1}\|\leqslant\frac{1}{1-\|\boldsymbol{B}\|}.$$

其中 $\|\cdot\|$ 指矩阵的算子范数.

证 只证明 $\boldsymbol{I}+\boldsymbol{B}$ 的情况,$\boldsymbol{I}-\boldsymbol{B}$ 的情况证法类似,采用反证法.

假设 $\boldsymbol{I}+\boldsymbol{B}$ 奇异,则存在 $\boldsymbol{x}\neq\boldsymbol{O}$ 使得 $(\boldsymbol{I}+\boldsymbol{B})\boldsymbol{x}=\boldsymbol{O}$,于是 $\boldsymbol{x}=-\boldsymbol{Bx}$,两边取范数得

$$\|\boldsymbol{x}\|=\|\boldsymbol{Bx}\|\leqslant\|\boldsymbol{B}\|\ \|\boldsymbol{x}\|.$$

$\because \boldsymbol{x}\neq\boldsymbol{O}$,$\|\boldsymbol{x}\|>0$,由上式可知

$$\| \boldsymbol{B} \| \geqslant 1.$$

这与题设 $\| \boldsymbol{B} \| < 1$ 矛盾,故 $\boldsymbol{I} + \boldsymbol{B}$ 非奇异.

由于

$$(\boldsymbol{I} + \boldsymbol{B})^{-1}(\boldsymbol{I} + \boldsymbol{B}) = \boldsymbol{I},$$

所以

$$(\boldsymbol{I} + \boldsymbol{B})^{-1} = \boldsymbol{I} - (\boldsymbol{I} + \boldsymbol{B})^{-1}\boldsymbol{B}.$$

两边取范数,利用三角不等式,并注意 $\boldsymbol{I}$ 的算子范数 $\| \boldsymbol{I} \| = 1$,故

$$\begin{aligned}
&\| (\boldsymbol{I} + \boldsymbol{B})^{-1} \| \leqslant \| \boldsymbol{I} \| + \| (\boldsymbol{I} + \boldsymbol{B})^{-1}\boldsymbol{B} \| \\
&\leqslant 1 + \| (\boldsymbol{I} + \boldsymbol{B})^{-1} \| \cdot \| \boldsymbol{B} \|, \\
&(1 - \| \boldsymbol{B} \|) \| (\boldsymbol{I} + \boldsymbol{B})^{-1} \| \leqslant 1.
\end{aligned}$$

因为 $\| \boldsymbol{B} \| < 1$,所以

$$\| (\boldsymbol{I} + \boldsymbol{B})^{-1} \| \leqslant \frac{1}{1 - \| \boldsymbol{B} \|}.$$

定义 2.3.11 设有矩阵序列 $\{\boldsymbol{A}^{(k)}\}_{k=0}^{\infty}$ 及 $\boldsymbol{A} = (a_{ij}) \in \boldsymbol{R}^{n \times n}$, $\boldsymbol{A}^{(k)} = (a_{ij}^{(k)})$,若

$$\lim_{k \to \infty} a_{ij}^{(k)} = a_{ij} \quad (i, j = 1, 2, \cdots, n),$$

则称 $\{\boldsymbol{A}^{(k)}\}$ 收敛于 $\boldsymbol{A}$,记为

$$\lim_{k \to \infty} \boldsymbol{A}^{(k)} = \boldsymbol{A}.$$

否则称此序列不收敛.

与定理 2.3.4 类似,有如下定理.

定理 2.3.8 $\lim\limits_{k \to \infty} \boldsymbol{A}^{(k)} = \boldsymbol{A}$ 的充分必要条件是

$$\lim_{k \to \infty} \| \boldsymbol{A}^{(k)} - \boldsymbol{A} \| = 0.$$

其中 $\| \cdot \|$ 指任意一种矩阵范数.

此定理证法与定理 2.3.4 类似,此处从略.

定义 2.3.12 设 $\boldsymbol{A} \in \boldsymbol{R}^{n \times n}$,其特征值为 $\lambda_i (i = 1, 2, \cdots, n)$,则称

$$\rho(\boldsymbol{A}) = \max_{1 \leqslant i \leqslant n} |\lambda_i|$$

为 $\boldsymbol{A}$ 的谱半径.

定理 2.3.9 设 $\boldsymbol{A} \in \boldsymbol{C}^{n \times n}$,则 $\boldsymbol{A}$ 的谱半径

$$\rho(\boldsymbol{A}) = \inf\{ \| \boldsymbol{A} \| \mid \| \cdot \| \text{ 是 } \boldsymbol{C}^{n \times n} \text{ 上的矩阵范数} \}.$$ 即满足

(1) 对于 $\boldsymbol{C}^{n\times n}$ 上的任意一种矩阵范数 $\|\cdot\|$,都有 $\rho(\boldsymbol{A})\leqslant\|\boldsymbol{A}\|$.

(2) 对任意 $\varepsilon>0$,在 $\boldsymbol{C}^{n\times n}$ 上存在一种矩阵范数 $\|\cdot\|_*$,使得

$$\|\boldsymbol{A}\|_*\leqslant\rho(\boldsymbol{A})+\varepsilon.$$

证 只证明(1),(2)的证明从略.

设 λ 为 $\boldsymbol{A}$ 的任一特征值,$\boldsymbol{x}$ 为 $\boldsymbol{A}$ 的对应于 λ 的特征向量,则有

$$\boldsymbol{A}\boldsymbol{x}=\lambda\boldsymbol{x},\quad \boldsymbol{x}\neq\boldsymbol{O},$$

两端取范数,由相容性有

$$\|\lambda\|\cdot\|\boldsymbol{x}\|=\|\boldsymbol{A}\boldsymbol{x}\|\leqslant\|\boldsymbol{A}\|\ \|\boldsymbol{x}\|.$$

因 $\|\boldsymbol{x}\|>0$,得到 $|\lambda|\leqslant\|\boldsymbol{A}\|$,从而有

$$\rho(\boldsymbol{A})\leqslant\|\boldsymbol{A}\|.$$

定理 2.3.10 设 $\boldsymbol{A}\in\boldsymbol{R}^{n\times n}$ 为实对称矩阵,则有

$$\|\boldsymbol{A}\|_2=\rho(\boldsymbol{A}).$$

证 因 $\boldsymbol{A}=\boldsymbol{A}^{\mathrm{T}}$,所以

$$\|\boldsymbol{A}\|_2=[\lambda_{\max}(\boldsymbol{A}^{\mathrm{T}}\boldsymbol{A})]^{\frac{1}{2}}=[\lambda_{\max}(\boldsymbol{A}^2)]^{\frac{1}{2}}=[(\max_{1\leqslant i\leqslant n}|\lambda_i|)^2]^{\frac{1}{2}}$$
$$=\max_{1\leqslant i\leqslant n}|\lambda_i|=\rho(\boldsymbol{A}).$$

其中 $\lambda_i(i=1,2,\cdots,n)$ 为 $\boldsymbol{A}$ 的特征值.

2.4 方程组的性态与误差分析

前面我们讨论了求解线性方程组的直接法.当我们用某种方法求解一个线性方程组时,求得的解有时是不准确的,其原因一种可能是方法不合理,另一种原因可能是方程组本身的性态不够好.在这节中,我们将讨论方程组的性态问题,首先给出一个例子.

例 2.4.1 设有方程组

$$\begin{pmatrix}1 & 0.99\\ 0.99 & 0.98\end{pmatrix}\begin{bmatrix}x_1\\ x_2\end{bmatrix}=\begin{pmatrix}1\\ 1\end{pmatrix}\tag{2.4.1}$$

和

$$\begin{pmatrix} 1 & 0.99 \\ 0.99 & 0.98 \end{pmatrix}\begin{pmatrix} x_1 \\ x_2 \end{pmatrix} = \begin{pmatrix} 1 \\ 0.99 \end{pmatrix}, \tag{2.4.2}$$

这两个方程组的区别是它们的右端项不同.(2.4.2)可以看作是将(2.4.1)的右端项作微小变化(或扰动)而得到的方程组.我们将研究这种微小扰动对解的影响.

显然(2.4.1)的精确解为 $\boldsymbol{x}=(100,-100)^{\mathrm{T}}$,而(2.4.2)的精确解为 $\boldsymbol{x}=(1,0)^{\mathrm{T}}$,比例表明:当方程组的右端项 $\boldsymbol{b}$ 仅仅有 $\frac{1}{100}$ 的微小扰动,就使得其解变化很大,对于这样的方程组很难求得较精确的解.

定义 2.4.1 若方程组 $\boldsymbol{Ax}=\boldsymbol{b}$ 的系数矩阵 $\boldsymbol{A}$ 或常数项 $\boldsymbol{b}$ 有微小变化,会引起该方程组解的巨大变化,这样的方程组称为"病态"方程组,$\boldsymbol{A}$ 称为"病态"矩阵;否则 $\boldsymbol{Ax}=\boldsymbol{b}$ 称为"良态"方程组,$\boldsymbol{A}$ 称为"良态"矩阵.

显然(2.4.1)是"病态"方程组.为了能更好地刻画"病态"的程度,现给出如下的定理.

定理 2.4.1 设 $\boldsymbol{Ax}=\boldsymbol{b}\neq\boldsymbol{O}$,$\boldsymbol{A}$ 非奇异,仅方程组的右端项 $\boldsymbol{b}$ 有扰动(或误差)$\delta\boldsymbol{b}\neq\boldsymbol{O}$,相应的解 $\boldsymbol{x}$ 有扰动 $\delta\boldsymbol{x}$,即下式成立:

$$\boldsymbol{A}(\boldsymbol{x}+\delta\boldsymbol{x})=\boldsymbol{b}+\delta\boldsymbol{b}. \tag{2.4.3}$$

则有

$$\frac{\|\delta\boldsymbol{x}\|}{\|\boldsymbol{x}\|}\leqslant\|\boldsymbol{A}^{-1}\|\,\|\boldsymbol{A}\|\frac{\|\delta\boldsymbol{b}\|}{\|\boldsymbol{b}\|}. \tag{2.4.4}$$

证 由(2.4.3)有 $\boldsymbol{Ax}+\boldsymbol{A}\delta\boldsymbol{x}=\boldsymbol{b}+\delta\boldsymbol{b}$,

注意到 $\boldsymbol{Ax}=\boldsymbol{b}$,故有

$$\boldsymbol{A}\delta\boldsymbol{x}=\delta\boldsymbol{b}.$$

因为 $\boldsymbol{A}$ 非奇异,所以 $\delta\boldsymbol{x}=\boldsymbol{A}^{-1}\delta\boldsymbol{b}$.两边取范数,利用相容性得

$$\|\delta\boldsymbol{x}\|\leqslant\|\boldsymbol{A}^{-1}\|\,\|\delta\boldsymbol{b}\|.$$

另一方面,由

$$\|\boldsymbol{x}\|\geqslant\frac{\|\boldsymbol{Ax}\|}{\|\boldsymbol{A}\|}=\frac{\|\boldsymbol{b}\|}{\|\boldsymbol{A}\|},$$

因此有

$$\frac{\|\delta \boldsymbol{x}\|}{\|\boldsymbol{x}\|} \leqslant \|\boldsymbol{A}^{-1}\| \|\boldsymbol{A}\| \frac{\|\delta \boldsymbol{b}\|}{\|\boldsymbol{b}\|}.$$

记

$$\operatorname{cond}(\boldsymbol{A}) = \|\boldsymbol{A}^{-1}\| \|\boldsymbol{A}\|. \tag{2.4.5}$$

cond($\boldsymbol{A}$)称为矩阵 $\boldsymbol{A}$ 的条件数,其中 $\|\cdot\|$ 指矩阵的算子范数,按式(2.4.5),则(2.4.4)表为

$$\frac{\|\delta \boldsymbol{x}\|}{\|\boldsymbol{x}\|} \leqslant \operatorname{cond}(\boldsymbol{A}) \frac{\|\delta \boldsymbol{b}\|}{\|\boldsymbol{b}\|}, \tag{2.4.6}$$

由于对矩阵的算子范数而言,

$$\operatorname{cond}(\boldsymbol{A}) = \|\boldsymbol{A}^{-1}\| \|\boldsymbol{A}\| \geqslant \|\boldsymbol{A}^{-1}\boldsymbol{A}\| = \|\boldsymbol{I}\| = 1,$$

可见条件数是一个放大倍数.(2.4.6)表明解的相对误差不超过 $\boldsymbol{b}$ 的相对误差的 cond($\boldsymbol{A}$)倍.

定理 2.4.2 设 $\boldsymbol{A}\boldsymbol{x} = \boldsymbol{b} \neq \boldsymbol{O}$, $\boldsymbol{A}$ 非奇异,仅系数矩阵 $\boldsymbol{A}$ 有扰动 $\delta\boldsymbol{A}$,相应的解 $\boldsymbol{x}$ 有扰动 $\delta\boldsymbol{x}$,即有

$$(\boldsymbol{A} + \delta\boldsymbol{A})(\boldsymbol{x} + \delta\boldsymbol{x}) = \boldsymbol{b}. \tag{2.4.7}$$

当 $\|\boldsymbol{A}^{-1}\| \|\delta\boldsymbol{A}\| < 1$ 时,有

$$\frac{\|\delta \boldsymbol{x}\|}{\|\boldsymbol{x}\|} \leqslant \frac{\operatorname{cond}(\boldsymbol{A})}{1 - \operatorname{cond}(\boldsymbol{A})\dfrac{\|\delta\boldsymbol{A}\|}{\|\boldsymbol{A}\|}} \cdot \frac{\|\delta\boldsymbol{A}\|}{\|\boldsymbol{A}\|}. \tag{2.4.8}$$

证 从(2.4.7)中消去 $\boldsymbol{A}\boldsymbol{x} = \boldsymbol{b}$ 得

$$\boldsymbol{A}\delta\boldsymbol{x} + \delta\boldsymbol{A}(\boldsymbol{x} + \delta\boldsymbol{x}) = \boldsymbol{O},$$

故

$$\begin{aligned}\|\delta\boldsymbol{x}\| &= \|\boldsymbol{A}^{-1}\delta\boldsymbol{A}(\boldsymbol{x} + \delta\boldsymbol{x})\| \\ &\leqslant \|\boldsymbol{A}^{-1}\| \|\delta\boldsymbol{A}\| (\|\boldsymbol{x}\| + \|\delta\boldsymbol{x}\|),\end{aligned}$$

从而有

$$(1 - \|\boldsymbol{A}^{-1}\| \|\delta\boldsymbol{A}\|) \|\delta\boldsymbol{x}\| \leqslant \|\boldsymbol{A}^{-1}\| \|\delta\boldsymbol{A}\| \|\boldsymbol{x}\|.$$

因为 $\|\boldsymbol{A}^{-1}\| \|\delta\boldsymbol{A}\| < 1$,故

$$\frac{\|\delta \boldsymbol{x}\|}{\|\boldsymbol{x}\|} \leqslant \frac{\|\boldsymbol{A}^{-1}\| \|\delta\boldsymbol{A}\|}{1 - \|\boldsymbol{A}^{-1}\| \|\delta\boldsymbol{A}\|} = \frac{\operatorname{cond}(\boldsymbol{A})}{1 - \operatorname{cond}(\boldsymbol{A})\dfrac{\|\delta\boldsymbol{A}\|}{\|\boldsymbol{A}\|}} \cdot \frac{\|\delta\boldsymbol{A}\|}{\|\boldsymbol{A}\|}.$$

由(2.4.8)可知,当 $\delta\boldsymbol{A}$ 充分小时,其右端近似为 cond($\boldsymbol{A}$)

$\frac{\|\delta \boldsymbol{A}\|}{\|\boldsymbol{A}\|}$，即解的相对误差不超过 $\boldsymbol{A}$ 的相对误差的 $\mathrm{cond}(\boldsymbol{A})$倍.

因为解的相对误差不超过原始数据相对误差的 $\mathrm{cond}(\boldsymbol{A})$倍，由此可以看出当条件数 $\mathrm{cond}(\boldsymbol{A})$越小时，解的相对误差也越小，当 $\mathrm{cond}(\boldsymbol{A})$越大时，解的相对误差可能越大. 这表明 $\mathrm{cond}(\boldsymbol{A})$刻画了方程组病态之程度. 当条件数相对地大时，称 $\boldsymbol{Ax}=\boldsymbol{b}$ 为病态方程组，$\boldsymbol{A}$ 称为病态矩阵，否则称 $\boldsymbol{Ax}=\boldsymbol{b}$ 为良态方程组，$\boldsymbol{A}$ 称为良态矩阵.

当 $\boldsymbol{A}$ 与 $\boldsymbol{b}$ 都有扰动时，见如下的定理.

定理 2.4.3 设 $\boldsymbol{Ax}=\boldsymbol{b}\neq\boldsymbol{O}$，$\boldsymbol{A}$ 非奇异，又设 $\boldsymbol{A}$ 与 $\boldsymbol{b}$ 的扰动分别为 $\delta\boldsymbol{A}$ 和 $\delta\boldsymbol{b}$，解 $\boldsymbol{x}$ 有扰动 $\delta\boldsymbol{x}$，即

$$(\boldsymbol{A}+\delta\boldsymbol{A})(\boldsymbol{x}+\delta\boldsymbol{x})=\boldsymbol{b}+\delta\boldsymbol{b}. \tag{2.4.9}$$

当 $\|\boldsymbol{A}^{-1}\|\cdot\|\delta\boldsymbol{A}\|<1$ 时，则有

$$\frac{\|\delta\boldsymbol{x}\|}{\|\boldsymbol{x}\|}\leqslant\frac{\mathrm{cond}(\boldsymbol{A})}{1-\mathrm{cond}(\boldsymbol{A})\frac{\|\delta\boldsymbol{A}\|}{\|\boldsymbol{A}\|}}\left(\frac{\|\boldsymbol{\delta}b\|}{\|b\|}+\frac{\|\delta\boldsymbol{A}\|}{\|\boldsymbol{A}\|}\right). \tag{2.4.10}$$

证 将 $\boldsymbol{Ax}=\boldsymbol{b}$ 代入(2.4.9)，整理后得

$$\delta\boldsymbol{x}=\boldsymbol{A}^{-1}\delta\boldsymbol{b}-\boldsymbol{A}^{-1}(\delta\boldsymbol{A})\boldsymbol{x}-\boldsymbol{A}^{-1}(\delta\boldsymbol{A})(\delta\boldsymbol{x}).$$

上式两端取范数. 由范数的三角不等式和矩阵与向量范数的相容性有

$$\begin{aligned}\|\delta\boldsymbol{x}\|\leqslant&\|\boldsymbol{A}^{-1}\|\,\|\delta\boldsymbol{b}\|+\|\boldsymbol{A}^{-1}\|\,\|\delta\boldsymbol{A}\|\,\|\boldsymbol{x}\|\\&+\|\boldsymbol{A}^{-1}\|\,\|\delta\boldsymbol{A}\|\,\|\delta\boldsymbol{x}\|,\end{aligned}$$

从而有

$$\begin{aligned}&(1-\|\boldsymbol{A}^{-1}\|\,\|\delta\boldsymbol{A}\|)\|\delta\boldsymbol{x}\|\\&\leqslant\|\boldsymbol{A}^{-1}\|(\|\delta\boldsymbol{b}\|+\|\delta\boldsymbol{A}\|\,\|\boldsymbol{x}\|).\end{aligned}$$

因为

$$\|\boldsymbol{A}^{-1}\|\,\|\delta\boldsymbol{A}\|<1,$$

故有

$$\begin{aligned}\|\delta\boldsymbol{x}\|&\leqslant\frac{\|\boldsymbol{A}^{-1}\|}{1-\|\boldsymbol{A}^{-1}\|\,\|\delta\boldsymbol{A}\|}(\|\delta\boldsymbol{b}\|+\|\delta\boldsymbol{A}\|\,\|\boldsymbol{x}\|)\\&=\frac{\|\boldsymbol{A}^{-1}\|}{1-\|\boldsymbol{A}^{-1}\|\,\|\delta\boldsymbol{A}\|}\left(\frac{\|\delta\boldsymbol{b}\|}{\|\boldsymbol{b}\|}\|\boldsymbol{Ax}\|+\|\delta\boldsymbol{A}\|\,\|\boldsymbol{x}\|\right)\end{aligned}$$

$$\leqslant \frac{\|A^{-1}\|}{1-\|A^{-1}\|\|\delta A\|}\left(\frac{\|\delta b\|}{\|b\|}\|A\|\|x\| + \|\delta A\|\|x\|\right).$$

对于 $Ax=b$,因 $b\neq O$,所以 $x\neq O$,知 $\|x\|>0$,于是

$$\frac{\|\delta x\|}{\|x\|}\leqslant \frac{\|A^{-1}\|\|A\|}{1-\|A^{-1}\|\|\delta A\|}\left(\frac{\|\delta b\|}{\|b\|}+\frac{\|\delta A\|}{\|A\|}\right)$$

$$=\frac{\operatorname{cond}(A)}{1-\operatorname{cond}(A)\frac{\|\delta A\|}{\|A\|}}\left(\frac{\|\delta b\|}{\|b\|}+\frac{\|\delta A\|}{\|A\|}\right).$$

证毕.

当 $\|\delta A\|$ 充分小时,上式右端近似为 $\operatorname{cond}(A)\left(\frac{\|\delta b\|}{\|b\|}+\frac{\|\delta A\|}{\|A\|}\right)$,条件数 cond($A$)表示对原始数据相对误差之和的放大倍数.

必须指出,矩阵病态的性质是矩阵本身的特性,对方程组而言也是如此.对于良态方程组只要方法得当,一定可以求得较满意的结果,但对于病态方程组,可以采用高精度算法.

另外,矩阵的条件数是依赖于所取的范数的,因为矩阵范数彼此等价,故选取不同的范数对条件数在解的误差估计中的作用不会产生本质的差别.下面给出常用的条件数.

常用的条件数有

$$\operatorname{cond}_\infty(A)=\|A^{-1}\|_\infty\|A\|_\infty,$$

$$\operatorname{cond}_1(A)=\|A^{-1}\|_1\|A\|_1,$$

$$\operatorname{cond}_2(A)=\|A^{-1}\|_2\|A\|_2=\sqrt{\frac{\lambda_{\max}(A^TA)}{\lambda_{\min}(A^TA)}},$$

分别称为 A 的∞—条件数,1—条件数,2—条件数.

当 A 是实对称矩阵时,

$$\operatorname{cond}_2(A)=\frac{|\lambda_1|}{|\lambda_2|}.$$

其中 λ_1,λ_2 分别为 A 的绝对值最大和绝对值最小特征值.

再看前面的例 2.4.1,方程组的系数矩阵 A 的逆矩阵

$$A^{-1}=\begin{pmatrix}-9\,800 & 9\,900\\ 9\,900 & -10\,000\end{pmatrix}$$

其条件数

$$\operatorname{cond}_\infty(\boldsymbol{A})=\|\boldsymbol{A}^{-1}\|_\infty\|\boldsymbol{A}\|=1.99\times19\ 900=39\ 601$$

此值很大,故该方程组是一个“病态”方程组.

例 2.4.2 设有矩阵

$$\boldsymbol{H}_n=\begin{bmatrix}1 & \frac{1}{2} & \frac{1}{3} & \cdots & \frac{1}{n}\\ \frac{1}{2} & \frac{1}{3} & \frac{1}{4} & \cdots & \frac{1}{n+1}\\ \cdots\cdots & \cdots\cdots & \cdots\cdots & \cdots\cdots & \cdots\cdots\\ \frac{1}{n} & \frac{1}{n+1} & \frac{1}{n+2} & \cdots & \frac{1}{2n-1}\end{bmatrix},$$

求 $n=3$ 时 H_3 的条件数.

解 为方便,我们仅求 $\operatorname{cond}_\infty(\boldsymbol{H}_3)$. 因为

$$\boldsymbol{H}_3=\begin{bmatrix}1 & \frac{1}{2} & \frac{1}{3}\\ \frac{1}{2} & \frac{1}{3} & \frac{1}{4}\\ \frac{1}{3} & \frac{1}{4} & \frac{1}{5}\end{bmatrix},$$

可求得

$$\boldsymbol{H}_3^{-1}=\begin{bmatrix}9 & -36 & 30\\ -36 & 192 & -180\\ 30 & -180 & 180\end{bmatrix},$$

于是 $\|\boldsymbol{H}_3\|_\infty=\frac{11}{6}$, $\|\boldsymbol{H}_3^{-1}\|_\infty=408$. 故 $\operatorname{cond}_\infty(\boldsymbol{H}_3)=748$. 可见 $\boldsymbol{H}_3$ 为病态矩阵. 当 $n=6$ 时,可求得 $\operatorname{cond}_\infty(\boldsymbol{H}_6)\approx29\times10^6$,即随着 n 的增长,其条件数增长很快,所以当 n 越大时,$\boldsymbol{H}_n$“病态”也越严重.

由前面的讨论已知可以用矩阵的条件数来判断方程组是否“病态”. 但是由于条件数需要求 $\boldsymbol{A}^{-1}$,这是比较麻烦的事情. 在实际计算中若出现下列情况:系数矩阵的某些行(或列)近似线性相关;当用主元素法解线性方程组时出现小主元;系数矩阵的元素之间数量级相差很

大且无一定规则，则很可能该线性方程组是“病态”方程组.

用直接法解线性方程组理论上应得到精确解，但由于计算机有舍入误差，故往往得到的是近似解. 可以利用条件数对此近似解做误差估计. 上面的定理 2.4.1，定理 2.4.2 和定理 2.4.3 称为近似解的事前误差估计（即上机之前的误差估计）方法. 此外还有如下的事后误差估计（即上机之后的误差估计）方法.

设 $\bar{\boldsymbol{x}}$ 为 $\boldsymbol{Ax}=\boldsymbol{b}\neq\boldsymbol{O}$ 的近似解，令

$$\boldsymbol{r}=\boldsymbol{b}-\boldsymbol{A}\bar{\boldsymbol{x}}, \tag{2.4.11}$$

称 $\boldsymbol{r}$ 为残余（或剩余）向量. 有如下的定理.

定理 2.4.4 设 $\boldsymbol{A}\in\boldsymbol{R}^{n\times n}$ 非奇异，$\bar{\boldsymbol{x}}$ 为 $\boldsymbol{Ax}=\boldsymbol{b}\neq\boldsymbol{O}$ 的近似解，$\boldsymbol{x}$ 为其精确解，则 $\bar{\boldsymbol{x}}$ 的事后误差估计式为

$$\frac{1}{\mathrm{cond}(\boldsymbol{A})}\frac{\|\boldsymbol{r}\|}{\|\boldsymbol{b}\|}\leqslant\frac{\|\boldsymbol{x}-\bar{\boldsymbol{x}}\|}{\|\boldsymbol{x}\|}\leqslant\mathrm{cond}(\boldsymbol{A})\frac{\|\boldsymbol{r}\|}{\|\boldsymbol{b}\|}. \tag{2.4.12}$$

证 因为 $\boldsymbol{Ax}=\boldsymbol{b}$，由式(2.4.11)有

$$\boldsymbol{r}=\boldsymbol{Ax}-\boldsymbol{A}\bar{\boldsymbol{x}}=\boldsymbol{A}(\boldsymbol{x}-\bar{\boldsymbol{x}}).$$

又因 $\boldsymbol{A}$ 非奇异，所以

$$\boldsymbol{x}=\boldsymbol{A}^{-1}\boldsymbol{b},\qquad \boldsymbol{x}-\bar{\boldsymbol{x}}=\boldsymbol{A}^{-1}\boldsymbol{r},$$

且

$$\|\boldsymbol{b}\|\leqslant\|\boldsymbol{A}\|\ \|\boldsymbol{x}\|, \tag{2.4.13}$$

$$\|\boldsymbol{r}\|\leqslant\|\boldsymbol{A}\|\cdot\|\boldsymbol{x}-\bar{\boldsymbol{x}}\|, \tag{2.4.14}$$

$$\|\boldsymbol{x}\|\leqslant\|\boldsymbol{A}^{-1}\|\ \|\boldsymbol{b}\|, \tag{2.4.15}$$

$$\|\boldsymbol{x}-\bar{\boldsymbol{x}}\|\leqslant\|\boldsymbol{A}^{-1}\|\cdot\|\boldsymbol{r}\|. \tag{2.4.16}$$

先证式(2.4.12)右边不等式. 因为 $\boldsymbol{b}\neq\boldsymbol{O}$，知 $\boldsymbol{x}\neq\boldsymbol{O}$，由式(2.4.13)有

$$\frac{1}{\|\boldsymbol{x}\|}\leqslant\frac{\|\boldsymbol{A}\|}{\|\boldsymbol{b}\|}.$$

由上式及(2.4.16)可得

$$\frac{\|\boldsymbol{x}-\bar{\boldsymbol{x}}\|}{\|\boldsymbol{x}\|}\leqslant\mathrm{cond}(\boldsymbol{A})\frac{\|\boldsymbol{r}\|}{\|\boldsymbol{b}\|}.$$

再证式(2.4.12)左边不等式. 由式(2.4.14)及(2.4.15)有

$$\frac{\|\boldsymbol{r}\|}{\|\boldsymbol{A}^{-1}\|\ \|\boldsymbol{b}\|}\leqslant\frac{\|\boldsymbol{A}\|\ \|\boldsymbol{x}-\bar{\boldsymbol{x}}\|}{\|\boldsymbol{x}\|}.$$

于是

$$\frac{1}{\mathrm{cond}(\boldsymbol{A})}\frac{\|\boldsymbol{r}\|}{\|\boldsymbol{b}\|}\leqslant\frac{\|\boldsymbol{x}-\bar{\boldsymbol{x}}\|}{\|\boldsymbol{x}\|}.$$

得证.

此定理给出了方程组近似解的相对误差界.此定理表明,当 $\mathrm{cond}(\boldsymbol{A})\approx 1$ 时,剩余向量 $\boldsymbol{r}$ 的相对误差是解的相对误差 $\frac{\|\boldsymbol{x}-\bar{\boldsymbol{x}}\|}{\|\boldsymbol{x}\|}$ 的很好的度量.若 $\boldsymbol{Ax}=\boldsymbol{b}$ 为"病态"方程组,由于 $\mathrm{cond}(\boldsymbol{A})$ 相对很大,此时尽管 $\boldsymbol{r}$ 的相对误差很小,但是近似解的相对误差仍然可能很大.

下面介绍一种对方程组的近似解 $\bar{\boldsymbol{x}}$ 进行迭代改善的方法,即按下式产生方程组 $\boldsymbol{Ax}=\boldsymbol{b}$ 的新的近似解,以改善近似解的精度.其中 $\boldsymbol{r}^{(k)}$ 采用双精度字长计算,用 Doolittle 分解法解 $\boldsymbol{Ay}^{(k)}=\boldsymbol{r}^{(k)}$.

$$\begin{cases}\text{求 } \boldsymbol{r}^{(k)}=\boldsymbol{b}-\boldsymbol{Ax}^{(k)},\boldsymbol{x}^{(1)}=\bar{\boldsymbol{x}},\\ \text{解 } \boldsymbol{Ay}^{(k)}=\boldsymbol{r}^{(k)}\text{求 } \boldsymbol{y}^{(k)},\\ \text{计算 } \boldsymbol{x}^{(k+1)}=\boldsymbol{x}^{(k)}+\boldsymbol{y}^{(k)}.\end{cases}\tag{2.4.17}$$

由式(2.4.17)的第一式,从 $\boldsymbol{x}^{(1)}$ 可求出 $\boldsymbol{r}^{(1)}$,解 $\boldsymbol{Ay}^{(1)}=\boldsymbol{r}^{(1)}$ 求 $\boldsymbol{y}^{(1)}$,由其最后一式求出 $\boldsymbol{x}^{(2)}=\boldsymbol{x}^{(1)}+\boldsymbol{y}^{(1)}$.重复上面的做法可改善近似解的精度.

2.5 解线性方程组的迭代法

2.5.1 Jacobi 迭代法

设有方程组

$$\boldsymbol{Ax}=\boldsymbol{b},$$

即

$$\begin{cases}a_{11}x_1+a_{12}x_2+\cdots+a_{1n}x_n=b_1,\\ a_{21}x_1+a_{22}x_2+\cdots+a_{2n}x_n=b_2,\\ \cdots\cdots\cdots\cdots\cdots\cdots\cdots\cdots\cdots\cdots\cdots\cdots\\ a_{n1}x_1+a_{n2}x_2+\cdots+a_{nn}x_n=b_n.\end{cases}\tag{2.5.1}$$

其中 $\boldsymbol{A}$ 非奇异,且 $a_{ii}\neq 0,(i=1,2,\cdots,n)$,将(2.5.1)改写成其等价形

式

$$\begin{cases} x_1 = \dfrac{1}{a_{11}}(\quad\quad -a_{12}x_2 - a_{13}x_3 - \cdots - a_{1n}x_n + b_1), \\ x_2 = \dfrac{1}{a_{22}}(-a_{21}x_1 \quad\quad - a_{23}x_3 - \cdots - a_{2n}x_n + b_2), \\ \cdots\cdots\cdots\cdots\cdots\cdots\cdots\cdots\cdots\cdots\cdots\cdots \\ x_n = \dfrac{1}{a_{nn}}(-a_{n1}x_1 - a_{n2}x_2 - \cdots - a_{n,n-1}x_{n-1} \quad\quad + b_n). \end{cases} \tag{2.5.2}$$

构造如下的迭代公式(或格式)

$$\begin{cases} x_1^{(k+1)} = \dfrac{1}{a_{11}}(\quad\quad -a_{12}x_2^{(k)} - a_{13}x_3^{(k)} - \cdots - a_{1n}x_n^{(k)} + b_1), \\ x_2^{(k+1)} = \dfrac{1}{a_{22}}(-a_{21}x_1^{(k)} \quad\quad - a_{23}x_3^{(k)} - \cdots - a_{2n}x_n^{(k)} + b_2), \\ \cdots\cdots\cdots\cdots\cdots\cdots\cdots\cdots\cdots\cdots\cdots\cdots \\ x_n^{(k+1)} = \dfrac{1}{a_{nn}}(-a_{n1}x_1^{(k)} - a_{n2}x_2^{(k)} - \cdots - a_{n,n-1}x_{n-1}^{(k)} \quad\quad + b_n). \end{cases}$$

$$(k=0,1,2,\cdots). \tag{2.5.3}$$

其中 k 表示迭代次数,任取初始向量 $\boldsymbol{x}^{(0)} = (x_1^{(0)}, x_2^{(0)}, \cdots, x_n^{(0)})^{\mathrm{T}} \in \boldsymbol{R}^n$,代入(2.5.3)的右端,可求得 $\boldsymbol{x}^{(1)} = (x_1^{(1)}, x_2^{(1)}, \cdots, x_n^{(1)})^{\mathrm{T}} \in \boldsymbol{R}^n$,$\boldsymbol{x}^{(1)}$ 称为第一次近似解,然后把 $\boldsymbol{x}^{(1)}$ 代入(2.5.3)右端,又可求得第二次近似解 $\boldsymbol{x}^{(2)} = (x_1^{(2)}, x_2^{(2)}, \cdots, x_n^{(2)})^{\mathrm{T}} \in \boldsymbol{R}^n$,如此继续下去可得到一向量序列 $\{\boldsymbol{x}^{(k)}\} \subset \boldsymbol{R}^n$,若此序列收敛,即

$$\lim_{k\to\infty} \boldsymbol{x}^{(k)} = \boldsymbol{x}^*$$

存在,则称此迭代法收敛(否则称此迭代法是发散的).并且稍后一点我们将说明 $\boldsymbol{x}^*$ 即为原方程组的解.因此,当 k 充分大时,可以取 $\boldsymbol{x}^{(k)}$ 作为(2.5.1)的近似解.这种方法称为 Jacobi 迭代法,式(2.5.3)称为 Jacobi 迭代公式(或格式),它可以简记为:

$$x_i^{(k+1)} = \frac{1}{a_{ii}}\left[-\sum_{j=1}^{i-1} a_{ij}x_j^{(k)} - \sum_{j=i+1}^{n} a_{ij}x_j^{(k)} + b_i\right] \tag{2.5.4}$$

$$(i=1,2,\cdots,n; k=0,1,2,\cdots).$$

例 2.5.1 用 Jacobi 迭代法解方程组

$$\begin{cases}20x_1+2x_2+3x_3=24,\\x_1+8x_2+x_3=12,\\2x_1-3x_2+15x_3=30.\end{cases}$$

解 其迭代公式为

$$\begin{cases}x_1^{(k+1)}=\dfrac{1}{20}(\qquad -2x_2^{(k)}-3x_3^{(k)}+24),\\x_2^{(k+1)}=\dfrac{1}{8}(-x_1^{(k)}\qquad -x_3^{(k)}+12),\\x_3^{(k+1)}=\dfrac{1}{15}(-2x_1^{(k)}+3x_2^{(k)}\qquad +30).\end{cases}$$

取初始向量 $\boldsymbol{x}^{(0)}=(0,0,0)^{\mathrm{T}}$,将计算结果列如下表

k	$x_1^{(k)}$	$x_2^{(k)}$	$x_3^{(k)}$
1	1.200 00	1.500 00	2.000 00
2	0.750 00	1.100 00	2.140 00
3	0.769 00	1.138 75	2.120 00
4	0.768 13	1.138 88	2.125 22
5	0.767 33	1.138 33	2.125 36
6	0.767 36	1.138 41	2.125 36
7	0.767 36	1.138 41	2.125 37

可见当迭代次数 k 不断增大时,迭代结果越来越逼近于一个确定的向量,我们可取

$$\boldsymbol{x}^{(7)}=(0.767\ 36,1.138\ 41,2.125\ 37)^{\mathrm{T}}$$

作为方程组的近似解.

为讨论迭代法的敛散性,常常要用到迭代公式的矩阵形式,为此将(2.5.1)的系数矩阵 $\boldsymbol{A}$ 做如下的分解:

$$\boldsymbol{A}=\begin{bmatrix}a_{11} & a_{12} & \cdots & a_{1n}\\a_{21} & a_{22} & \cdots & a_{2n}\\ \cdots & \cdots & \cdots & \cdots\\a_{n1} & a_{n2} & \cdots & a_{nn}\end{bmatrix}=\boldsymbol{D}-\boldsymbol{L}-\boldsymbol{U}, \tag{2.5.5}$$

其中

$$\boldsymbol{D}=\begin{bmatrix} a_{11} & & & \\ & a_{22} & & \\ & & \ddots & \\ & & & a_{nn} \end{bmatrix}, \boldsymbol{L}=\begin{bmatrix} 0 & & & & \\ -a_{21} & 0 & & & \\ \vdots & & \ddots & & \\ & & & \ddots & \\ -a_{n1} & -a_{n2} & \cdots & -a_{n,n-1} & 0 \end{bmatrix},$$

$$\boldsymbol{U}=\begin{bmatrix} 0 & -a_{12} & -a_{13} & \cdots & -a_{1n} \\ & 0 & -a_{23} & \cdots & -a_{2n} \\ & & \ddots & & \vdots \\ & & & \ddots & -a_{n-1,n} \\ & & & & 0 \end{bmatrix}.$$

于是式(2.5.1)成为$(\boldsymbol{D}-\boldsymbol{L}-\boldsymbol{U})\boldsymbol{x}=\boldsymbol{b}$.

由上式可得

$$\boldsymbol{D}\boldsymbol{x}=(\boldsymbol{L}+\boldsymbol{U})\boldsymbol{x}+\boldsymbol{b}.$$

由于 $a_{ii}\neq 0 \quad (i=1,2,\cdots,n)$,故 $\boldsymbol{D}$ 可逆,从而有

$$\boldsymbol{x}=\boldsymbol{D}^{-1}(\boldsymbol{L}+\boldsymbol{U})\boldsymbol{x}+\boldsymbol{D}^{-1}\boldsymbol{b}.$$

将上式写成迭代形式,即为

$$\boldsymbol{x}^{(k+1)}=\boldsymbol{D}^{-1}(\boldsymbol{L}+\boldsymbol{U})\boldsymbol{x}^{(k)}+\boldsymbol{D}^{-1}\boldsymbol{b}. \tag{2.5.6}$$

上式即为 Jacobi 迭代法的矩阵形式.若令

$$\boldsymbol{M}_1=\boldsymbol{D}^{-1}(\boldsymbol{L}+\boldsymbol{U}), \qquad \boldsymbol{f}_1=\boldsymbol{D}^{-1}\boldsymbol{b},$$

则(2.5.6)可表为

$$\boldsymbol{x}^{(k+1)}=\boldsymbol{M}_1\boldsymbol{x}^{(k)}+\boldsymbol{f}_1. \tag{2.5.7}$$

其中 $\boldsymbol{M}_1$ 称为 Jacobi 迭代法的迭代矩阵.

2.5.2 Gauss-Seidel 迭代法

为了加速收敛,我们构造如下的迭代公式

$$\begin{cases} x_1^{(k+1)}=\dfrac{1}{a_{11}}(\qquad -a_{12}x_2^{(k)}-a_{13}x_3^{(k)}-\cdots-a_{1n}x_n^{(k)}+b_1), \\ x_2^{(k+1)}=\dfrac{1}{a_{22}}(-a_{21}x_1^{(k+1)} \qquad -a_{23}x_3^{(k)}-\cdots-a_{2n}x_n^{(k)}+b_2), \\ \cdots\cdots\cdots\cdots\cdots\cdots\cdots\cdots\cdots\cdots\cdots\cdots \\ x_n^{(k+1)}=\dfrac{1}{a_{nn}}(-a_{n1}x_1^{(k+1)}-a_{n2}x_2^{(k+1)}-\cdots-a_{n,n-1}x_{n-1}^{(k+1)} \qquad +b_n). \end{cases}$$

$$(k=0,1,2,\cdots). \tag{2.5.8}$$

这样，当计算 $x_i^{(k+1)}$ 时，总是起用前面最新计算出的 $x_1^{(k+1)}, x_2^{(k+1)}, \cdots, x_{i-1}^{(k+1)}$，它们一般比 $x_j^{(k)}(j=1,2,\cdots,i-1)$ 要精确（如果方法收敛），这种方法称为 Gauss-Seldel 迭代法，式(2.5.8)称为 Gauss-Seidel 迭代公式，它可以简记为

$$x_i^{(k+1)} = \frac{1}{a_{ii}}\left[-\sum_{j=1}^{i-1} a_{ij}x_j^{(k+1)} - \sum_{j=i+1}^{n} a_{ij}x_j^{(k)} + b_i\right]$$

$$(i=1,2,\cdots,n;k=0,1,\cdots). \tag{2.5.9}$$

例 2.5.2 用 Gauss-Seidel 迭代法解例 2.5.1 中的方程组.

解 解此方程组的 Gauss-Seidel 法迭代公式为

$$\begin{cases} x_1^{(k+1)} = \frac{1}{20}(\qquad -2x_2^{(k)} - 3x_3^{(k)} + 24), \\ x_2^{(k+1)} = \frac{1}{8}(-x_1^{(k+1)} \qquad - x_3^{(k)} + 12), \\ x_3^{(k+1)} = \frac{1}{15}(-2x_1^{(k+1)} + 3x_2^{(k+1)} \qquad + 30). \end{cases}$$

仍取初始向量 $\boldsymbol{x}^{(0)} = (0,0,0)^{\mathrm{T}}$，计算结果见下表：

k	$x_1^{(k)}$	$x_2^{(k)}$	$x_3^{(k)}$
1	1.200 00	1.350 00	2.110 00
2	0.748 50	1.142 69	2.128 76
3	0.766 42	1.138 11	2.125 43
4	0.767 38	1.138 40	2.125 39
5	0.767 35	1.138 41	2.125 38
6	0.767 36	1.138 41	2.125 37

只迭代了 6 次，得到的 $x^{(6)}$ 与用 Jacobi 迭代法迭代 7 次的结果相同.

在计算机上应用 Jacobi 迭代法需要两组工作单元，以存放相邻两次迭代之结果 $\boldsymbol{x}^{(k)}$ 与 $\boldsymbol{x}^{(k+1)}$，Gauss-Seidel 迭代法则不然，因求得 $x_j^{(k+1)}$ 后，$x_j^{(k)}$ 就没用了，故只需一组工作单元即可，这是 Gauss-Seidel 迭代法的一个优点.

下面给出 Gauss-Seidel 迭代法的矩阵形式，利用式(2.5.5)，(2.5.

1)成为

$$(\boldsymbol{D}-\boldsymbol{L}-\boldsymbol{U})\boldsymbol{x}=\boldsymbol{b},$$

于是有

$$(\boldsymbol{D}-\boldsymbol{L})\boldsymbol{x}=\boldsymbol{U}\boldsymbol{x}+\boldsymbol{b}.$$

写成迭代形式

$$(\boldsymbol{D}-\boldsymbol{L})\boldsymbol{x}^{(k+1)}=\boldsymbol{U}\boldsymbol{x}^{(k)}+\boldsymbol{b}\quad(k=0,1,2,\cdots),\tag{2.5.10}$$

由上式可得

$$\boldsymbol{D}\boldsymbol{x}^{(k+1)}=\boldsymbol{L}\boldsymbol{x}^{(k+1)}+\boldsymbol{U}\boldsymbol{x}^{(k)}+\boldsymbol{b},$$

故

$$\boldsymbol{x}^{(k+1)}=\boldsymbol{D}^{-1}\boldsymbol{L}\boldsymbol{x}^{(k+1)}+\boldsymbol{D}^{-1}\boldsymbol{U}\boldsymbol{x}^{(k)}+\boldsymbol{D}^{-1}\boldsymbol{b}\quad(k=0,1,2,\cdots).\tag{2.5.11}$$

因为 $\boldsymbol{D}-\boldsymbol{L}$ 非奇异,利用(2.5.10)可得

$$\boldsymbol{x}^{(k+1)}=(\boldsymbol{D}-\boldsymbol{L})^{-1}\boldsymbol{U}\boldsymbol{x}^{(k)}+(\boldsymbol{D}-\boldsymbol{L})^{-1}\boldsymbol{b}\quad(k=0,1,2,\cdots).\tag{2.5.12}$$

(2.5.11)与(2.5.12)是等价的,它们都为 Gauss-Seidel 迭代法的矩阵形式.令

$$\boldsymbol{M}_2=(\boldsymbol{D}-\boldsymbol{L})^{-1}\boldsymbol{U},\quad \boldsymbol{f}_2=(\boldsymbol{D}-\boldsymbol{L})^{-1}\boldsymbol{b},$$

则(2.5.12)可表为

$$\boldsymbol{x}^{(k+1)}+\boldsymbol{M}_2\boldsymbol{x}^{(k)}+\boldsymbol{f}_2.\tag{2.5.13}$$

其中 $\boldsymbol{M}_2$ 称为 Gauss-Seidel 迭代法的迭代矩阵.

2.5.3 SOR 方法

逐次超松弛迭代法(Successive over relaxation method)简称 SOR 方法,此方法是 Gauss-Seidel 迭代格式的一种加速方法,是解大型稀疏方程组(系数矩阵有大量零元素)的有效算法之一.

将 Gauss-Seldel 迭代法的分量形式(2.5.9)加以变形得到

$$x_i^{(k+1)}=x_i^{(k)}+\frac{1}{a_{ii}}[-\sum_{j=1}^{i-1}a_{ij}x_j^{(k+1)}-\sum_{j=i}^{n}a_{ij}x_j^{(k)}+b_i]$$

$$(i=1,2,\cdots,n;k=0,1,\cdots)$$

上式可理解为

$$x_i^{(k+1)} = x_i^{(k)} + \text{校正值},$$

即第 $k+1$ 次迭代的结果看成是第 k 次的迭代结果加上一个校正值，渴望校正值乘上一个适当的参数 ω，使得改进后的迭代方案收敛速度得到加快，即建立如下的迭代格式，称之为 SOR 迭代格式(或 SOR 方法)：

$$x_i^{(k+1)} = x_i^{(k)} + \frac{\omega}{a_{ii}}\left[-\sum_{j=1}^{i-1} a_{ij}x_j^{(k+1)} - \sum_{j=i}^{n} a_{ij}x_j^{(k)} + b_i \right]$$

$$(i=1,2,\cdots,n;k=0,1,2,\cdots). \tag{2.5.14}$$

ω 称为松弛因子. 当 $\omega>1$ 时称为超松弛迭代法，$\omega<1$ 时称为低松弛迭代法，$\omega=1$ 时(2.5.14)即为 Gauss-Seidel 迭代法. 为了加速收敛，常采用超松弛迭代法.

不难导出 SOR 方法的矩阵形式为

$$\begin{aligned} \boldsymbol{x}^{(k+1)} &= (\boldsymbol{D}-\omega\boldsymbol{L})^{-1}[(1-\omega)\boldsymbol{D}+\omega\boldsymbol{U}]\boldsymbol{x}^{(k)} \\ &\quad + \omega(\boldsymbol{D}-\omega\boldsymbol{L})^{-1}\boldsymbol{b} \quad (k=0,1,2,\cdots). \end{aligned} \tag{2.5.15}$$

其中 $\boldsymbol{D},\boldsymbol{L},\boldsymbol{U}$ 的意义如前. 令

$$\boldsymbol{M}_3 = (\boldsymbol{D}-\omega\boldsymbol{L})^{-1}[(1-\omega)\boldsymbol{D}+\omega\boldsymbol{U}],$$

$$\boldsymbol{f}_3 = \omega(\boldsymbol{D}-\omega\boldsymbol{L})^{-1}\boldsymbol{b},$$

(2.5.15)成为

$$\boldsymbol{x}^{(k+1)} = \boldsymbol{M}_3\boldsymbol{x}^{(k)} + \boldsymbol{f}_3. \tag{2.5.16}$$

其中 $\boldsymbol{M}_3$ 称为 SOR 方法的迭代矩阵.

由式(2.5.7)，(2.5.13)及(2.5.16)可以看出：Jacobi 迭代法，Gauss-Seidel 迭代法与 SOR 方法都具有统一的形式：

$$\boldsymbol{x}^{(k+1)} = \boldsymbol{M}\boldsymbol{x}^{(k)} + \boldsymbol{f}. \tag{2.5.17}$$

称(2.5.17)为一步定常迭代法. 原因是当求 $\boldsymbol{x}^{(k+1)}$ 时，只用到它前一步的结果 $\boldsymbol{x}^{(k)}$，因此它是一步法公式. 又因其迭代函数 $G(\boldsymbol{x}) = \boldsymbol{M}\boldsymbol{x}+\boldsymbol{f}$ 与迭代次数 k 无关，故又称其为定常迭代法(当迭代函数与迭代次数 k 有关时，称为非定常迭代法). 故称之为一步定常迭代法，$\boldsymbol{M}$ 称为迭代矩阵.

2.6 迭代法的收敛性分析

2.6.1 一步定常迭代法的收敛定理

将(2.5.1)改写为其等价形式

$$\boldsymbol{x} = \boldsymbol{M}\boldsymbol{x} + \boldsymbol{f}, \tag{2.6.1}$$

其迭代形式为式(2.5.17).若$\lim\limits_{k\to\infty}\boldsymbol{x}^{(k)} = \boldsymbol{x}^*$,则由式(2.5.17)有

$$\boldsymbol{x}^* = \boldsymbol{M}\boldsymbol{x}^* + \boldsymbol{f}. \tag{2.6.2}$$

即 $\boldsymbol{x}^*$ 满足(2.6.1),从而必有 $\boldsymbol{A}\boldsymbol{x}^* = \boldsymbol{b}$.这说明迭代法如果收敛,一定收敛于原方程组的解.下面讨论适用于一步定常迭代法的几个收敛定理.

定理 2.6.1 迭代格式(2.5.17)对任意初始向量 $\boldsymbol{x}^{(0)}$ 都收敛的充分必要条件是

$$\lim_{k\to\infty}\boldsymbol{M}^k = \boldsymbol{O}.$$

证 引入误差向量

$$\boldsymbol{\varepsilon}^{(k)} = \boldsymbol{x}^{(k)} - \boldsymbol{x}^* \quad (k=0,1,2,\cdots),$$

其中 $\boldsymbol{x}^*$ 为$\{\boldsymbol{x}^{(k)}\}$的极限,$\boldsymbol{\varepsilon}^{(k)}$称为第 k 次迭代的误差向量.式(2.5.17)减式(2.6.2)得

$$\boldsymbol{\varepsilon}^{(k+1)} = \boldsymbol{M}\boldsymbol{\varepsilon}^{(k)} \quad (k=0,1,2,\cdots),$$

由此进行归纳得

$$\boldsymbol{\varepsilon}^{(k)} = \boldsymbol{M}^k\boldsymbol{\varepsilon}^{(0)}. \tag{2.6.3}$$

如果(2.5.17)收敛,则$\lim\limits_{k\to\infty}\boldsymbol{x}^{(k)} = \boldsymbol{x}^*$ 成立,于是有

$$\lim_{k\to\infty}\boldsymbol{\varepsilon}^{(k)} = \boldsymbol{O},$$

从而有

$$\lim_{k\to\infty}\boldsymbol{M}^k\boldsymbol{\varepsilon}^{(0)} = \boldsymbol{O}.$$

因 $\boldsymbol{\varepsilon}^{(0)}$一般不为零,要上式成立必然有

$$\lim_{k\to\infty}\boldsymbol{M}^k = \boldsymbol{O}.$$

另一方面，设$\lim_{k\to\infty}\boldsymbol{M}^k=\boldsymbol{O}$，由(2.6.3)可知$\lim_{k\to\infty}\boldsymbol{\varepsilon}^{(k)}=\boldsymbol{O}$，从而

$$\lim_{k\to\infty}\boldsymbol{x}^{(k)}=\boldsymbol{x}^*.$$

即(2.5.17)收敛.

引理 2.6.1 设$\boldsymbol{A}\in\boldsymbol{R}^{n\times n}$，$\boldsymbol{A}$的方幂$\boldsymbol{E},\boldsymbol{A},\boldsymbol{A}^2,\cdots,\boldsymbol{A}^k,\cdots$所构成的矩阵序列$\{\boldsymbol{A}^k\}$收敛于零矩阵的充分必要条件是$\rho(\boldsymbol{A})<1$.

定理 2.6.2 迭代格式(2.5.17)对任意初始向量$\boldsymbol{x}^{(0)}$都收敛的充分必要条件是迭代矩阵$\boldsymbol{M}$的谱半径

$$\rho(\boldsymbol{M})<1.$$

证 由定理2.6.1知，迭代格式(2.5.17)对任意初始向量$\boldsymbol{x}^{(0)}$都收敛的充分必要条件是

$$\lim_{k\to\infty}\boldsymbol{M}^k=\boldsymbol{O}.$$

再由引理2.6.1知，上式成立的充分必要条件是

$$\rho(\boldsymbol{M})<1.$$

定理得证.

定理 2.6.3 （收敛的充分条件）若(2.5.17)中迭代矩阵$\boldsymbol{M}$的某种算子范数$\|\boldsymbol{M}\|<1$，则此迭代格式对任意初始向量$\boldsymbol{x}^{(0)}$都收敛于(2.6.1)的解$\boldsymbol{x}^*$，且有下列误差估计式

$$\|\boldsymbol{x}^{(k)}-\boldsymbol{x}^*\|\leqslant\frac{\|\boldsymbol{M}\|}{1-\|\boldsymbol{M}\|}\|\boldsymbol{x}^{(k)}-\boldsymbol{x}^{(k-1)}\|,\tag{2.6.4}$$

$$\|\boldsymbol{x}^{(k)}-\boldsymbol{x}^*\|\leqslant\frac{\|\boldsymbol{M}\|^k}{1-\|\boldsymbol{M}\|}\|\boldsymbol{x}^{(1)}-\boldsymbol{x}^{(0)}\|.\tag{2.6.5}$$

证 因为$\rho(\boldsymbol{M})\leqslant\|\boldsymbol{M}\|<1$，由定理2.6.2知迭代格式(2.5.17)对任意初始向量都收敛.

由式(2.6.2)有

$$(\boldsymbol{I}-\boldsymbol{M})\boldsymbol{x}^*=\boldsymbol{f}.\tag{2.6.6}$$

其中$\boldsymbol{I}$为单位矩阵.因为$\|\boldsymbol{M}\|<1$，由第三节定理2.3.7知$\boldsymbol{I}-\boldsymbol{M}$非奇异，且

$$\|(\boldsymbol{I}-\boldsymbol{M})^{-1}\|\leqslant\frac{1}{1-\|\boldsymbol{M}\|}.$$

由式(2.6.6)有$\boldsymbol{x}^*=(\boldsymbol{I}-\boldsymbol{M})^{-1}\boldsymbol{f}$，由于

$$
\begin{aligned}
\boldsymbol{x}^{(k)}-\boldsymbol{x}^{*} &= \boldsymbol{x}^{(k)}-(\boldsymbol{I}-\boldsymbol{M})^{-1}\boldsymbol{f} \\
&= (\boldsymbol{I}-\boldsymbol{M})^{-1}[(\boldsymbol{I}-\boldsymbol{M})\boldsymbol{x}^{(k)}-\boldsymbol{f}] \\
&= (\boldsymbol{I}-\boldsymbol{M})^{-1}[\boldsymbol{x}^{(k)}-(\boldsymbol{M}\boldsymbol{x}^{(k)}+\boldsymbol{f})] \\
&= (\boldsymbol{I}-\boldsymbol{M})^{-1}[\boldsymbol{M}\boldsymbol{x}^{(k-1)}-\boldsymbol{M}\boldsymbol{x}^{(k)}] \\
&= (\boldsymbol{I}-\boldsymbol{M})^{-1}\boldsymbol{M}(\boldsymbol{x}^{(k-1)}-\boldsymbol{x}^{(k)}),
\end{aligned}
$$

两边取范数有

$$\|\boldsymbol{x}^{(k)}-\boldsymbol{x}^{*}\| \leqslant \frac{\|\boldsymbol{M}\|}{1-\|\boldsymbol{M}\|}\|\boldsymbol{x}^{(k)}-\boldsymbol{x}^{(k-1)}\|.$$

(2.6.4)得证.

因为

$$
\begin{aligned}
&\|\boldsymbol{x}^{(k)}-\boldsymbol{x}^{(k-1)}\| = \|(\boldsymbol{M}\boldsymbol{x}^{(k-1)}+\boldsymbol{f})-(\boldsymbol{M}\boldsymbol{x}^{(k-2)}+\boldsymbol{f})\| \\
&\leqslant \|\boldsymbol{M}\|\ \|\boldsymbol{x}^{(k-1)}-\boldsymbol{x}^{(k-2)}\| \leqslant \|\boldsymbol{M}\|^{2}\ \|\boldsymbol{x}^{(k-2)}-\boldsymbol{x}^{(k-3)}\| \\
&\leqslant \cdots \leqslant \|\boldsymbol{M}\|^{k-1}\|\boldsymbol{x}^{(1)}-\boldsymbol{x}^{(0)}\|,
\end{aligned}
$$

将上式代入(2.6.4)即可推出式(2.6.5).

下面说明这两个误差估计式的作用.

由定理2.6.3的式(2.6.4)可以看出:当 $\|\boldsymbol{x}^{(k)}-\boldsymbol{x}^{(k-1)}\|<\varepsilon$($\varepsilon$为预给精度要求)时,则有

$$\|\boldsymbol{x}^{(k)}-\boldsymbol{x}^{*}\| \leqslant \frac{\|\boldsymbol{M}\|}{1-\|\boldsymbol{M}\|}\varepsilon.$$

故当 $\|\boldsymbol{M}\| \ll 1$ 时,一般常利用

$$\|\boldsymbol{x}^{(k)}-\boldsymbol{x}^{(k-1)}\|<\varepsilon$$

作为控制迭代终止之条件.但是当 $\|\boldsymbol{M}\| \approx 1$ 时($\|\boldsymbol{M}\|<1$),尽管迭代也收敛,但收敛速度可能很慢.

当 ε 给定时,式(2.6.5)可以用来估计迭代的次数.

另外指出:迭代法的收敛性与初始向量 $\boldsymbol{x}^{(0)}$ 的选取无关,但 $\boldsymbol{x}^{(0)}$ 的选取对计算量的大小有直接影响.显然 $\boldsymbol{x}^{(0)}$ 与方程组的准确解 $\boldsymbol{x}^{*}$ 越接近,计算量也越小,$\{\boldsymbol{x}^{(k)}\}$ 收敛也越快.另一方面,由(2.6.5)可知 $\|\boldsymbol{M}\|$ 越小,$\{\boldsymbol{x}^{(k)}\}$ 收敛越快.由于 $\rho(\boldsymbol{M}) \leqslant \|\boldsymbol{M}\|$,说明,$\rho(\boldsymbol{M})$ 越小,$\{\boldsymbol{x}^{(k)}\}$ 收敛越快.于是有下列收敛速度的概念.

称 $R(M)=-\ln\rho(\boldsymbol{M})$ 为迭代法的渐近收敛速度.

2.6.2 Jacobi 与 Gauss-Seidel 迭代法收敛的充分条件

定理 2.6.1～2.6.3 是利用迭代矩阵 $\boldsymbol{M}$ 判断方法的收敛性的，本段给出另外的定理，它们是利用方程组的系数矩阵 $\boldsymbol{A}$ 判断收敛性，为此先给出下列定义.

定义 2.6.1 设矩阵 $\boldsymbol{A}\in\boldsymbol{R}^{n\times n}$，若存在排列矩阵 $\boldsymbol{P}\in\boldsymbol{R}^{n\times n}$，使得

$$\boldsymbol{PAP}^{\mathrm{T}}=\begin{pmatrix}\boldsymbol{F} & \boldsymbol{G}\\ \boldsymbol{O} & \boldsymbol{H}\end{pmatrix},$$

其中 $\boldsymbol{F},\boldsymbol{H}$ 都是方阵，$\boldsymbol{O}$ 表示零矩阵，则称 $\boldsymbol{A}$ 是可约的，否则称 $\boldsymbol{A}$ 为不可约的.

其中 $\boldsymbol{PAP}^{\mathrm{T}}$ 的作用是对 $\boldsymbol{A}$ 的各行各列进行重排，如果交换了 $\boldsymbol{A}$ 的第 i,j 两行，且同时还要把所得到的矩阵的第 i,j 两列交换，则其对角元素仍然保持在主对角线上.

例如

$$\boldsymbol{A}=\begin{bmatrix}6 & 4 & 1 & 3\\ 0 & 1 & 0 & 2\\ 3 & 2 & 2 & 4\\ 0 & -2 & 0 & 8\end{bmatrix},$$

交换 $\boldsymbol{A}$ 的二、三两行，同时将所得到的矩阵的二、三两列进行交换，即取排列矩阵

$$\boldsymbol{P}_{23}=\begin{bmatrix}1 & 0 & 0 & 0\\ 0 & 0 & 1 & 0\\ 0 & 1 & 0 & 0\\ 0 & 0 & 0 & 1\end{bmatrix}.$$

则有

$$\boldsymbol{P}_{23}\boldsymbol{AP}_{23}^{\mathrm{T}}=\begin{bmatrix}6 & 1 & 4 & 3\\ 3 & 2 & 2 & 4\\ 0 & 0 & 1 & 2\\ 0 & 0 & -2 & 8\end{bmatrix}$$

显然 $\boldsymbol{A}$ 是可约的.

而显然

$$B=\begin{bmatrix} 6 & -1 & & \\ -1 & 6 & -1 & \\ & -1 & 6 & -1 \end{bmatrix}$$

是不可约的.

定义 2.6.2 设 $\boldsymbol{A}=(a_{ij})\in \boldsymbol{R}^{n\times n}$,若

$$\sum_{\substack{j=1\\j\neq i}}^{n}|a_{ij}|\leqslant|a_{ii}|\quad(i=1,2,\cdots,n),\tag{2.6.7}$$

则称 $\boldsymbol{A}$ 按行对角占优;若上式都为严格不等式,则称 $\boldsymbol{A}$ 按行严格对角占优.

若

$$\sum_{\substack{i=1\\i\neq j}}^{n}|a_{ij}|\leqslant|a_{jj}|\quad(j=1,2,\cdots,n),\tag{2.6.8}$$

则称 $\boldsymbol{A}$ 按列对角占优;若上式都为严格不等式,则称 $\boldsymbol{A}$ 按列严格对角占优.

定理 2.6.4 设 $\boldsymbol{Ax}=\boldsymbol{b}$ 的系数矩阵 $\boldsymbol{A}=(a_{ij})\in \boldsymbol{R}^{n\times n}$ 按行(或按列)严格对角占优,即满足

$$\sum_{j=1}^{i-1}|a_{ij}|+\sum_{j=i+1}^{n}|a_{ij}|<|a_{ii}|\quad(i=1,2,\cdots,n),\tag{2.6.9}$$

或

$$\sum_{i=1}^{j-1}|a_{ij}|+\sum_{i=j+1}^{n}|a_{ij}|<|a_{jj}|\quad(j=1,2,\cdots,n).\tag{2.6.10}$$

则此方程组有惟一解,且 Jacobi 与 Gauss-Seidel 迭代法均收敛.

证 只证按行严格对角占优的情况.先证明 $\boldsymbol{Ax}=\boldsymbol{b}$ 有惟一解.利用式(2.5.5)有

$$\boldsymbol{A}=\boldsymbol{D}-\boldsymbol{L}-\boldsymbol{U}.$$

其中 $\boldsymbol{D},\boldsymbol{L},\boldsymbol{U}$ 的意义如前所述.

由(2.6.9)知 $a_{ii}\neq0,(i=1,2,\cdots,n)$,从而 $\boldsymbol{D}$ 非奇异.由于

$$\boldsymbol{A}=\boldsymbol{D}[\boldsymbol{I}-\boldsymbol{D}^{-1}(\boldsymbol{L}+\boldsymbol{U})],$$

其中 $\boldsymbol{I}$ 为单位矩阵.要证 $\boldsymbol{A}$ 非奇异,只需证明 $\boldsymbol{I}-\boldsymbol{D}^{-1}(\boldsymbol{L}+\boldsymbol{U})$非奇异.因为

$$\|\boldsymbol{D}^{-1}(\boldsymbol{L}+\boldsymbol{U})\|_{\infty}=\max_{1\leqslant i\leqslant n}\left[\sum_{j=1}^{i-1}\left|\frac{a_{ij}}{a_{ii}}\right|+\sum_{j=i+1}^{n}\left|\frac{a_{ij}}{a_{ii}}\right|\right]<1,$$

由定理 2.3.7 知 $\boldsymbol{I}-\boldsymbol{D}^{-1}(\boldsymbol{L}+\boldsymbol{U})$非奇异,从而有 $\boldsymbol{A}$ 非奇异,即 $\boldsymbol{Ax}=\boldsymbol{b}$ 有惟一解.

再证明 Jacobi 迭代法收敛,因为 Jacobi 迭代矩阵

$$\boldsymbol{M}_1=\boldsymbol{D}^{-1}(\boldsymbol{L}+\boldsymbol{U}),$$

由上面的证明已知 $\|\boldsymbol{M}_1\|_{\infty}=\|\boldsymbol{D}^{-1}(\boldsymbol{L}+\boldsymbol{U})\|_{\infty}<1$,故利用定理 2.6.3知 Jacobi 迭代法收敛.

最后证明 Gauss-Seidel 迭代法收敛.其迭代矩阵为 $\boldsymbol{M}_2=(\boldsymbol{D}-\boldsymbol{L})^{-1}\boldsymbol{U}$,要证明 $\rho(\boldsymbol{M}_2)<1$.

设 λ 为 $\boldsymbol{M}_2$ 的任意一个特征值,则有

$$\begin{aligned}\det(\lambda\boldsymbol{I}-\boldsymbol{M}_2)&=\det[\lambda\boldsymbol{I}-(\boldsymbol{D}-\boldsymbol{L})^{-1}\boldsymbol{U}]\\&=\det(\boldsymbol{D}-\boldsymbol{L})^{-1}\cdot\det[\lambda(\boldsymbol{D}-\boldsymbol{L})-\boldsymbol{U}]=0,\end{aligned}$$

从而有

$$\det[\lambda(\boldsymbol{D}-\boldsymbol{L})-\boldsymbol{U}]=0, \tag{2.6.11}$$

其中

$$\lambda(\boldsymbol{D}-\boldsymbol{L})-\boldsymbol{U}=\begin{bmatrix}\lambda a_{11} & a_{12} & \cdots & a_{1n}\\ \lambda a_{21} & \lambda a_{22} & \cdots & a_{2n}\\ \cdots & \cdots & \cdots & \cdots\\ \lambda a_{n1} & \lambda a_{n2} & \cdots & \lambda a_{nn}\end{bmatrix}.$$

要证明$|\lambda|<1$,采用反证法.设$|\lambda|\geqslant1$,由(2.6.9)有

$$|\lambda a_{ii}|>\sum_{j=1}^{i-1}|\lambda a_{ij}|+\sum_{j=i+1}^{n}|\lambda a_{ij}|>\sum_{j=1}^{i-1}|\lambda a_{ij}|+\sum_{j=i+1}^{n}|a_{ij}|$$
$$(i=1,2,\cdots,n).$$

这表明 $\lambda(\boldsymbol{D}-\boldsymbol{L})-\boldsymbol{U}$ 按行严格对角占优.由前面的证明知 $\lambda(\boldsymbol{D}-\boldsymbol{L})-\boldsymbol{U}$ 非奇异,应有 $\det[\lambda(\boldsymbol{D}-\boldsymbol{L})-\boldsymbol{U}]\neq0$,这与(2.6.11)矛盾,于是$|\lambda|<1$,由 λ 的任意性知

$$\rho(\boldsymbol{M}_2)<1.$$

按定理 2.6.2,Gauss-Seidel 迭代法收敛.

定义 2.6.3 设 $\boldsymbol{A}$ 不可约,且按行(或按列)对角占优,(2.6.7)(或(2.6.8))中至少有一个是严格不等式,则称 $\boldsymbol{A}$ 为不可约按行(或按列)弱对角占优.

定理 2.6.5 设 $\boldsymbol{Ax}=\boldsymbol{b}$ 的系数矩阵 $\boldsymbol{A}$ 是不可约按行(或按列)弱对角占优矩阵,则该方程组有惟一解,且 Jacobi 迭代法与 Gauss-Seidel 迭代法均收敛.

定理 2.6.6 设 $\boldsymbol{Ax}=\boldsymbol{b}$ 的系数矩阵 $\boldsymbol{A}$ 对称正定,则此方程组有惟一解,且 Gauss-Seidel 迭代法收敛.

证 因为 $\det\boldsymbol{A}\neq 0$,故 $\boldsymbol{Ax}=\boldsymbol{b}$ 有惟一解. 又因 $\boldsymbol{A}$ 对称正定,所以 $\boldsymbol{A}$ 的对角元素皆为正数,且有

$$\boldsymbol{A}=\boldsymbol{D}-\boldsymbol{L}-\boldsymbol{L}^{\mathrm{T}},$$

Gauss-Seidel 法迭代矩阵

$$\boldsymbol{M}_2=(\boldsymbol{D}-\boldsymbol{L})^{-1}\boldsymbol{L}^{\mathrm{T}}.$$

需证明 $\rho(\boldsymbol{M}_2)<1$,设 λ 为 $\boldsymbol{M}_2$ 的任意特征值,$\boldsymbol{x}$ 为对应特征向量,故有

$$(\boldsymbol{D}-\boldsymbol{L})^{-1}\boldsymbol{L}^{\mathrm{T}}\boldsymbol{x}=\lambda\boldsymbol{x},$$

从而有

$$\boldsymbol{L}^{\mathrm{T}}\boldsymbol{x}=\lambda(\boldsymbol{D}-\boldsymbol{L})\boldsymbol{x}. \tag{2.6.12}$$

上式两端左乘 $\boldsymbol{x}^{\mathrm{H}}$($\boldsymbol{x}^{\mathrm{H}}$ 表示对 $\boldsymbol{x}$ 取共轭转置),其结果记为 $p+\mathrm{i}q$,有

$$\boldsymbol{x}^{\mathrm{H}}\boldsymbol{L}^{\mathrm{T}}\boldsymbol{x}=\lambda\boldsymbol{x}^{\mathrm{H}}(\boldsymbol{D}-\boldsymbol{L})\boldsymbol{x}=p+\mathrm{i}q, \tag{2.6.13}$$

对 $\boldsymbol{x}^{\mathrm{H}}\boldsymbol{L}^{\mathrm{T}}\boldsymbol{x}$ 取共轭转置得

$$\boldsymbol{x}^{\mathrm{H}}\boldsymbol{Lx}=p-\mathrm{i}q. \tag{2.6.14}$$

由于

$$\begin{aligned}\boldsymbol{x}^{\mathrm{H}}\boldsymbol{Ax}&=\boldsymbol{x}^{\mathrm{H}}(\boldsymbol{D}-\boldsymbol{L}-\boldsymbol{L}^{\mathrm{T}})\boldsymbol{x}=\boldsymbol{x}^{\mathrm{H}}\boldsymbol{Dx}-(\boldsymbol{x}^{\mathrm{H}}\boldsymbol{Lx}+\boldsymbol{x}^{\mathrm{H}}\boldsymbol{L}^{\mathrm{T}}\boldsymbol{x})\\&=\boldsymbol{x}^{\mathrm{H}}\boldsymbol{Dx}-2p,\end{aligned} \tag{2.6.15}$$

由式(2.6.13),(2.6.14)有

$$\lambda=\frac{p+\mathrm{i}q}{\boldsymbol{x}^{\mathrm{H}}\boldsymbol{Dx}-\boldsymbol{x}^{\mathrm{H}}\boldsymbol{Lx}}=\frac{p+\mathrm{i}q}{(\boldsymbol{x}^{\mathrm{H}}\boldsymbol{Dx}-p)+\mathrm{i}q},$$

故有

$$|\lambda|^2=\lambda\bar{\lambda}=\frac{p^2+q^2}{(\boldsymbol{x}^{\mathrm{H}}\boldsymbol{D}\boldsymbol{x}-p)^2+q^2}. \tag{2.6.16}$$

若 $p<0$,因 $\boldsymbol{x}^{\mathrm{H}}\boldsymbol{D}\boldsymbol{x}>0$,由(2.6.16)知 $|\lambda|<1$;若 $p\geqslant0$,由式(2.6.15)知 $\boldsymbol{x}^{\mathrm{H}}\boldsymbol{D}\boldsymbol{x}-p>p$.由式(2.6.16)可知 $|\lambda|<1$,由 λ 的任意性有 $\rho(\boldsymbol{M}_2)<1$,按定理 2.6.2 知 Gauss-Seidel 迭代法收敛.

2.6.3 SOR 迭代法收敛性的进一步讨论

关于 SOR 迭代法的收敛性,我们再补充如下的收敛定理.

定理 2.6.7 设 SOR 迭代法收敛,则松弛因子

$$0<\omega<2.$$

证 由于方法收敛,由定理 2.6.2 知

$$\rho(\boldsymbol{M}_3)<1.$$

设 $\boldsymbol{M}_3$ 的特征值为 $\lambda_i(i=1,2,\cdots,n)$,因为

$$|\det(\boldsymbol{M}_3)|=|\lambda_1\lambda_2\cdots\lambda_n|\leqslant[\rho(\boldsymbol{M}_3)]^n,$$

故有

$$|\det(\boldsymbol{M}_3)|^{\frac{1}{n}}\leqslant\rho(\boldsymbol{M}_3)<1.$$

因为

$$\begin{aligned}|\det(\boldsymbol{M}_3)|&=|\det(\boldsymbol{D}-\omega\boldsymbol{L})^{-1}\cdot\det[(1-\omega)\boldsymbol{D}+\omega\boldsymbol{U}]|\\&=|(1-\omega)^n|=|1-\omega|^n,\end{aligned}$$

所以

$$|1-\omega|<1,$$

于是

$$0<\omega<2.$$

此定理表明:$0<\omega<2$ 是 SOR 方法收敛的必要条件.若 ω 越出此范围,SOR 方法一定发散.

定理 2.6.8 设 $\boldsymbol{A}\boldsymbol{x}=\boldsymbol{b}$ 的系数矩阵 $\boldsymbol{A}$ 对称正定,且 $0<\omega<2$,则 SOR 方法收敛.

最后我们指出:使用 SOR 方法,关键在于松弛因子 ω 的选择,如

果 ω 选取得当，可大大提高收敛速度，因此它是解线性方程组很有效的算法之一. 一般说来，选取最佳松弛因子(使 SOR 方法收敛最快的松弛因子)是困难的，虽然对某些特殊类型的矩阵，给出了最佳松弛因子的计算公式，但实际使用时，也存在一定的困难. 因此在实用中一般采用试算的方法，即在区间(0,2)内选取两个不同的松弛因子，从同一初始向量 $\boldsymbol{x}^{(0)}$ 出发，迭代相同次数，比较剩余向量

$$\boldsymbol{r}^{(k)} = \boldsymbol{b} - \boldsymbol{A}\boldsymbol{x}^{(k)}$$

的范数，弃去使 $\|\boldsymbol{r}^{(k)}\|$ 较大的松弛因子，此方法简单且有效. SOR 方法的计算程序应具有自动选择松弛因子之功能.

习题 2

1. 用 Gauss 消去法解下列线性方程组:

(1) $\begin{bmatrix} 1 & 1 & 1 \\ 2 & -3 & 1 \\ 4 & -6 & 3 \end{bmatrix} \begin{bmatrix} x_1 \\ x_2 \\ x_3 \end{bmatrix} = \begin{bmatrix} 2 \\ 11 \\ 10 \end{bmatrix}$;

(2) $\begin{bmatrix} 7 & 1 & -1 \\ 2 & 4 & 2 \\ -1 & 1 & 3 \end{bmatrix} \begin{bmatrix} x_1 \\ x_2 \\ x_3 \end{bmatrix} = \begin{bmatrix} 3 \\ 1 \\ 2 \end{bmatrix}$.

并列出由此得到的 Doolittle 三角分解 $A = LU$；计算 $\det A$.

2. 用 Gauss 列主元素法解下列方程组:

(1) $\begin{bmatrix} 12 & -3 & 3 \\ -18 & 3 & -1 \\ 1 & 1 & 1 \end{bmatrix} \begin{bmatrix} x_1 \\ x_2 \\ x_3 \end{bmatrix} = \begin{bmatrix} 15 \\ -15 \\ 6 \end{bmatrix}$;

(2) $\begin{bmatrix} 0.729 & 0.81 & 0.9 \\ 1 & 1 & 1 \\ 1.331 & 1.21 & 1.1 \end{bmatrix} \begin{bmatrix} x_1 \\ x_2 \\ x_3 \end{bmatrix} = \begin{bmatrix} 0.8338 \\ 0.8338 \\ 1.0000 \end{bmatrix}$;

(3) $\begin{bmatrix} 1.134\,8 & 3.832\,6 & 1.165\,1 & 3.401\,7 \\ 0.530\,1 & 1.787\,5 & 2.533\,0 & 1.543\,5 \\ 3.412\,9 & 4.931\,7 & 8.764\,3 & 1.314\,2 \\ 1.237\,1 & 4.999\,8 & 10.672\,1 & 0.014\,7 \end{bmatrix} \begin{bmatrix} x_1 \\ x_2 \\ x_3 \\ x_4 \end{bmatrix} = \begin{bmatrix} 9.534\,2 \\ 6.394\,1 \\ 18.423\,1 \\ 16.923\,7 \end{bmatrix}$.

3. 求下列矩阵的 Doolittle 分解:

$$A = \begin{bmatrix} 1 & 2 & -1 \\ 1 & -1 & 5 \\ 4 & 1 & -2 \end{bmatrix}, B = \begin{bmatrix} 1 & 1 & -1 \\ 1 & 2 & -2 \\ -2 & 1 & 1 \end{bmatrix}.$$

4.设 $\boldsymbol{A} = \boldsymbol{A}^{(1)} \in \boldsymbol{R}^{n \times n}$ 为对称矩阵,且 $a_{11} \neq 0$,经 Gauss 消去法第一步将 A 约化为

$$\boldsymbol{A}^{(2)} = \begin{pmatrix} a_{11} & \boldsymbol{\alpha}^{\mathrm{T}} \\ \boldsymbol{O} & \boldsymbol{A}_2 \end{pmatrix},$$

其中

$$\boldsymbol{A}_2 = \begin{bmatrix} a_{22}^{(2)} & a_{23}^{(2)} & \cdots & a_{2n}^{(2)} \\ a_{32}^{(2)} & a_{33}^{(2)} & \cdots & a_{3n}^{(2)} \\ \cdots & \cdots & \cdots & \cdots \\ a_{n2}^{(2)} & a_{n3}^{(2)} & \cdots & a_{nn}^{(2)} \end{bmatrix}.$$

试证明

(1) $\boldsymbol{A}_2$ 亦是对称矩阵;

(2) 若 $\boldsymbol{A}$ 是对称正定矩阵,则 $\boldsymbol{A}_2$ 亦为对称正定矩阵.

5.用追赶法解方程组 $\boldsymbol{Ax} = \boldsymbol{b}$.

(1) $\boldsymbol{A} = \begin{bmatrix} 2 & -1 & & \\ -1 & 2 & -1 & \\ & -1 & 2 & -1 \\ & & -1 & 2 \end{bmatrix}, \boldsymbol{b} = \begin{bmatrix} 1 \\ 0 \\ 0 \\ 1 \end{bmatrix}$;

(2) $\boldsymbol{A} = \begin{bmatrix} 2 & 1 & & \\ 1 & 3 & 1 & \\ & 1 & 1 & 1 \\ & & 2 & 1 \end{bmatrix}, \boldsymbol{b} = \begin{bmatrix} 1 \\ 2 \\ 2 \\ 0 \end{bmatrix}$.

6.用平方根法解方程组 $\boldsymbol{Ax} = \boldsymbol{b}$.

(1) $\boldsymbol{A} = \begin{bmatrix} 5 & -3 & 1 \\ -3 & 2 & -1 \\ 1 & -1 & 4 \end{bmatrix}, \boldsymbol{b} = \begin{bmatrix} 3 \\ -2 \\ 4 \end{bmatrix}$;

(2) $\boldsymbol{A} = \begin{bmatrix} 4 & 2.4 & 2 & 3 \\ 2.4 & 5.44 & 4 & 5.8 \\ 2 & 4 & 5.21 & 7.45 \\ 3 & 5.8 & 7.45 & 19.66 \end{bmatrix}, \boldsymbol{b} = \begin{bmatrix} 12.280 \\ 16.928 \\ 22.957 \\ 50.945 \end{bmatrix}$.

7. 设 $\boldsymbol{x}\in\boldsymbol{R}^n$，证明

$$\|\boldsymbol{x}\|_\infty\leqslant\|\boldsymbol{x}\|_1\leqslant n\|\boldsymbol{x}\|_\infty.$$

8. 对任意 $\boldsymbol{x},\boldsymbol{y}\in\boldsymbol{R}^n$，证明

$$|\|\boldsymbol{x}\|-\|\boldsymbol{y}\||\leqslant\|\boldsymbol{x}-\boldsymbol{y}\|.$$

9. 设 $\boldsymbol{A}\in\boldsymbol{R}^{n\times n}$ 对称正定，试证明

$$\|\boldsymbol{x}\|_A=(\boldsymbol{x},\boldsymbol{A}\boldsymbol{x})^{\frac{1}{2}}$$

是 $\boldsymbol{R}^n$ 上的范数.

10. 设 $\lambda_i>0(i=1,2,\cdots,n)$ 是 $\boldsymbol{A}^{\mathrm{T}}\boldsymbol{A}\in\boldsymbol{R}^{n\times n}$ 的特征值，证明

$$[\mathrm{cond}_2(\boldsymbol{A})]^2=\frac{\max\limits_i\lambda_i}{\min\limits_i\lambda_i}.$$

11. 设 $\boldsymbol{A}=\begin{pmatrix}7&10\\5&7\end{pmatrix}$，$\boldsymbol{B}=\begin{pmatrix}100&99\\99&98\end{pmatrix}$，求 $\mathrm{cond}_\infty(\boldsymbol{A})$，$\mathrm{cond}_1(\boldsymbol{B})$，$\mathrm{cond}_2(\boldsymbol{B})$.

12. 设 $\boldsymbol{A},\boldsymbol{B}\in\boldsymbol{R}^{n\times n}$，$\|\cdot\|$ 为 $\boldsymbol{R}^{n\times n}$ 上矩阵的算子范数，试证明

$$\mathrm{cond}(\boldsymbol{AB})\leqslant\mathrm{cond}(\boldsymbol{A})\mathrm{cond}(\boldsymbol{B}).$$

13. 设方程组 $\boldsymbol{A}\boldsymbol{x}=\boldsymbol{b}$，其中

$$\boldsymbol{A}=\begin{pmatrix}2&-1\\-2&1.0001\end{pmatrix},\boldsymbol{b}=\begin{pmatrix}-1\\1.0001\end{pmatrix}.$$

当 $\boldsymbol{b}$ 有误差 $\delta\boldsymbol{b}=\begin{pmatrix}0\\0.0001\end{pmatrix}$ 时，引起解向量 $\boldsymbol{x}$ 的误差为 $\delta\boldsymbol{x}$，试求 $\dfrac{\|\delta\boldsymbol{x}\|_\infty}{\|\boldsymbol{x}\|_\infty}$ 的上界和 $\det\boldsymbol{A}$，$\boldsymbol{A}$ 是病态吗？

14. 用 Jacobi 迭代法和 Gauss-Seidel 迭代法解下列线性方程组：

(1) $\begin{bmatrix}5&2&1\\-1&4&2\\2&-3&10\end{bmatrix}\begin{bmatrix}x_1\\x_2\\x_3\end{bmatrix}=\begin{bmatrix}-12\\20\\3\end{bmatrix}$；

(2) $\begin{bmatrix}4&-1&0&-1&0&0\\-1&4&-1&0&-1&0\\0&-1&4&0&0&-1\\-1&0&0&4&-1&0\\0&-1&0&-1&4&-1\\0&0&-1&0&-1&4\end{bmatrix}\begin{bmatrix}x_1\\x_2\\\vdots\\\vdots\\x_6\end{bmatrix}=\begin{bmatrix}2\\1\\2\\2\\1\\2\end{bmatrix}$，

取初始向量为零向量，当 $\|\boldsymbol{x}^{(k+1)}-\boldsymbol{x}^{(k)}\|_\infty\leqslant10^{-4}$ 时，终止迭代.

15. 用 SOR 方法(取松弛因子 $\omega=1.46$)解方程组

$$\begin{bmatrix} 2 & -1 & 0 & 0 \\ -1 & 2 & -1 & 0 \\ 0 & -1 & 2 & -1 \\ 0 & 0 & -1 & 2 \end{bmatrix} \begin{bmatrix} x_1 \\ x_2 \\ x_3 \\ x_4 \end{bmatrix} = \begin{bmatrix} 1 \\ 0 \\ 1 \\ 0 \end{bmatrix},$$

取初始向量 $\boldsymbol{x}^{(0)}=(1,1,1,1)^{\mathrm{T}}$，当 $\|\boldsymbol{x}^{(k+1)}-\boldsymbol{x}^{(k)}\|_{\infty}\leqslant 10^{-5}$ 时，终止迭代.

16.写出解下列方程组的 Jacobi 迭代法的迭代公式，并考察此方法的敛散性.

(1) $\begin{bmatrix} 3 & -1 & 0 \\ 7 & 4 & 2 \\ 0 & 3 & 1 \end{bmatrix} \begin{bmatrix} x_1 \\ x_2 \\ x_3 \end{bmatrix} = \begin{bmatrix} 3 \\ 5 \\ 1 \end{bmatrix}$；

(2) $\begin{bmatrix} 1 & \frac{1}{2} & \frac{1}{2} \\ \frac{1}{2} & 1 & \frac{1}{2} \\ \frac{1}{2} & \frac{1}{2} & 1 \end{bmatrix} \begin{bmatrix} x_1 \\ x_2 \\ x_3 \end{bmatrix} = \begin{bmatrix} 2 \\ 1 \\ 6 \end{bmatrix}$；

(3) $\begin{bmatrix} 1 & 2 & -2 \\ 1 & 1 & 1 \\ 2 & 2 & 1 \end{bmatrix} \begin{bmatrix} x_1 \\ x_2 \\ x_3 \end{bmatrix} = \begin{bmatrix} 3 \\ 4 \\ 2 \end{bmatrix}$.

17.写出解下列线性方程组的 Gauss-Seidel 法的迭代公式，并考察此方法的敛散性.

(1) $\begin{bmatrix} 2 & 0 & -1 \\ 1 & 4 & -2 \\ 2 & -4 & 1 \end{bmatrix} \begin{bmatrix} x_1 \\ x_2 \\ x_3 \end{bmatrix} = \begin{bmatrix} 3 \\ -1 \\ 4 \end{bmatrix}$；

(2) $\begin{bmatrix} 3 & 1 & -1 \\ 2 & 4 & -3 \\ 1 & 1 & 2 \end{bmatrix} \begin{bmatrix} x_1 \\ x_2 \\ x_3 \end{bmatrix} = \begin{bmatrix} 2 \\ 1 \\ 9 \end{bmatrix}$；

(3) $\begin{bmatrix} 8 & -3 & 2 \\ 4 & 10 & -1 \\ 2 & 3 & 12 \end{bmatrix} \begin{bmatrix} x_1 \\ x_2 \\ x_3 \end{bmatrix} = \begin{bmatrix} 3 \\ 4 \\ 6 \end{bmatrix}$.

18.设矩阵 $\boldsymbol{A}=\begin{bmatrix} 1 & \alpha & 0 \\ \alpha & 1 & \alpha \\ 0 & \alpha & 1 \end{bmatrix}$，

证明:(1)当 $-\frac{1}{\sqrt{2}}<\alpha<\frac{1}{\sqrt{2}}$ 时,$\boldsymbol{A}$ 是正定矩阵;

(2) 用 Jacobi 迭代法解线性方程组 $\boldsymbol{Ax}=\boldsymbol{b}$ 是收敛的.

19.设方程组

$$\begin{bmatrix} 1 & -1 & 0 \\ -0.25 & 1 & -0.5 \\ & -0.5 & 1 \end{bmatrix}\begin{bmatrix} x_1 \\ x_2 \\ x_3 \end{bmatrix}=\begin{bmatrix} 0.7 \\ 0.8 \\ 0.9 \end{bmatrix}.$$

(1) Jacobi 迭代法及 Gauss-Seidel 迭代法是否收敛?理由是什么?

(2) 若均收敛,哪个方法收敛速度快?

20.设线性方程组 $\boldsymbol{Ax}=\boldsymbol{b}$ 的系数矩阵 $\boldsymbol{A}$ 按列严格对角占优,证明此方程组有惟一解且 Jacobi 迭代法及 Gauss-Seidel 迭代法均收敛.

21.设 $\boldsymbol{Ax}=\boldsymbol{b}$,其中

$$\boldsymbol{A}=\begin{pmatrix} 1 & \alpha \\ 4\alpha & 1 \end{pmatrix},\text{且 } \boldsymbol{x},\boldsymbol{b}\in\boldsymbol{R}^2,$$

(1) 用迭代法收敛的充要条件求出使 Jacobi 迭代法和 Gauss-Seidel 迭代法均收敛的 α 的取值范围.

(2) 当 $\alpha\neq 0$ 时,给出这两种迭代法的收敛速度之比.

22.设线性方程组 $\boldsymbol{Ax}=\boldsymbol{b}$ 的系数矩阵 $\boldsymbol{A}$ 对称正定,迭代格式为

$$\boldsymbol{x}^{(k+1)}=\boldsymbol{x}^{(k)}+\omega(\boldsymbol{b}-\boldsymbol{A}\boldsymbol{x}^{(k)}).$$

试证明当 $0<\omega<\frac{2}{\beta}$ 时,上述迭代法收敛(其中 β 是 $\boldsymbol{A}$ 的特征值的上界).

第 3 章　矩阵特征值与特征向量的计算

对于 n 阶方阵 $\boldsymbol{A}$，其特征值问题是求复数 λ 和相应的非零向量 $\boldsymbol{x}$，使得

$$\boldsymbol{A}\boldsymbol{x} = \lambda \boldsymbol{x}.$$

其中 λ 称为矩阵 $\boldsymbol{A}$ 的一个特征值，而 $\boldsymbol{x}$ 为相应于 λ 的特征向量.

在振动问题或其他一些工程问题中，经常涉及到特征值及特征向量的计算问题. 下面介绍几种常用的方法.

3.1　乘幂法与反幂法

3.1.1　乘幂法与 Rayleigh 商迭代法

对于有些问题，只要给出矩阵的主特征值(指按模最大的特征值)及其所对应的特征向量就可以了. 乘幂法正是求矩阵主特征值及相应特征向量的一种方法.

设实矩阵 $\boldsymbol{A} \in \boldsymbol{R}^{n \times n}$ 的特征值为 $\lambda_1, \lambda_2, \cdots, \lambda_n$，相应的特征向量为 $\boldsymbol{u}_1, \boldsymbol{u}_2, \cdots, \boldsymbol{u}_n$，且以上 n 个向量线性无关. 对任意的非零初始向量 $\boldsymbol{x}^{(0)} \in \boldsymbol{R}^n$，不妨设

$$\boldsymbol{x}^{(0)} = a_1 \boldsymbol{u}_1 + a_2 \boldsymbol{u}_2 + \cdots + a_n \boldsymbol{u}_n, \tag{3.1.1}$$

构造迭代格式

$$\boldsymbol{x}^{(k+1)} = \boldsymbol{A}\boldsymbol{x}^{(k)} \quad (k = 0, 1, 2, \cdots). \tag{3.1.2}$$

则当 A 的特征值满足条件

$$|\lambda_1| > |\lambda_2| \geqslant |\lambda_3| \geqslant \cdots \geqslant |\lambda_n| \tag{3.1.3}$$

时，有

$$
\begin{aligned}
\boldsymbol{x}^{(k)} &= \sum_{j=1}^{n} \lambda_j^k a_j \boldsymbol{u}_j \\
&= \lambda_1^k \left[a_1 \boldsymbol{u}_1 + \sum_{j=2}^{n} \left(\frac{\lambda_j}{\lambda_1} \right)^k a_j \boldsymbol{u}_j \right].
\end{aligned} \tag{3.1.4}
$$

若 $a_1 \neq 0$,则当 k 充分大时,有

$$
\boldsymbol{x}^{(k)} = \lambda_1^k a_1 \boldsymbol{u}_1 + \boldsymbol{\varepsilon}_k \approx \lambda_1^k a_1 \boldsymbol{u}_1. \tag{3.1.5}
$$

其中 $\boldsymbol{\varepsilon}_k$ 为可以忽略的小量.因此,$\boldsymbol{x}^{(k)}$ 就是相应于 λ_1 的近似特征向量,并由式(3.1.5)可得

$$
\lambda_1 \approx x_i^{(k+1)} / x_i^{(k)} \tag{3.1.6}
$$

其中 $x_i^{(k+1)}$ 为 $\boldsymbol{x}^{(k+1)}$ 的第 i 个分量.

在具体计算过程中,若 $a_1 = 0$,由于计算机舍入误差的影响,只要进行足够多次的迭代,总会使某一向量 $\boldsymbol{x}^{(m)}$ 的系数满足 $\lambda_1^m a_1 \neq 0$,只要将 $\boldsymbol{x}^{(m)}$ 视为初始向量就可以了.值得注意的是,此时迭代的收敛速度可能较慢,若收敛太慢,应该考虑更换初始向量.

以上分析说明了乘幂法的原理.在实际计算过程中,为了避免特征向量 $\boldsymbol{u}_1$ 的系数 $\lambda_1^k a_1$ 的模迅速增大或减小而导致的“上溢”和“下溢”,需要将迭代过程中得到的向量 $\boldsymbol{x}^{(k)}$ 进行“标准”化,即将迭代格式(3.1.2)改写为:对任意给定的初始向量 $\boldsymbol{x}^{(0)} \in \boldsymbol{R}^n$,计算

$$
\begin{cases}
\boldsymbol{y}^{(k)} = \boldsymbol{x}^{(k)} / \max(\boldsymbol{x}^{(k)}), \\
\boldsymbol{x}^{(k+1)} = \boldsymbol{A}\boldsymbol{y}^{(k)}
\end{cases}
\quad (k = 0, 1, 2, \cdots). \tag{3.1.7}
$$

其中 $\max(\boldsymbol{x}^{(k)})$ 表示向量 $\boldsymbol{x}^{(k)}$ 中按模最大的分量.

定理 3.1.1 设 $\boldsymbol{A} \in \boldsymbol{R}^{n \times n}$ 具有完全特征向量系 $\boldsymbol{u}_1, \boldsymbol{u}_2, \cdots, \boldsymbol{u}_n$,其相应的特征值满足

$$
|\lambda_1| > |\lambda_2| \geqslant \cdots \geqslant |\lambda_n|, \tag{3.1.8}
$$

另设非零初始向量 $\boldsymbol{x}^{(0)} \in \boldsymbol{R}^n$ 不与 $\boldsymbol{u}_1$ 正交,则由迭代格式(3.1.7)生成的向量序列 $\{\boldsymbol{x}^{(k)}, \boldsymbol{y}^{(k)}\}$ 满足

$$
\lim_{k \to \infty} \max(\boldsymbol{x}^{(k+1)}) = \lambda_1, \tag{3.1.9}
$$

$$
\lim_{k \to \infty} \boldsymbol{y}^{(k)} = \boldsymbol{u}_1 / \max(\boldsymbol{u}_1). \tag{3.1.10}
$$

证明 由假设 λ_1 为非零实数,$\boldsymbol{u}_1$ 可取为一实向量,$\boldsymbol{x}^{(0)}$ 可以由式

(3.1.1)表示.由迭代格式(3.1.7)有

$$
\begin{aligned}
\boldsymbol{y}^{(k)} &= \frac{\boldsymbol{A}^k \boldsymbol{x}^{(0)}}{\max(\boldsymbol{A}^k \boldsymbol{x}^{(0)})} \\
&= \frac{\lambda_1^k \left[a_1 \boldsymbol{u}_1 + \sum\limits_{i=2}^{n} a_1 \left(\dfrac{\lambda_i}{\lambda_1} \right)^k \boldsymbol{u}_i \right]}{\max \left\{ \lambda_1^k \left[a_1 \boldsymbol{u}_1 + \sum\limits_{i=2}^{n} a_i \left(\dfrac{\lambda_i}{\lambda_1} \right)^k \boldsymbol{u}_i \right] \right\}}.
\end{aligned} \tag{3.1.11}
$$

由条件(3.1.8)知,当 $k \to \infty$ 时,式(3.1.10)成立.

注意到 $\max(\boldsymbol{y}^{(k)}) = 1$,故由 $\boldsymbol{x}^{(k+1)} = \boldsymbol{A}\boldsymbol{y}^{(k)}$,有

$$
\boldsymbol{x}^{(k+1)} = \frac{\lambda_1^{k+1} \left[a_1 \boldsymbol{u}_1 + \sum\limits_{i=2}^{n} a_i \left(\dfrac{\lambda_i}{\lambda_1} \right)^{k+1} \boldsymbol{u}_i \right]}{\max \left\{ \lambda_1^k \left[a_1 \boldsymbol{u}_1 + \sum\limits_{i=2}^{n} a_i \left(\dfrac{\lambda_i}{\lambda_1} \right)^k \boldsymbol{u}_i \right] \right\}}. \tag{3.1.12}
$$

当 $k \to \infty$ 时,显然式(3.1.9)成立.

例 3.1.1 用乘幂法计算矩阵

$$
\boldsymbol{A} = \begin{pmatrix} 2 & 4 & 6 \\ 3 & 9 & 15 \\ 4 & 16 & 36 \end{pmatrix}
$$

的主特征值及相应的特征向量.

解 取初始向量 $\boldsymbol{x}^{(0)} = (1,1,1)^{\mathrm{T}}$,按迭代格式(3.1.7)进行计算,其结果如表 3.1 所示:

表 3.1

k	$\boldsymbol{x}^{(k)}$			$\boldsymbol{y}^{(k)}$			$\lambda_1^{(k-1)}$
1	12.000	27.000	56.000	0.214 29	0.432 14	1	
2	8.357 1	19.982	44.571	0.187 50	0.448 32	1	44.571
3	8.168 3	19.597	43.923	0.185 97	0.446 47	1	43.923
4	8.156 6	19.573	43.883	0.185 87	0.446 63	1	43.883
5	8.155 9	19.572	43.880	0.185 87	0.446 63	1	43.880
6	8.155 9	19.572	43.880				43.880

因此 $\lambda_1 \approx 43.880$, $\boldsymbol{u}_1 \approx (0.185\,87, 0.446\,63, 1)^{\mathrm{T}}$.

乘幂法具有方法简单,单步计算量较小等特点,尤其适用于稀疏矩阵.但由于该方法收敛速度较慢,尤其当 $|\lambda_1|$ 与 $|\lambda_2|$ 相接近时,收敛速

度更慢，因此有必要对其进行适当的改进．

定义 3.1.1 设 $\boldsymbol{A}$ 为 n 阶实对称矩阵，$\boldsymbol{x}\in\boldsymbol{R}^n$ 为任一非零向量，则

$$R(\boldsymbol{x})=\boldsymbol{x}^{\mathrm{T}}\boldsymbol{A}\boldsymbol{x}/\boldsymbol{x}^{\mathrm{T}}\boldsymbol{x} \tag{3.1.13}$$

称为 $\boldsymbol{x}$ 关于 $\boldsymbol{A}$ 的 Rayleigh 商．

显然

$$R(\boldsymbol{u}_j)=\lambda_j \quad (j=1,2,\cdots,n). \tag{3.1.14}$$

其中 λ_j 是 $\boldsymbol{A}$ 的特征值，$\boldsymbol{u}_j$ 是相应的特征向量．

Rayleigh 商迭代法的计算格式为

$$\begin{cases}\boldsymbol{y}^{(k)}=\boldsymbol{x}^{(k)}/\|\boldsymbol{x}^{(k)}\|_2,\\ \boldsymbol{x}^{(k+1)}=\boldsymbol{A}\boldsymbol{y}^{(k)},\\ R(\boldsymbol{y}^{(k)})=\boldsymbol{y}^{(k)^{\mathrm{T}}}\boldsymbol{x}^{(k+1)}.\end{cases} \tag{3.1.15}$$

定理 3.1.2 设 $\boldsymbol{A}\in\boldsymbol{R}^{n\times n}$ 为对称矩阵，其特征值为 $\lambda_1\geqslant\lambda_2\geqslant\cdots\geqslant\lambda_n$，则对任意的非零向量 $\boldsymbol{x}\in\boldsymbol{R}^n$，有

$$\lambda_1\geqslant R(\boldsymbol{x})\geqslant\lambda_n. \tag{3.1.16}$$

证明 设 $\boldsymbol{u}_1,\boldsymbol{u}_2,\cdots,\boldsymbol{u}_n$ 是相应于 $\lambda_1,\lambda_2,\cdots,\lambda_n$ 的标准正交特征向量组，且有

$$\boldsymbol{x}=a_1\boldsymbol{u}_1+a_2\boldsymbol{u}_2+\cdots+a_n\boldsymbol{u}_n,$$

则

$$\boldsymbol{A}\boldsymbol{x}=\lambda_1a_1\boldsymbol{u}_1+\lambda_2a_2\boldsymbol{u}_2+\cdots+\lambda_na_n\boldsymbol{u}_n,$$

于是

$$R(\boldsymbol{x})=\frac{\boldsymbol{x}^{\mathrm{T}}\boldsymbol{A}\boldsymbol{x}}{\boldsymbol{x}^{\mathrm{T}}\boldsymbol{x}}=\frac{\sum\limits_{j=1}^{n}\lambda_ja_j^2}{\sum\limits_{j=1}^{n}a_j^2}.$$

因此，有式(3.1.16)．

定理 3.1.3 设 $\boldsymbol{A}\in\boldsymbol{R}^{n\times n}$ 为对称矩阵，其特征值为 $|\lambda_1|>|\lambda_2|\geqslant\cdots\geqslant|\lambda_n|$，则由迭代格式(3.1.15)生成的向量序列 $\{\boldsymbol{x}^{(k)},\boldsymbol{y}^{(k)}\}$ 满足：当 k 充分大时有

$$R(\boldsymbol{y}^{(k)}) = \lambda_1 + O\left(\left|\frac{\lambda_2}{\lambda_1}\right|^{2k}\right). \tag{3.1.17}$$

证明 设 $\boldsymbol{u}_1, \boldsymbol{u}_2, \cdots, \boldsymbol{u}_n$ 是相应于 $\lambda_1, \lambda_2, \cdots, \lambda_n$ 的标准正交向量组,令 $\|\boldsymbol{x}^{(0)}\|_2 = 1$,并且有

$$\boldsymbol{x}^{(0)} = \boldsymbol{y}^{(0)} = a_1\boldsymbol{u}_1 + a_2\boldsymbol{u}_2 + \cdots + a_n\boldsymbol{u}_n,$$

则由式(3.1.15),有

$$\boldsymbol{x}^{(k)} = \boldsymbol{A}^k\boldsymbol{x}^{(0)} / (\|\boldsymbol{x}^{(0)}\|_2 \cdot \|\boldsymbol{x}^{(1)}\|_2 \cdot \cdots \cdot \|\boldsymbol{x}^{(k-1)}\|_2),$$

$$\boldsymbol{y}^{(k)} = \boldsymbol{A}^k\boldsymbol{x}^{(0)} / (\|\boldsymbol{x}^{(0)}\|_2 \cdot \|\boldsymbol{x}^{(1)}\|_2 \cdot \cdots \cdot \|\boldsymbol{x}^{(k)}\|_2),$$

从而有

$$\begin{aligned}
R(\boldsymbol{y}^{(k)}) &= \frac{[\boldsymbol{y}^{(k)}]^{\mathrm{T}}\boldsymbol{A}\boldsymbol{y}^{(k)}}{[\boldsymbol{y}^{(k)}]^{\mathrm{T}}\boldsymbol{y}^{(k)}} \\
&= \frac{[\boldsymbol{x}^{(0)}]^{\mathrm{T}}\boldsymbol{A}^{2k+1}\boldsymbol{x}^{(0)}}{[\boldsymbol{x}^{(0)}]^{\mathrm{T}}\boldsymbol{A}^{2k}\boldsymbol{x}^{(0)}} \\
&= \frac{\sum_{j=1}^{n}\lambda_j^{2k+1}a_j^2}{\sum_{j=1}^{n}\lambda_j^{2k}a_j^2} \\
&= \lambda_1 \cdot \frac{1 + \sum_{j=2}^{n}\left(\frac{a_j}{a_1}\right)^2\left(\frac{\lambda_j}{\lambda_1}\right)^{2k+1}}{1 + \sum_{j=2}^{n}\left(\frac{a_j}{a_1}\right)^2\left(\frac{\lambda_j}{\lambda_1}\right)^{2k}} \\
&= \lambda_1 + O\left(\left|\frac{\lambda_2}{\lambda_1}\right|^{2k}\right).
\end{aligned}$$

此即式(3.1.17).

定理 3.1.3 表明,如果矩阵 A 是实对称的,则其 Rayleigh 商迭代法要比乘幂法的收敛速度快得多,Rayleigh 商迭代法是平方收敛的,亦即

$$|R(\boldsymbol{y}^{(k+1)}) - \lambda_1| \leqslant C\left|\frac{\lambda_2}{\lambda_1}\right|^2 |R(\boldsymbol{y}^{(k)}) - \lambda_1|.$$

序列 $\{R(\boldsymbol{y}^{(k)})\}$ 以 $\left|\frac{\lambda_2}{\lambda_1}\right|^2$ 的速度收敛于 λ_1.

3.1.2 降阶法

采用乘幂法可以求出矩阵 $\boldsymbol{A}$ 按模最大的特征值以及相应的特征向量,但是能否在此基础上继续求出按模次大的特征值以及相应的特征向量,并依次求出其他特征值及特征向量呢?下面就介绍一种解决上述问题的方法——降阶法,由于求解过程中采用了收缩技术,所以降阶法也叫做收缩法.

设 $\boldsymbol{A}$ 的特征值为

$$|\lambda_1|>|\lambda_2|>|\lambda_3|\geqslant\cdots\geqslant|\lambda_n|, \tag{3.1.18}$$

且 λ 对应的特征向量 $\boldsymbol{u}_1$ 的第一个分量不等于 0,则经过规范化后可使其化为 1,不妨假设 $\boldsymbol{u}_1=(1,\boldsymbol{y}^{\mathrm{T}})^{\mathrm{T}}$,其中 $\boldsymbol{y}\in\boldsymbol{R}^{n-1}$是由 $\boldsymbol{u}_1$ 的后 $n-1$ 个分量所组成的向量.相应地,设 $\boldsymbol{A}$ 可写为分块形式

$$\boldsymbol{A}=\begin{bmatrix} a_{11} & \boldsymbol{r}^{\mathrm{T}} \\ \boldsymbol{t} & \boldsymbol{A}_{22} \end{bmatrix}, \tag{3.1.19}$$

其中 $\boldsymbol{r},\boldsymbol{t}\in\boldsymbol{R}^{n-1}$,$\boldsymbol{A}_{22}\in\boldsymbol{R}^{(n-1)\times(n-1)}$,则由 $\boldsymbol{A}\boldsymbol{u}_1=\lambda_1\boldsymbol{u}_1$,有

$$\begin{bmatrix} a_{11} & \boldsymbol{r}^{\mathrm{T}} \\ \boldsymbol{t} & \boldsymbol{A}_{22} \end{bmatrix}\begin{pmatrix} 1 \\ \boldsymbol{y} \end{pmatrix}=\lambda_1\begin{pmatrix} 1 \\ \boldsymbol{y} \end{pmatrix}, \tag{3.1.20}$$

亦即

$$a_{11}+\boldsymbol{r}^{\mathrm{T}}\boldsymbol{y}=\lambda_1, \tag{3.1.21}$$

$$\boldsymbol{t}+\boldsymbol{A}_{22}\boldsymbol{y}=\lambda_1\boldsymbol{y}=\boldsymbol{a}_{11}\boldsymbol{y}+(\boldsymbol{r}^{\mathrm{T}}\boldsymbol{y})\boldsymbol{y}=a_{11}\boldsymbol{y}+\boldsymbol{y}\boldsymbol{r}^{\mathrm{T}}\boldsymbol{y}. \tag{3.1.22}$$

引进矩阵

$$\boldsymbol{T}=\begin{pmatrix} 1 & \boldsymbol{0}^{\mathrm{T}} \\ \boldsymbol{y} & \boldsymbol{I}_{n-1} \end{pmatrix},$$

其中 $\boldsymbol{I}_{n-1}$为 $n-1$ 阶单位矩阵,从而有

$$\boldsymbol{T}^{-1}=\begin{pmatrix} 1 & \boldsymbol{0}^{\mathrm{T}} \\ -\boldsymbol{y} & \boldsymbol{I}_{n-1} \end{pmatrix},$$

并且有

$$\boldsymbol{T}^{-1}\boldsymbol{A}\boldsymbol{T}=\begin{pmatrix} 1 & \boldsymbol{0}^{\mathrm{T}} \\ -\boldsymbol{y} & \boldsymbol{I}_{n-1} \end{pmatrix}\begin{bmatrix} a_{11} & \boldsymbol{r}^{\mathrm{T}} \\ \boldsymbol{t} & \boldsymbol{A}_{22} \end{bmatrix}\begin{pmatrix} 1 & \boldsymbol{0}^{\mathrm{T}} \\ \boldsymbol{y} & \boldsymbol{I}_{n-1} \end{pmatrix}$$

$$= \begin{bmatrix} a_{11} + \boldsymbol{r}^{\mathrm{T}}\boldsymbol{y} & \boldsymbol{r}^{\mathrm{T}} \\ t - a_{11}\boldsymbol{y} - \boldsymbol{y}\boldsymbol{r}^{\mathrm{T}}\boldsymbol{y} + \boldsymbol{A}_{22}\boldsymbol{y} & -\boldsymbol{y}\boldsymbol{r}^{\mathrm{T}} + \boldsymbol{A}_{22} \end{bmatrix}.$$

因此,由(3.1.21)和(3.1.22),有

$$\boldsymbol{T}^{-1}\boldsymbol{A}\boldsymbol{T} = \begin{pmatrix} \lambda_1 & \boldsymbol{r}^{\mathrm{T}} \\ \boldsymbol{0} & \boldsymbol{B} \end{pmatrix}. \tag{3.1.23}$$

其中 $\boldsymbol{B} = \boldsymbol{A}_{22} - \boldsymbol{y}\boldsymbol{r}^{\mathrm{T}}$.由矩阵的相似性可知,$\boldsymbol{A}$ 的按模次大的特征值λ_2 就是 $\boldsymbol{B}$ 的主特征值.采用乘幂法可以求出矩阵 $\boldsymbol{B}$ 的主特征值λ_2 及相应的特征向量 $\boldsymbol{z} \in \boldsymbol{R}^{n-1}$.

设矩阵 $\boldsymbol{T}^{-1}\boldsymbol{A}\boldsymbol{T}$ 相应于λ_2 的特征向量为 $\tilde{\boldsymbol{u}}_2 = (s, \boldsymbol{z}^{\mathrm{T}})^{\mathrm{T}}$,则由 $\boldsymbol{T}^{-1}\boldsymbol{A}\boldsymbol{T}\tilde{\boldsymbol{u}}_2 = \lambda_2\tilde{\boldsymbol{u}}_2$,有

$$s = \boldsymbol{r}^{\mathrm{T}}\boldsymbol{z}/(\lambda_2 - \lambda_1), \tag{3.1.24}$$

于是

$$\tilde{\boldsymbol{u}}_2 = \begin{pmatrix} \boldsymbol{r}^{\mathrm{T}}\boldsymbol{z}/(\lambda_2 - \lambda_1) \\ \boldsymbol{z} \end{pmatrix}. \tag{3.1.25}$$

从而矩阵 $\boldsymbol{A}$ 的对应于模次大的特征值λ_2 的特征向量 $\boldsymbol{u}_2$ 满足

$$\boldsymbol{u}_2 = \boldsymbol{T}\tilde{\boldsymbol{u}}_2. \tag{3.1.26}$$

上述结论是在假设矩阵 $\boldsymbol{A}$ 的相应于主特征值λ_1 的特征向量 $\boldsymbol{u}_1$ 之第一个分量不为零的条件下得到的.如果前面的假设不成立,注意到 $\boldsymbol{u}_1$ 不是零向量,则存在某一排列矩阵 $\boldsymbol{P}$,使得 $\boldsymbol{P}\boldsymbol{u}_1$ 的第一个分量不是零.令 $\widetilde{\boldsymbol{A}} = \boldsymbol{P}\boldsymbol{A}\boldsymbol{P}^{-1}$,则

$$\widetilde{\boldsymbol{A}}(\boldsymbol{P}\boldsymbol{u}_1) = \boldsymbol{P}\boldsymbol{A}\boldsymbol{P}^{-1}\boldsymbol{P}\boldsymbol{u}_1 = \lambda_1(\boldsymbol{P}\boldsymbol{u}_1),$$

即 $\boldsymbol{P}\boldsymbol{u}_1$ 是 $\widetilde{\boldsymbol{A}}$ 的相应于λ_1 的特征向量.由此,我们可以利用前面的方法求出 $\widetilde{\boldsymbol{A}}$ 的按模次大特征值λ_2 及相应的特征向量 $\overline{\boldsymbol{u}}_2$,并由

$$\widetilde{\boldsymbol{A}}\overline{\boldsymbol{u}}_2 = \lambda_2\overline{\boldsymbol{u}}_2 = \boldsymbol{P}\boldsymbol{A}\boldsymbol{P}^{-1}\overline{\boldsymbol{u}}_2,$$

有

$$\boldsymbol{A}(\boldsymbol{P}^{-1}\overline{\boldsymbol{u}}_2) = \lambda_2(\boldsymbol{P}^{-1}\overline{\boldsymbol{u}}_2).$$

因此,矩阵 $\boldsymbol{A}$ 的相应于按模次大特征值λ_2 的特征向量为

$$\boldsymbol{u}_2 = \boldsymbol{P}^{-1}\overline{\boldsymbol{u}_2}. \tag{3.1.27}$$

3.1.3 反幂法

反幂法是乘幂法的一种变形，是用来计算非奇异矩阵 $\boldsymbol{A}$ 的按模最小特征值 λ_n 及其相应的特征向量 $\boldsymbol{u}_n$ 的一种方法.

设非奇异矩阵 $\boldsymbol{A} \in \boldsymbol{R}^{n\times n}$ 的特征值满足

$$|\lambda_1| \geqslant |\lambda_2| \geqslant \cdots \geqslant |\lambda_{n-1}| > |\lambda_n| > 0, \tag{3.1.28}$$

并且其相应的特征向量依次为 $\boldsymbol{u}_1, \boldsymbol{u}_2, \cdots, \boldsymbol{u}_n$.

注意到

$$\left|\frac{1}{\lambda_n}\right| > \left|\frac{1}{\lambda_{n-1}}\right| \geqslant \cdots \geqslant \frac{1}{|\lambda_1|} > 0, \tag{3.1.29}$$

故对 $\boldsymbol{A}^{-1}$ 采用乘幂法，即可求得 λ_n 和 $\boldsymbol{u}_n$. 反幂法的基本迭代格式为：对适当给定的初始向量 $\boldsymbol{x}^{(0)}$，计算

$$\begin{cases} \boldsymbol{y}^{(k)} = \boldsymbol{x}^{(k)} / \max(\boldsymbol{x}^{(k)}), \\ \boldsymbol{x}^{(k+1)} = \boldsymbol{A}^{-1}\boldsymbol{y}^{(k)} \end{cases} \quad (k = 0, 1, 2, \cdots). \tag{3.1.30}$$

当 k 足够大时，有

$$\lambda_n \approx [\max(\boldsymbol{x}^{(k+1)})]^{-1}, \tag{3.1.31}$$

$$\boldsymbol{u}_n \approx \boldsymbol{y}^{(k)}. \tag{3.1.32}$$

在具体计算过程中，式(3.1.30)的第二式是通过求解方程组 $\boldsymbol{A}\boldsymbol{x}^{(k+1)} = \boldsymbol{y}^{(k)}$ 而得出 $\boldsymbol{x}^{(k+1)}$.

值得注意的是，如果已知 $\boldsymbol{A}$ 的某一个特征值 λ_i 的近似值 p，并且 p 满足

$$|\lambda_i - p| < |\lambda_j - p| \quad (j = 1, 2, \cdots, n; j \neq i), \tag{3.1.33}$$

则 $\dfrac{1}{\lambda_i - p}$ 是 $(\boldsymbol{A} - p\boldsymbol{I})^{-1}$ 的主特征值. 于是，可以利用反幂法求出 $\boldsymbol{A} - p\boldsymbol{I}$ 的按模最小特征值 $\mu = \lambda_i - p$ 及其相应的特征向量 $\boldsymbol{v}$，并进而得到 $\boldsymbol{A}$ 的特征值 $\lambda_i = \mu + p$，以及相应的特征向量 $\boldsymbol{u}_i = \boldsymbol{v}$. 其具体计算格式是：对适当给定的初始向量 $\boldsymbol{x}^{(0)}$，计算

$$\begin{cases} \boldsymbol{y}^{(k)} = \boldsymbol{x}^{(k)} / \max(\boldsymbol{x}^{(k)}), \\ \boldsymbol{x}^{(k+1)} = (\boldsymbol{A} - p\boldsymbol{I})^{-1}\boldsymbol{y}^{(k)} \end{cases} \quad (k = 0, 1, 2, \cdots). \tag{3.1.34}$$

当 k 足够大时，有

$$\lambda_i \approx p + [\max(\boldsymbol{x}^{(k+1)})]^{-1}, \tag{3.1.35}$$

$$\boldsymbol{u}_i \approx \boldsymbol{y}^{(k)}. \tag{3.1.36}$$

3.2 Jacobi 方法

Jacobi 方法是一种求实对称矩阵的全部特征值及相应特征向量的方法，于 1846 年由 C. G. Jacobi 首先给出. 它是通过一系列的正交相似变换，将实对称矩阵 $\boldsymbol{A}$ 化为对角阵，并进而求出 $\boldsymbol{A}$ 的全部特征值及相应的特征向量.

3.2.1 平面旋转变换阵

我们注意到，在二维平面 $\boldsymbol{R}^2$ 中，任一向量 $\boldsymbol{u}$ 沿顺时针方向旋转 θ 角后的向量如果为 $\boldsymbol{v}$，则 $\boldsymbol{u}$ 和 $\boldsymbol{v}$ 具有相等的长度. 并且在给定的直角坐标系下，如果 $\boldsymbol{u}$ 的坐标为 (ξ, η)，$\boldsymbol{v}$ 的坐标为 (ξ', η')，则它们的坐标间满足关系

$$\begin{pmatrix} \xi' \\ \eta' \end{pmatrix} = \begin{pmatrix} \cos\theta & \sin\theta \\ -\sin\theta & \cos\theta \end{pmatrix} \begin{pmatrix} \xi \\ \eta \end{pmatrix}.$$

其中

$$\boldsymbol{R}(\theta) = \begin{pmatrix} \cos\theta & \sin\theta \\ -\sin\theta & \cos\theta \end{pmatrix} \tag{3.2.1}$$

称为 $\boldsymbol{R}^2$ 上的平面旋转阵. 平面旋转阵 $\boldsymbol{R}(\theta)$ 显然是正交阵. 易知，对任意的 $\boldsymbol{u}, \boldsymbol{v} \in \boldsymbol{R}^2$，若它们的长度相等，则一定存在某一角度 θ，使得

$$\boldsymbol{R}(\theta)\boldsymbol{u} = \boldsymbol{v}.$$

一般地，在 n 维空间 $\boldsymbol{R}^n$ 中，我们有如下定义.

定义 3.2.1 称矩阵

$$G_{ij}(\theta)=\begin{bmatrix}1 &&&&&&&&& \\ & \ddots &&&&&&&& \\ && 1 &&&&&&& \\ &&& \cos\theta &&&& \sin\theta && \\ &&&& 1 &&&&& \\ &&&&& \ddots &&&& \\ &&&&&& 1 &&& \\ &&& -\sin\theta &&&& \cos\theta && \\ &&&&&&&& 1 & \\ &&&&&&&&& \ddots & \\ &&&&&&&&&& 1\end{bmatrix}\begin{matrix} \\ \\ \\ \cdots 第\ i\ 行 \\ \\ \\ \\ \cdots 第\ j\ 行 \\ \\ \\ \\ \end{matrix} \tag{3.2.2}$$

为 n 维空间 $\boldsymbol{R}^n$ 中 (i,j) 平面上的旋转矩阵或 Givens 矩阵.

显然, $\boldsymbol{G}_{ij}^{-1}(\theta)=\boldsymbol{G}_{ij}^{\mathrm{T}}(\theta)$, 即 n 维空间中的平面旋转矩阵为正交矩阵.

设 $\boldsymbol{x}=(x_1,x_2,\cdots,x_n)^{\mathrm{T}}\in\boldsymbol{R}^n$, 则以 $\boldsymbol{G}_{ij}(\theta)$ 左乘 $\boldsymbol{x}$ 的结果为

$$(\boldsymbol{G}_{ij}(\theta)\boldsymbol{x})_k=\boldsymbol{e}_k^{\mathrm{T}}\boldsymbol{G}_{ij}(\theta)\boldsymbol{x}=\begin{cases}x_i\cos\theta+x_j\sin\theta & (k=i),\\ -x_i\sin\theta+x_j\cos\theta & (k=j),\\ x_k & (k\neq i,j).\end{cases} \tag{3.2.3}$$

这相当于只将向量 $\boldsymbol{x}$ 在 (i,j) 平面上的投影依 (i,j) 平面上的顺时针方向旋转 θ 角, 亦即平面旋转变换只改变向量 $\boldsymbol{x}$ 的两个分量, 而其他分量保持不变.

定理 3.2.1 对于任意 $\boldsymbol{x}=(x_1,x_2,\cdots,x_n)^{\mathrm{T}}\in\boldsymbol{R}^n$, 当 x_i 不等于零时, 可经过一次平面旋转变换将其化为零, 并同时将第 j 个分量变为

$$(\boldsymbol{Gx})_j=(x_i^2+x_j^2)^{1/2}, \tag{3.2.4}$$

而其他分量保持不变.

证明 设平面旋转变换 $\boldsymbol{G}_{ij}(\theta)$ 左乘向量 $\boldsymbol{x}$ 后, 其第 i 个分量为零, 则由式(3.2.3), 知

$$x_i\cos\theta + x_j\sin\theta = 0, \tag{3.2.5}$$

又由 $\sin^2\theta+\cos^2\theta=1$,可从式(3.2.5)解得

$$\sin\theta = \frac{-x_i}{(x_i^2+x_j^2)^{1/2}},\cos\theta = \frac{x_j}{(x_i^2+x_j^2)^{1/2}}.$$

将其代入平面旋转阵 $\boldsymbol{G}_{ij}(\theta)$之中,则有

$$(\boldsymbol{G}_{ij}(\theta)\boldsymbol{x})_j = -x_i\sin\theta + x_j\cos\theta = (x_i^2+x_j^2)^{1/2}.$$

3.2.2 经典的 Jacobi 方法

设 $\boldsymbol{A}\in\boldsymbol{R}^{n\times n}$是实对称矩阵,则存在正交矩阵 $\boldsymbol{R}\in\boldsymbol{R}^{n\times n}$,使得

$$\boldsymbol{R}^{-1}\boldsymbol{A}\boldsymbol{R} = \mathrm{diag}(\lambda_1,\lambda_2,\cdots,\lambda_n), \tag{3.2.6}$$

其中$\{\lambda_i\}_{i=1}^n$是 $\boldsymbol{A}$ 的 n 个实特征值,而矩阵 R 的第 i 列 $\boldsymbol{r}^{(i)}$ 为 $\boldsymbol{A}$ 的相应于特征值 λ_i 的特征向量 $\boldsymbol{u}_i(i=1,2,\cdots,n)$.

但是,由于通过实际计算不可能准确地给出正交阵 $\boldsymbol{R}$,因而需要借助平面旋转矩阵,对 $\boldsymbol{A}$ 进行一系列的正交相似变换,以实现矩阵 $\boldsymbol{A}$ 的对角化.

经典 Jacobi 方法的基本思想是:对矩阵 $\boldsymbol{A}_0=\boldsymbol{A}$,依次构造一系列的平面旋转矩阵 $\boldsymbol{G}_1,\boldsymbol{G}_2,\cdots,\boldsymbol{G}_k$,并进行以下计算:

$$\boldsymbol{A}_k = \boldsymbol{G}_k\boldsymbol{A}_{k-1}\boldsymbol{G}_k^{\mathrm{T}} \quad (k=1,2,\cdots). \tag{3.2.7}$$

如果上述的 $\boldsymbol{G}_k$ 构造恰当,则当 $k\to\infty$时,有

$$\boldsymbol{A}_k \to \mathrm{diag}(\lambda_1,\lambda_2,\cdots,\lambda_n). \tag{3.2.8}$$

我们注意到,对矩阵 $\boldsymbol{A}\in\boldsymbol{R}^{n\times n}$及正交矩阵 $\boldsymbol{Q}\in\boldsymbol{R}^{n\times n}$,如果设 $\boldsymbol{A}=[\boldsymbol{a}_1,\boldsymbol{a}_2,\cdots,\boldsymbol{a}_n]$,则有

$$\|\boldsymbol{QA}\|_F^2 = \sum_{j=1}^n \|\boldsymbol{Qa}_j\|_2^2 = \sum_{j=1}^n \|\boldsymbol{a}_j\|_2^2 = \|\boldsymbol{A}\|_F^2.$$

类似地,有

$$\|\boldsymbol{AQ}\|_F^2 = \|\boldsymbol{A}\|_F^2.$$

并且注意到正交矩阵 $\boldsymbol{Q}$ 的转置 $\boldsymbol{Q}^{\mathrm{T}}$ 仍为正交矩阵,有

$$\|\boldsymbol{QAQ}^{\mathrm{T}}\|_F^2 = \|\boldsymbol{Q}(\boldsymbol{AQ}^{\mathrm{T}})\|_F^2 = \|\boldsymbol{AQ}^{\mathrm{T}}\|_F^2 = \|\boldsymbol{A}\|_F^2,$$

即矩阵 A 的 F—范数 $\|\boldsymbol{A}\|_F$ 是正交不变量.

所以,要使矩阵 $\boldsymbol{A}$ 近似对角化,就应使对角元的平方和尽可能增大,或者说应使非对角元的平方和尽可能减小.

因此,假设已对矩阵 $\boldsymbol{A}$ 进行了 $k-1$ 次变换,得到 n 阶矩阵 $\boldsymbol{A}_{k-1}=(a_{ij}^{(k-1)})_{n\times n}$,则将平面旋转矩阵 $\boldsymbol{G}_k=\boldsymbol{G}_{pq}(\theta)$ 代入到式(3.2.7)中,并比较其左、右两端元素,有

$$\begin{cases} a_{pp}^{(k)}=a_{pp}^{(k-1)}\cos^2\theta+a_{qq}^{(k-1)}\sin^2\theta+a_{pq}^{(k-1)}\sin2\theta, \\ a_{qq}^{(k)}=a_{pp}^{(k-1)}\sin^2\theta+a_{qq}^{(k-1)}\cos^2\theta-a_{pq}^{(k-1)}\sin2\theta, \\ a_{pq}^{(k)}=a_{qp}^{(k)}=(a_{qq}^{(k-1)}-a_{pp}^{(k-1)})\sin\theta\cos\theta+a_{pq}^{(k-1)}\cos2\theta. \end{cases} \tag{3.2.9}$$

$$\begin{cases} a_{pi}^{(k)}=a_{ip}^{(k)}=a_{ip}^{(k-1)}\cos\theta+a_{iq}^{(k-1)}\sin\theta \quad (i\neq p,q), \\ a_{qi}^{(k)}=a_{iq}^{(k)}=-a_{ip}^{(k-1)}\sin\theta+a_{iq}^{(k-1)}\cos\theta \quad (i\neq p,q). \end{cases} \tag{3.2.10}$$

$$a_{ij}^{(k)}=a_{ij}^{(k-1)} \quad (i,j\neq p,q). \tag{3.2.11}$$

变化了的 p,q 行(列)的元素间满足关系式

$$(a_{pi}^{(k)})^2+(a_{qi}^{(k)})^2=(a_{pi}^{(k-1)})^2+(a_{qi}^{(k-1)})^2 \quad (i\neq p,q).$$

因而,由矩阵 F—范数的正交不变性,知

$$\begin{aligned} &(a_{pp}^{(k)})^2+(a_{qq}^{(k)})^2+2(a_{pq}^{(k)})^2 \\ &=(a_{pp}^{(k-1)})^2+(a_{qq}^{(k-1)})^2+2(a_{pq}^{(k-1)})^2. \end{aligned}$$

所以,$\boldsymbol{A}_k$ 与 $\boldsymbol{A}_{k-1}$ 相比,其对角元的模平方和最多增加 $2(a_{pq}^{(k-1)})^2$,而且只有当 θ 满足 $a_{pq}^{(k)}=0$ 时才能达到. 为了使 A_k 的对角元的模平方和尽可能地增加,在第 k 步计算过程中,自然要选 $\boldsymbol{A}_{k-1}$ 的按模最大非对角元 $a_{p_0q_0}^{(k-1)}$,并构造适当的平面旋转矩阵 $\boldsymbol{G}_{p_0q_0}(\theta)=\boldsymbol{G}_k$,使得 $\boldsymbol{A}_k=\boldsymbol{G}_k\boldsymbol{A}_{k-1}\boldsymbol{G}_k^{\mathrm{T}}$ 的 (p_0,q_0) 元

$$a_{p_0q_0}^{(k)}=\frac{1}{2}(a_{q_0q_0}^{(k-1)}-a_{p_0p_0}^{(k-1)})\sin2\theta+a_{p_0q_0}^{(k-1)}\cos2\theta=0. \tag{3.2.12}$$

这样,便可以保证

$$\sum_{i=1}^{n}(a_{ii}^{(k)})^2-\sum_{i=1}^{n}(a_{ii}^{(k-1)})^2=2(a_{p_0q_0}^{(k-1)})^2>0. \tag{3.2.13}$$

这就是说,如上选法可以保证 $\boldsymbol{A}$ 的对角元的模平方和可以以最快速度

增加.但是,由于 $\boldsymbol{A}$ 的元素 a_{lm} 在某一步变换化为零后,在以后的变换中又有可能变为非零.因此,在一般情况下,很难经有限次变换将给定矩阵 $\boldsymbol{A}$ 化为对角矩阵,但是有下面的收敛性结论.

定理 3.2.2 按经典 Jacobi 方法生成的矩阵序列 $\{A_k\}$ 的非对角元素均收敛于零,亦即

$$\lim_{k\to\infty}\boldsymbol{A}_k=\mathrm{diag}(\lambda_1,\lambda_2,\cdots,\lambda_n). \tag{3.2.14}$$

证 设

$$\boldsymbol{A}_k=\boldsymbol{D}_k+\boldsymbol{E}_k,$$

其中 $\boldsymbol{D}_k=\mathrm{diag}(a_{11}^{(k)},a_{22}^{(k)},\cdots,a_{nn}^{(k)})$,则 $\boldsymbol{A}_k$ 中对角元的模平方和为 $\|\boldsymbol{D}_k\|_F^2$,非对角元的模平方和为 $\|\boldsymbol{E}_k\|_F^2$.注意到 $\|\boldsymbol{A}_k\|_F^2=\|\boldsymbol{D}_k\|_F^2+\|\boldsymbol{E}_k\|_F^2$,并由式(3.2.13),有

$$\|\boldsymbol{E}_k\|_F^2=\|\boldsymbol{E}_{k-1}\|_F^2-2(a_{p_0q_0}^{(k-1)})^2.$$

而 $|a_{p_0q_0}^{(k-1)}|=\max\limits_{i\neq j}|a_{ij}^{(k-1)}|$,故

$$(a_{p_0q_0}^{(k-1)})^2\geqslant\|\boldsymbol{E}_{k-1}\|_F^2/[n(n-1)].$$

即 $(a_{p_0q_0}^{(k-1)})^2$ 不小于 $\boldsymbol{A}_{k-1}$ 的非对角元的模平方和的平均值,于是

$$\|\boldsymbol{E}_k\|_F^2\leqslant\left[1-\frac{2}{n(n-1)}\right]\|\boldsymbol{E}_{k-1}\|_F^2.$$

归纳可得

$$\|\boldsymbol{E}_k\|_F^2\leqslant\left[1-\frac{2}{n(n-1)}\right]^k\|\boldsymbol{E}_0\|_F^2.$$

其中 $\|\boldsymbol{E}_0\|_F^2$ 是 $\boldsymbol{A}$ 的非对角元的模平方和.当 $n\geqslant2$ 时,有

$$\lim_{k\to\infty}\|\boldsymbol{E}_k\|_F^2=0.$$

即 $\lim\limits_{k\to\infty}a_{ij}^{(k)}=0(i\neq j)$,并且式(3.2.14)成立.

下面对每一迭代步中的计算过程给以具体阐述.

(1) 旋转矩阵 $\boldsymbol{G}_k$ 的确定.

为使式(3.2.12)成立,则 θ 满足

$$\tan2\theta=\frac{2a_{p_0q_0}^{(k-1)}}{a_{p_0p_0}^{(k-1)}-a_{q_0q_0}^{(k-1)}},\theta\in\left[-\frac{\pi}{4},\frac{\pi}{4}\right]. \tag{3.2.15}$$

其中,当 $a_{p_0p_0}^{(k-1)}=a_{q_0q_0}^{(k-1)}$ 时,取 $\theta=\frac{\pi}{4}\cdot\mathrm{sign}(a_{p_0q_0}^{(k-1)})$. 否则,$\boldsymbol{G}_k$ 中的 $\sin\theta$, $\cos\theta$ 分别取为

$$\cos\theta=1/\sqrt{1+t^2}, \tag{3.2.16}$$

$$\sin\theta=t\cos\theta. \tag{3.2.17}$$

这里

$$t=\tan\theta=\mathrm{sign}(\xi)\cdot[-|\xi|+\sqrt{1+\xi^2}], \tag{3.2.18}$$

$$\xi=\cot2\theta=\frac{a_{p_0p_0}^{(k-1)}-a_{q_0q_0}^{(k-1)}}{2a_{p_0q_0}^{(k-1)}}. \tag{3.2.19}$$

由式(3.2.16)~(3.2.19)给出的值确定 $\cos\theta,\sin\theta$,这是计算 $\cos\theta,\sin\theta$ 值的最稳定的方法之一.

(2) 特征向量的计算.

注意到 $\boldsymbol{A}_k$ 的计算格式(3.2.7),有

$$\boldsymbol{A}_k=\boldsymbol{G}_k\boldsymbol{G}_{k-1}\cdot\cdots\cdot\boldsymbol{G}_1\boldsymbol{A}\boldsymbol{G}_1^{\mathrm{T}}\cdot\boldsymbol{G}_2^{\mathrm{T}}\cdot\cdots\cdot\boldsymbol{G}_k^{\mathrm{T}}. \tag{3.2.20}$$

记 $\boldsymbol{R}_k^{\mathrm{T}}=\boldsymbol{G}_k\cdot\boldsymbol{G}_{k-1}\cdot\cdots\cdot\boldsymbol{G}_1$,并设 $\boldsymbol{R}_0=\boldsymbol{I}$,则有

$$\boldsymbol{A}\boldsymbol{R}_k=\boldsymbol{R}_k\boldsymbol{A}_k,$$

$$\boldsymbol{R}_k=\boldsymbol{R}_{k-1}\cdot\boldsymbol{G}_k^{\mathrm{T}}. \tag{3.2.21}$$

于是,在按照式(3.2.7)生成矩阵序列 $\{\boldsymbol{A}_k\}$ 的同时,可以按式(3.2.21)生成序列 $\{\boldsymbol{R}_k\}$,并且当 $k\to\infty$ 时,$\boldsymbol{R}_k$ 的各列就是近似特征向量,由式(3.2.21),可以给出 $\boldsymbol{R}_k=(r_{ij}^{(k)})_{n\times n}$ 的计算格式:

$$\begin{cases}r_{ip}^{(k)}=r_{ip}^{(k-1)}\cos\theta+r_{iq}^{(k-1)}\sin\theta & (i=1,2,\cdots,n),\\ r_{iq}^{(k)}=-r_{ip}^{(k-1)}\sin\theta+r_{iq}^{(k-1)}\cos\theta & (i=1,2,\cdots,n),\\ r_{ij}^{(k)}=r_{ij}^{(k-1)} & (i=1,2,\cdots,n;j\neq p,q).\end{cases} \tag{3.2.22}$$

这表明,在由 $\boldsymbol{R}_{k-1}$ 生成 $\boldsymbol{R}_k$ 的过程中,只有第 p,q 两列发生变化,而其余各列保持不变.

综上所述,在第 k 步经典 Jacobi 格式的计算步骤是:

(1) 选定 $\boldsymbol{A}_{k-1}=(a_{ij}^{(k-1)})$ 中的元素 $a_{pq}^{(k-1)}$,使得

$$|a_{pq}^{(k-1)}|=\max_{\substack{2\leqslant i\leqslant n\\1\leqslant j\leqslant i-1}}|a_{ij}^{(k-1)}|;$$

(2) 按式(3.2.16),(3.2.17)计算 $\sin\theta,\cos\theta$;

(3) 按式(3.2.9)~(3.2.11)计算 $\boldsymbol{A}_k$;

(4) 按式(3.2.22)计算 $\boldsymbol{R}_k$.

在以上计算过程中,只需计算矩阵 $\boldsymbol{A}_k$ 的第 p,q 行及第 p,q 列,以及矩阵 $\boldsymbol{R}_k$ 的第 p,q 列,而矩阵 $\boldsymbol{A}_k$ 和 $\boldsymbol{R}_k$ 的其他元素与 $\boldsymbol{A}_{k-1},\boldsymbol{R}_{k-1}$ 的相应元素相同,只需进行赋值运算就可以了.

经典 Jacobi 方法是一种迭代算法,其迭代过程终止的条件为:对给定的适当小的正数 ε,如果某一迭代步的结果矩阵 $\boldsymbol{A}_k$ 满足

$$\sum_{i=2}^{n}\sum_{j=1}^{i-1}a_{ij}^2<\varepsilon,$$

则停止迭代过程,并给出相应的数值计算结果.

例 3.2.1 用经典 Jacobi 方法求矩阵

$$\boldsymbol{A}=\begin{bmatrix}1.0 & 1.0 & 0.50\\ 1.0 & 1.0 & 0.25\\ 0.50 & 0.25 & 2.0\end{bmatrix}$$

的全部特征值及相应的特征向量.

解 注意到非对角线元素中的模最大值为 $a_{12}=a_{21}=1.0$,故第一次交换需将其化为零.因为 $a_{11}=a_{22}=1.0$,故取 $\theta=\dfrac{\pi}{4}$,从而

$$\sin\theta=\cos\theta=0.707\ 11.$$

经计算得

$$\boldsymbol{A}_1=\begin{bmatrix}2 & 0 & 0.530\ 33\\ 0 & 0 & -0.176\ 78\\ 0.530\ 33 & -0.176\ 78 & 2\end{bmatrix},$$

$$\boldsymbol{R}_1=\begin{bmatrix}0.707\ 11 & -0.707\ 11 & 0\\ 0.707\ 11 & 0.707\ 11 & 0\\ 0 & 0 & 1\end{bmatrix}.$$

由 $\boldsymbol{A}_1$ 的具体表达式,第 2 次变换需将 a_{13} 及 a_{31} 化为零,仍取 $\theta=\dfrac{\pi}{4}$,经计算得

$$A_2=\begin{bmatrix}2.5303 & -0.12500 & 0\\ -0.12500 & 0 & -0.12500\\ 0 & -0.12500 & 1.4697\end{bmatrix};$$

$$R_2=\begin{bmatrix}0.50000 & -0.70711 & -0.50000\\ 0.50000 & 0.70711 & -0.50000\\ 0.70711 & 0 & 0.70711\end{bmatrix}.$$

由 $\boldsymbol{A}_2$ 的具体表达式,第 3 次变换需将 a_{12} 与 a_{21} 化为零,此时 $a_{11}\neq a_{22}$,可以求出 $\xi=-10.121$,$t=-0.049481$,从而

$$\cos\theta=0.99878,\sin\theta=-0.049421.$$

经计算得

$$A_3=\begin{bmatrix}2.53647 & 0 & 0.0061776\\ 0 & -0.0061601 & -0.12485\\ 0.0061776 & -0.12485 & 1.4697\end{bmatrix},$$

$$R_3=\begin{bmatrix}0.53434 & -0.68154 & -0.50000\\ 0.46444 & 0.73096 & -0.50000\\ 0.70625 & 0.034946 & 0.70711\end{bmatrix}.$$

如此继续,再经过二次变换得

$$A_5=\begin{bmatrix}2.5366 & 4.0926\times10^{-4} & 0\\ 4.0926\times10^{-4} & -0.016647 & 5.108\times10^{-5}\\ 0 & 5.108\times10^{-5} & 1.4801\end{bmatrix},$$

$$R_5=\begin{bmatrix}0.53384 & 0.72135 & -0.44404\\ 0.46147 & -0.68616 & -0.56234\\ 0.71033 & -0.093844 & 0.69757\end{bmatrix}.$$

因此,$\boldsymbol{A}$ 的特征值分别为 2.536 6, −0.016 647 和 1.480 1,其特征向量由 $\boldsymbol{R}_5$ 的各列给出.

3.2.3 循环 Jacobi 方法

循环 Jacobi 方法在迭代的每一步不再寻找按模最大的非对角元,而是按照矩阵元素的自然顺序,循环地将非对角元消为零.例如,分别

将矩阵的第$(1,2),(1,3),\cdots,(1,n),(2,3),\cdots,(2,n),\cdots,(n-2,n-1),(n-2,n),(n-1,n)$个元素消为零.这样每一循环需进行$\frac{n(n-1)}{2}$次矩阵的正交相似变换,直至满足精度要求为止.对于一般的循环 Jacobi 方法,由于其收敛性至今尚未得到证明,因此实际应用中常利用上述思想,采用以下的阀 Jacobi 算法进行计算.

3.2.4 阀 Jacobi 方法

我们注意到,循环 Jacobi 方法因不需要在每次构造旋转矩阵之前对矩阵 $\boldsymbol{A}_k$ 的所有非对角元进行比较,以找到模最大的一个.因而对于阶数较高的矩阵,以上方法节省了大量的工作,阀 Jacobi 方法也是建立在上述思想下的一种方法.其具体做法是:

预先指定一个小正数 α_1,将其作为阀值.按照矩阵元的某一种排列顺序依次扫描矩阵的上三角部分的非对角元,如果被扫描的元素的模大于阀值 α_1,则利用正交相似变换将其化为零;否则直接跳过去检验下一个元素.在扫描过程以及相应的正交变换过程中,因为已经化为零的元素经后面的变换又可能变为非零,甚至于其模要大于阀值 α_1,所以以上的循环扫描过程可能要经过多次,一旦所有非对角元素的模都不大于阀值 α_1 了,则结束扫描过程.然后取更小一点的阀值 α_2,重复上述扫描过程,如此继续,直到阀值足够小时,终止计算过程.

通常情况下,阀值 α_k 由下式给出:

$$\alpha_k=\frac{\sqrt{S(\boldsymbol{A})}}{n^k},k=1,2,\cdots,l.$$

其中 $S(\boldsymbol{A})$是 $\boldsymbol{A}$ 的所有非对角元的平方和.若阀值

$$\alpha_k\leqslant\frac{\varepsilon}{n}\sqrt{S(\boldsymbol{A})},$$

其中 $\varepsilon>0$ 是给定的精度要求,则经 $l=k$ 步扫描后即可停止扫描过程;否则,取 $k=k+1$,利用新的阀值 α_k 重新进行扫描.

3.3 *QR* 方法

目前,为了求一般矩阵的全部特征值和特征向量,最有效的一种方法是 **QR** 方法,该法由 J. G. F. Francis 于 1961 年首先提出,是以矩阵的正交三角分解为基础的一种矩阵变换方法.

3.3.1 Householder 变换(反射变换)

定义 3.3.1 设 $\boldsymbol{w}\in \boldsymbol{R}^n$,且 $\|\boldsymbol{w}\|_2=1$,则矩阵

$$\boldsymbol{H}=\boldsymbol{I}-2\boldsymbol{w}\boldsymbol{w}^{\mathrm{T}} \tag{3.3.1}$$

称为 Householder 矩阵或反射矩阵.这里 $\boldsymbol{I}$ 为 n 阶单位矩阵.

作为一种初等矩阵,反射矩阵具有如下性质:

(1) $\boldsymbol{H}$ 为对称矩阵,即

$$\boldsymbol{H}^{\mathrm{T}}=\boldsymbol{H}.$$

(2) $\boldsymbol{H}$ 为正交矩阵,这是由于

$$\begin{aligned}\boldsymbol{H}^{\mathrm{T}}\boldsymbol{H}&=\boldsymbol{H}\boldsymbol{H}=(\boldsymbol{I}-2\boldsymbol{w}\boldsymbol{w}^{\mathrm{T}})(\boldsymbol{I}-2\boldsymbol{w}\boldsymbol{w}^{\mathrm{T}})\\&=\boldsymbol{I}-4\boldsymbol{w}\boldsymbol{w}^{\mathrm{T}}+4\boldsymbol{w}(\boldsymbol{w}^{\mathrm{T}}\boldsymbol{w})\boldsymbol{w}^{\mathrm{T}}\\&=\boldsymbol{I}.\end{aligned}$$

(3) $\boldsymbol{H}^2=\boldsymbol{I}$, $\det\boldsymbol{H}=-1$.

(4) $\forall\, \boldsymbol{x},\boldsymbol{y}\in \boldsymbol{R}^n$, $\boldsymbol{x}\neq\boldsymbol{y}$,且 $\|\boldsymbol{x}\|_2=\|\boldsymbol{y}\|_2$,存在 n 阶反射矩阵 $\boldsymbol{H}$,使得

$$\boldsymbol{y}=\boldsymbol{H}\boldsymbol{x}. \tag{3.3.2}$$

证 设 $\boldsymbol{H}=\boldsymbol{I}-2\boldsymbol{w}\boldsymbol{w}^{\mathrm{T}}$,其中 $\boldsymbol{w}=(\boldsymbol{x}-\boldsymbol{y})/\|\boldsymbol{x}-\boldsymbol{y}\|_2$,显然 $\|\boldsymbol{w}\|_2=1$,并且

$$\boldsymbol{H}\boldsymbol{x}=\boldsymbol{x}-2\frac{(\boldsymbol{x}-\boldsymbol{y})^{\mathrm{T}}\boldsymbol{x}}{\|\boldsymbol{x}-\boldsymbol{y}\|_2^2}(\boldsymbol{x}-\boldsymbol{y}).$$

因为 $\|\boldsymbol{x}\|_2=\|\boldsymbol{y}\|_2$,所以

$$2(\boldsymbol{x}-\boldsymbol{y})^{\mathrm{T}}\boldsymbol{x}=2\boldsymbol{x}^{\mathrm{T}}\boldsymbol{x}-2\boldsymbol{y}^{\mathrm{T}}\boldsymbol{x}=\|\boldsymbol{x}-\boldsymbol{y}\|_2^2.$$

于是 $\boldsymbol{H}\boldsymbol{x}=\boldsymbol{y}$.

(5) $\forall\, \boldsymbol{x}\in \boldsymbol{R}^n$, $\boldsymbol{x}\neq\boldsymbol{O}$,存在 n 阶反射矩阵 $\boldsymbol{H}$,使得

$$Hx = \sigma e_1. \tag{3.3.3}$$

其中$|\sigma| = \|x\|_2$，e_1 是 R^n 的第一个单位坐标向量.

实际上，由性质(4)，直接取 $\sigma = \pm\|x\|_2$，$y = \sigma e_1$ 即可.

(4)与(5)中的证明思想为我们构造反射矩阵提供了一种方法.由此，我们有以下的定理.

定理 3.3.1 $\forall x = (x_1, x_2, \cdots, x_n)^T \in R^n$，当其后边 $n-r+1$ 个分量不全为零时，可经一次反射变换将其后 $n-r$ 个分量化为零，且第 r 个分量变为

$$\pm\left(\sum_{j=r}^{n} |x_j|^2\right)^{1/2}$$

而其余分量保持不变.

证 记 $y = (x_1, x_2, \cdots, x_{r-1})^T$，$z = (x_r, x_{r+1}, \cdots, x_n)^T$，则 $x = \begin{pmatrix} y \\ z \end{pmatrix}$.由定理条件，知 $z \neq O$.因而，由性质(5)知，存在一个 $n-r+1$ 阶反射矩阵 $\widetilde{H}$，使得 $\widetilde{H}z = \pm\|z\|_2 e_1$，这里 e_1 为 R^{n-r+1} 的第一个单位坐标向量.设

$$H = \begin{bmatrix} I_{r-1} & O \\ O & \widetilde{H} \end{bmatrix}, \tag{3.3.4}$$

则有

$$Hx = \begin{bmatrix} I_{r-1} & O \\ O & \widetilde{H} \end{bmatrix} \begin{pmatrix} y \\ z \end{pmatrix} = \begin{pmatrix} y \\ \pm\|z\|_2 e_1 \end{pmatrix}. \tag{3.3.5}$$

3.3.2 矩阵的 QR 分解

现在讨论将矩阵 $A \in R^{n\times n}$ 逐步用正交变换化为上三角矩阵的基本方法.

首先，令 $A_0 = A = (a_1^{(0)}, a_2^{(0)}, \cdots, a_n^{(0)})$，则由定理 3.3.1 知，存在一反射矩阵 $P_1 \in R^{n\times n}$，使得

$$P_1 a_1^{(0)} = m_1 e_1,$$

其中 $\boldsymbol{e}_1$ 为 $\boldsymbol{R}^n$ 中的第一个单位坐标向量$(1,0,\cdots,0)^{\mathrm{T}}$. 于是,设

$$\boldsymbol{A}_1=\boldsymbol{P}_1\boldsymbol{A}_0,$$

则 $\boldsymbol{A}_1$ 的第一列除对角线元素外皆为零. 一般地,若 $\boldsymbol{A}_{k-1}$ 的前 $k-1$ 列对角线以下元素皆为零,即

$$\boldsymbol{A}_{k-1}=\begin{bmatrix} a_{11}^{(k-1)} & a_{12}^{(k-1)} & \cdots & a_{1,k-1}^{(k-1)} & a_{1k}^{(k-1)} & \cdots & a_{1n}^{(k-1)} \\ 0 & a_{22}^{(k-1)} & \cdots & a_{2,k-1}^{(k-1)} & a_{2k}^{(k-1)} & \cdots & a_{2n}^{(k-1)} \\ \cdots & \cdots & \cdots & \cdots & \cdots & \cdots & \cdots \\ 0 & \cdots & \cdots & a_{k-1,k-1}^{(k-1)} & a_{k-1,k}^{(k-1)} & \cdots & a_{k-1,n}^{(k-1)} \\ 0 & \cdots & \cdots & 0 & a_{kk}^{(k-1)} & \cdots & a_{kn}^{(k-1)} \\ \cdots & \cdots & \cdots & \cdots & \cdots & \cdots & \cdots \\ 0 & \cdots & \cdots & 0 & a_{nk}^{(k-1)} & \cdots & a_{nn}^{(k-1)} \end{bmatrix}. \tag{3.3.6}$$

则由定理 3.3.1 知,存在正交矩阵 $\boldsymbol{P}_k\in\boldsymbol{R}^{n\times n}$,使得

$$\boldsymbol{P}_k\begin{bmatrix} a_{1k}^{(k-1)} \\ \vdots \\ \vdots \\ a_{nk}^{(k-1)} \end{bmatrix}=\begin{bmatrix} a_{1k}^{(k-1)} \\ \vdots \\ a_{k-1,k}^{(k-1)} \\ m_k \\ 0 \\ \vdots \\ 0 \end{bmatrix}. \tag{3.3.7}$$

其中 m_k 为 $n-k+1$ 阶向量$(a_{kk}^{(k-1)},\cdots,a_{nk}^{(k-1)})^{\mathrm{T}}$ 的 L_2—范数. 而矩阵

$$\boldsymbol{A}_k=\boldsymbol{P}_k\boldsymbol{A}_{k-1} \tag{3.3.8}$$

的前 k 列对角线以下元素皆为零.

因此,经过 $n-1$ 步运算后,我们可以得到一个上三角矩阵 $\boldsymbol{A}_{n-1}$,记为

$$\boldsymbol{R}=\boldsymbol{A}_{n-1}=\boldsymbol{P}_{n-1}\boldsymbol{P}_{n-2}\cdots\boldsymbol{P}_1\boldsymbol{A}. \tag{3.3.9}$$

又令

$$\boldsymbol{P}=\boldsymbol{P}_{n-1}\boldsymbol{P}_{n-2}\cdots\boldsymbol{P}_1, \tag{3.3.10}$$

则 $\boldsymbol{P}\in\boldsymbol{R}^{n\times n}$仍为正交矩阵，取 $\boldsymbol{Q}=\boldsymbol{P}^{\mathrm{T}}$，则有矩阵 $\boldsymbol{A}$ 的 $\boldsymbol{QR}$ 分解，即

$$\boldsymbol{A}=\boldsymbol{QR}. \tag{3.3.11}$$

其中 $\boldsymbol{R}$ 为上三角矩阵，$\boldsymbol{Q}$ 为正交矩阵.

定理 3.3.2 设 $\boldsymbol{A}\in\boldsymbol{R}^{n\times n}$，则存在正交矩阵 $\boldsymbol{Q}$ 和上三角矩阵 $\boldsymbol{R}$，使得

$$\boldsymbol{A}=\boldsymbol{QR},$$

并且在 $\boldsymbol{A}$ 为非奇异阵，$\boldsymbol{R}$ 的对角元均大于零的条件下，分解是惟一的.

证 前面的讨论已给出了 $\boldsymbol{A}$ 的 $\boldsymbol{QR}$ 分解的存在性，下面对其惟一性进行证明.设非奇异阵 $\boldsymbol{A}$ 有两种 $\boldsymbol{QR}$ 分解，即

$$\boldsymbol{A}=\boldsymbol{Q}_1\boldsymbol{R}_1=\boldsymbol{Q}_2\boldsymbol{R}_2.$$

则 $\boldsymbol{R}_1$ 和 $\boldsymbol{R}_2$ 都是非奇异的上三角矩阵.由假设，$\boldsymbol{R}_1$ 与 $\boldsymbol{R}_2$ 的对角线元素均为正数，于是

$$\boldsymbol{Q}_2^{\mathrm{T}}\boldsymbol{Q}_1=\boldsymbol{R}_2\boldsymbol{R}_1^{-1}=\boldsymbol{D}.$$

此处 $\boldsymbol{D}$ 既是正交矩阵又是上三角矩阵.于是

$$\boldsymbol{D}^{\mathrm{T}}=\boldsymbol{D}^{-1}=\boldsymbol{R}_1\boldsymbol{R}_2^{-1}.$$

表明 $\boldsymbol{D}^{\mathrm{T}}$ 也是上三角矩阵，从而 $\boldsymbol{D}$ 是对角矩阵.注意到 $\boldsymbol{D}$ 还是正交矩阵，故

$$\boldsymbol{D}^2=\boldsymbol{D}^{\mathrm{T}}\boldsymbol{D}=\boldsymbol{I}.$$

但 $\boldsymbol{R}_1$ 与 $\boldsymbol{R}_2$ 的对角元均为正数，故 $\boldsymbol{D}$ 的对角线元素亦均大于零，因而有 $\boldsymbol{D}=\boldsymbol{I}$，从而

$$\boldsymbol{R}_2=\boldsymbol{R}_1 \text{ 且 } \boldsymbol{Q}_2=\boldsymbol{Q}_1.$$

分解的惟一性得证.

3.3.3 QR 方法

和经典 Jacobi 方法类似，$\boldsymbol{QR}$ 方法也是从矩阵 $\boldsymbol{A}_1=\boldsymbol{A}$ 出发，通过一系列的正交相似变换构造一个矩阵列$\{\boldsymbol{A}_k\}$，其具体格式为

$$\begin{cases}\boldsymbol{A}_k=\boldsymbol{Q}_k\boldsymbol{R}_k,\\ \boldsymbol{A}_{k+1}=\boldsymbol{R}_k\boldsymbol{Q}_k\end{cases}\quad(k=1,2,\cdots). \tag{3.3.12}$$

其中第一个式子是对 $\boldsymbol{A}_k$ 进行 $\boldsymbol{QR}$ 分解，第二个式子是将 $\boldsymbol{R}_k$ 与 $\boldsymbol{Q}_k$ 相乘，并得到矩阵 $\boldsymbol{A}_{k+1}$.如此构造的矩阵序列$\{\boldsymbol{A}_k\}$具有以下性质.

(1) $\boldsymbol{A}_{k+1}=\widetilde{\boldsymbol{Q}}_k^{\mathrm{T}}\boldsymbol{A}\,\widetilde{\boldsymbol{Q}}_k \quad (k=1,2,\cdots)$, (3.3.13)

其中

$$\widetilde{\boldsymbol{Q}}_k=\boldsymbol{Q}_1\cdots\boldsymbol{Q}_k\,; \tag{3.3.14}$$

(2) $\boldsymbol{A}^{k+1}=\widetilde{\boldsymbol{Q}}_{k+1}\widetilde{\boldsymbol{R}}_{k+1} \quad (k=1,2,\cdots)$, (3.3.15)

其中

$$\widetilde{\boldsymbol{R}}_k=\boldsymbol{R}_k\cdots\boldsymbol{R}_1\,; \tag{3.3.16}$$

事实上,由迭代格式(3.3.12),有

$$\boldsymbol{A}_{k+1}=\boldsymbol{Q}_k^{\mathrm{T}}\boldsymbol{A}_k\boldsymbol{Q}_k \quad (k=1,2,\cdots),$$

由上述递推关系,有

$$\begin{aligned}\boldsymbol{A}_{k+1}&=\boldsymbol{Q}_k^{\mathrm{T}}\boldsymbol{Q}_{k-1}^{\mathrm{T}}\cdots\boldsymbol{Q}_1^{\mathrm{T}}\boldsymbol{A}\boldsymbol{Q}_1\boldsymbol{Q}_2\cdots\boldsymbol{Q}_k\\&=\widetilde{\boldsymbol{Q}}_k^{\mathrm{T}}\boldsymbol{A}\,\widetilde{\boldsymbol{Q}}_k.\end{aligned}$$

这就是性质(1).

此外,将 $\boldsymbol{A}_{k+1}=\boldsymbol{Q}_{k+1}\boldsymbol{R}_{k+1}$ 代入式(3.3.13),有

$$\boldsymbol{Q}_{k+1}\boldsymbol{R}_{k+1}=\widetilde{\boldsymbol{Q}}_k^{\mathrm{T}}\boldsymbol{A}\,\widetilde{\boldsymbol{Q}}_k,$$

$$\widetilde{\boldsymbol{Q}}_k\boldsymbol{Q}_{k+1}\boldsymbol{R}_{k+1}=\boldsymbol{A}\,\widetilde{\boldsymbol{Q}}_k,$$

$$\widetilde{\boldsymbol{Q}}_k\boldsymbol{Q}_{k+1}\boldsymbol{R}_{k+1}\widetilde{\boldsymbol{R}}_k=\boldsymbol{A}\,\widetilde{\boldsymbol{Q}}_k\widetilde{\boldsymbol{R}}_k.$$

于是有递推关系式

$$\widetilde{\boldsymbol{Q}}_{k+1}\widetilde{\boldsymbol{R}}_{k+1}=\boldsymbol{A}\,\widetilde{\boldsymbol{Q}}_k\widetilde{\boldsymbol{R}}_k \quad (k=1,2,\cdots). \tag{3.3.17}$$

由式(3.3.17)可知

$$\begin{aligned}\widetilde{\boldsymbol{Q}}_{k+1}\widetilde{\boldsymbol{R}}_{k+1}&=\boldsymbol{A}(\boldsymbol{A}\,\widetilde{\boldsymbol{Q}}_{k-1}\widetilde{\boldsymbol{R}}_{k-1})\\&=\boldsymbol{A}^2\widetilde{\boldsymbol{Q}}_{k-1}\widetilde{\boldsymbol{R}}_{k-1}\\&=\cdots\\&=\boldsymbol{A}^k\boldsymbol{Q}_1\boldsymbol{R}_1\\&=\boldsymbol{A}^{k+1}.\end{aligned}$$

即性质(2)成立.

在实际计算问题中，为了减少 $\boldsymbol{QR}$ 分解过程的计算量，通常对 $\boldsymbol{QR}$ 方法进行适当的改进．一种改进措施是将给定矩阵化为上 Hessenberg 矩阵（矩阵的下次对角线下方元素均为零），然后再采用 $\boldsymbol{QR}$ 方法求解．

定理 3.3.3 设 $\boldsymbol{A}\in\boldsymbol{R}^{n\times n}$，则存在正交矩阵 $\boldsymbol{Q}\in\boldsymbol{R}^{n\times n}$，使得

$$\boldsymbol{Q}^{\mathrm{T}}\boldsymbol{A}\boldsymbol{Q}=\boldsymbol{S} \tag{3.3.18}$$

是上 Hessenberg 矩阵．

证 由定理 3.3.1，存在反射矩阵 $\boldsymbol{H}_1$，使得矩阵 $\boldsymbol{H}_1\boldsymbol{A}$ 的第一列后 $n-2$ 个元素为零，且该变换不改变矩阵 $\boldsymbol{A}$ 的第一行；而后 $\boldsymbol{H}_1^{\mathrm{T}}=\boldsymbol{H}_1$ 右乘 $\boldsymbol{H}_1\boldsymbol{A}$，则该变换不改变矩阵 $\boldsymbol{H}_1\boldsymbol{A}$ 的第一列．从而 $\boldsymbol{H}_1\boldsymbol{A}\boldsymbol{H}_1$ 的第一列后 $n-2$ 个元素为零．类似地，可以构造反射矩阵 $\boldsymbol{H}_2$，使得矩阵 $\boldsymbol{H}_2\boldsymbol{H}_1\boldsymbol{A}\boldsymbol{H}_1\boldsymbol{H}_2$ 的第一列后 $n-2$ 个元素和第二列的后 $n-3$ 个元素均为零．如此继续，最多经 $n-2$ 次变换，可有

$$\boldsymbol{H}_{n-2}\boldsymbol{H}_{n-1}\cdots\boldsymbol{H}_1\boldsymbol{A}\boldsymbol{H}_1\cdots\boldsymbol{H}_{n-2}=\boldsymbol{S}$$

为上 Hessenberg 矩阵．记 $\boldsymbol{Q}=\boldsymbol{H}_1\boldsymbol{H}_2\cdots\boldsymbol{H}_{n-2}$，则

$$\boldsymbol{Q}^{\mathrm{T}}\boldsymbol{A}\boldsymbol{Q}=\boldsymbol{S}.$$

其中 $\boldsymbol{Q}$ 是正交矩阵．

推论 设 $\boldsymbol{A}\in\boldsymbol{R}^{n\times n}$ 是对称矩阵，则存在正交矩阵 $\boldsymbol{Q}$，使得

$$\boldsymbol{Q}^{\mathrm{T}}\boldsymbol{A}\boldsymbol{Q}=\boldsymbol{S}$$

是对称三对角矩阵．

下面的定理解释了将矩阵 $\boldsymbol{A}$ 化为上 Hessenberg 矩阵后再采用 $\boldsymbol{QR}$ 方法求其全特征问题之所以能够节省计算量的原因．

定理 3.3.4 设 $\boldsymbol{A}\in\boldsymbol{R}^{n\times n}$ 为上 Hessenberg 矩阵，则由式(3.3.12)生成的序列 $\{\boldsymbol{A}_k\}$ 是上 Hessenberg 矩阵序列．

证 设 $\boldsymbol{A}_k$ 是上 Hessenberg 矩阵，则由式(3.3.12)，有

$$\boldsymbol{Q}_k=\boldsymbol{A}_k\boldsymbol{R}_k^{-1}. \tag{3.3.19}$$

记 $\boldsymbol{R}_k^{-1}$ 的第 j 列为 $(\xi_{1j},\xi_{2j},\cdots,\xi_{jj},0,\cdots,0)^{\mathrm{T}}$，$\boldsymbol{A}_k$ 的第 k 行为 $(0,\cdots,0,a_{k,k-1},a_{kk},\cdots,a_{kn})$，则矩阵 $\boldsymbol{Q}_k$ 的第 (i,j) 元素为

$$q_{ij}=\sum_{l=i-1}^{j}a_{il}\cdot\xi_{lj}.$$

因而,当 $i-1>j$(即 $i>j+1$)时,$q_{ij}=0$.即 $\boldsymbol{Q}_k$ 为上 Hessenberg 矩阵.同理可证,$\boldsymbol{A}_{k+1}=\boldsymbol{R}_k\boldsymbol{Q}_k$ 也是上 Hessenberg 矩阵.

由定理 3.3.4 可知,如果采用上述方法,先将 $\boldsymbol{A}$ 化为与其相似的上 Hessenberg 矩阵,则只需采用上一节介绍的平面旋转变换,就可以实现矩阵 $\boldsymbol{A}$ 的 $\boldsymbol{QR}$ 分解.

以上介绍了 $\boldsymbol{QR}$ 方法的基本原理,为了使已化为上 Hessenberg 矩阵的 $\boldsymbol{QR}$ 分解过程能很快收敛,常采用原点平移方法,其基本形式为

$$\begin{cases} \boldsymbol{A}_k-\xi_k\boldsymbol{I}=\boldsymbol{Q}_k\boldsymbol{R}_k, \\ \boldsymbol{A}_{k+1}=\boldsymbol{R}_k\boldsymbol{Q}_k+\xi_k\boldsymbol{I} \end{cases} \quad (k=1,2,\cdots). \tag{3.3.20}$$

其中 $\boldsymbol{A}_1=\boldsymbol{A}$,而待定参数 ξ_k 的选取方法通常有两种:

(1) 取 $\xi_k=a_{nn}^{(k)}$,即取 $\boldsymbol{A}_k$ 的第(n,n)个元素作为第 k 步的位移量.称为第一类位移量;

(2) 取 ξ_k 为 $\boldsymbol{A}_k$ 的右下角二阶子阵

$$\begin{bmatrix} a_{n-1,n-1}^{(k)} & a_{n-1,n}^{(k)} \\ a_{n,n-1}^{(k)} & a_{n,n}^{(k)} \end{bmatrix}$$

的两个特征值中靠近 $a_{nn}^{(k)}$ 的一个.称为第二类位移量.

可以证明,对于求解对称阵的特征值问题,带位移的 $\boldsymbol{QR}$ 方法在适当选择位移量时无条件收敛,其渐近收敛速度是三阶的.对于非对称矩阵,$\boldsymbol{QR}$ 方法是线性收敛的;而其带位移的 $\boldsymbol{QR}$ 方法如果收敛,其收敛速度是二阶的.而人们的计算经验表明,第二类位移算法比第一类位移算法收敛得快.

应用上述方法求得矩阵的特征值以后,可以应用第一节中的反幂法进一步求每个特征值所对应的特征向量.

本章介绍了求矩阵特征值及特征向量的一些常用方法.乘幂法与反幂法是向量迭代法,主要用来求解大型稀疏矩阵的按模最大或最小的几个特征值及相应特征向量,计算量较小.而对于非对称矩阵,如果其阶数不是很高,可用 $\boldsymbol{QR}$ 方法求其特征值,然后用反幂法求其相应的特征向量.另外,对于阶数不是很高的对称矩阵的特征值问题,可以

采用 Jacobi 方法有效地求得其全部特征值和特征向量.

习题 3

1. 应用乘幂法求下列方阵的按模最大的特征值及相应的特征向量,计算时用四位小数.

(1) $$\boldsymbol{A}=\begin{bmatrix}2 & 0 & 0\\ 0 & -1 & 1\\ 0 & 1 & -1\end{bmatrix},$$

初始向量 $\boldsymbol{x}^{(0)}=(1,1,1)^{\mathrm{T}}$;

(2) $$\boldsymbol{A}=\begin{bmatrix}7 & 3 & -2\\ 3 & 4 & -1\\ -2 & -1 & 3\end{bmatrix},$$

初始向量 $\boldsymbol{x}^{(0)}=(1,1,1)^{\mathrm{T}}$.

2. 应用 Rayleigh 商迭代法解上题.

3. 用 Jacobi 方法求矩阵 $\boldsymbol{A}$ 的全部特征值及特征向量:

(1) $$\boldsymbol{A}=\begin{bmatrix}3 & -4 & 3\\ -4 & 6 & 3\\ 3 & 3 & 1\end{bmatrix};$$

(2) $$\boldsymbol{A}=\begin{bmatrix}2 & -1 & 0\\ -1 & 2 & -1\\ 0 & -1 & 2\end{bmatrix}.$$

4. 用反射变换及平面旋转变换将下列矩阵化为对称三对角矩阵:

(1) $$\boldsymbol{A}=\begin{bmatrix}1 & 2 & 4\\ 2 & 1 & 2\\ 4 & 2 & 1\end{bmatrix};\quad (2)\ \boldsymbol{A}=\begin{bmatrix}1 & 2 & 1 & 2\\ 2 & 2 & -1 & 1\\ 1 & -1 & 1 & 1\\ 2 & 1 & 1 & 1\end{bmatrix}.$$

5. 试用正交变换求

$$\boldsymbol{A}=\begin{bmatrix}1 & 3 & 4\\ 3 & 1 & 2\\ 4 & 2 & 1\end{bmatrix}$$

的 $\boldsymbol{QR}$ 分解.

6. 讨论 Rayleigh 商迭代法的收敛性.

第 4 章　函数的插值

对于一组离散的数据建立逼近它的连续的数学模型是很有实用价值的.本章主要讨论插值的基本理论和方法,例如 Lagrange 插值、Newton 插值、Hermite 插值、分段插值与样条插值.

4.1　插值问题的基本概念

4.1.1　插值法和插值函数

设函数 $y=f(x)$定义在区间$[a,b]$上,其解析表达式是未知的,只能通过实验或观测得到有限个互异的离散的点 $x_k(k=0,1,\cdots,n)$处的函数值

$$y_k=f(x_k)\quad(k=0,1,\cdots,n),$$

即得到了列表函数

x_k	x_0	x_1	x_2	$\cdots$	x_n
$y_k=f(x_k)$	$f(x_0)$	$f(x_1)$	$f(x_2)$	$\cdots$	$f(x_n)$

利用此列表函数来求函数的导数、积分或者求出表以外某点处的函数值是很困难的.另一方面,虽然知道 $f(x)$的解析表达式,但是$f(x)$是一个非常复杂的函数,用起来很麻烦.因此,我们希望根据给定的数据表(或复杂的 $f(x)$的解析式)构造一个简单函数 $P(x)$,并令 $P(x)\approx f(x)$.即对任意 $x\in[a,b]$,求 $P(x)$的值作为 $f(x)$的近似值,这就是插值法的基本思想.

我们的问题是:在一个函数类 Φ 中寻求一个简单函数$P(x)$,使满足

$$P(x_k)=f(x_k)=y_k \quad (k=0,1,\cdots,n), \tag{4.1.1}$$

式(4.1.1)称为插值条件.函数类 Φ 可取为代数多项式或分段多项式,也可取三角多项式或有理函数等.下面给出插值函数、插值法的定义.

定义 4.1.1 设函数 $y=f(x)$ 在区间 $[a,b]$ 上有定义,且已知在点

$$a\leqslant x_0<x_1<x_2<\cdots<x_n\leqslant b$$

处的函数值

$$y_k=f(x_k) \quad (k=0,1,\cdots,n). \tag{4.1.2}$$

若存在简单函数 $P(x)\in\Phi$ 使得(4.1.1)成立,则称 $P(x)$ 为 $f(x)$ 的插值函数,$f(x)$ 称为被插值函数,$x_k(k=0,1,\cdots,n)$ 称为插值节点,区间 $[a,b]$ 称为插值区间,称 Φ 为插值函数类,求 $P(x)$ 的方法称为插值法.

当选用代数多项式为插值函数时,相应的插值法称为多项式(或代数)插值.若选用分段多项式为插值函数时,相应的插值法称为分段插值.我们主要研究这两种插值.

4.1.2 插值问题的几何解释

求插值函数 $P(x)$,使满足式(4.1.1),即使 $P(x)$ 与 $f(x)$ 在插值节点 $x_k(k=0,1,\cdots,n)$ 处函数值相等,就几何意义而言,即让曲线 $y=P(x)$ 严格通过曲线 $y=f(x)$ 的 $n+1$ 个点

$$(x_k,f(x_k)) \quad (k=0,1,\cdots,n),$$

并且在 $[a,b]$ 上用 $P(x)$ 去近似 $f(x)$,如图 4-1 所示.

4.1.3 插值多项式的存在惟一性

设 P_n 为次数不超过 n 的多项式空间.则在代数插值中,最常见的问题是求一个函数 $P(x)\in P_n$ 使满足插值条件式(4.1.1),此时 $P(x)$ 的形式为

$$P(x)=a_0+a_1x+a_2x^2+\cdots+a_nx^n, \tag{4.1.3}$$

其中 $a_k(k=0,1,\cdots,n)$ 为实数.则称 $P(x)$ 为 $f(x)$ 在节点 $x_k(k=0,$

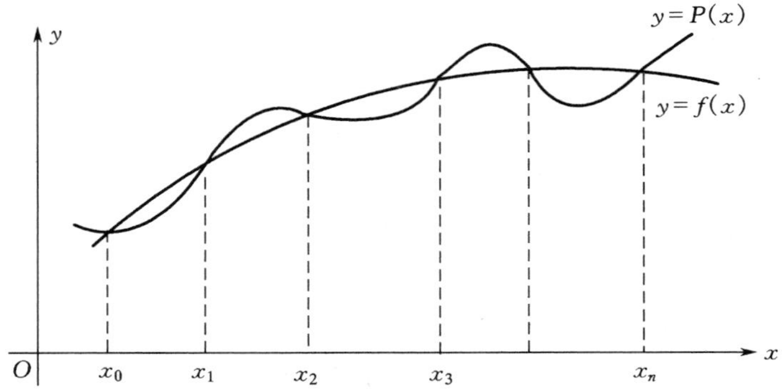

图 4-1

$1,\cdots,n$)处的 n 次插值多项式.

满足插值条件(4.1.1)的次数不超过 n 的插值多项式是否存在,是否惟一,关于此问题请见下面的定理.

定理 4.1.1 设插值节点 $x_0,x_1,\cdots,x_n$ 互异,则满足插值条件(4.1.1)且次数不超过 n 的插值多项式(4.1.3)是存在且惟一的.

证 求 $P(x)$在于确定其系数 $a_k(k=0,1,\cdots,n)$,因为由(4.1.3)表示的 $P(x)$满足式(4.1.1),所以有

$$\begin{cases} a_0+a_1x_0+a_2x_0^2+\cdots+a_nx_0^n=f(x_0), \\ a_0+a_1x_1+a_2x_1^2+\cdots+a_nx_1^n=f(x_1), \\ \cdots\cdots\cdots\cdots\cdots\cdots\cdots\cdots\cdots\cdots \\ a_0+a_1x_n+a_2x_n^2+\cdots+a_nx_n^n=f(x_n). \end{cases} \tag{4.1.4}$$

上式是以 $a_k(k=0,1,\cdots,n)$为未知元的线性方程组,其系数行列式为 $n+1$ 阶 Vandermonde 行列式

$$V=\begin{vmatrix} 1 & x_0 & x_0^2 & \cdots & x_0^n \\ 1 & x_1 & x_1^2 & \cdots & x_1^n \\ \cdots & \cdots & \cdots & \cdots & \cdots \\ 1 & x_n & x_n^2 & \cdots & x_n^n \end{vmatrix}.$$

可以求得

$$V=\prod_{i=1}^{n}\prod_{j=0}^{i-1}(x_i-x_j)\neq 0.$$

这是因为 $i\neq j$ 时，$x_i\neq x_j$. 因此(4.1.4)的解存在且惟一. 设其惟一解为 $a_k^*(k=0,1,\cdots,n)$，从而可知

$$P(x)=\sum_{k=0}^{n}a_k^*x^k$$

即为所求的惟一的多项式.

由上面的分析可知，要求满足插值条件且次数$\leqslant n$ 的多项式 $P(x)$，可化为解线性方程组(4.1.4)，这是很不方便的. 且插值节点越多，方程组的阶数越高，计算量也越大，为便于应用，下面将介绍求插值多项式的简便方法.

4.2 Lagrange 插值公式及其余项

4.2.1 Lagrange 插值公式

首先讨论低次插值多项式，然后再推广到一般情况.

当 $n=1$ 时，即已知 $y=f(x)$的两个数据点

$$(x_0,f(x_0)),\quad (x_1,f(x_1)),$$

其中 $x_0\neq x_1$，要求线性函数 $y=L_1(x)$，使满足插值条件

$$L_1(x_0)=f(x_0),\quad L_1(x_1)=f(x_1).\tag{4.2.1}$$

从几何上说即求一条直线 $y=L_1(x)$使其通过这两个点$(x_0,f(x_0))$，$(x_1,f(x_1))$，如图 4-2，利用直线的两点公式，$y=L_1(x)$可表为

$$\frac{L_1(x)-f(x_0)}{x-x_0}=\frac{f(x_1)-f(x_0)}{x_1-x_0},$$

经整理有

$$L_1(x)=\frac{x-x_1}{x_0-x_1}f(x_0)+\frac{x-x_0}{x_1-x_0}f(x_1).\tag{4.2.2}$$

显然 $L_1(x)$满足插值条件(4.2.1)，称之为线性插值公式.

若令

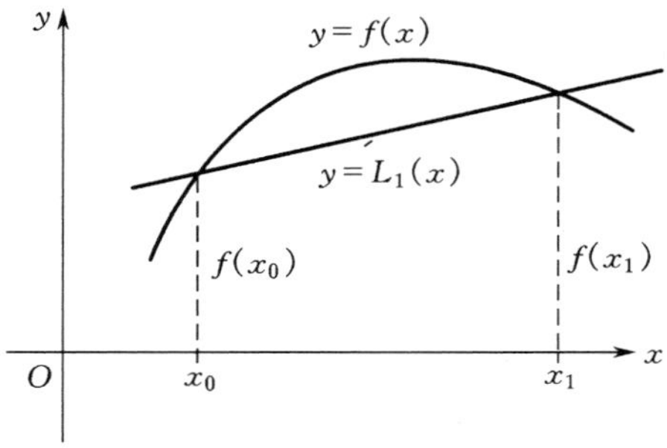

图 4-2

$$l_0(x)=\frac{x-x_1}{x_0-x_1},\quad l_1(x)=\frac{x-x_0}{x_1-x_0},$$

则(4.2.2)可表示为

$$L_1(x)=l_0(x)f(x_0)+l_1(x)f(x_1). \tag{4.2.3}$$

即 $L_1(x)$为 $l_0(x)$,$l_1(x)$的线性组合,组合系数为 $f(x_0)$,$f(x_1)$.

显然 $l_0(x)$与 $l_1(x)$满足

$$l_k(x_j)=\begin{cases}1 & (k=j)\\ 0 & (k\neq j)\end{cases}\qquad (k,j=0,1),$$

且均为一次式.称 $l_0(x)$与 $l_1(x)$为一次插值基函数.

当 $n=2$ 时,可构造≤2 次插值多项式 $L_2(x)$,使之通过 $y=f(x)$ 的数据点

$$(x_k,f(x_k))\quad (k=0,1,2),\quad x_k\text{ 互异},$$

或者使之满足插值条件

$$L_2(x_k)=f(x_k)\quad (k=0,1,2). \tag{4.2.4}$$

同式(4.2.2)与(4.2.3)类似,则 $L_2(x)$可表为

$$\begin{aligned}L_2(x)&=l_0(x)f(x_0)+l_1(x)f(x_1)+l_2(x)f(x_2)\\ &=\frac{(x-x_1)(x-x_2)}{(x_0-x_1)(x_0-x_2)}f(x_0)+\frac{(x-x_0)(x-x_2)}{(x_1-x_0)(x_1-x_2)}f(x_1)\\ &\quad+\frac{(x-x_0)(x-x_1)}{(x_2-x_0)(x_2-x_1)}f(x_2).\end{aligned} \tag{4.2.5}$$

显然 $L_2(x)$为次数不超过 2 的多项式,易证 $L_2(x)$满足插值条件(4.2.4),称之为二次(或抛物线)插值公式.它是过$(x_k, f(x_k))(k=0,1,2)$的曲线.而

$$l_0(x)=\frac{(x-x_1)(x-x_2)}{(x_0-x_1)(x_0-x_2)}, \quad l_1(x)=\frac{(x-x_0)(x-x_2)}{(x_1-x_0)(x_1-x_2)},$$

$$l_2(x)=\frac{(x-x_0)(x-x_1)}{(x_2-x_0)(x_2-x_1)}$$

称为二次插值基函数,它们显然满足

$$l_k(x_j)=\begin{cases}1 & k=j, \\ 0 & k\neq j\end{cases} \quad (k,j=0,1,2).$$

一般地,设 $y=f(x)$在互异的节点 $x_0, x_1, \cdots, x_n$ 处的函数值为

$$y_k=f(x_k) \quad (k=0,1,\cdots,n).$$

可以构造$\leqslant n$ 次的多项式 $L_n(x)$使满足插值条件

$$L_n(x_k)=f(x_k) \quad (k=0,1,\cdots,n).$$

类似于上面的式(4.2.3),(4.2.5),则

$$L_n(x)=\sum_{k=0}^{n} l_k(x) f(x_k). \tag{4.2.6}$$

其中

$$l_k(x)=\frac{(x-x_0)(x-x_1)\cdots(x-x_{k-1})(x-x_{k+1})\cdots(x-x_n)}{(x_k-x_0)(x_k-x_1)\cdots(x_k-x_{k-1})(x_k-x_{k+1})\cdots(x_k-x_n)},$$
$$k=0,1,\cdots,n. \tag{4.2.7}$$

显然 $l_k(x)(k=0,1,\cdots,n)$均为 n 次多项式,且满足

$$l_k(x_j)=\begin{cases}1 & (k=j), \\ 0 & (k\neq j).\end{cases}$$

由上述 $l_k(x)$的性质易知 $L_n(x)$满足插值条件,且次数$\leqslant n$ 次,称(4.2.6)为 Lagrange 插值公式,$l_k(x)(k=0,1,\cdots,n)$称为节点 x_0, $x_1, \cdots, x_n$ 上的 n 次 Lagrange 插值基函数.

式(4.2.2),(4.2.5)分别称为线性和二次 Lagrange 插值公式.

例 4.2.1 已知函数 $y=f(x)$的三个数据点

$$(-1,4),(0,-1),(1,2).$$

求二次 Lagrange 插值基函数和 $L_2(x)$.

解

$$l_0(x)=\frac{(x-0)(x-1)}{(-1-0)(-1-1)}=\frac{1}{2}x(x-1),$$

$$l_1(x)=\frac{(x+1)(x-1)}{(0+1)(0-1)}=-(x^2-1),$$

$$l_2(x)=\frac{(x+1)(x-0)}{(1+1)(1-0)}=\frac{1}{2}x(x+1).$$

由(4.2.5)有

$$\begin{aligned}L_2(x)&=l_0(x)f(-1)+l_1(x)f(0)+l_2(x)f(1)\\&=4\times\frac{1}{2}x(x-1)+(-1)\times(-1)(x^2-1)\\&\quad+2\times\frac{1}{2}x(x+1)\\&=4x^2-x-1.\end{aligned}$$

下面讨论 Lagrange 插值公式的改写形式.由(4.2.7)可知,(4.2.6)可表为

$$L_n(x)=\sum_{k=0}^{n}\left[\prod_{\substack{j=0\\j\neq k}}^{n}\frac{x-x_j}{x_k-x_j}\right]f(x_k). \tag{4.2.8}$$

上式在编程序时可用二重循环实现.首先固定 k,让 j 从 0 变到 $n(j\neq k)$作乘积,然后对 k 从 0 到 n 求和便可求得插值的结果.令

$$\omega_{n+1}(x)=\prod_{k=0}^{n}(x-x_k), \tag{4.2.9}$$

易知

$$\omega'_{n+1}(x_k)=\prod_{\substack{j=0\\j\neq k}}^{n}(x_k-x_j),$$

则有

$$L_n(x)=\sum_{k=0}^{n}\frac{\omega_{n+1}(x)}{(x-x_k)\omega'_{n+1}(x_k)}f(x_k). \tag{4.2.10}$$

定义 4.2.1 在给定的点 x,计算插值多项式的值作为 $f(x)$的近似值,此过程称为插值,点 x 称为插值点;若插值点 x 位于插值区间之

内，此种插值过程称为内插，否则称为外插（或外推）.

4.2.2 Lagrange 插值公式的余项

定义 4.2.2 设 $L_n(x)$ 为 $f(x)$ 的 Lagrange 插值公式，称

$$R_n(x)=f(x)-L_n(x) \tag{4.2.11}$$

为 Lagrange 插值公式的余项.

关于此余项的估计有如下定理.

定理 4.2.1 设函数 $f(x)$ 的 n 阶导数 $f^{(n)}(x)$ 在区间 $[a,b]$ 上连续，$n+1$ 阶导数 $f^{(n+1)}(x)$ 在区间 (a,b) 内存在，$L_n(x)$ 为 $f(x)$ 在互异的节点 $x_0,x_1,\cdots,x_n$ 上的 n 次 Lagrange 插值公式，则对任意的 $x\in[a,b]$，插值余项

$$R_n(x)=f(x)-L_n(x)=\frac{f^{(n+1)}(\xi)}{(n+1)!}\omega_{n+1}(x), \tag{4.2.12}$$

其中 $\xi\in(a,b)$ 且依赖于 x.

证 首先，由插值条件 $L_n(x_k)=f(x_k)\quad(k=0,1,\cdots,n)$ 可知

$$R_n(x_k)=f(x_k)-L_n(x_k)=0,(k=0,1,\cdots,n).$$

故 $R_n(x)$ 含 $\omega_{n+1}(x)$ 的因子. 为此令

$$R_n(x)=k(x)\omega_{n+1}(x), \tag{4.2.13}$$

其中 $k(x)$ 待定.

对任意固定的 $x\in[a,b]$，构造辅助函数

$$\varphi(t)=f(t)-L_n(t)-k(x)\omega_{n+1}(t)\quad(t\in[a,b]),$$

显然 $\varphi(t)$ 在 $[a,b]$ 上 $n+1$ 阶导数存在. 由于当 $x=x_k(k=0,1,\cdots,n)$ 时，式(4.2.12)自然成立. 我们只需考虑当 $x\neq x_k(k=0,1,\cdots,n)$ 的情况. 由于

$$\varphi(x_k)=0\quad(k=0,1,\cdots,n), \text{且 } \varphi(x)=0,$$

可知 $\varphi(t)$ 在区间 $[a,b]$ 上有 $n+2$ 个互异的零点. 根据 Rolle 定理，在每两个相邻的零点之间，至少存在一点，使得 $\varphi'(t)=0$，即至少有 $n+1$ 个互异的点 $\xi_1,\xi_2,\cdots,\xi_{n+1}\in(a,b)$，使 $\varphi'(\xi_i)=0,(i=1,2,\cdots,n+1)$，再对导函数 $\varphi'(t)$ 运用 Rolle 定理，知道至少存在 n 个互异的

点使$\varphi''(t)=0$,反复运用此定理推知,$\varphi^{(n+1)}(t)$在(a,b)内至少有一个点ξ使$\varphi^{(n+1)}(\xi)=0$,注意到$L_n(x)\leqslant n$次,$\omega_{n+1}(t)$为$n+1$次多项式且最高次幂系数为1(简称首1),故

$$\varphi^{(n+1)}(\xi)=f^{(n+1)}(\xi)-L_n^{(n+1)}(\xi)-k(x)\cdot(n+1)!$$
$$=f^{(n+1)}(\xi)-(n+1)!\ k(x)=0.$$

于是

$$k(x)=\frac{f^{(n+1)}(\xi)}{(n+1)!},$$

其中$\xi\in(a,b)$且依赖于x.将上式代入式(4.2.13)得证.

在Lagrange插值余项(4.2.12)中含有一项$f^{(n+1)}(\xi)$,由于ξ一般是x的未知函数,所以$f^{(n+1)}(\xi)$一般是未知的,故此公式使用起来很不方便.人们往往用下列误差估计式代替式(4.2.12)

$$|R_n(x)|\leqslant\frac{M_{n+1}}{(n+1)!}|\omega_{n+1}(x)|. \tag{4.2.14}$$

其中

$$M_{n+1}=\max_{a\leqslant x\leqslant b}|f^{(n+1)}(x)|.$$

例如,设$f(x)$的二阶导数在$[a,b]$上连续,易知$f(x)$过点$(a,f(a))$,$(b,f(b))$的线性插值公式$L_1(x)$的余项$R_1(x)$满足

$$|R_1(x)|\leqslant\frac{(b-a)^2}{8}M,$$

其中$x\in[a,b]$,

$$M=\max_{a\leqslant x\leqslant b}|f''(x)|.$$

例4.2.2 设函数$f(x)=\sin x$的数据表如下:

x_k	0.0	0.1	0.2	0.3
$y_k=f(x_k)$	0.000 0	0.099 8	0.198 7	0.295 5

利用线性和二次Lagrange插值公式求$f(0.15)$的近似值,并利用余项公式估计误差.

解 取$x_0=0.1$,$x_1=0.2$,$x=0.15$,代入线性插值公式中有

$$\sin 0.15\approx L_1(0.15)$$

$$=\frac{0.15-0.2}{0.1-0.2}\times 0.099\,8+\frac{0.15-0.1}{0.2-0.1}\times 0.198\,7$$

$$=\frac{0.05}{0.1}\times 0.099\,8+\frac{0.05}{0.1}\times 0.198\,7$$

$$=0.149\,3.$$

由(4.2.12)知

$$|R_1(x)|=|f(x)-L_1(x)|=\left|\frac{f''(\xi)}{2!}(x-0.1)(x-0.2)\right|.$$

因在[0.1,0.2]上，$|f''(x)|=|-\sin x|\leqslant \sin 0.2=0.198\,7$，故

$$|R_1(0.15)|\leqslant \frac{0.198\,7}{2}|(0.15-0.1)(0.15-0.2)|=2.48\times 10^{-4}.$$

取 $x_0=0.0, x_1=0.1, x_2=0.2, x=0.15$，代入二次插值公式得

$$\sin 0.15\approx L_2(0.15)=\frac{(0.15-0.0)(0.15-0.2)}{(0.1)(-0.1)}\times 0.099\,8$$

$$+\frac{(0.15-0.0)(0.15-0.1)}{(0.2)(0.1)}\times 0.198\,7=0.149\,4,$$

$$|R_2(0.15)|=\left|\frac{f'''(\xi)}{3!}(0.15-0.0)(0.15-0.1)(0.15-0.2)\right|.$$

因为在[0.0,0.2]上，$|f'''(x)|=|-\cos x|\leqslant 1$，故

$$|R_2(0.15)|\leqslant \frac{1}{6}|0.15(0.15-0.1)(0.15-0.2)|=6.25\times 10^{-5}.$$

由(4.2.14)可以看出，$|\omega_{n+1}(x)|$越小，则$|R_n(x)|$也越小．因此当求插值点 x 处$f(x)$的近似值 $L_n(x)$时，应尽量选与 x 最接近的插值节点作插值且最好使用内插公式，因内插一般比外推误差小．

同时由(4.2.12)可知，当 $f(x)$是$\leqslant n$ 次的多项式时，$f^{(n+1)}(x)=0$，由此推出 $R_n(x)=0$，从而有

$$f(x)=L_n(x).$$

即此时 $f(x)$的 n 次插值多项式就是其自身．特殊地，当 $f(x)=1$ 时，有

$$\sum_{k=0}^{n} l_k(x)=1. \qquad (4.2.16)$$

这是 Lagrange 插值基函数所满足的关系式．

4.3 Newton 插值公式及其余项

上节我们介绍了 Lagrange 插值公式及其余项，由式(4.2.7)可知，插值基函数 $l_k(x)$是用插值节点 $x_k(k=0,1,\cdots,n)$确定的，因此每增加一个插值节点，插值基函数的结构就要发生变化(这从 $n=1,n=2$ 的插值基函数可明显看出来)，以前的计算结果毫无用处，我们希望当增加插值节点时，可以使用上次的计算结果. 而本节介绍的 Newton 插值就具有此优点. 由于 Newton 插值是用差商表示的，故首先给出差商的定义和性质.

4.3.1 差商的定义及性质

定义 4.3.1 称 $f[x_0]=f(x_0)$为 $f(x)$关于 x_0 的零阶差商. 称

$$f[x_0,x_k]=\frac{f(x_k)-f(x_0)}{x_k-x_0}$$

为 $f(x)$关于 x_0,x_k 的一阶差商. 称

$$f[x_0,x_1,x_k]=\frac{f[x_0,x_k]-f[x_0,x_1]}{x_k-x_1}$$

为 $f(x)$关于 x_0,x_1,x_k 的二阶差商.

一般地，称

$$f[x_0,x_1,\cdots,x_k]=\frac{f[x_0,x_1,\cdots,x_{k-2},x_k]-f[x_0,x_1,\cdots,x_{k-1}]}{x_k-x_{k-1}} \tag{4.3.1}$$

为 $f(x)$关于 $x_0,x_1,\cdots,x_k$ 的 k 阶差商，差商又称均差.

下面介绍差商的性质.

性质 1 函数 $f(x)$的 k 阶差商 $f[x_0,x_1,\cdots,x_k]$可表示为函数值 $f(x_0),f(x_1),\cdots,f(x_k)$的线性组合：

$$f[x_0,x_1,\cdots,x_k]=\sum_{i=0}^{k}\frac{f(x_i)}{\omega'_{k+1}(x_i)}, \tag{4.3.2}$$

其中

$$\omega'_{k+1}(x_i)=\prod_{\substack{j=0\\j\neq i}}^{k}(x_i-x_j).$$

证 对 k 采用数学归纳法.

当 $k=1$ 时,

$$f[x_0,x_1]=\frac{f(x_1)-f(x_0)}{x_1-x_0}=\frac{f(x_0)}{x_0-x_1}+\frac{f(x_1)}{x_1-x_0},$$

命题成立.

假设命题在 $k=m-1$ 时成立,即有

$$f[x_0,x_1,\cdots,x_{m-1}]=$$
$$\sum_{i=0}^{m-1}\frac{f(x_i)}{(x_i-x_0)(x_i-x_1)\cdots(x_i-x_{i-1})(x_i-x_{i+1})\cdots(x_i-x_{m-1})};$$

$$f[x_0,x_1,\cdots,x_{m-2},x_m]=$$
$$\sum_{\substack{i=0\\i\neq m-1}}^{m}\frac{f(x_i)}{(x_i-x_0)(x_i-x_1)\cdots(x_i-x_{i-1})(x_i-x_{i+1})\cdots(x_i-x_{m-2})(x_i-x_m)}.$$

当 $k=m$ 时,有

$$f[x_0,x_1,\cdots,x_m]=\frac{f[x_0,x_1,\cdots,x_{m-2},x_m]-f[x_0,x_1,\cdots,x_{m-1}]}{x_m-x_{m-1}}$$

$$=\frac{1}{x_m-x_{m-1}}\left\{\sum_{i=0}^{m-2}\left[\frac{f(x_i)}{(x_i-x_0)(x_i-x_1)\cdots(x_i-x_{i-1})(x_i-x_{i+1})\cdots(x_i-x_{m-2})(x_i-x_m)}\right.\right.$$
$$\left.-\frac{f(x_i)}{(x_i-x_0)(x_i-x_1)\cdots(x_i-x_{i-1})(x_i-x_{i+1})\cdots(x_i-x_{m-1})}\right]$$
$$\left.+\frac{f(x_m)}{(x_m-x_0)(x_m-x_1)\cdots(x_m-x_{m-2})}-\frac{f(x_{m-1})}{(x_{m-1}-x_0)(x_{m-1}-x_1)\cdots(x_{m-1}-x_{m-2})}\right\}$$

$$=\frac{1}{x_m-x_{m-1}}\left\{\sum_{i=0}^{m-2}\frac{[(x_i-x_{m-1})-(x_i-x_m)]f(x_i)}{(x_i-x_0)(x_i-x_1)\cdots(x_i-x_{i-1})(x_i-x_{i+1})\cdots(x_i-x_{m-1})(x_i-x_m)}\right\}$$

$$+\frac{f(x_{m-1})}{(x_{m-1}-x_0)(x_{m-1}-x_1)\cdots(x_{m-1}-x_{m-2})(x_{m-1}-x_m)}$$

$$+\frac{f(x_m)}{(x_m-x_0)(x_m-x_1)\cdots(x_m-x_{m-2})(x_m-x_{m-1})}$$

$$=\sum_{i=0}^{m}\frac{f(x_i)}{(x_i-x_0)(x_i-x_1)\cdots(x_i-x_{i-1})(x_i-x_{i+1})\cdots(x_i-x_m)}$$

$$= \sum_{i=0}^{m} \frac{f(x_i)}{\omega'_{m+1}(x_i)}.$$ 证毕.

性质 2 差商 $f[x_0, x_1, \cdots, x_k]$ 为 $x_0, x_1, \cdots, x_k$ 的对称函数,即在 $f[x_0, x_1, \cdots, x_k]$ 中任意调换节点 $x_0, x_1, \cdots, x_k$ 的位置,保持差商值不变.

这是因为 $x_0, x_1, \cdots, x_k$ 交换位置,只是使式(4.3.2)右端和式中的项交换次序,由于加法具有交换律,其结果不变.

性质 3 若 $f(x)$ 的 k 阶差商 $f[x_0, x_1, \cdots, x_{k-1}, x]$ 为 x 的 m 次多项式,则其 $k+1$ 阶差商 $f[x_0, x_1, \cdots, x_k, x]$ 为 x 的 $m-1$ 次多项式.

证 由式(4.3.1)知

$$f[x_0, x_1, \cdots, x_k, x] = \frac{f[x_0, x_1, \cdots, x_{k-1}, x] - f[x_0, x_1, \cdots, x_k]}{x - x_k}.$$

当 $x = x_k$ 时,上式分子为零,这表明分子含有 $x - x_k$ 的因子.分子原为 m 次多项式,当分子分母约去 $x - x_k$ 这个公因子之后,变为 $m-1$ 次多项式.

推论 4.3.1 设 $f(x)$ 为 n 次多项式,其 k 阶差商 $f[x_0, x_1, \cdots, x_{k-1}, x]$ 当 $k \leqslant n$ 时是 $n-k$ 次多项式,当 $k > n$ 时为零.

此推论由性质 3 易证.

由差商的定义和性质 2 易知 $f(x)$ 的 k 阶差商可表示为下列形式

$$f[x_0, x_1, \cdots, x_k] = \frac{f[x_1, x_2, \cdots, x_k] - f[x_0, x_1, \cdots, x_{k-1}]}{x_k - x_0}. \tag{4.3.3}$$

事实上,由性质 2 和式(4.3.1)知,上式

$$\begin{aligned} 左 &= f[x_1, x_2, \cdots, x_k, x_0] \\ &= \frac{f[x_1, x_2, \cdots, x_{k-1}, x_0] - f[x_1, x_2, \cdots, x_k]}{x_0 - x_k} \\ &= \frac{f[x_1, x_2, \cdots, x_k] - f[x_0, x_1, \cdots, x_{k-1}]}{x_k - x_0} = 右. \end{aligned}$$

4.3.2 Newton 插值公式及其余项

由差商的定义可知下列各式成立.

$$f[x_0,x]=\frac{f(x)-f(x_0)}{x-x_0},$$

$$f[x_0,x_1,x]=\frac{f[x_0,x]-f[x_0,x_1]}{x-x_1},$$

$$f[x_0,x_1,x_2,x]=\frac{f[x_0,x_1,x]-f[x_0,x_1,x_2]}{x-x_2},$$

…………

$$f[x_0,x_1,\cdots,x_n,x]=\frac{f[x_0,x_1,\cdots,x_{n-1},x]-f[x_0,x_1,\cdots,x_n]}{x-x_n}.$$

于是有

$$f(x)=f(x_0)+f[x_0,x](x-x_0),$$

$$f[x_0,x]=f[x_0,x_1]+f[x_0,x_1,x](x-x_1),$$

$$f[x_0,x_1,x]=f[x_0,x_1,x_2]+f[x_0,x_1,x_2,x](x-x_2),$$

…………

$$f[x_0,x_1,\cdots,x_{n-1},x]=f[x_0,x_1,\cdots,x_n]+f[x_0,x_1,\cdots,x_n,x](x-x_n).$$

将上面各式的后一式依次代入其前一式可得

$$f(x)=f(x_0)+f[x_0,x_1](x-x_0)+f[x_0,x_1,x_2](x-x_0)(x-x_1)+\cdots+f[x_0,x_1,\cdots,x_n](x-x_0)(x-x_1)\cdots(x-x_{n-1})+f[x_0,x_1,\cdots,x_n,x](x-x_0)(x-x_1)\cdots(x-x_n)=N_n(x)+E_n(x).$$

其中

$$N_n(x)=f(x_0)+f[x_0,x_1](x-x_0)+f[x_0,x_1,x_2](x-x_0)(x-x_1)+\cdots+f[x_0,x_1,\cdots,x_n](x-x_0)(x-x_1)\cdots(x-x_{n-1}),\tag{4.3.4}$$

而

$$E_n(x)=f[x_0,x_1,\cdots,x_n,x]\omega_{n+1}(x). \tag{4.3.5}$$

显然由(4.3.4)的最后一项可知，$N_n(x)$为$\leqslant n$次的多项式.可证明它满足插值条件

$$N_n(x_k)=f(x_k)\quad(k=0,1,\cdots,n). \tag{4.3.6}$$

事实上，由于

$$f(x)=N_n(x)+E_n(x),$$

故

$$f(x_k)=N_n(x_k)+E_n(x_k).$$

由

$$E_n(x_k)=0\quad(k=0,1,\cdots,n),$$

可知(4.3.6)成立.

称式(4.3.4)为 Newton 插值公式，由式(4.3.5)表示的 $E_n(x)$称为 Newton 插值公式的余项.

由于满足插值条件且次数不超过 n 的插值多项式是存在且惟一的，可知有

$$N_n(x)=L_n(x),$$

且

$$E_n(x)=R_n(x).$$

利用式(4.3.5)和(4.2.12)有

$$f[x_0,x_1,\cdots,x_n,x]=\frac{f^{(n+1)}(\xi)}{(n+1)!},\quad \xi\in(a,b). \tag{4.3.7}$$

还可导出

$$f[x_0,x_1,\cdots,x_n]=\frac{f^{(n)}(\xi)}{n!},\quad \xi\in(a,b). \tag{4.3.8}$$

这是 n 阶差商与 n 阶导数之间的关系.

Newton 插值的优点在于：

计算差商时，可构造如下的差商表.

表 4.1

x_k	$f(x_k)$	一阶差商	二阶差商	三阶差商	…
x_0	$\underline{f(x_0)}$				
x_1	$f(x_1)$	$\underline{f[x_0,x_1]}$			
x_2	$f(x_2)$	$f[x_1,x_2]$	$\underline{f[x_0,x_1,x_2]}$		
x_3	$f(x_3)$	$f[x_2,x_3]$	$f[x_1,x_2,x_3]$	$\underline{f[x_0,x_1,x_2,x_3]}$	
⋮	⋮	⋮	⋮	⋮	

表中横线上的各阶差商正是 Newton 插值公式(4.3.4)中所需要的数据,计算、编程均方便.

当增加一个插值节点时,只需多计算一项,原来的计算仍然有效,不一定在表末增加节点,也可在表的中部增加节点,因为差商与节点的次序无关,只要求节点互异.这是因为

$$N_1(x)=f(x_0)+f[x_0,x_1](x-x_0),$$
$$N_2(x)=N_1(x)+f[x_0,x_1,x_2](x-x_0)(x-x_1),$$
$$\cdots\cdots\cdots\cdots$$
$$N_k(x)=N_{k-1}(x)+f[x_0,x_1,\cdots,x_k](x-x_0)(x-x_1)\cdots(x-x_{k-1}).$$

这表明求 $N_k(x)$时,可起用 $N_{k-1}(x)$,这一点比 Lagrange 插值要优越.

例 4.3.1 已知 $f(x)$的数据表如下:

x_k	-1	0	1	3
$y_k=f(x_k)$	4	-1	2	6

试用二次及三次 Newton 插值公式计算 $f(-0.5)$的近似值.

解 首先作差商表如下:

x_k	$f(x_k)$	一阶差商	二阶差商	三阶差商
-1	4			
0	-1	-5		
1	2	3	4	
3	6	2	$-\frac{1}{3}$	$-\frac{13}{12}$

取节点 $x_0=-1,x_1=0,x_2=1,x=-0.5$,由

$$N_2(x)=f(x_0)+f[x_0,x_1](x-x_0)$$

$$
\begin{aligned}
&+f[x_0,x_1,x_2](x-x_0)(x-x_1)\\
&=4-5(x+1)+4(x+1)(x-0)=4x^2-x-1,
\end{aligned}
$$

所以

$$f(-0.5)\approx N_2(-0.5)=0.5.$$

因 $N_3(x)=N_2(x)-\frac{13}{12}(x-x_0)(x-x_1)(x-x_2)$,

故

$$
\begin{aligned}
f(-0.5)&\approx N_3(-0.5)\\
&=N_2(-0.5)-\frac{13}{12}(-0.5+1)(-0.5-0)(-0.5-1)\\
&=0.5-\frac{13}{12}\times(0.5)(-0.5)(-1.5)\\
&=0.093\,75.
\end{aligned}
$$

4.3.3 差分的定义及其性质

上面讨论的插值问题中,只要求节点互异,对节点之间的距离没有要求.当节点等距时,插值公式则会得到简化,下面讨论等距节点的插值公式,由于此插值公式是用差分表示的,因此先介绍差分的概念.

设函数 $y=f(x)$在等距节点

$$x_k=x_0+kh\quad(k=0,1,\cdots,n)$$

处的函数值为 $f_k=f(x_k)$,h 为步长.

定义 4.3.2 称

$$\Delta f_k=f_{k+1}-f_k$$

为 $f(x)$在 x_k 处的一阶向前差分.

称

$$\nabla f_k=f_k-f_{k-1}$$

为 $f(x)$在 x_k 处的一阶向后差分.

称

$$\delta f_k=f\left(x_k+\frac{h}{2}\right)-f\left(x_k-\frac{h}{2}\right)=f_{k+\frac{1}{2}}-f_{k-\frac{1}{2}}$$

为 $f(x)$在 x_k 处的一阶中心差分.

由一阶差分可以定义二阶差分,如二阶向前差分

$$\Delta^2 f_k = \Delta(\Delta f_k) = \Delta(f_{k+1} - f_k) = \Delta f_{k+1} - \Delta f_k$$
$$= f_{k+2} - 2f_{k+1} + f_k,$$

二阶向后差分

$$\nabla^2 f_k = \nabla(\nabla f_k) = \nabla(f_k - f_{k-1}) = \nabla f_k - \nabla f_{k-1}$$
$$= f_k - 2f_{k-1} + f_{k-2}.$$

一般地有 m 阶向前差分

$$\Delta^m f_k = \Delta^{m-1} f_{k+1} - \Delta^{m-1} f_k, \quad m = 2,3,\cdots,$$

m 阶向后差分

$$\nabla^m f_k = \nabla^{m-1} f_k - \nabla^{m-1} f_{k-1} \quad (m = 2,3,\cdots).$$

规定零阶向前差分

$$\Delta^0 f_k = f_k.$$

Δ 称为向前差分算子,∇ 称为向后差分算子,δ 称为中心差分算子.

可以证明向前向后差分存在如下关系:

$$\nabla^r f_k = \Delta^r f_{k-r}. \tag{4.3.9}$$

上式可对 r 采用归纳法证明.

除上述算子符号外,再引入几种算子.

I: 恒等算子,定义为

$$If_k = f_k.$$

E: 移位算子,定义为

$$Ef_k = f_{k+1}.$$

E^{-1}: E 的逆算子,定义为

$$E^{-1} f_k = f_{k-1}.$$

下面给出算子之间的关系.因

$$\Delta f_k = f_{k+1} - f_k = Ef_k - If_k = (E - I) f_k,$$

故

$$\Delta = E - I. \tag{4.3.10}$$

类似地有

$$\nabla = I - E^{-1}. \tag{4.3.11}$$

差分具有如下性质.

性质 1 常数的差分为零.

性质 2 若 $f(x)$是 x 的 m 次多项式,则其 k 阶差分 $\Delta^k f(x)$当 $0 \leqslant k \leqslant m$时为 $m-k$ 次多项式;当 $k > m$ 时为零.

此性质可由 Taylor 公式证明.

性质 3 差分与函数值可互相线性表示,即

$$\Delta^n f_k = \sum_{j=0}^{n} (-1)^j \binom{n}{j} f_{k+n-j}, \tag{4.3.12}$$

$$\nabla^n f_k = \sum_{j=0}^{n} (-1)^{n-j} \binom{n}{j} f_{k+j-n}, \tag{4.3.13}$$

$$f_{k+n} = \sum_{j=0}^{n} \binom{n}{j} \Delta^j f_k. \tag{4.3.14}$$

其中

$$\binom{n}{j} = C_n^j = \frac{n!}{(n-j)!\ j!}.$$

(4.3.12)与(4.3.13)可分别利用(4.3.10)和(4.3.11)及二项式定理证明.(4.3.14)由 $f_{k+n} = E^n f_k = (\Delta + I)^n f_k$ 及二项式定理证明.

差分与差商之间有如下关系.

$$f[x_k, x_{k+1}, \cdots, x_{k+m}] = \frac{1}{m!\ h^m} \Delta^m f_k, \tag{4.3.15}$$

$$f[x_k, x_{k-1}, \cdots, x_{k-m}] = \frac{1}{m!\ h^m} \nabla^m f_k. \tag{4.3.16}$$

上两式均可采用归纳法证明.在式(4.3.15)中,令 $k=0$,则有

$$f[x_0, x_1, \cdots, x_m] = \frac{1}{m!\ h^m} \Delta^m f_0. \tag{4.3.17}$$

计算差分可借助差分表,这里只给出向前差分表(表 4.2).

表 4.2

f_k	Δ	Δ^2	Δ^3	Δ^4	$\cdots$
f_0	Δf_0	$\Delta^2 f_0$	$\Delta^3 f_0$	$\Delta^4 f_0$	
f_1	Δf_1	$\Delta^2 f_1$	$\Delta^3 f_1$	$\vdots$	
f_2	Δf_2	$\Delta^2 f_2$	$\vdots$		
f_3	Δf_3	$\vdots$			
f_4	$\vdots$				
$\vdots$					

4.3.4 等距节点的插值公式

当节点等距时,用差分代替差商可节省计算的时间.另外,对于给定的函数表,我们总希望用较少的点达到应有的精度.故当插值点 x 靠近表初时,则希望用表初的一些点进行插值,这便是 Newton 前插公式;当插值点 x 靠近表末时,希望用表末的一些点进行插值,这就是 Newton 后插公式,分别介绍如下.

设 $y=f(x)$ 在节点 $x_k=x_0+kh(k=0,1,\cdots,n)$ 处的函数值为 $y_k=f(x_k)$.

若插值点 x 在 x_0 附近(不妨设 $x_0\leqslant x\leqslant x_1$),设

$$x=x_0+th \quad (0\leqslant t\leqslant 1),$$

由 Newton 插值公式

$$N_n(x)=f(x_0)+f[x_0,x_1](x-x_0)+f[x_0,x_1,x_2](x-x_0)(x-x_1)+\cdots+f[x_0,x_1,\cdots,x_n](x-x_0)(x-x_1)\cdots(x-x_{n-1}),$$

利用式(4.3.17)将差商换为向前差分得

$$N_n(x_0+th)=f_0+t\Delta f_0+\frac{t(t-1)}{2!}\Delta^2 f_0+\cdots+\frac{t(t-1)\cdots(t-n+1)}{n!}\Delta^n f_0. \qquad (4.3.18)$$

(4.3.18)称为 Newton 前插公式.

由于 Newton 插值公式的余项 $E_n(x)$ 与 Lagrange 插值公式的余项 $R_n(x)$ 相等,故有

$$E_n(x)=\frac{f^{(n+1)}(\xi)}{(n+1)!}\omega_{n+1}(x)$$

$$=\frac{f^{(n+1)}(\xi)}{(n+1)!}t(t-1)\cdots(t-n)h^{n+1},\quad \xi\in(x_0,x_n).\tag{4.3.19}$$

(4.3.19)称为 Newton 前插公式的余项.

若插值点 x 在节点 x_n 附近(不妨设 $x_{n-1}\leqslant x\leqslant x_n$),可将插值节点重排为 $x_n,x_{n-1},\cdots,x_1,x_0$,相应的 Newton 插值公式成为

$$\begin{aligned}N_n(x)&=f(x_n)+f[x_n,x_{n-1}](x-x_n)\\&+f[x_n,x_{n-1},x_{n-2}](x-x_n)(x-x_{n-1})\\&+\cdots+f[x_n,x_{n-1},\cdots,x_0](x-x_n)(x-x_{n-1})\cdots(x-x_1).\end{aligned}$$

令

$$x=x_n+th\quad(-1\leqslant t\leqslant 0),$$

利用式(4.3.16)将差商换成向后差分整理后得

$$\begin{aligned}N_n(x_n+th)&=f_n+t\,\nabla f_n+\frac{t(t+1)}{2!}\nabla^2 f_n+\cdots\\&+\frac{t(t+1)\cdots(t+n-1)}{n!}\nabla^n f_n.\end{aligned}\tag{4.3.20}$$

称式(4.3.20)为 Newton 后插公式.其余项

$$E_n(x)=\frac{f^{(n+1)}(\xi)}{(n+1)!}t(t+1)\cdots(t+n)h^{n+1},\quad \xi\in(x_0,x_n).\tag{4.3.21}$$

例 4.3.2 设 $y=\sin x$ 的函数表如下:

x_k	0.1	0.2	0.3	0.4	0.5	0.6
$y_k=\sin x_k$	0.099 83	0.198 67	0.295 52	0.389 42	0.479 43	0.564 64

利用 Newton 前插公式与后插公式分别计算 sin0.12 和 sin0.58 的近似值,并利用余项公式估计误差.

解 首先造差分表如下:

x_k	f_k	Δy	$\Delta^2 y$	$\Delta^3 y$
0.1	0.099 83	0.098 84	−0.001 99	−0.000 96
0.2	0.198 67	0.096 85	−0.002 95	−0.000 94
0.3	0.295 52	0.093 90	−0.003 89	−0.000 91

续表

x_k	f_k	Δy	$\Delta^2 y$	$\Delta^3 y$
0.4	0.389 42	0.090 01	-0.004 80	
0.5	0.479 43	0.085 21		
0.6	0.564 64			

因 0.12 介于 0.1 与 0.2 之间，故取 $x_0=0.1$，此时

$$t=\frac{x-x_0}{h}=\frac{0.12-0.1}{0.1}=0.2.$$

利用二次 Newton 前插公式求 sin0.12 的近似值，上表中波浪线上方的数据即为公式中所需的数据，故有

$$\begin{aligned}\sin 0.12 &\approx 0.099\,83+0.2\times 0.098\,84\\&\quad+\frac{0.2\times(0.2-1)}{2}\times(-0.001\,99)=0.119\,76.\end{aligned}$$

若用三次 Newton 前插公式，则

$$\begin{aligned}\sin 0.12 &\approx 0.119\,76+\frac{0.2\times(0.2-1)\times(0.2-2)}{3!}\times(-0.000\,96)\\&=0.119\,71.\end{aligned}$$

从差分表可以看出，三阶差分近似为常数，故四阶差分应近似为零. 所以取三次插值的结果 0.119 71 作为 sin0.12 的近似值.

下面由三次 Newton 前差公式的余项估计误差.

$$\begin{aligned}|R_3(0.12)| &\leqslant \left|\frac{0.2\times(0.2-1)\times(0.2-2)\times(0.2-3)}{4!}\times(0.1)^4\times\sin(0.4)\right|\\&\leqslant 0.000\,002.\end{aligned}$$

上式之所以取 sin0.4，是因为在整个计算中，只用到了 $x=0.1,0.2,0.3,0.4$ 这四个点上的函数值之故.

因 0.58 在表末，求 sin0.58 的近似值需用 Newton 后插公式. 由于 0.58 介于 0.5 与 0.6 之间，取 $x_n=x_5=0.6$，此时

$$t=\frac{x-x_5}{h}=\frac{0.58-0.6}{0.1}=-0.2.$$

利用式(4.3.9)可知，在上述向前差分表下面斜行上画横线的数据即为所需要的数据，它们依次为 $f_5=0.564\,64$，$\nabla f_5=0.085\,21$，

$\nabla^2 f_5=-0.004\,80, \nabla^3 f_5=-0.000\,91$. 例如,用三次 Newton 后插公式则有

$$\begin{aligned}\sin 0.58 \approx & 0.564\,64+(-0.2)\times 0.085\,21 \\ & +\frac{(-0.2)(-0.2+1)}{2}\times(-0.004\,80) \\ & +\frac{(-0.2)(-0.2+1)(-0.2+2)}{3!}\times(0.000\,91)=-0.548\,02.\end{aligned}$$

由于在整个计算中,只用到 $x=0.6,0.5,0.4,0.3$ 这四个点上的函数值,故

$$\begin{aligned}|R_3(0.58)| & \leqslant\left|\frac{(-0.2)(-0.2+1)(-0.2+2)(-0.2+3)}{4!}\times(0.1)^4 \sin (0.6)\right| \\ & \leqslant 0.000\,002.\end{aligned}$$

4.4 Hermite 插值

4.4.1 Hermite 插值多项式

若不仅要求插值多项式 $H(x)$在互异的节点 $x_j(j=0,1,\cdots,n)$处与 $f(x)$的函数值相等,而且还要求它们在上述节点处的导数值相等,即设 $y=f(x)$在插值节点 x_j 处的函数值为

$$y_j=f(x_j) \quad (j=0,1,\cdots,n),$$

导数值为

$$m_j=f'(x_j) \quad (j=0,1,\cdots,n),$$

要求插值多项式 $H(x)$,使得

$$H(x_j)=y_j, H'(x_j)=m_j \quad (j=0,1,\cdots,n), \tag{4.4.1}$$

则满足这种条件的插值多项式 $H(x)$称为 $f(x)$的 Hermite 插值多项式(或 Hermite 插值公式).

由于(4.4.1)共给出 $2n+2$ 个条件,因此可以确定 $2n+2$ 个系数,即可确定次数不超过 $2n+1$ 次的多项式. 故记 $H(x)$为 $H_{2n+1}(x)$,关于 $H_{2n+1}(x)$的构造,仍采用插值基函数的方法. 设

$$H_{2n+1}(x)=\sum_{k=0}^{n}[\alpha_k(x)y_k+\beta_k(x)m_k],\tag{4.4.2}$$

其中 $\alpha_k(x),\beta_k(x),(k=0,1,\cdots,n)$称为 Hermite 插值基函数.要求 $\alpha_k(x),\beta_k(x)$分别满足下述条件

$$\begin{cases}①\alpha_k(x)\text{是 }2n+1\text{ 次多项式},\\ ②\alpha_k(x_j)=\begin{cases}1 & (j=k),\\ 0 & (j\neq k),\end{cases}\\ ③\alpha'_k(x_j)=0 \quad (k,j=0,1,\cdots,n);\end{cases}\tag{4.4.3}$$

$$\begin{cases}①\beta_k(x)\text{是 }2n+1\text{ 次多项式},\\ ②\beta_k(x_j)=0,\\ ③\beta'_k(x_j)=\begin{cases}1 & (j=k)\\ 0 & (j\neq k)\end{cases} \quad (j,k=0,1,\cdots,n).\end{cases}\tag{4.4.4}$$

显然当 $\alpha_k(x),\beta_k(x),(k=0,1,\cdots,n)$满足上述条件时,则(4.4.1)成立.下面将根据上述条件确定 $\alpha_k(x)$和 $\beta_k(x)$.利用 Lagrange 插值基函数

$$l_k(x)=\frac{(x-x_0)(x-x_1)\cdots(x-x_{k-1})(x-x_{k+1})\cdots(x-x_n)}{(x_k-x_0)(x_k-x_1)\cdots(x_k-x_{k-1})(x_k-x_{k+1})\cdots(x_k-x_n)},$$

假设

$$\alpha_k(x)=(ax+b)l_k^2(x),\tag{4.4.5}$$

显然 $\alpha_k(x)$为 $2n+1$ 次多项式,其中 a,b 为待定常数.

因为

$$\alpha_k(x_k)=1,$$

代其入(4.4.5),可得

$$ax_k+b=1.\tag{4.4.6}$$

又因为

$$\alpha'_k(x_k)=al_k^2(x_k)+2(ax_k+b)l_k(x_k)l'_k(x_k)=0,$$

利用(4.4.6)和 $l_k(x_k)=1$ 可知

$$a+2l'_k(x_k)=0.\tag{4.4.7}$$

于是有

$$\begin{cases} a = -2l'_k(x_k), \\ b = 1 + 2x_k l'_k(x_k). \end{cases}$$

可求得

$$l'_k(x_k) = \sum_{\substack{j=0 \\ j \neq k}}^{n} \frac{1}{x_k - x_j}.$$

故

$$\begin{cases} a = -2\sum_{\substack{j=0 \\ j \neq k}}^{n} \frac{1}{x_k - x_j}, \\ b = 1 + 2x_k \sum_{\substack{j=0 \\ j \neq k}}^{n} \frac{1}{x_k - x_j}. \end{cases} \tag{4.4.8}$$

将(4.4.8)代入(4.4.5)整理后得

$$\alpha_k(x) = \left[1 - 2(x - x_k)\sum_{\substack{j=0 \\ j \neq k}}^{n} \frac{1}{x_k - x_j}\right] l_k^2(x). \tag{4.4.9}$$

再设

$$\beta_k(x) = (Cx + d)\, l_k^2(x),$$

其中 c, d 为待定常数,由(4.4.4)类似地可确定出

$$\beta_k(x) = (x - x_k)\, l_k^2(x). \tag{4.4.10}$$

将(4.4.9),(4.4.10)代入(4.4.2)整理后得 Hermite 插值多项式

$$H_{2n+1}(x) = \sum_{k=0}^{n} \left\{ y_k + (x_k - x)\left[\left(2\sum_{\substack{j=0 \\ j \neq k}}^{n} \frac{1}{x_k - x_j}\right) y_k - m_k\right]\right\} l_k^2(x). \tag{4.4.11}$$

下面讨论 Hermite 插值多项式的惟一性.

设 $p(x), q(x)$ 均为满足插值条件(4.4.1)的 Hermite 插值多项式,即有

$$p(x_j) = q(x_j) = y_j \quad (j = 0, 1, \cdots, n),$$

$$p'(x_j) = q'(x_j) = m_j \quad (j = 0, 1, \cdots, n).$$

作函数

$$u(x) = p(x) - q(x),$$

由于

$$u(x_j)=0, u'(x_j)=0 \quad (j=0,1,\cdots,n),$$

可知每个节点 x_j 均为 $u(x)$的二重零点，即 $u(x)$至少有 $2n+2$ 个零点(包括重零点)，然而 $u(x)$是不超过 $2n+1$ 次的多项式，故 $u(x)\equiv 0$，即

$$P(x)\equiv q(x).$$

惟一性得证.

4.2.2 Hermite 插值公式的余项

关于 Hermite 插值公式的余项，有如下的定理.

定理 4.4.1 设 $f^{(2n+1)}(x)$在区间$[a,b]$上连续，$f(x)$的 $2n+2$ 阶导数在区间(a,b)内存在，则 Hermite 插值公式(4.4.11)的余项

$$R(x)=f(x)-H_{2n+1}(x)=\frac{f^{(2n+2)}(\xi)}{(2n+2)!}\omega_{n+1}^2(x), \tag{4.4.12}$$

其中 $\xi\in(a,b)$且依赖于 x.

证 由(4.4.1)可知

$$R(x_j)=0, R'(x_j)=0 \quad (j=0,1,\cdots,n).$$

故 $R(x)$含 $\omega_{n+1}^2(x)=\prod\limits_{j=0}^{n}(x-x_j)^2$ 因子，设

$$R(x)=k(x)\omega_{n+1}^2(x), \tag{4.4.13}$$

其中 $k(x)$待定. 任取 $x\in[a,b]$，构造辅助函数

$$\varphi(t)=f(t)-H_{2n+1}(t)-k(x)\omega_{n+1}^2(t),$$

显然，当 $t=x_j \quad (j=0,1,\cdots,n)$时，

$$\varphi(t)=0;$$

当 $t=x \quad (x\neq x_j, j=0,1,\cdots,n)$时

$$\varphi(t)=0.$$

故 $\varphi(t)$在$[a,b]$内有 $n+2$ 个互异的零点，对 $\varphi(t)$应用 Rolle 定理知 $\varphi'(t)$在$[a,b]$内至少有 $n+1$ 个互异的零点 $\xi_i(i=1,2,\cdots,n+1$，且 $\xi_i\neq x_j, \xi_i\neq x)$.

又由插值条件有 $\varphi'(x_j)=0\ (j=0,1,\cdots,n)$,故 $\varphi'(t)$在$[a,b]$上至少有 $2n+2$ 个互异的零点.反复运用 Rolle 定理知 $\varphi^{(2n+2)}(x)$在此区间内至少有一点使 $\varphi^{(2n+2)}(x)=0$,设此点为 ξ,即

$$\varphi^{(2n+2)}(\xi)=f^{(2n+2)}(\xi)-(2n+2)!\ K(x)=0,$$

于是

$$K(x)=\frac{f^{(2n+2)}(\xi)}{(2n+2)!}.$$

将上式代入式(4.4.13)得

$$R(x)=\frac{f^{(2n+2)}(\xi)}{(2n+2)!}\omega_{n+1}^2(x),$$

其中 $\xi\in(a,b)$且依赖于 x.

由式(4.4.12)可得如下常用的误差估计式

$$|R(x)|\leqslant\frac{M}{(2n+2)!}|\omega_{n+1}^2(x)|.$$

其中

$$M=\max_{a\leqslant x\leqslant b}|f^{(2n+2)}(x)|.$$

下面讨论 $n=1$ 时的 Hermite 插值公式.即设互异的插值节点为 x_k,x_{k+1},$f(x)$的函数值为 $y_k=f(x_k)$,$y_{k+1}=f(x_{k+1})$,$f(x)$的导数值为 $m_k=f'(x_k)$,$m_{k+1}=f'(x_{k+1})$,要求次数$\leqslant3$ 的多项式 $H_3(x)$使满足插值条件

$$H_3(x_k)=y_k,\quad H_3(x_{k+1})=y_{k+1};$$

$$H'_3(x_k)=m_k,\quad H'_3(x_{k+1})=m_{k+1}.$$

按式(4.4.2)设

$$H_3(x)=\alpha_k(x)y_k+\alpha_{k+1}(x)y_{k+1}+\beta_k(x)m_k+\beta_{k+1}(x)m_{k+1},$$

其中插值基函数 $\alpha_k(x)$,$\alpha_{k+1}(x)$可由式(4.4.9)确定,插值基函数 $\beta_k(x)$,$\beta_{k+1}(x)$可由式(4.4.10)确定,于是

$$H_3(x)=\left(\frac{x-x_{k+1}}{x_k-x_{k+1}}\right)^2\left(1+2\frac{x-x_k}{x_{k+1}-x_k}\right)y_k$$

$$+\left(\frac{x-x_k}{x_{k+1}-x_k}\right)^2\left(1+2\frac{x-x_{k+1}}{x_k-x_{k+1}}\right)y_{k+1}+\left(\frac{x-x_{k+1}}{x_k-x_{k+1}}\right)^2(x-x_k)m_k$$

$$+\left(\frac{x-x_k}{x_{k+1}-x_k}\right)^2(x-x_{k+1})m_{k+1}. \tag{4.4.14}$$

例 4.4.1 设 $f^{(4)}(x)$在区间$[a,b]$上连续,点 $x_0,x_1,x_2\in[a,b]$,求满足插值条件

$$P(x_j)=f(x_j)\quad(j=0,1,2)及\ P'(x_1)=f'(x_1),$$

且次数$\leqslant 3$ 的多项式 $P(x)$及其余项表达式.

解 由于 $P(x)$为$\leqslant 3$ 次的多项式,且满足

$$P(x_j)=f(x_j)\quad(j=0,1,2).$$

利用 Newton 插值公式,令

$$P(x)=f(x_0)+f[x_0,x_1](x-x_0)$$
$$+f[x_0,x_1,x_2](x-x_0)(x-x_1)+C(x-x_0)(x-x_1)(x-x_2),$$

其中 C 为待定常数.再由 $P'(x_1)=f'(x_1)$可知

$$C=\frac{f'(x_1)-f[x_0,x_1]-f[x_0,x_1,x_2](x_1-x_0)}{(x_1-x_0)(x_1-x_2)},$$

于是

$$P(x)=f(x_0)+f[x_0,x_1](x-x_0)+f[x_0,x_1,x_2](x-x_0)(x-x_1)+\frac{f'(x_1)-f[x_0,x_1]-f[x_0,x_1,x_2](x_1-x_0)}{(x_1-x_0)(x_1-x_2)}(x-x_0)(x-x_1)(x-x_2).$$

由插值条件,设余项

$$R(x)=f(x)-P(x)=K(x)(x-x_0)(x-x_1)^2(x-x_2),$$

其中 $K(x)$待定.作辅助函数

$$u(t)=f(t)-P(t)-K(x)(t-x_0)(t-x_1)^2(t-x_2),$$

$u(t)$在此区间内有 5 个零点 x_0,x_1(二重零点),x_2,x,反复运用 Rolle 定理知 $u^{(4)}(t)$在此区间之内至少有 1 个零点,此零点记为 ξ,即

$$u^{(4)}(\xi)=f^{(4)}(\xi)-4!\ K(x)=0,$$

于是

$$K(x)=\frac{f^{(4)}(\xi)}{4!}.$$

故

$$R(x)=f(x)-P(x)=\frac{f^{(4)}(\xi)}{4!}(x-x_0)(x-x_1)^2(x-x_2),$$

其中 $\xi\in(a,b)$且依赖于 x.

4.5 分段插值

通过前面的讨论已经知道插值节点越多,所做插值多项式的次数也越高,但用高次插值多项式逼近函数 $f(x)$的效果往往是不理想的.

4.5.1 高次插值的 Runge 现象

作为一个实例,Runge 曾给出一个函数

$$f(x)=\frac{1}{1+x^2}.$$

此函数的光滑性很好.在区间$[-5,5]$上取 $n+1$ 个等距节点

$$x_k=-5+\frac{10}{n}k,\quad (k=0,1,\cdots,n),$$

作 n 次 Lagrange 插值多项式

$$L_n(x)=\sum_{k=0}^{n}l_k(x)f(x_k),$$

使 $L_n(x)$与 $f(x)$在节点上函数值相等.发现当 $n\to\infty$时,$L_n(x)$仅在$|x|\leqslant 3.63$ 内收敛于 $f(x)$,在此区间之外是发散的.

取 $n=10$,画出了 $y=L_{10}(x)$与 $y=\frac{1}{1+x^2}$在区间$[-5,5]$上的图形(见图 4-3).从图中可看出,在 $x=\pm 5$ 附近,$y=L_{10}(x)$与 $y=\frac{1}{1+x^2}$偏离得很远,当 n 再增大时,这种偏离现象将更加严重,这种现象称为 Runge 现象,这表明在大范围内使用高次插值多项式逼近$f(x)$的效果往往是不够理想的,故一般不采用高次插值而用分段低次插值.

4.5.2 分段线性插值与分段二次插值

首先给出分段线性插值多项式的定义.

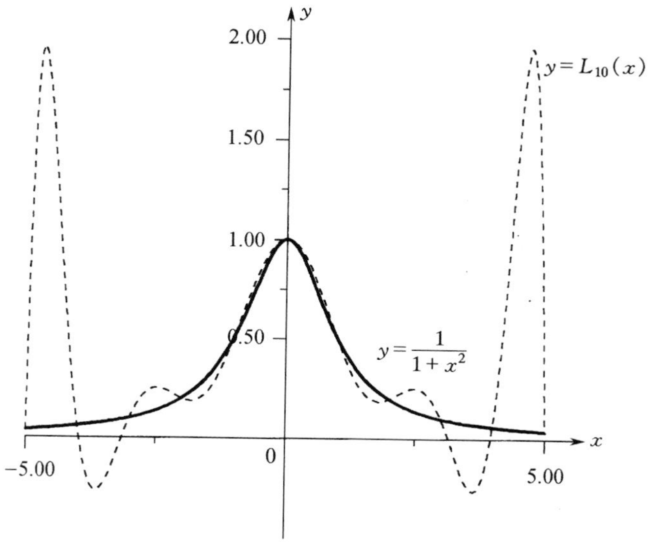

图 4-3

定义 4.5.1 设函数 $y=f(x)$在节点

$$a=x_0<x_1<\cdots<x_n=b$$

处的函数值为 $y_k=f(x_k)$ $(k=0,1,\cdots,n)$.求一折线函数 $\varphi_h(x)$使满足

(1) 在区间$[a,b]$上连续;

(2) $\varphi_h(x_k)=f(x_k)\quad(k=0,1,\cdots,n)$;

(3) 在小子区间$[x_k,x_{k+1}]$, $(k=0,1,\cdots,n-1)$上为线性函数:

$$\varphi_h(x)=\frac{x-x_{k+1}}{x_k-x_{k+1}}f(x_k)+\frac{x-x_k}{x_{k+1}-x_k}f(x_{k+1}).\tag{4.5.1}$$

则称 $\varphi_h(x)$为 $f(x)$在$[a,b]$上的分段线性插值多项式(或分段线性插值函数).

若引入插值基函数

$$l_j(x)=\begin{cases}\dfrac{x-x_{j-1}}{x_j-x_{j-1}} & (x_{j-1}\leqslant x\leqslant x_j),\\ \dfrac{x-x_{j+1}}{x_j-x_{j+1}} & (x_j< x\leqslant x_{j+1}),\\ 0 & [a,b]-[x_{j-1},x_{j+1}],\end{cases}\quad (j=0,1,\cdots n).$$

(4.5.2)

当 $j=0$ 时，没有第一式；当 $j=n$ 时，没有第二式. 则在区间 $[a,b]$ 上有

$$\varphi_h(x)=\sum_{j=0}^{n} l_j(x)f(x_j), \tag{4.5.3}$$

由(4.5.2)易知

$$l_j(x_k)=\delta_{jk}=\begin{cases}0 & (j\neq k),\\ 1 & (j=k).\end{cases}$$

称(4.5.1)为分段线性插值多项式的阶段表达式，称(4.5.3)为其整体表达式，易验证，在每个小子区间 $[x_k,x_{k+1}]$ $(k=0,1,\cdots,n-1)$ 上述二者是完全一致的.

定理 4.5.1 设函数 $y=f(x)$ 在节点

$$a=x_0<x_1<\cdots<x_n=b$$

处的函数值为 $y_k=f(x_k)$ $(k=0,1,\cdots,n)$，若 $f(x)\in \mathbf{C}^2[a,b]$，$\varphi_h(x)$ 是 $f(x)$ 在 $[a,b]$ 上的分段线性插值多项式，则当 $x\in[a,b]$ 时，其余项 $R(x)$ 满足

$$|R(x)|=|f(x)-\varphi_h(x)|\leqslant \frac{M}{8}h^2, \tag{4.5.4}$$

其中

$$M=\max_{x\in[a,b]}|f''(x)|,\quad h=\max_{0\leqslant k\leqslant n-1}|x_{k+1}-x_k|.$$

证 因为在小子区间 $[x_k,x_{k+1}]$ 上 $\varphi_h(x)$ 为(4.5.1)的形式，所以当 $x\in[x_k,x_{k+1}]$ 时，此余项应为 $n=1$ 的 Lagrange 插值余项

$$R(x)=\frac{f''(\xi_k)}{2!}(x-x_k)(x-x_{k+1}),\quad \xi_k\in(x_k,x_{k+1}).$$

于是

$$|R(x)|\leqslant\frac{M}{2}|(x-x_k)(x-x_{k+1})|\leqslant\frac{M}{2}\left(\frac{h_k}{2}\right)^2=\frac{M}{8}h_k^2,$$

其中

$$h_k = x_{k+1} - x_k.$$

故当 $x \in [a,b]$时有

$$|R(x)| = |f(x) - \varphi_h(x)| \leqslant \frac{M}{8}h^2.$$

由(4.5.4)可知

$$\lim_{\substack{n\to\infty \\ h\to 0}} \varphi_h(x) = f(x),$$

即 $\varphi_h(x)$在$[a,b]$上一致收敛于 $f(x)$.

还可以证明:当 $f(x)$仅在区间$[a,b]$上连续时,其分段线性插值多项式也是一致收敛于 $f(x)$的,见如下的定理.

定理 4.5.2 设 $f(x)$在区间$[a,b]$上连续,则分段线性插值多项式 $\varphi_h(x)$在$[a,b]$上一致收敛于 $f(x)$.

证 因为 $f(x)$在闭区间$[a,b]$上连续,则 $f(x)$在此区间上一致连续,按定义 $\forall \varepsilon > 0$,存在 $\delta = \delta(\varepsilon) > 0$,使 $\forall x_1, x_2 \in [a,b]$,当 $|x_1 - x_2| < \delta$ 时,均有

$$|f(x_1) - f(x_2)| < \varepsilon,$$

于是,当 $h = \max\limits_{0\leqslant k\leqslant n-1} |x_{k+1} - x_k| < \delta$ 时, $\forall x \in [a,b]$,必存在正整数 m,使得当 $x \in [x_m, x_{m+1}]$时有

$$|x - x_m| \leqslant h < \delta, \quad |x - x_{m+1}| \leqslant h < \delta,$$

从而有

$$|f(x) - f(x_m)| < \varepsilon, \quad |f(x) - f(x_{m+1})| < \varepsilon,$$

且

$$\varphi_h(x) = l_m(x) f(x_m) + l_{m+1}(x) f(x_{m+1}).$$

其中

$$l_m(x) = \frac{x - x_{m+1}}{x_m - x_{m+1}}, \quad l_{m+1}(x) = \frac{x - x_m}{x_{m+1} - x_m},$$

$$l_m(x) + l_{m+1}(x) = 1.$$

故

$$|f(x) - \varphi_h(x)| = |[f(x) - f(x_m)] l_m(x)$$

$$+[f(x)-f(x_{m+1})]l_{m+1}(x)|.$$

注意到 $l_m(x)$和 $l_{m+1}(x)$均大于零,则有

$$|f(x)-\varphi_h(x)|\leqslant\varepsilon l_m(x)+\varepsilon l_{m+1}(x)$$
$$=\varepsilon(l_m(x)+l_{m+1}(x))=\varepsilon.$$

即

$$\lim_{\substack{h\to 0\\(n\to\infty)}}\varphi_h(x)=f(x)$$

在区间$[a,b]$上一致成立.

类似地,可以构造分段二次(抛物线)插值,为此将插值区间$[a,b]$分为偶数份,

$$a=x_0<x_1<x_2<\cdots<x_{2m-1}<x_{2m}=b,$$

显然在每个小子区间$[x_{2k},x_{2k+2}]$ $(k=0,1,\cdots,m-1)$应为二次(或抛物线)插值公式:

$$\begin{aligned}\varphi_h(x)=&\frac{(x-x_{2k+1})(x-x_{2k+2})}{(x_{2k}-x_{2k+1})(x_{2k}-x_{2k+2})}f(x_{2k})\\&+\frac{(x-x_{2k})(x-x_{2k+2})}{(x_{2k+1}-x_{2k})(x_{2k+1}-x_{2k+2})}f(x_{2k+1})\\&+\frac{(x-x_{2k})(x-x_{2k+1})}{(x_{2k+2}-x_{2k})(x_{2k+2}-x_{2k+1})}f(x_{2k+2}),\\&\quad x\in[x_{2k},x_{2k+2}].\end{aligned}\tag{4.5.5}$$

4.5.3 分段三次 Hermite 插值

显然分段线性与分段二次插值函数的光滑性较差,原因是在插值节点处导数往往不存在,为了提高光滑度,下面讨论分段三次 Hermite 插值.

定义 4.5.2 设函数 $y=f(x)$在节点

$$a=x_0<x_1<x_2<\cdots<x_n=b$$

处的函数值为 $y_k=f(x_k)$,导数值为 $m_k=f'(x_k)$, $(k=0,1,\cdots,n)$,求分段三次多项式 $g_h(x)$使满足

(1) $g_h(x)\in\boldsymbol{C}^1[a,b]$,即 $g_h(x)$的一阶导数在区间$[a,b]$上连

续；

(2) $g_h(x_k)=y_k,\quad g'_h(x_k)=m_k\quad(k=0,1,\cdots,n)$；

(3) $g_h(x)$在小区间$[x_k,x_{k+1}]\quad(k=0,1,\cdots,n-1)$是$\leqslant 3$次的多项式.

则称$g_h(x)$为分段三次 Hermite 插值多项式.

由 4.4 中的式(4.4.14)可知，当$x\in[x_k,x_{k+1}]$时，$g_h(x)$可表为：

$$
\begin{aligned}
g_h(x)=&\left(\frac{x-x_{k+1}}{x_k-x_{k+1}}\right)^2\left(1+2\frac{x-x_k}{x_{k+1}-x_k}\right)y_k\\
&+\left(\frac{x-x_k}{x_{k+1}-x_k}\right)^2\left(1+2\frac{x-x_{k+1}}{x_k-x_{k+1}}\right)y_{k+1}+\left(\frac{x-x_{k+1}}{x_k-x_{k+1}}\right)^2(x-x_k)m_k\\
&+\left(\frac{x-x_k}{x_{k+1}-x_k}\right)^2(x-x_{k+1})m_{k+1}.
\end{aligned}\tag{4.5.6}
$$

上式为$g_h(x)$的阶段表达式.

若引入插值基函数

$$
\alpha_k(x)=\begin{cases}\left(\dfrac{x-x_{k-1}}{x_k-x_{k-1}}\right)^2\left(1+2\dfrac{x-x_k}{x_{k-1}-x_k}\right) & x\in[x_{k-1},x_k]\ (k=0\text{ 时略去}),\\ \left(\dfrac{x-x_{k+1}}{x_k-x_{k+1}}\right)^2\left(1+2\dfrac{x-x_k}{x_{k+1}-x_k}\right) & x\in[x_k,x_{k+1}]\ (k=n\text{ 时略去}),\\ 0, & x\notin[x_{k-1},x_{k+1}],\end{cases}
$$

$$(k=0,1,\cdots,n).$$

$$
\beta_k(x)=\begin{cases}\left(\dfrac{x-x_{k-1}}{x_k-x_{k-1}}\right)^2(x-x_k) & x\in[x_{k-1},x_k]\ (k=0\text{ 时略去}),\\ \left(\dfrac{x-x_{k+1}}{x_k-x_{k+1}}\right)^2(x-x_k) & x\in[x_k,x_{k+1}]\ (k=n\text{ 时略去}),\\ 0 & x\notin[x_{k-1},x_{k+1}].\end{cases}
$$

则在$[a,b]$上$g_h(x)$的整体表达式为

$$g_h(x)=\sum_{k=0}^{n}[\alpha_k(x)y_k+\beta_k(x)m_k].\tag{4.5.7}$$

由 4.4 中 Hermite 插值公式的余项可知，在小区间$[x_k,x_{k+1}]$上的

分段三次 Hermite 插值多项式的余项为

$$|f(x)-g_h(x)|=\left|\frac{f^{(4)}(\xi_k)}{4!}(x-x_k)^2(x-x_{k+1})^2\right|,$$

$$\xi_k\in(x_k,x_{k+1}).$$

设 $M_4=\max\limits_{x\in[a,b]}|f^{(4)}(x)|$,则

$$|f(x)-g_h(x)|\leqslant\frac{M_4}{24}\left(\frac{h_k^2}{4}\right)^2\leqslant\frac{M_4}{384}h^4.$$

其中 $h_k=x_{k+1}-x_k$, $h=\max\limits_{0\leqslant k\leqslant n-1}h_k$,故当 $x\in[a,b]$时分段三次 Hermite 插值多项式的余项满足

$$|R(x)|=|f(x)-g_h(x)|\leqslant\frac{M_4}{384}h^4. \tag{4.5.7}$$

因此,当 $f(x)\in \boldsymbol{C}^4[a,b]$(即 $f^{(4)}(x)$在$[a,b]$上连续)时,则 $\max\limits_{x\in[a,b]}|f^{(4)}(x)|$一定存在,由(4.5.7)可知 $g_h(x)$在$[a,b]$上一致收敛于$f(x)$.

更一般的有如下的定理.

定理 4.5.3 设 $f(x)\in \boldsymbol{C}^1[a,b]$,则当 $h\to 0(n\to\infty)$时,$g_h(x)$在$[a,b]$上一致收敛于 $f(x)$.

此定理的证明从略.

4.6 三次样条插值

由前面的讨论已经知道分段线性插值与分段二次插值函数虽然在整个区间$[a,b]$上连续,但是在插值节点处的一阶导数往往不存在;分段三次 Hermite 插值函数在整个区间$[a,b]$上有连续的一阶导数,但在插值节点处二阶导数往往不存在.然而在有些问题,例如在船体、飞机、汽车等外型曲线设计中,经常需要解决下列问题:即已知一些数据点(x_k,y_k) $(k=0,1,\cdots,n)$,如何通过这些数据点作一条比较光滑的曲线?

为了解决此问题,绘图员首先把这些数据点描绘在平面上,再把一根富有弹性的细木条(称为样条)用压铁固定在这些点上,其他地方让

它自然弯曲形成一条光滑的曲线，一般要用几根样条分段完成上述工作，应使之在样条连接处(样点处)也足够光滑，即要求二阶导数连续.这样划出的曲线经过数学模拟后即得到样条函数.它实际上是由分段三次多项式联接而成的.

4.6.1 三次样条插值函数及其定解条件

首先给出三次样条插值函数的定义.

定义 4.6.1 设函数 $y=f(x)$在区间$[a,b]$上互异的节点

$$a=x_0<x_1<x_2<\cdots<x_n=b$$

处的函数值为 $y_j=f(x_j)\quad(j=0,1,\cdots,n)$，若分段函数 $S(x)$满足

(1) $S(x)\in \boldsymbol{C}^2[a,b]$，即 $S(x)$在$[a,b]$上二阶导数连续；

(2) 在每个子区间$[x_j,x_{j+1}]\quad(j=0,1,\cdots,n-1)$上是次数$\leqslant 3$的多项式；

(3) $S(x_j)=y_j\quad(j=0,1,\cdots,n).$ (4.6.1)

则称 $S(x)$为 $f(x)$在节点 $x_j(j=0,1,\cdots,n)$上的三次样条插值函数.

满足(1),(2)的 $S(x)$称为三次样条函数.

更一般地，若分段多项式 $S(x)$满足

(1) $S(x)\in \boldsymbol{C}^{m-1}[a,b]$，即 $S(x)$在$[a,b]$上 $m-1$ 阶导数连续；

(2) 在每个子区间$[x_j,x_{j+1}]\quad(j=0,1,\cdots,n-1)$上是次数$\leqslant m$ 的多项式.

则称 $S(x)$为 m 次样条函数.

我们主要研究三次样条插值函数的求法.为此需讨论其定解条件.

要求三次样条插值函数 $S(x)$，只需在每个小子区间$[x_j,x_{j+1}]$上确定一个三次多项式

$$S_j(x)=a_jx^3+b_jx^2+c_jx+d_j.$$

$S_j(x)$共有 4 个系数，确定它们需 4 个条件，因为有 n 个子区间，则共需要 $4n$ 个条件.

由于 $S(x)\in \boldsymbol{C}^2[a,b]$，故在内节点 $x_j(j=1,2,\cdots,n-1)$处应满

足下列连续性条件

$$\begin{cases} S(x_j-0)=S(x_j+0) \\ S'(x_j-0)=S'(x_j+0) \quad (j=1,2,\cdots,n-1), \\ S''(x_j-0)=S''(x_j+0) \end{cases} \tag{4.6.2}$$

(4.6.2)给出了 $3n-3$ 个条件,式(4.6.1)已提供了 $n+1$ 个条件,这样上面共给出 $4n-2$ 个条件,剩下的两个条件一般由边界条件提供.常见的边界条件有下面三类.

第一类:已知两端的一阶导数

$$S'(x_0)=m_0, \quad S'(x_n)=m_n. \tag{4.6.3}$$

第二类:已知两端的二阶导数

$$S''(x_0)=M_0, \quad S''(x_n)=M_n, \tag{4.6.4}$$

特殊地

$$S''(x_0)=S''(x_n)=0, \tag{4.6.5}$$

称其为自然边界条件.

第三类:当 $y=f(x)$ 是以 x_n-x_0 为周期的周期函数时,则要求 $S(x)$ 也是以 x_n-x_0 为周期的周期函数,此时边界条件为

$$\begin{cases} S(x_0+0)=S(x_n-0), \\ S'(x_0+0)=S'(x_n-0), \\ S''(x_0+0)=S''(x_n-0). \end{cases} \tag{4.6.6}$$

此时,由于 $y=f(x)$ 以 x_n-x_0 为周期,故有 $f(x_0)=f(x_n)$,即 $y_0=y_n$,从而必有 $S(x_0+0)=S(x_n-0)$,因此在边界条件(4.6.6)(称为周期边界条件)中,真正起作用的是后两个条件.

4.6.2 求三次样条插值函数的三弯矩法

三次样条插值函数 $S(x)$ 可以用它在节点处的二阶导数表示.即若 $S(x)$ 在节点处的二阶导数已知,假设 $S''(x_j)=M_j\ (j=0,1,\cdots,n)$,很容易写出 $S(x)$ 的表达式.

事实上因为 $S(x)$ 在小子区间 $[x_j, x_{j+1}]$ 上是三次多项式,可知 $S''(x)$ 在此小区间上应为一次多项式,且满足条件

$$S''(x_j)=M_j,\quad S''(x_{j+1})=M_{j+1}.$$

利用线性插值公式可知

$$S''(x)=\frac{x-x_{j+1}}{x_j-x_{j+1}}M_j+\frac{x-x_j}{x_{j+1}-x_j}M_{j+1},\quad x\in[x_j,x_{j+1}],$$

令 $h_j=x_{j+1}-x_j\quad(j=0,1,\cdots,n-1)$,则

$$S''(x)=\frac{x_{j+1}-x}{h_j}M_j+\frac{x-x_j}{h_j}M_{j+1},\tag{4.6.7}$$

积分得

$$S'(x)=-\frac{(x_{j+1}-x)^2}{2h_j}M_j+\frac{(x-x_j)^2}{2h_j}M_{j+1}+C_1,$$

再积分得

$$S(x)=\frac{(x_{j+1}-x)^3}{6h_j}M_j+\frac{(x-x_j)^3}{6h_j}M_{j+1}+C_1x+C_2.$$

其中 C_1,C_2 为任意常数.

利用插值条件

$$S(x_j)=y_j,\quad S(x_{j+1})=y_{j+1},$$

可知

$$C_1=\frac{y_{j+1}-y_j}{h_j}-\frac{M_{j+1}-M_j}{6}h_j;$$

$$C_2=y_j-\frac{h_j^2}{6}M_j-\left(\frac{y_{j+1}-y_j}{h_j}-\frac{M_{j+1}-M_j}{6}h_j\right)x_j.$$

故

$$S'(x)=-\frac{(x_{j+1}-x)^2}{2h_j}M_j+\frac{(x-x_j)^2}{2h_j}M_{j+1}+\frac{y_{j+1}-y_j}{h_j}$$

$$-\frac{M_{j+1}-M_j}{6}h_j,\quad x\in[x_j,x_{j+1}],(j=0,1,\cdots,n-1);\tag{4.6.8}$$

$$S(x)=\frac{(x_{j+1}-x)^3}{6h_j}M_j+\frac{(x-x_j)^3}{6h_j}M_{j+1}$$

$$+\left(y_j-\frac{h_j^2}{6}M_j\right)\frac{x_{j+1}-x}{h_j}+\left(y_{j+1}-\frac{h_j^2}{6}M_{j+1}\right)\frac{x-x_j}{h_j},$$

$$x\in[x_j,x_{j+1}],(j=0,1,\cdots,n-1).\tag{4.6.9}$$

然而 $M_j(j=0,1,\cdots,n)$是未知的,因此求 $S(x)$的关键在于确定上述 M_j.为此利用

$$S'(x_j+0)=S'(x_j-0), \tag{4.6.10}$$

由式(4.6.8)可知

$$\begin{aligned}S'(x_j+0)&=-\frac{h_j}{2}M_j+\frac{y_{j+1}-y_j}{h_j}-\frac{M_{j+1}-M_j}{6}h_j\\&=-\frac{h_j}{3}M_j-\frac{h_j}{6}M_{j+1}+\frac{y_{i+1}-y_j}{h_j}.\end{aligned}$$

在式(4.6.8)中把 j 换为$j-1$ 可得 $S'(x)$在$[x_{j-1},x_j]$上的表达式,利用此式可求得

$$S'(x_j-0)=\frac{h_{j-1}}{3}M_j+\frac{h_{j-1}}{6}M_{j-1}+\frac{y_j-y_{j-1}}{h_{j-1}}.$$

其中 $h_{j-1}=x_j-x_{j-1}$.将上二式代入(4.6.10)整理后得

$$\frac{h_{j-1}}{6}M_{j-1}+\frac{h_{j-1}+h_j}{3}M_j+\frac{h_j}{6}M_{j+1}=\frac{y_{j+1}-y_j}{h_j}-\frac{y_j-y_{j-1}}{h_{j-1}},$$

用$\frac{h_{j-1}+h_j}{6}$除等式两边,注意到

$$h_j+h_{j-1}=x_{j+1}-x_{j-1},$$

则有

$$\begin{aligned}&\frac{h_{j-1}}{h_{j-1}+h_j}M_{j-1}+2M_j+\frac{h_j}{h_{j-1}+h_j}M_{j+1}=\frac{6}{h_{j-1}+h_j}\{f[x_j,x_{j+1}]\\&-f[x_{j-1},x_j]\}=6\,\frac{f[x_j,x_{j+1}]-f[x_{j-1},x_j]}{x_{j+1}-x_{j-1}}=6f[x_{j-1},x_j,x_{j+1}].\end{aligned}$$

令

$$\mu_j=\frac{h_{j-1}}{h_{j-1}+h_j},\quad \lambda_j=\frac{h_j}{h_{j-1}+h_j},\quad d_j=6f[x_{j-1},x_j,x_{j+1}],$$

则有

$$\mu_jM_{j-1}+2M_j+\lambda_jM_{j+1}=d_j\quad(j=1,2,\cdots,n-1). \tag{4.6.11}$$

上式称为三弯矩方程,因为 M_j 在力学上称为细梁在截面 x_j 处的弯矩.

在(4.6.11)中有 $n-1$ 个方程,$n+1$ 个未知元 $M_j\ (j=0,1,\cdots,n)$.若补充第一类边界条件(4.6.3),利用式(4.6.8)有

$$2M_0+M_1=\frac{6}{h_0}\{f[x_0,x_1]-m_0\}=d_0, \tag{4.6.12}$$

$$M_{n-1}+2M_n=\frac{6}{h_{n-1}}\{m_n-f[x_{n-1},x_n]\}=d_n. \tag{4.6.13}$$

式(4.6.11),(4.6.12),(4.6.13)联立可得

$$\begin{bmatrix} 2 & 1 & & & & \\ \mu_1 & 2 & \lambda_1 & & & \\ & \mu_2 & 2 & \lambda_2 & & \\ & & \ddots & \ddots & \ddots & \\ & & & \mu_{n-1} & 2 & \lambda_{n-1} \\ & & & & 1 & 2 \end{bmatrix}\begin{bmatrix} M_0 \\ M_1 \\ M_2 \\ \vdots \\ M_{n-1} \\ M_n \end{bmatrix}=\begin{bmatrix} d_0 \\ d_1 \\ d_2 \\ \vdots \\ d_{n-1} \\ d_n \end{bmatrix}. \tag{4.6.14}$$

若补充第二类边界条件(4.6.4),将 $S''(x_0)=M_0, S''(x_n)=M_n$ 代入式(4.6.11),此时该式中含有 $n-1$ 个方程,$n-1$ 个未知元,其形式为

$$\begin{bmatrix} 2 & \lambda_1 & & & & \\ \mu_2 & 2 & \lambda_2 & & & \\ & \mu_3 & 2 & \lambda_3 & & \\ & & \ddots & \ddots & \ddots & \\ & & & \mu_{n-2} & 2 & \lambda_{n-2} \\ & & & & \mu_{n-1} & 2 \end{bmatrix}\begin{bmatrix} M_1 \\ M_2 \\ M_3 \\ \vdots \\ M_{n-2} \\ M_{n-1} \end{bmatrix}=\begin{bmatrix} d_1-\mu_1 M_0 \\ d_2 \\ d_3 \\ \vdots \\ d_{n-2} \\ d_{n-1}-\lambda_{n-1}M_n \end{bmatrix}. \tag{4.6.15}$$

若补充周期边界条件(4.6.6),由 $S''(x_0+0)=S''(x_n-0)$ 知 $M_0=M_n$,由 $S'(x_0+0)=S'(x_n-0)$ 及式(4.6.8)有

$$2M_0+\lambda_0 M_1+\mu_0 M_{n-1}=g_0. \tag{4.6.16}$$

其中

$$\lambda_0=\frac{h_0}{h_0+h_{n-1}}, \mu_0=\frac{h_{n-1}}{h_0+h_{n-1}},$$

$$g_0=\frac{6}{h_0+h_{n-1}}\{f[x_0,x_1]-f[x_{n-1},x_n]\}.$$

将(4.6.16)与(4.6.11)联立可得

$$\begin{bmatrix} 2 & \lambda_0 & & & \mu_0 \\ \mu_1 & 2 & \lambda_1 & & \\ & \ddots & \ddots & \ddots & \\ & & \mu_{n-2} & 2 & \lambda_{n-2} \\ \lambda_{n-1} & & & \mu_{n-1} & 2 \end{bmatrix} \begin{bmatrix} M_0 \\ M_1 \\ \vdots \\ M_{n-2} \\ M_{n-1} \end{bmatrix} = \begin{bmatrix} g_0 \\ d_1 \\ \vdots \\ d_{n-2} \\ d_{n-1} \end{bmatrix}. \qquad (4.6.17)$$

由于 $0<\lambda_j<1, 0<\mu_j<1$,且 $\lambda_j+\mu_j=1$,所以上述方程组的系数矩阵都是按行严格对角占优的,因此是非奇异的,知它们均存在惟一解.特别是(4.6.14)与(4.6.15)是三对角矩阵,可采用追赶法求解,当求得 $M_j(j=0,1,\cdots,n)$之后代入(4.6.9)便可求得 $S(x)$.从式(4.6.8)和式(4.6.7)还可求得 $S'(x)$及 $S''(x)$.

例 4.6.1 已知函数 $y=f(x)$的数据如下表

x_j	0	0.15	0.30	0.45	0.60
$y_j=f(x_j)$	1	0.978 00	0.917 43	0.831 60	0.735 29

求 $y=f(x)$在区间[0, 0.60]上的三次样条插值函数 $S(x)$,其边界条件为

$$S'(0)=0, \quad S'(0.60)=-0.648\,79.$$

解 作差商表如下

j	x_j	$f(x_j)$	$f[x_{j-1},x_j]$	$f[x_{j-1},x_j,x_{j+1}]$
0	0	1		
1	0.15	0.978 00	−0.146 66	−0.857 11
2	0.30	0.917 43	−0.403 80	−0.561 33
3	0.45	0.831 60	−0.572 20	−0.232 88
4	0.60	0.735 29	−0.642 06	

$$h_j=x_{j+1}-x_j=0.15,$$

$$\mu_j=\lambda_j=0.5 \quad (j=1,2,3).$$

由式(4.6.14)有

$$
\begin{bmatrix} 2 & 1 & & & \\ 0.5 & 2 & 0.5 & & \\ & 0.5 & 2 & 0.5 & \\ & & 0.5 & 2 & 0.5 \\ & & & 1 & 2 \end{bmatrix} \begin{bmatrix} M_0 \\ M_1 \\ \vdots \\ \\ M_4 \end{bmatrix} = \begin{bmatrix} -5.866\ 66 \\ -5.142\ 66 \\ -3.367\ 99 \\ -1.397\ 33 \\ -0.268\ 93 \end{bmatrix},
$$

解得 $M_0 = -2.044\ 52, M_1 = -1.777\ 62, M_2 = -1.130\ 31,$

$M_3 = -0.437\ 10, M_4 = 0.084\ 08.$

代入(4.6.9)整理后得

$$
S(x) = \begin{cases} 0.296\ 55x^3 - 1.022\ 26x^2 + 1 & [0,0.15], \\ 0.719\ 23x^3 - 1.212\ 47x^2 + 0.028\ 53x + 0.998\ 57 & [0.15,0.30], \\ 0.770\ 23x^3 - 1.258\ 37x^2 + 0.042\ 30x + 0.997\ 20 & [0.30,0.45], \\ 0.579\ 11x^3 - 1.000\ 35x^2 - 0.073\ 80x + 1.014\ 61 & [0.45,0.60]. \end{cases}
$$

4.6.3 求三次样条插值函数的三转角法

$S(x)$还可用它在节点处的一阶导数表示.设 $S'(x_j) = m_j \quad (j = 0,1,\cdots,n)$,则 $S(x)$在子区间$[x_j, x_{j+1}]$上即为满足

$$
S(x_j) = y_j, \quad S(x_{j+1}) = y_{j+1};
$$

$$
S'(x_j) = m_j, \quad S'(x_{j+1}) = m_{j+1}
$$

的三次 Hermite 插值多项式,由式(4.5.6)知

$$
\begin{aligned} S(x) = & \left(\frac{x - x_{j+1}}{x_j - x_{j+1}}\right)^2 \left(1 + 2\frac{x - x_j}{x_{j+1} - x_j}\right) y_j \\ & + \left(\frac{x - x_j}{x_{j+1} - x_j}\right)^2 \left(1 + 2\frac{x - x_{j+1}}{x_j - x_{j+1}}\right) y_{j+1} + \left(\frac{x - x_{j+1}}{x_j - x_{j+1}}\right)^2 (x - x_j) m_j \\ & + \left(\frac{x - x_j}{x_{j+1} - x_j}\right)^2 (x - x_{j+1}) m_{j+1}, \quad [x_j, x_{j+1}]. \end{aligned} \tag{4.6.18}
$$

即

$$
S(x) = \frac{(x - x_{j+1})^2 [h_j + 2(x - x_j)]}{h_j^3} y_j +
$$

$$
\frac{(x - x_j)^2 [h_j + 2(x_{j+1} - x)]}{h_j^3} y_{j+1} + \frac{(x - x_{j+1})^2 (x - x_j)}{h_j^2} m_j
$$

$$+\frac{(x-x_j)^2(x-x_{j+1})}{h_j^2}m_{j+1},\quad [x_j,x_{j+1}]. \tag{4.6.19}$$

求 $S(x)$的问题,转化为求 m_j $(j=0,1,\cdots,n)$的问题.为此利用

$$S''(x_j-0)=S''(x_j+0)\quad (j=1,2,\cdots,n-1). \tag{4.6.20}$$

对(4.6.19)求二阶导数得

$$S''(x)=\frac{6(2x-x_j-x_{j+1})}{h_j^3}(y_j-y_{j+1})+\frac{6x-2x_j-4x_{j+1}}{h_j^2}m_j$$

$$+\frac{6x-4x_j-2x_{j+1}}{h_j^2}m_{j+1},\quad [x_j,x_{j+1}]. \tag{4.6.21}$$

于是有

$$S''(x_j+0)=\frac{6}{h_j^2}(y_{j+1}-y_j)-\frac{4m_j}{h_j}-\frac{2}{h_j}m_{j+1}.$$

在(4.6.21)中将 j 换为$j-1$,可得 $S''(x)$在$[x_{j-1},x_j]$上的表达式,从而求得

$$S''(x_j-0)=-\frac{6}{h_{j-1}^2}(y_j-y_{j-1})+\frac{2}{h_{j-1}}m_{j-1}+\frac{4}{h_{j-1}}m_j,$$

代入(4.6.20)整理后得

$$\frac{m_{j-1}}{h_{j-1}}+2\left(\frac{1}{h_{j-1}}+\frac{1}{h_j}\right)m_j+\frac{m_{j+1}}{h_j}=3\left(\frac{y_j-y_{j-1}}{h_{j-1}^2}+\frac{y_{j+1}-y_j}{h_j^2}\right),$$

用$\frac{1}{h_{j-1}}+\frac{1}{h_j}$除上式两边得

$$\frac{h_j}{h_j+h_{j-1}}m_{j-1}+2m_j+\frac{h_{j-1}}{h_j+h_{j-1}}m_{j+1}$$

$$=3\left(\frac{h_j}{h_j+h_{j-1}}\cdot\frac{y_j-y_{j-1}}{h_{j-1}}+\frac{h_{j-1}}{h_j+h_{j-1}}\cdot\frac{y_{j+1}-y_j}{h_j}\right).$$

令

$$\lambda_j=\frac{h_j}{h_j+h_{j-1}},\quad \mu_j=\frac{h_{j-1}}{h_j+h_{j-1}},$$

$$d_j=3\{\lambda_j f[x_{j-1},x_j]+\mu_j f[x_j,x_{j+1}]\},$$

则

$$\lambda_j m_{j-1} + 2m_j + \mu_j m_{j+1} = d_j \quad (j = 1,2,\cdots,n-1). \tag{4.6.22}$$

这是一个含 $n+1$ 个未知元 $m_0, m_1, \cdots, m_n$, $n-1$ 个方程的线性方程组,尚不可解.

若已知

$$S'(x_0) = m_0, \quad S'(x_n) = m_n,$$

此时(4.6.22)成为

$$\begin{bmatrix} 2 & \mu_1 & & & \\ \lambda_2 & 2 & \mu_2 & & \\ & \ddots & \ddots & \ddots & \\ & & \lambda_{n-2} & 2 & \mu_{n-2} \\ & & & \lambda_{n-1} & 2 \end{bmatrix} \begin{bmatrix} m_1 \\ m_2 \\ \vdots \\ m_{n-2} \\ m_{n-1} \end{bmatrix} = \begin{bmatrix} d_1 - \lambda_1 m_0 \\ d_2 \\ \vdots \\ d_{n-2} \\ d_{n-1} - \mu_{n-1} m_n \end{bmatrix}. \tag{4.6.23}$$

利用上式解例 4.6.1,可得下列方程组

$$\begin{bmatrix} 2 & 0.5 & \\ 0.5 & 2 & 0.5 \\ & 0.5 & 2 \end{bmatrix} \begin{bmatrix} m_1 \\ m_2 \\ m_3 \end{bmatrix} = \begin{bmatrix} -0.825\ 70 \\ -1.464 \\ 2.145\ 79 \end{bmatrix},$$

解得

$$m_1 = -0.286\ 66, m_2 = -0.504\ 76, m_3 = -0.622\ 31.$$

代入(4.6.19)整理后的 $S(x)$ 与例 4.6.1 的结果相同.

若已知边界条件

$$S''(x_0) = M_0, \quad S''(x_n) = M_n,$$

利用式(4.6.21)可得

$$2m_0 + m_1 = 3f[x_0, x_1] - \frac{h_0}{2}M_0,$$

$$m_{n-1} + 2m_n = 3f[x_{n-1}, x_n] + \frac{h_{n-1}}{2}M_n.$$

将(4.6.22)与上两式联立可得

$$\begin{bmatrix} 2 & 1 & & & \\ \lambda_1 & 2 & \mu_1 & & \\ & \ddots & \ddots & \ddots & \\ & & \lambda_{n-1} & 2 & \mu_{n-1} \\ & & & 1 & 2 \end{bmatrix} \begin{bmatrix} m_0 \\ m_1 \\ \vdots \\ m_{n-1} \\ m_n \end{bmatrix} = \begin{bmatrix} d_0 \\ d_1 \\ \vdots \\ d_{n-1} \\ d_n \end{bmatrix}, \tag{4.6.24}$$

其中

$$d_0 = 3f[x_0, x_1] - \frac{h_0}{2} M_0,$$

$$d_n = 3f[x_{n-1}, x_n] + \frac{h_{n-1}}{2} M_n.$$

关于周期边界条件方程组的构成,此处从略,感兴趣的读者请参考有关专著.

(4.6.23),(4.6.24)称为三转角方程,这是因为 m_j 在力学上解释为细梁在 x_j 截面处的转角之故.这两个方程组的系数矩阵都是按行严格对角占优矩阵,所以其解存在且惟一.又因它们为三对角方程组,故可采用追赶法求解.

关于三次样条插值函数的余项有下述定理.

定理 4.6.1 设 $f(x) \in \boldsymbol{C}^4[a,b]$ 为被插值函数,$S(x)$ 为满足第一类或第二类边界条件的三次样条插值函数,则 $S(x)$ 及其导数 $S'(x)$,$S''(x)$ 的余项满足

$$\| [f(x) - S(x)]^{(l)} \|_\infty \leqslant C_l \| f^{(4)}(x) \|_\infty h^{4-l} \quad (l = 0,1,2). \tag{4.6.25}$$

其中 $C_0 = \frac{5}{384}, C_1 = \frac{1}{24}, C_2 = \frac{3}{8}, h = \max\limits_{1 \leqslant j \leqslant n} |x_j - x_{j-1}|$.

由(4.6.25)可知

$$\lim_{h \to 0} S(x) = f(x), \lim_{h \to 0} S'(x) = f'(x), \lim_{h \to 0} S''(x) = f''(x),$$

均为一致收敛.并有

$$\| f(x) - S(x) \|_\infty = O(h^4), \| f'(x) - S'(x) \|_\infty = O(h^3),$$

$$\| f''(x) - S''(x) \|_\infty = O(h^2).$$

这表明 $S(x)$收敛最快，$S'(x)$收敛较快，$S''(x)$收敛最慢.

习题 4

1.已知函数 $f(x)=\sin x$ 与 $f(x)=\cos x$ 在 $x=0,\frac{\pi}{6},\frac{\pi}{4},\frac{\pi}{3},\frac{\pi}{2}$处的函数值.

(1) 用线性插值公式求 $\sin\frac{\pi}{12}$的近似值，并利用余项公式估计误差；

(2) 用二次插值公式求 $\cos\frac{\pi}{5}$的近似值，并利用余项公式估计误差.

2.设 $f(x)=(3x-2)e^x$.

(1) 求 $f(x)$关于插值节点 $x_0=1.0, x_1=1.1, x_2=1.2$ 的二次 Lagrange 插值多项式 $L_2(x)$；

(2) 求 $R_2(1.15)=f(1.15)-L_2(1.15)$，并与理论上的误差界作比较.

3.已知 $f(x)$的数据表

x_k	x_0	x_1	x_2	x_3
$y_k=f(x_k)$	$f(x_0)$	$f(x_1)$	$f(x_2)$	$f(x_3)$

(1) 写出 Lagrange 插值基函数 $l_k(x)(k=0,1,2,3)$，三次 Lagrange 插值公式和插值余项；

(2) 写出三次 Newton 插值公式及其余项.

4.设 $l_k(x)\quad(k=0,1,2,\cdots,n)$是以互异的 $x_k\quad(k=0,1,\cdots,n)$为插值节点的 Lagrange 插值基函数，试证明

(1) $\sum_{k=0}^{n}l_k(x)x_k^m=x^m\quad(m=0,1,\cdots,n)$；

(2) $\sum_{k=0}^{n}(x_k-x)^m l_k(x)=0\quad(m=1,2,\cdots,n)$.

5.在区间$[-4,4]$上构造 $f(x)=e^x$ 在等距节点下的函数表，问应怎样选取函数表的步长 h，才能保证用二次插值公式求 e^x 的近似值时使截断误差不超过 10^{-6}.

6.设 $f(x)=x^7+3x^4+5x^2+1$，求差商

(1) $f[2^0,2^1,\cdots,2^7]$；

(2) $f[2^0,2^1,\cdots,2^k]\quad(k\geqslant 8)$.

7.给定数据表：

x_k	0.0	0.2	0.4	0.6	0.8
$f(x_k)=e^{x_k}$	1.000 0	1.221 4	1.491 8	1.822 1	2.225 5

(1) 构造差商表，并分别用三次及四次 Newton 插值公式求 $f(0.15)$ 的近似值；

(2) 构造差分表，分别用三次及四次 Newton 前插公式求 $f(0.15)$ 的近似值，并估计截断误差；

(3) 分别用三次及四次 Newton 后插公式求 $f(0.72)$ 的近似值，并估计截断误差.

8. 设 $f(x)$ 在 $[a,b]$ 上三阶连续可导，插值节点 $x_0, x_1 \in [a,b]$ 且互异，求满足插值条件

$$P(x_j)=f(x_j) \quad (j=0,1) \text{及} P'(x_1)=f'(x_1)$$

的次数不超过 2 的插值多项式 $P_2(x)$ 及其余项表达式.

9. 构造次数不超过 4 的多项式 $P(x)$，使其满足下列插值条件

$$P(0)=f(0)=1, P(1)=f(1)=2, P(2)=f(2)=1,$$
$$P'(0)=f'(0)=0, P'(1)=f'(1)=-1.$$

10. 已知

$$f(1)=2, f(2)=3, f'(1)=0, f'(2)=-1.$$

求 $f(x)$ 的次数不超过 3 的 Hermite 插值多项式.

11. 设 $f(x)=a_0(x-x_1)(x-x_2)\cdots(x-x_n)(x_i \neq x_j, i \neq j)$，试证明

$$\sum_{j=1}^{n}\frac{x_j^k}{f'(x_j)}=\begin{cases}0 & (k=0,1,2,\cdots,n-2),\\ \dfrac{1}{a_0} & (k=n-1).\end{cases}$$

12. 将区间 $[-5,5]$ 等距分划，节点为

$$x_k=-5+k\frac{10}{n} \quad (k=0,1,\cdots,n).$$

(1) 做出 $f(x)=\dfrac{1}{1+x^2}$ 的分段线性插值多项式 $P_h(x)$；

(2) 当 n 为何值时，$P_h(x)$ 的插值误差不大于 10^{-4}？

13. 已知 $f(0.1)=2, f(0.2)=4, f(0.3)=6$，求函数 $f(x)$ 在所给节点上的三次样条插值函数 $S(x)$，使其满足边界条件：

(1) $S'(0.1)=1$，　$S'(0.3)=-1$；

(2) $S''(0.1)=0$，　$S''(0.3)=1$.

第 5 章　函数的数值逼近

本章讨论函数的数值逼近的基本理论与方法，例如最佳平方逼近函数的存在性、惟一性以及最佳平方逼近函数的求法．最后讨论曲线拟合的最小二乘解问题．

5.1　正交多项式

作为预备知识，本节介绍正交多项式的基本概念及常用的性质和构造方法，并给出几个常用的正交多项式．

5.1.1　正交多项式的概念及几个重要性质

首先给出正交函数组的概念、性质及构造方法．

定义 5.1.1　设有 $C[a,b]$ 中的函数组 $\varphi_0(x),\varphi_1(x),\cdots,\varphi_n(x),\cdots$，若满足

$$(\varphi_j,\varphi_k)=\int_a^b\rho(x)\varphi_j(x)\varphi_k(x)\mathrm{d}x=\begin{cases}0 & j\neq k,\\ A_k>0 & j=k,\end{cases}\qquad(5.1.1)$$

其中 $\rho(x)$ 为权函数，则称此函数组为在区间 $[a,b]$ 上带权 $\rho(x)$ 的正交函数组，其中 A_k 为常数．若 $A_k=1$，称该函数组是标准正交的．

定理 5.1.1　设函数组 $\{\varphi_k(x)\}_{k=0}^{\infty}$ 正交，则它们一定线性无关．

证　设 $\varphi_i(x)(i=1,2,\cdots,n)$ 为 $\{\varphi_k(x)\}_{k=0}^{\infty}$ 中任意 n 个函数，令

$$C_1\varphi_1(x)+C_2\varphi_2(x)+\cdots+C_n\varphi_n(x)=0,$$

上式两边与 $\varphi_k(x)$ 作内积，由内积的性质和正交性有

$$C_k(\varphi_k,\varphi_k)=0\quad(k=1,2,\cdots,n).$$

因为 $(\varphi_k,\varphi_k)\neq0$，故有 $C_k=0\quad(k=1,2,\cdots,n)$．得证．

定理 5.1.2 设$\{\varphi_k(x)\}_{k=0}^{n}\in \boldsymbol{C}[a,b]$,它们线性无关的充分必要条件是其 Gram 行列式 $G_n\neq 0$,其中

$$G_n=\begin{vmatrix}(\varphi_0,\varphi_0) & (\varphi_0,\varphi_1) & \cdots & (\varphi_0,\varphi_n)\\ (\varphi_1,\varphi_0) & (\varphi_1,\varphi_1) & \cdots & (\varphi_1,\varphi_n)\\ \cdots & \cdots & \cdots & \cdots\\ (\varphi_n,\varphi_0) & (\varphi_n,\varphi_1) & \cdots & (\varphi_n,\varphi_n)\end{vmatrix}. \tag{5.1.2}$$

证 我们主要在实内积空间讨论问题.由内积的定义可知$(\varphi_k,\varphi_j)=(\varphi_j,\varphi_k)$,故 G_n 对应的矩阵是对称矩阵.考虑以 $a_0,a_1,\cdots,a_n$ 为未知元的线性方程组

$$\sum_{k=0}^{n}a_k(\varphi_j,\varphi_k)=0\quad(j=0,1,\cdots,n), \tag{5.1.3}$$

其系数行列式为 G_n.由线性代数知识知道:(5.1.3)仅有零解 $a_k=0(k=0,1,\cdots,n)$的充要条件是 $G_n\neq 0$.

充分性 设 $G_n\neq 0$,要证明$\{\varphi_k(x)\}_{k=0}^{n}$线性无关.作线性组合

$\sum\limits_{k=0}^{n}a_k\varphi_k=0$,显然有

$$\left(\sum_{k=0}^{n}a_k\varphi_k,\varphi_j\right)=\sum_{k=0}^{n}a_k(\varphi_k,\varphi_j)=\sum_{k=0}^{n}a_k(\varphi_j,\varphi_k)=0\quad(j=0,1,\cdots,n).$$

这表明 $a_k(k=0,1,\cdots,n)$满足(5.1.3).又因 $G_n\neq 0$,故有 $a_k=0(k=0,1,\cdots,n)$,按线性无关的定义知$\{\varphi_k(x)\}_{k=0}^{n}$线性无关.

必要性 设$\{\varphi_k(x)\}_{k=0}^{n}$线性无关.要证明 $G_n\neq 0$.

设 $a_k(k=0,1,\cdots,n)$满足式(5.1.3).即

$$\sum_{k=0}^{n}a_k(\varphi_j,\varphi_k)=0\quad(j=0,1,\cdots,n),$$

则有

$$\sum_{k=0}^{n}a_k(\varphi_k,\varphi_j)=\left(\sum_{k=0}^{n}a_k\varphi_k,\varphi_j\right)=0\quad(j=0,1,\cdots,n),$$

从而有

$$\left(\sum_{k=0}^{n}a_k\varphi_k,\sum_{k=0}^{n}a_k\varphi_k\right)=0.$$

由上式可知

$$\sum_{k=0}^{n} a_k \varphi_k = 0.$$

由于$\{\varphi_k(x)\}_{k=0}^{n}$线性无关,则有 $a_k = 0 \quad (k=0,1,\cdots,n)$,即齐次线性方程组(5.1.3)仅有零解,故 $G_n \neq 0$.

定理 5.1.3 设$\{\varphi_k(x)\}_{k=0}^{n}$是线性无关的函数组,则由正交结构公式

$$\psi_0(x) = \varphi_0(x),$$

$$\psi_k(x) = \begin{vmatrix} (\varphi_0,\varphi_0) & (\varphi_0,\varphi_1) & \cdots & (\varphi_0,\varphi_{k-1}) & \varphi_0(x) \\ (\varphi_1,\varphi_0) & (\varphi_1,\varphi_1) & \cdots & (\varphi_1,\varphi_{k-1}) & \varphi_1(x) \\ \cdots & \cdots & \cdots & \cdots & \cdots \\ (\varphi_k,\varphi_0) & (\varphi_k,\varphi_1) & \cdots & (\varphi_k,\varphi_{k-1}) & \varphi_k(x) \end{vmatrix}$$

$$(k=1,2,\cdots,n) \tag{5.1.4}$$

产出的函数组$\{\psi_k(x)\}_{k=0}^{n}$是正交函数组,且$\{\varphi_k(x)\}_{k=0}^{n}$与$\{\psi_k(x)\}_{k=0}^{n}$可互相线性表示.

证 将(5.1.4)按最后一列展开

$$\psi_k(x) = \sum_{i=0}^{k-1} \alpha_i \varphi_i(x) + G_{k-1}\varphi_k(x). \tag{5.1.5}$$

其中 G_{k-1}为 $\varphi_0,\varphi_1,\cdots,\varphi_{k-1}$的 Gram 行列式.由于$\{\varphi_k(x)\}_{k=0}^{n}$线性无关,故 $G_{k-1}\neq 0$,由(5.1.5)可知 $\psi_k(x)$可由 $\varphi_0(x),\varphi_1(x),\cdots,\varphi_n(x)$线性表示.

将(5.1.4)两端与 $\varphi_j(x) \quad (j=0,1,\cdots,k)$作内积可得

$$(\psi_k,\varphi_j) = \begin{vmatrix} (\varphi_0,\varphi_0) & (\varphi_0,\varphi_1) & \cdots & (\varphi_0,\varphi_{k-1}) & (\varphi_0,\varphi_j) \\ (\varphi_1,\varphi_0) & (\varphi_1,\varphi_1) & \cdots & (\varphi_1,\varphi_{k-1}) & (\varphi_1,\varphi_j) \\ \cdots & \cdots & \cdots & \cdots & \cdots \\ (\varphi_k,\varphi_0) & (\varphi_k,\varphi_1) & \cdots & (\varphi_k,\varphi_{k-1}) & (\varphi_k,\varphi_j) \end{vmatrix}$$

$$= \begin{cases} 0 & (j=0,1,\cdots,k-1), \\ G_k \neq 0 & (j=k). \end{cases} \tag{5.1.6}$$

将(5.1.4)两端与 ψ_j 作内积,由(5.1.5)和(5.1.6)得

$$
(\psi_k, \psi_j) = \begin{vmatrix} (\varphi_0, \varphi_0) & (\varphi_0, \varphi_1) & \cdots & (\varphi_0, \varphi_{k-1}) & (\varphi_0, \psi_j) \\ (\varphi_1, \varphi_0) & (\varphi_1, \varphi_1) & \cdots & (\varphi_1, \varphi_{k-1}) & (\varphi_1, \psi_j) \\ \cdots & \cdots & \cdots & \cdots & \cdots \\ (\varphi_k, \varphi_0) & (\varphi_k, \varphi_1) & \cdots & (\varphi_k, \varphi_{k-1}) & (\varphi_k, \psi_j) \end{vmatrix}
$$

$$
= \begin{cases} 0 & (j \neq k), \\ G_k G_{k-1} & (j = k). \end{cases} \tag{5.1.7}
$$

即 $\{\psi_k(x)\}_{k=0}^{n}$ 是正交的.

最后用数学归纳法证明 $\varphi_k(x)$ 可被 $\psi_0(x), \psi_1(x), \cdots, \psi_k(x)$ 线性表示.

当 $j=0$ 时,因为 $\varphi_0(x) = \psi_0(x)$,命题显然成立.

设当 $j<k$ 时,有

$$
\varphi_j(x) = \sum_{m=0}^{j} C_m \psi_m(x), \tag{5.1.8}
$$

当 $j=k$ 时,由式(5.1.5)有

$$
\varphi_k(x) = \frac{1}{G_{k-1}}\left[\psi_k(x) - \sum_{i=0}^{k-1} \alpha_i \sum_{m=0}^{i} C_m \psi_m(x)\right].
$$

证毕.

利用此定理,可将线性无关的函数族化为正交的函数族.

下面给出正交多项式的概念,再给出正交多项式的几个常用的性质.

定义 5.1.2 给定区间 $[a, b]$ 和对应的权函数 $\rho(x)$ 及多项式序列

$$
g_k(x) = \sum_{j=0}^{k} a_j x^j \quad (k = 0, 1, 2, \cdots),
$$

其中首项系数 $a_k \neq 0$,若满足

$$
(g_j, g_k) = \int_a^b \rho(x) g_j(x) g_k(x) \mathrm{d}x = \begin{cases} 0 & (j \neq k), \\ A_k > 0 & (j = k), \end{cases} \tag{5.1.9}
$$

则称之为在区间 $[a, b]$ 上带权 $\rho(x)$ 的正交多项式序列,$g_k(x)$ 称为 k 次正交多项式.

若在提到正交性时,没说明权函数是什么,则认为权函数

$\rho(x)\equiv 1$.

下面讨论正交多项式的性质.

定理 5.1.4 $g_n(x)$与任意次数不超过 $n-1$ 的多项式 $P(x)$在区间$[a,b]$上带权 $\rho(x)$正交.

证 因为

$$P(x)=\sum_{k=0}^{n-1}C_k g_k(x),$$

故

$$\begin{aligned}(P(x),g_n(x))&=\left(\sum_{k=0}^{n-1}C_k g_k(x),g_n(x)\right)\\&=\sum_{k=0}^{n-1}C_k(g_k(x),g_n(x))=0.\end{aligned}$$

定理 5.1.5 n 次正交多项式$g_n(x)(n\geqslant 1)$的 n 个零点都是实的单零点,且都在区间(a,b)内.

证 设 α 为$g_n(x)$的任一个零点,先证明它是单零点.

当 $n=1$ 时,考虑

$$(g_0,g_1)=\int_a^b\rho(x)g_0(x)g_1(x)\mathrm{d}x=a_0\int_a^b\rho(x)g_1(x)\mathrm{d}x=0,$$

其中 $a_0=g_0(x)\neq 0$,又在区间$[a,b]$上 $\rho(x)\geqslant 0$ 且 $\rho(x)\not\equiv 0$,上式要等于零,则 $g_1(x)$必在(a,b)内变号,即 $g_1(x)$在(a,b)内有一个单零点.

当 $n\geqslant 2$ 时,假设 α 为$g_n(x)$的重实根或复数根,则

$$g_n(x)=(x-\alpha)(x-\overline{\alpha})P_{n-2}(x),$$

其中 $P_{n-2}(x)$为次数不超过 $n-2$ 的非零多项式,$\overline{\alpha}$ 表示α 的共轭复数,则

$$(g_n(x),P_{n-2}(x))=\int_a^b\rho(x)\,|x-\alpha|^2P_{n-2}^2(x)\mathrm{d}x>0.$$

这与定理 5.1.4 矛盾.因此 α 必为$g_n(x)$的单实根.

再证明 $\alpha\in(a,b)$.由于 α 为单实根,故

$$g_n(x)=(x-\alpha)P_{n-1}(x).$$

其中 $P_{n-1}(x)$是次数不超过 $n-1$ 的非零多项式.因为

$$(g_n, P_{n-1}) = \int_a^b \rho(x)(x-\alpha)P_{n-1}^2(x)\mathrm{d}x = 0,$$

又 $\rho(x) \geqslant 0, P_{n-1}^2(x) > 0$,上式为零表明 $x-\alpha$ 在区间$[a, b]$上变号,可知 $\alpha \in (a, b)$.

证毕.

下面给出几个常用的正交多项式.

5.1.2 Legendre 多项式

若区间为$[1, -1]$,权函数 $\rho(x)=1$,由$\{1, x, x^2, \cdots, x^n, \cdots\}$经正交化结构公式(5.1.4)可得正交多项式族 $P_0(x), P_1(x), \cdots, P_n(x), \cdots$,它是德国数学家 Legendre 在 18 世纪后半叶给出的,故称这族多项式为 Legendre 多项式. $P_n(x)$可差一个常数倍,并不惟一,其标准形式为:

$$\mathrm{P}_0(x) = 1,$$

$$\mathrm{P}_n(x) = \frac{1}{2^n \cdot n!}\frac{\mathrm{d}^n}{\mathrm{d}x^n}(x^2-1)^n \quad (n=1,2,\cdots). \tag{5.1.10}$$

由上式可知,$\mathrm{P}_n(x)$为 n 次多项式,其首项系数

$$a_n = \frac{(2n)!}{2^n(n!)^2}.$$

由分部积分法可得

$$(\mathrm{P}_m(x), \mathrm{P}_n(x)) = \int_{-1}^{1} \mathrm{P}_m(x)\mathrm{P}_n(x)\mathrm{d}x$$

$$= \begin{cases} 0, & m \neq n, \\ \dfrac{2}{2n+1}, & m = n, \end{cases} \quad m, n = 0, 1, \cdots. \tag{5.1.11}$$

这表明 Legendre 多项式在$[-1, 1]$上正交.

可以证明,Legendre 多项式有下列递推关系:

$$\begin{cases} \mathrm{P}_0(x) = 1, \mathrm{P}_1(x) = x, \\ (n+1)\mathrm{P}_{n+1}(x) = (2n+1)x\mathrm{P}_n(x) - n\mathrm{P}_{n-1}(x), n = 1, 2, \cdots. \end{cases} \tag{5.1.12}$$

由上式可推出：

$$P_2(x)=\frac{1}{2}(3x^2-1),$$

$$P_3(x)=\frac{1}{2}(5x^3-3x),$$

$$P_4(x)=\frac{1}{8}(35x^4-30x^2+3),$$

$$P_5(x)=\frac{1}{8}(63x^5-70x^3+15x),$$

…………

定理 5.1.6 当 n 为偶数时，Legendre 多项式 $P_n(x)$ 为偶函数；当 n 为奇数时，$P_n(x)$ 为奇函数.

证 由式(5.1.10)知，$2n$ 次多项式 $(x^2-1)^n$ 为偶函数，当 n 为偶数时，$\frac{d^n}{dx^n}(x^2-1)^n$ 仍为偶函数，即 $P_n(x)$ 为偶函数. 同理，当 n 为奇数时，$P_n(x)$ 为奇函数.

此性质从上面给出的 Legendre 多项式的几个关系式也容易看出来.

5.1.3 带权的正交多项式

1. Чебышев 多项式

若取区间为 $[-1,1]$，权函数为 $\rho(x)=\frac{1}{\sqrt{1-x^2}}$ 时，同样地，由 $\{1,x,x^2,\cdots,x^n,\cdots\}$ 用正交化结构公式(5.1.4)可得一族 Чебышев 多项式，其一般形式为

$$T_n(x)=\cos(n\arccos x),\ |x|\leqslant 1\quad (n=0,1,\cdots).\qquad (5.1.13)$$

令 $x=\cos\theta$，则 $T_n(x)=\cos n\theta$，$\theta\in[0,\pi]$，显然 $|T_n(x)|\leqslant 1$.

切比雪夫多项式具有如下的性质：

(1) 正交性.

$$(T_n(x),T_m(x))=\int_{-1}^{1}\frac{1}{\sqrt{1-x^2}}T_n(x)T_m(x)dx$$

$$=\begin{cases} 0 & m \neq n, \\ \dfrac{\pi}{2} & m=n\neq 0, \\ \pi & m=n=0. \end{cases} \tag{5.1.14}$$

即$\{T_n(x)\}$在$[-1,1]$上带权 $\rho(x)=\dfrac{1}{\sqrt{1-x^2}}$正交.

式(5.1.14)可令 $x=\cos\theta$ 容易证明.

(2) $T_n(x)$是 x 的 n 次多项式.

事实上,令 $x=\cos\theta$,则

$T_n(x)=\cos n\theta=\dfrac{e^{in\theta}+e^{-in\theta}}{2}$,由 Euler 公式

$$\begin{aligned}
\text{上式}&=\frac{1}{2}[(\cos\theta+i\sin\theta)^n+(\cos\theta-i\sin\theta)^n] \\
&=\frac{1}{2}[(\cos\theta+\sqrt{\cos^2\theta-1})^n+(\cos\theta-\sqrt{\cos^2\theta-1})^n] \\
&=\frac{1}{2}[(x+\sqrt{x^2-1})^n+(x-\sqrt{x^2-1})^n].
\end{aligned}$$

可知 $T_n(x)$为 x 的 n 次多项式.

(3) 递推公式

$$\begin{cases} T_0(x)=1, \quad T_1(x)=x, \\ T_{n+1}(x)=2xT_n(x)-T_{n-1}(x) \quad (n=1,2,\cdots). \end{cases} \tag{5.1.15}$$

(5.1.15)容易由三角公式

$$\cos(n+1)\theta=\cos n\theta\cos\theta-\sin n\theta\sin\theta,$$
$$\cos(n-1)\theta=\cos n\theta\cos\theta+\sin n\theta\sin\theta$$

证明.上两式相加整理后得

$$\cos(n+1)\theta=2\cos\theta\cos n\theta-\cos(n-1)\theta,$$

即
$$T_{n+1}(x)=2xT_n(x)-T_{n-1}(x).$$

由上述递推公式可得

$$T_2(x)=2x^2-1,$$
$$T_3(x)=4x^3-3x,$$
$$T_4(x)=8x^4-8x^2+1,$$

$T_5(x)=16x^5-20x^3+5x,$

…………

由上述表达式可知 $T_n(x)$具有如下奇偶性.

(4) 奇偶性.

当 n 为奇数时,$T_n(x)$为 x 的奇函数;当 n 为偶数时,$T_n(x)$为 x 的偶函数.

(5) $T_n(x)$在$[-1,1]$上有 n 个不同的零点

$$x_i=\cos\frac{(2i-1)\pi}{2n}\quad(i=1,2,\cdots,n).$$

事实上,$T_n(x_i)=\cos(n\arccos x_i)=\cos\left[n\cdot\frac{(2i-1)\pi}{2n}\right]$

$$=\cos\frac{(2i-1)\pi}{2}=0.$$

(6) $T_n(x)$在$[-1,1]$中有 $n+1$ 个极值点

$$x_i=\cos\frac{i\pi}{n}\quad(i=0,1,\cdots,n).$$

在这些点上,$T_n(x)$轮流取得最大值 1,最小值 -1.

事实上有 $T_n(x_i)=\cos(n\arccos x_i)=\cos\left(n\cdot\frac{i\pi}{n}\right)$

$$=\cos(i\pi)=(-1)^i\quad(i=0,1,\cdots,n).$$

2. Hermite 多项式

Hermite 多项式的一般形式为

$$\begin{cases}H_0(x)=1,\\ H_n(x)=(-1)^n e^{-x^2}\dfrac{d^n}{dx^n}(e^{-x^2})\quad(n=1,2,3,\cdots).\end{cases}\tag{5.1.16}$$

它们是在区间$(-\infty,+\infty)$上带权 $\rho(x)=e^{-x^2}$ 正交的多项式.这是因为(用分部积分法可验证)

$$(H_m,H_n)=\int_{-\infty}^{+\infty}e^{-x^2}H_m(x)H_n(x)dx=\begin{cases}0 & (m\neq n),\\ 2^n n!\sqrt{\pi} & (m=n).\end{cases}\tag{5.1.17}$$

递推公式：

$$\begin{cases}H_0(x)=1,H_1(x)=2x,\\ H_{n+1}(x)=2xH_n(x)-2nH_{n-1}(x) \quad (n=1,2,\cdots).\end{cases} \tag{5.1.18}$$

由递推公式可得

$$H_2(x)=4x^2-2,$$

$$H_3(x)=8x^3-12x,$$

$$H_4(x)=16x^4-48x^2+12,$$

$$H_5(x)=32x^5-160x^3+120x,$$

…………

3. Laguerre 多项式

Laguerre 多项式的一般形式为

$$\begin{cases}L_0(x)=1,\\ L_n(x)=e^x\dfrac{d^n}{dx^n}(x^n e^{-x}) \quad (n=1,2,\cdots).\end{cases} \tag{5.1.19}$$

它们是在区间$[0,+\infty)$上带权 $\rho(x)=e^{-x}$正交的多项式，可以验证

$$(L_m,L_n)=\int_0^{+\infty}e^{-x}L_m(x)L_n(x)dx=\begin{cases}0, & m\neq n,\\ (n!)^2, & m=n.\end{cases} \tag{5.1.20}$$

递推公式：

$$\begin{cases}L_0(x)=1,L_1(x)=1-x,\\ L_{n+1}(x)=(2n+1-x)L_n(x)-n^2L_{n-1}(x) \quad (n=1,2,\cdots).\end{cases} \tag{5.1.21}$$

由递推公式可得

$$L_2(x)=x^2-4x+2,$$

$$L_3(x)=-x^3+9x^2-18x+6,$$

$$L_4(x)=x^4-16x^3+72x^2-96x+24,$$

…………

5.2 最佳平方逼近

5.2.1 最佳平方逼近函数的概念

定义 5.2.1 设 $f(x)\in C[a,b]$及 $C[a,b]$中的子集

$$\Phi=\operatorname{span}\{\varphi_0,\varphi_1,\cdots,\varphi_n\},$$

其中 $\varphi_0,\varphi_1,\cdots,\varphi_n$ 线性无关.若存在 $S^*(x)\in\Phi$ 使得

$$\begin{aligned}\|f(x)-S^*(x)\|_2^2&=\min_{S\in\Phi}\|f(x)-S(x)\|_2^2\\&=\min_{S\in\Phi}\int_a^b\rho(x)[f(x)-S(x)]^2\mathrm{d}x\end{aligned}\tag{5.2.1}$$

成立,则称 $S^*(x)$为 $f(x)$在 Φ 中的最佳平方逼近函数.

特别地,当 $\Phi=\operatorname{span}\{1,x,\cdots,x^n\}$时,满足(5.2.1)的 $S_n^*(x)\in\Phi$ 称为$f(x)$的 n 次最佳平方逼近多项式,简称 n 次最佳平方逼近.

5.2.2 最佳平方逼近函数的求法

定理 5.2.1 对于任意的函数 $f(x)\in C[a,b]$,其在 Φ 中的最佳平方逼近函数$S^*(x)$是存在且惟一的.

证 Φ 中的函数形如 $S(x)=\sum\limits_{j=0}^{n}a_j\varphi_j(x)$,由式(5.2.1)可知,求 $f(x)$的最佳平方逼近函数等价于求多元函数

$$I(a_0,a_1,\cdots,a_n)=\int_a^b\rho(x)\Big[f(x)-\sum_{j=0}^{n}a_j\varphi_j(x)\Big]^2\mathrm{d}x\tag{5.2.2}$$

的最小值问题.由极值存在的必要条件有

$$\frac{\partial I}{\partial a_k}=0\quad(k=0,1,\cdots,n),\tag{5.2.3}$$

积分与求导交换次序有:

$$2\int_a^b\rho(x)\Big[f(x)-\sum_{j=0}^{n}a_j\varphi_j(x)\Big](-\varphi_k(x))\mathrm{d}x=0.$$

故

$$\int_a^b \rho(x)\left[f(x)-\sum_{j=0}^{n} a_j\varphi_j(x)\right]\varphi_k(x)\mathrm{d}x=0$$

$$(k=0,1,\cdots,n), \tag{5.2.4}$$

$$\sum_{j=0}^{n} a_j\int_a^b \rho(x)\varphi_k(x)\varphi_j(x)\mathrm{d}x=\int_a^b \rho(x)f(x)\varphi_k(x)\mathrm{d}x.$$

所以

$$\sum_{j=0}^{n}(\varphi_k,\varphi_j)a_j=(f,\varphi_k)\quad(k=0,1,\cdots,n). \tag{5.2.5}$$

这是以 $a_0,a_1,\cdots,a_n$ 为未知元的线性方程组,因为 $\varphi_0,\varphi_1,\cdots,\varphi_n$ 线性无关,其系数行列式 $G_n\neq 0$,故(5.2.5)有惟一解.设其解为 a_i^* $(i=0,1,\cdots,n)$,则

$$S^*(x)=\sum_{i=0}^{n} a_i^*\varphi_i. \tag{5.2.6}$$

下面证明 $S^*(x)$满足式(5.2.1).即需证明 $\forall\, S(x)\in\varphi$,

$$\int_a^b \rho(x)[f(x)-S^*(x)]^2\mathrm{d}x\leqslant\int_a^b \rho(x)[f(x)-S(x)]^2\mathrm{d}x$$

成立.为此只需证明

$$D=\int_a^b \rho(x)[f(x)-S(x)]^2\mathrm{d}x-\int_a^b \rho(x)[f(x)-S^*(x)]^2\mathrm{d}x\geqslant 0.$$

由于

$$\begin{aligned}D&=\int_a^b \rho(x)[S(x)]^2\mathrm{d}x-\int_a^b \rho(x)[S^*(x)]^2\mathrm{d}x\\&\quad-2\int_a^b \rho(x)f(x)S(x)\mathrm{d}x+2\int_a^b \rho(x)f(x)S^*(x)\mathrm{d}x\\&=\int_a^b \rho(x)[S(x)-S^*(x)]^2\mathrm{d}x\\&\quad+2\int_a^b \rho(x)[S^*(x)-S(x)][f(x)-S^*(x)]\mathrm{d}x,\end{aligned}$$

由于 $S^*(x)-S(x)\in\varphi$,由(5.2.4)知上式第二项为零.故

$$D=\int_a^b \rho(x)[S(x)-S^*(x)]^2\mathrm{d}x\geqslant 0.$$

这表明 $S^*(x)$为 $f(x)$在 φ 中的最佳平方逼近函数.由于(5.2.5)的解 $a_i^*(i=0,1,\cdots,n)$存在且惟一,所以 $f(x)$在 φ 中的最佳平方逼近函数$S^*(x)$存在且惟一.

最佳平方逼近函数的误差由式(5.2.4)知

$$\begin{aligned}
&\|f(x)-S^*(x)\|_2^2\\
&=(f-S^*,f-S^*)=(f-S^*,f)-(f-S^*,S^*)=(f-S^*,f)\\
&=(f,f)-(S^*,f)=\|f\|_2^2-\left(\sum_{k=0}^{n}a_k^*\varphi_k,f\right)\\
&=\|f\|_2^2-\sum_{k=0}^{n}a_k^*(\varphi_k,f).
\end{aligned}\tag{5.2.7}$$

例 5.2.1 求函数 $f(x)=\mathrm{e}^x$ 在区间[0,1]上的一次最佳平方逼近多项式 $S_1^*(x)$,并计算 $\|f(x)-S_1^*(x)\|_2^2$.

解 设 $S_1^*(x)=a_0+a_1x$,

$\varphi=\mathrm{span}\{1,x\}$, $\varphi_0=1$, $\varphi_1=x$, $\rho(x)=1$, $n=1$,由式(5.2.5)知

$$\begin{cases}(\varphi_0,\varphi_0)a_0+(\varphi_0,\varphi_1)a_1=(f,\varphi_0),\\(\varphi_1,\varphi_0)a_0+(\varphi_1,\varphi_1)a_1=(f,\varphi_1).\end{cases}$$

$$(\varphi_0,\varphi_0)=\int_0^1 1\mathrm{d}x=1,$$

$$(\varphi_0,\varphi_1)=(\varphi_1,\varphi_0)=\int_0^1 x\mathrm{d}x=\frac{1}{2},$$

$$(\varphi_1,\varphi_1)=\int_0^1 x^2\mathrm{d}x=\frac{1}{3},(f,\varphi_0)=\int_0^1 \mathrm{e}^x\mathrm{d}x=\mathrm{e}-1,$$

$$(f,\varphi_1)=\int_0^1 x\mathrm{e}^x\mathrm{d}x=1.$$

所以 $$\begin{bmatrix}1&\frac{1}{2}\\\frac{1}{2}&\frac{1}{3}\end{bmatrix}\begin{pmatrix}a_0\\a_1\end{pmatrix}=\begin{pmatrix}\mathrm{e}-1\\1\end{pmatrix},\quad\begin{cases}a_0=4\mathrm{e}-10,\\a_1=18-6\mathrm{e}.\end{cases}$$

故 $$S_1^*(x)=4\mathrm{e}-10+(18-6\mathrm{e})x.$$

由式(5.2.7)知

$$\| f(x)-S_1^*(x)\|_2^2=\| f\|_2^2-\sum_{k=0}^{1}a_k(\varphi_k,f)$$

$$=\int_0^1 e^{2x}dx-(4e-10)(e-1)-(18-6e)=3.94\times 10^{-3}.$$

5.3 用正交多项式作函数的最佳平方逼近

设 $\Phi=\text{span}\{\psi_0,\psi_1,\cdots,\psi_n\}$，$\{\psi_i\}_{i=0}^n$ 在 $[a,b]$ 上带权 $\rho(x)$ 正交.

问题：在 Φ 中求 $f(x)$ 的最佳平方逼近函数

$$S^*(x)=\sum_{k=0}^{n}a_k^*\psi_k(x),$$

由于正交一定线性无关，所以上面的讨论仍适用. 由式(5.2.5)知，a_k^* $(k=0,1,\cdots,n)$ 应为方程组

$$\sum_{j=0}^{n}(\psi_k,\psi_j)a_j=(f,\psi_k)\quad(k=0,1,\cdots,n)$$

的解. 由正交性可将上式化为

$$(\psi_k,\psi_k)a_k=(f,\psi_k)\quad(k=0,1,\cdots,n).$$

故 其解 $$a_k=a_k^*=\frac{(f,\psi_k)}{(\psi_k,\psi_k)}\quad(k=0,1,\cdots,n).\tag{5.3.1}$$

所以 $$S^*(x)=\sum_{k=0}^{n}\frac{(f,\psi_k)}{(\psi_k,\psi_k)}\psi_k(x).\tag{5.3.2}$$

例如，用勒让德(Legendre)多项式作 $f(x)$ 的最佳平方逼近.

因为 $\{P_n(x)\}$ 在区间 $[-1,1]$ 上正交，且有

$$(P_n,P_m)=\int_{-1}^{1}P_n(x)P_m(x)dx=\begin{cases}0, & m\neq n,\\ \dfrac{2}{2n+1}, & m=n,\end{cases}$$

若 $f(x)\in C[-1,1]$. 将 $\{\psi_k\}$ 取为 $\{P_k\}$，由式(5.3.1)知

$$a_k^*=\frac{(f,P_k)}{(P_k,P_k)}=\frac{2k+1}{2}\int_{-1}^{1}f(x)P_k(x)dx\quad(k=0,1,\cdots,n).\tag{5.3.3}$$

则 $$S_n^*(x)=\sum_{k=0}^{n}a_k^*\mathrm{P}_k(x).\tag{5.3.4}$$

由式(5.2.7)有

$$\begin{aligned}\|f(x)-S_n^*(x)\|_2^2&=\|f\|_2^2-\sum_{k=0}^{n}a_k^*(\mathrm{P}_k,f)\\&=\|f\|_2^2-\sum_{k=0}^{n}\frac{(f,\mathrm{P}_k)}{(\mathrm{P}_k,\mathrm{P}_k)}\cdot\frac{(\mathrm{P}_k,f)}{1}\cdot\frac{(\mathrm{P}_k,\mathrm{P}_k)}{(\mathrm{P}_k,\mathrm{P}_k)}\\&=\|f\|_2^2-\sum_{k=0}^{n}\frac{2}{2k+1}a_k^{*2}.\end{aligned}\tag{5.3.5}$$

若 $f(x)\in C[a,b]$

作变换：$x=\frac{b-a}{2}t+\frac{b+a}{2}$，则 $t\in[-1,1]$，那么

$$F(t)=f\left(\frac{b-a}{2}t+\frac{b+a}{2}\right),\quad t\in[-1,1].$$

按上面方法先求 $F(t)$在$[-1,1]$上的最佳平方逼近 $S_n(t)$，再换回原变量 x，得

$$S_n^*(x)=S_n\left[\frac{1}{b-a}(2x-a-b)\right].$$

$S_n^*(x)$即为 $f(x)$在$[a,b]$上的最佳平方逼近多项式.

误差 $\|f(x)-S_n^*(x)\|_2^2$

$$=\frac{b-a}{2}\left[\|F(t)\|_2^2-\sum_{k=0}^{n}\frac{2}{2k+1}a_k^{*2}\right].$$

例 5.3.1 用勒让德多项式求 $f(x)=\mathrm{e}^x$ 在区间[0,1]上的一次最佳平方逼近多项式 $S_1^*(x)$，并计算 $\|f(x)-S_1^*(x)\|_2^2$.

解 令 $x=\frac{1}{2}t+\frac{1}{2}=\frac{1}{2}(t+1)$，

$$F(t)=\mathrm{e}^{\frac{1}{2}(t+1)};\text{令 } S_1(t)=a_0^*\mathrm{P}_0(t)+a_1^*\mathrm{P}_1(t),$$

$$a_k^*=\frac{2k+1}{2}\int_{-1}^{1}F(t)\mathrm{P}_k(t)\mathrm{d}t\quad(k=0,1),$$

$$a_0^*=\frac{1}{2}\int_{-1}^{1}\mathrm{e}^{\frac{1}{2}(t+1)}\mathrm{d}t=\mathrm{e}-1,$$

$$a_1^* = \frac{3}{2}\int_{-1}^{1} t\mathrm{e}^{\frac{1}{2}(t+1)}\,\mathrm{d}t = 9-3\mathrm{e}.$$

所以 $\quad S_1(t) = (\mathrm{e}-1) + (9-3\mathrm{e})t.$

故 $\quad S_1^*(x) = \mathrm{e}-1+(9-3\mathrm{e})(2x-1)$

$$= 4\mathrm{e}-10+(18-6\mathrm{e})x$$

$$\| f(x) - S_1^*(x) \|_2^2$$

$$= \frac{1}{2}\left[\| F(t) \|_2^2 - \sum_{k=0}^{1} \frac{2}{2k+1} a_k^{*2} \right]$$

$$= \frac{1}{2}\left[\int_{-1}^{1} \mathrm{e}^{t+1}\,\mathrm{d}t - 2a_0^{*2} - \frac{2}{3}a_1^{*2} \right]$$

$$= \frac{1}{2}\left[\mathrm{e}^2 - 1 - 2(\mathrm{e}-1)^2 - \frac{2}{3}(9-3\mathrm{e})^2 \right]$$

$$= 3.94\times 10^{-3}.$$

与前例的结果相同.

例 5.3.2 求函数 $f(x)=x^3$ 在区间[0,1]上的二次最佳平方逼近多项式 $S_2^*(x)$.

解 令 $x = \frac{1}{2}(t+1), F(t) = \frac{1}{8}(t+1)^3.$

$$S_2(t) = a_0^* \mathrm{P}_0(t) + a_1^* \mathrm{P}_1(t) + a_2^* \mathrm{P}_2(t),$$

$$a_k^* = \frac{2k+1}{2}\int_{-1}^{1} F(t)\mathrm{P}_k(t)\mathrm{d}t \quad (k=0,1,2),$$

$$a_0^* = \frac{1}{2}\int_{-1}^{1} \frac{1}{8}(t+1)^3\mathrm{d}t = \frac{1}{4},$$

$$a_1^* = \frac{3}{2}\int_{-1}^{1} \frac{1}{8}(t+1)^3 t\,\mathrm{d}t = \frac{9}{20},$$

$$a_2^* = \frac{5}{2}\int_{-1}^{1} \frac{1}{8}(t+1)^3 \cdot \frac{3t^2-1}{2}\mathrm{d}t = \frac{1}{4}.$$

$$\therefore S_2(t) = \frac{1}{4} + \frac{9}{20}t + \frac{1}{4}\cdot\frac{1}{2}(3t^2-1) = \frac{1}{4} + \frac{9}{20}t + \frac{1}{8}(3t^2-1).$$

$$\therefore S_2^*(x) = \frac{1}{4} + \frac{9}{20}(2x-1) + \frac{1}{8}[3(2x-1)^2-1]$$

$$= \frac{3}{2}x^2 - \frac{3}{5}x + \frac{1}{20}.$$

对于连续函数 $f(x)$,也可以用 Чебышев 多项式作最佳平方逼近,此时最佳平方逼近多项式 $S_n^*(x)$应满足

$$\int_{-1}^{1}\frac{1}{\sqrt{1-x^2}}[f(x)-S_n^*(x)]^2\mathrm{d}x$$
$$=\min_{S_n\in\Phi}\int_{-1}^{1}\frac{1}{\sqrt{1-x^2}}[f(x)-S_n(x)]^2\mathrm{d}x.$$

5.4 曲线拟合的最小二乘法

5.4.1 曲线拟合的最小二乘问题

已知一组实验数据

x_k	x_0	x_1	x_2	…	x_m
$y_k=f(x_k)$	y_0	y_1	y_2	…	y_m

要求 $y=f(x)$的近似表达式(又称经验公式).从几何上来讲,就是求 $y=f(x)$的一条近似曲线,故称曲线拟合问题.

例如,可以用插值法,如 Lagrange 插值公式 $L_m(x)\approx f(x)$.但因插值公式需满足插值条件

$$L_m(x_i)=y_i\quad(i=0,1,\cdots,m),$$

即要求 $L_m(x)$严格通过给定的 $m+1$ 个点.由于实验数据一般带有误差,有的数据可能误差还较大,这样就会使所求的多项式 $L_m(x)$仍然保留着一切测试误差.点取得越多,插值多项式的次数也越高,误差可能也越大.正是基于上述原因,放弃使所求函数严格通过上述点(x_i,y_i)的要求,提出如下的问题:令

$$a=\min_{0\leqslant i\leqslant m}\{x_i\},b=\max_{0\leqslant i\leqslant m}\{x_i\},$$

在 $C[a,b]$中选定线性无关的函数$\{\varphi_i(x)\}_{i=0}^n$,在

$$\Phi=\mathrm{span}\{\varphi_0,\varphi_1,\cdots,\varphi_n\}$$

中寻求一个函数

$$S^*(x)=\sum_{i=0}^{n}a_i^*\varphi_i(x)\quad(n<m),\tag{5.4.1}$$

使 $S^*(x)$与 $y=f(x)$在上述 $m+1$ 个点上的偏差(或称残差)

$$\delta_i=S^*(x_i)-y_i\quad(i=0,1,\cdots,m)$$

满足

$$\begin{aligned}\|\delta\|_2^2&=\sum_{i=0}^{m}\delta_i^2=\sum_{i=0}^{m}\omega(x_i)[S^*(x_i)-y_i]^2\\&=\min_{S\in\Phi}\sum_{i=0}^{m}\omega(x_i)[S(x_i)-y_i]^2,\end{aligned}\tag{5.4.2}$$

其中

$$\delta=(\delta_1,\delta_2,\cdots,\delta_m)^{\mathrm{T}},$$

$$S(x)=\sum_{j=0}^{n}a_j\varphi_j(x).\tag{5.4.3}$$

$\omega(x)\geqslant 0$ 为所讨论区间$[a,b]$上的权函数,它表示不同点(x_i,y_i)数据的权重,例如 $\omega(x_i)$可表示点(x_i,y_i)被重复观测的次数.满足式(5.4.2)的函数 $S^*(x)$称为问题的最小二乘解(或称 $f(x)$的离散形式的最佳平方逼近函数),求 $S^*(x)$的方法称为曲线拟合的最小二乘法.

5.4.2 最小二乘解的求法

要求问题的最小二乘解,首先需确定函数类 Φ,为此,需确定 $S^*(x)$的形式.通常的做法是将数据(x_i,y_i)描绘在坐标纸上,依据这些数据点的分布规律确定此函数的具体形式.这也等于确定了函数类 Φ.

其次是按式(5.4.2)求 $S^*(x)$,即需要确定其系数 a_j^* $(j=0,1,\cdots,n)$.此问题转化为求多元函数

$$u(a_0,a_1,\cdots,a_n)=\sum_{i=0}^{m}\omega(x_i)\left[\sum_{j=0}^{n}a_j\varphi_j(x_i)-f(x_i)\right]^2\tag{5.4.4}$$

的极小点$(a_0^*,a_1^*,\cdots,a_n^*)$.由极值存在的必要条件知,$a_k$ $(k=0,1,\cdots,n)$应满足

$$\frac{\partial u}{\partial a_k}=0 \quad (k=0,1,\cdots,n),$$

即

$$2\sum_{i=0}^{m}\omega(x_i)\Big[\sum_{j=0}^{n}a_j\varphi_j(x_i)-f(x_i)\Big]\varphi_k(x_i)=0,$$

或

$$\sum_{j=0}^{n}a_j\sum_{i=0}^{m}\omega(x_i)\varphi_j(x_i)\varphi_k(x_i)=\sum_{i=0}^{m}\omega(x_i)f(x_i)\varphi_k(x_i)$$

$$(k=0,1,\cdots,n). \tag{5.4.5}$$

令

$$\begin{cases}(\varphi_j,\varphi_k)=\sum_{i=0}^{m}\omega(x_i)\varphi_j(x_i)\varphi_k(x_i),\\ (f,\varphi_k)=\sum_{i=0}^{m}\omega(x_i)f(x_i)\varphi_k(x_i),\\ \|f\|_2=\sqrt{(f,f)}=\Big[\sum_{i=0}^{m}\omega(x_i)(f(x_i))^2\Big]^{\frac{1}{2}},\end{cases} \tag{5.4.6}$$

则(5.4.5)可写成

$$\sum_{j=0}^{n}(\varphi_j,\varphi_k)a_j=(f,\varphi_k)\quad(k=0,1,\cdots,n). \tag{5.4.7}$$

这是关于 $a_0,a_1,\cdots,a_n$ 的线性方程组.其矩阵形式为

$$\begin{bmatrix}(\varphi_0,\varphi_0) & (\varphi_1,\varphi_0) & \cdots & (\varphi_n,\varphi_0)\\ (\varphi_0,\varphi_1) & (\varphi_1,\varphi_1) & \cdots & (\varphi_n,\varphi_1)\\ \cdots & \cdots & \cdots & \cdots\\ (\varphi_0,\varphi_n) & (\varphi_1,\varphi_n) & \cdots & (\varphi_n,\varphi_n)\end{bmatrix}\begin{bmatrix}a_0\\ a_1\\ \vdots\\ a_n\end{bmatrix}=\begin{bmatrix}(f,\varphi_0)\\ (f,\varphi_1)\\ \vdots\\ (f,\varphi_n)\end{bmatrix}, \tag{5.4.8}$$

称之为法方程(或正规方程),其系数矩阵是对称矩阵,其行列式记为 G_n,按(5.4.6)定义的内积可证明 $\varphi_0,\varphi_1,\cdots,\varphi_n$ 线性无关的充要条件是行列式 $G_n\neq0$(证法与本章定理 5.1.2 类似,此处略).

由于 $\varphi_0,\varphi_1,\cdots,\varphi_n$ 线性无关,可知(5.4.8)有惟一解 $a_j=a_j^*$ $(j=0,1,\cdots,n)$.于是有

$$S^*(x)=\sum_{i=0}^{n}a_i^*\varphi_i(x).$$

下面的定理将证明 $S^*(x)$确实使 $u(a_0,a_1,\cdots,a_n)$达到最小,即 $S^*(x)$即为 $f(x)$的最小二乘解.

定理 5.4.1 设$\{\varphi_i(x)\}_{i=0}^n$线性无关,$(a_0^*,a_1^*,\cdots,a_n^*)^{\mathrm{T}}$ 为(5.4.8)的解,则

$$S^*(x)=\sum_{i=0}^n a_i^*\varphi_i(x)\in\Phi$$

满足

$$\|y-S^*\|_2^2\leqslant\|y-S\|_2^2,\quad\forall S\in\Phi,$$

并且平方误差为

$$\|\delta\|_2^2=\|y-S^*\|_2^2=\|y\|_2^2-\sum_{i=0}^n a_i^*(y,\varphi_i).\tag{5.4.9}$$

证 设$(a_0^*,a_1^*,\cdots,a_n^*)^{\mathrm{T}}$ 为(5.4.8)的解.亦即(5.4.7)的解,故

$$\sum_{j=0}^n(\varphi_j,\varphi_k)a_j^*=(f,\varphi_k)\quad(k=0,1,\cdots,n).$$

由于

$$\begin{aligned}\sum_{j=0}^n(\varphi_j,\varphi_k)a_j^*&=\sum_{j=0}^n a_j^*(\varphi_j,\varphi_k)=\left(\sum_{j=0}^n a_j^*\varphi_j,\varphi_k\right)\\&=(S^*,\varphi_k),\end{aligned}$$

所以有

$$(f,\varphi_k)=(y,\varphi_k)=(S^*,\varphi_k),$$

从而

$$(y-S^*,\varphi_k)=0\quad(k=0,1,\cdots,n).$$

由此可知

$$(y-S^*,S^*-S)=0,\quad(y-S^*,S^*)=0.$$

这是因为

$$S^*-S\in\Phi.$$

对任意 $S\in\Phi$,考虑

$$\begin{aligned}&\|y-S\|_2^2=\|(y-S^*)+(S^*-S)\|_2^2\\&=((y-S^*)+(S^*-S),(y-S^*)+(S^*-S))\\&=(y-S^*,y-S^*)+(S^*-S,y-S^*)\end{aligned}$$

$$
\begin{aligned}
&+(y-S^*,S^*-S)+(S^*-S,S^*-S)\\
&=(y-S^*,y-S^*)+(S^*-S,S^*-S)\\
&=\|y-S^*\|_2^2+\|S^*-S\|_2^2\geqslant\|y-S^*\|_2^2,
\end{aligned}
$$

这表明

$$
\|y-S^*\|_2^2=\min_{S\in\Phi}\|y-S\|_2^2.
$$

按离散形式内积的定义(5.4.6)可知(5.4.2)成立. 即 $S^*(x)$为 $f(x)$的最小二乘解.

因为

$$
\begin{aligned}
\|\delta\|_2^2&=\sum_{i=0}^{m}\omega(x_i)[S^*(x_i)-y_i]^2\\
&=\sum_{i=0}^{m}\omega(x_i)[y_i-S^*(x_i)]^2\\
&=(y-S^*,y-S^*)\\
&=\|y-S^*\|_2^2,
\end{aligned}
$$

而

$$
\begin{aligned}
(y-S^*,y-S^*)&=(y-S^*,y)-(y-S^*,S^*)\\
&=(y-S^*,y)=(y,y)-(S^*,y)\\
&=\|y\|_2^2-\left(\sum_{i=0}^{n}a_i^*\varphi_i,y\right)\\
&=\|y\|_2^2-\sum_{i=0}^{n}a_i^*(y,\varphi_i).
\end{aligned}
$$

证毕.

通过上面的讨论可得下面的结论:

对给定的数据表, 在 Φ 中存在惟一的最小二乘解 $S^*(x)=\sum_{i=0}^{n}a_i^*\varphi_i(x)$, $a_0^*,a_1^*,\cdots,a_n^*$ 可以通过解法方程(5.4.8)求出.

例 5.4.1 已知一组实验数据如下:

x_k	0	0.25	0.50	0.75	1.00
$y_k=f(x_k)$	1.000 0	1.284 0	1.648 7	2.117 0	2.718 3

求问题的最小二乘解.

解 将上述数据描绘在坐标纸上, 发现这些点近似一直线, 又近似一条抛物线.

首先用直线 $S_1^*(x)=a_0^*+a_1^*x$ 去拟合上述数据.即在函数空间 $\Phi=\text{span}\{1,x\}$ 中求 $S_1^*(x)$.

在此问题中,$n=1$,$m=4$,$\omega(x)$没给则认为 $\omega(x)\equiv 1$. $\varphi_0(x)=1$,$\varphi_1(x)=x$.法方程形式为

$$\begin{pmatrix}(\varphi_0,\varphi_0) & (\varphi_1,\varphi_0)\\(\varphi_0,\varphi_1) & (\varphi_1,\varphi_1)\end{pmatrix}\begin{pmatrix}a_0\\a_1\end{pmatrix}=\begin{pmatrix}(f,\varphi_0)\\(f,\varphi_1)\end{pmatrix}.$$

按(5.4.6)可知

$$(\varphi_0,\varphi_0)=\sum_{i=0}^{4}1,\quad (\varphi_1,\varphi_0)=(\varphi_0,\varphi_1)=\sum_{i=0}^{4}x_i=2.5;$$

$$(\varphi_1,\varphi_1)=\sum_{i=0}^{4}x_i^2=1.875,\quad (f,\varphi_0)=\sum_{i=0}^{4}y_i=8.768\ 0;$$

$$(f,\varphi_1)=\sum_{i=0}^{4}x_iy_i=5.451\ 4.$$

从而有

$$\begin{pmatrix}5 & 2.5\\2.5 & 1.875\end{pmatrix}\begin{pmatrix}a_0\\a_1\end{pmatrix}=\begin{pmatrix}8.768\ 0\\5.451\ 4\end{pmatrix}.$$

解得

$$a_0^*=0.899\ 7,a_1^*=1.707\ 8.$$

故

$$S_1^*(x)=0.899\ 7+1.707\ 8x.$$

其平方误差

$$\|\delta_1\|_2^2=\|f\|_2^2-\sum_{i=0}^{1}a_i^*(f,\varphi_i)=3.92\times 10^{-2}.$$

其次,用抛物线 $S_2^*(x)=a_0^*+a_1^*x+a_2^*x^2$ 去拟合上述数据,即在函数空间 $\Phi=\text{span}\{1,x,x^2\}$ 中求 $S_2^*(x)$.

在此问题中,$n=2$,$m=4$,$\omega(x)\equiv 1$,$\varphi_0(x)=1$,$\varphi_1(x)=x$,$\varphi_2(x)=x^2$,其法方程形式为

$$\begin{bmatrix}(\varphi_0,\varphi_0) & (\varphi_1,\varphi_0) & (\varphi_2,\varphi_0)\\(\varphi_0,\varphi_1) & (\varphi_1,\varphi_1) & (\varphi_2,\varphi_1)\\(\varphi_0,\varphi_2) & (\varphi_1,\varphi_2) & (\varphi_2,\varphi_2)\end{bmatrix}\begin{bmatrix}a_0\\a_1\\a_2\end{bmatrix}=\begin{bmatrix}(f,\varphi_0)\\(f,\varphi_1)\\(f,\varphi_2)\end{bmatrix}.$$

类似上面的讨论可求得

$$\begin{bmatrix} 5 & 2.5 & 1.875 \\ 2.5 & 1.875 & 1.562\,5 \\ 1.875 & 1.562\,5 & 1.382\,8 \end{bmatrix} \begin{bmatrix} a_0 \\ a_1 \\ a_2 \end{bmatrix} = \begin{bmatrix} 8.768\,0 \\ 5.451\,4 \\ 4.401\,5 \end{bmatrix},$$

解得

$$a_0^* = 1.005\,1, a_1^* = 0.864\,2, a_2^* = 0.843\,7,$$

故

$$S_2^*(x) = 1.005\,1 + 0.864\,2x + 0.843\,7x^2.$$

平方误差

$$\|\delta\|_2^2 = \|f\|_2^2 - \sum_{i=0}^{2} a_i^*(f, \varphi_i) = 2.76 \times 10^{-4}.$$

由于 $S_2^*(x)$的平方误差较小,所以用 $S_2^*(x)$拟合上述数据较好.

例 5.4.2 已知一组实验数据如下:

x_i	1	2	3	4
$y_i = f(x_i)$	1.95	3.05	3.55	3.85

求问题的最小二乘解.

解 这些点近似一指数曲线,其图形如下.故可选择拟合曲线为

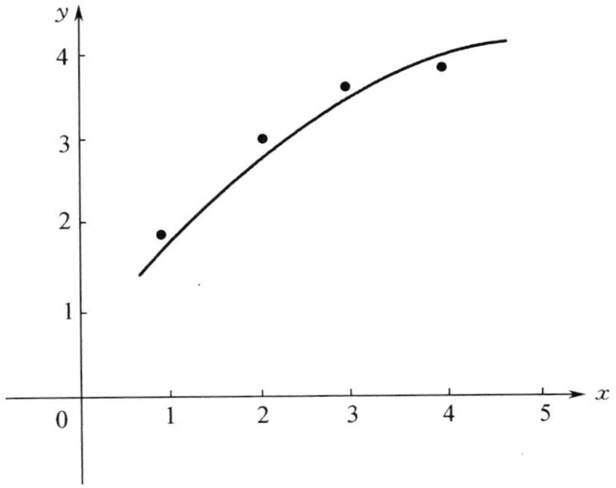

$$y = a e^{\frac{b}{x}},$$

其中 a,b 为待定常数. 对上式两边取对数

$$\ln y=\ln a+\frac{b}{x}.$$

令 $u=\ln y, a_0=\ln a, v=\frac{1}{x}$, 则有

$$u=a_0+bv.$$

由

$$u_i=\ln y_i, v_i=\frac{1}{x_i},$$

可得下列数据表:

v_i	1	0.5	0.333 33	0.25
u_i	0.667 83	1.115 14	1.266 95	1.348 07

用 $u=a_0+bv$ 去拟合上述数据. 即在 $\Phi=\mathrm{span}\{1,v\}$ 中求函数 u.

此时, $n=1, m=3$, 权 $\omega(v)\equiv 1, \varphi_0(v)=1, \varphi_1(v)=v$. 法方程形如

$$\begin{pmatrix}(\varphi_0,\varphi_0) & (\varphi_1,\varphi_0)\\(\varphi_0,\varphi_1) & (\varphi_1,\varphi_1)\end{pmatrix}\begin{pmatrix}a_0\\b\end{pmatrix}=\begin{pmatrix}(u,\varphi_0)\\(u,\varphi_1)\end{pmatrix}.$$

因

$$(\varphi_0,\varphi_0)=\sum_{i=0}^{3}1=4,$$

$$(\varphi_0,\varphi_1)=(\varphi_1,\varphi_0)=\sum_{i=0}^{3}v_i=2.083\ 33,$$

$$(\varphi_1,\varphi_1)=\sum_{i=0}^{3}v_i^2=1.423\ 61,$$

$$(u,\varphi_0)=\sum_{i=0}^{3}u_i=4.397\ 99, (u,\varphi_1)=\sum_{i=0}^{3}v_iu_i=1.984\ 74,$$

故有

$$\begin{cases}4a_0+2.083\ 33b=4.397\ 99,\\2.083\ 33a_0+1.423\ 61b=1.984\ 74.\end{cases}$$

解得 $a_0=1.570\ 06, b=-0.903\ 50, a=\mathrm{e}^{a_0}=\mathrm{e}^{1.570\ 06}=4.806\ 94$.

所以,最小二乘解为

$$y = S^*(x) = 4.806\,94\mathrm{e}^{\frac{-0.903\,50}{x}}.$$

其平方误差

$$\|\delta\|_2^2 = \sum_{i=0}^{3}[S^*(x_i) - y_i]^2 = 3.78\times 10^{-4}.$$

5.4.3 用正交多项式做最小二乘拟合

当用多项式作为拟合函数时,往往会出现法方程的系数矩阵是病态的情况.为避免此问题出现,一种可行的方法是用正交多项式做最小二乘拟合.

定义 5.4.1 若函数组$\{\psi_i(x)\}_{i=0}^n$在节点$\{x_k\}_{k=0}^m$处满足

$$(\psi_i,\psi_j) = \sum_{k=0}^{m}\omega(x_k)\psi_i(x_k)\psi_j(x_k) = \begin{cases} 0 & (i\neq j), \\ A_i>0 & (i=j), \end{cases} (n<m, i, j=0,1,\cdots,n), \tag{5.4.10}$$

则称$\{\psi_i(x)\}_{i=0}^n$是关于点集$\{x_k\}_{k=0}^m$带权 $\omega(x_k)$ $(k=0,1,\cdots,m)$的正交函数组.特别地,若 $\psi_i(x)\in P_i$ $(i=0,1,\cdots,n)$,(P_i 为$\leqslant i$ 次的多项式集合),则称$\{\psi_i(x)\}_{i=0}^n$为正交多项式.

可以在子空间

$$\Phi = \mathrm{span}\{1, x, x^2, \cdots, x^n\}$$

中寻找一组基函数$\{\psi_i(x)\}_{i=0}^n$,使之关于点集$\{x_k\}_{k=0}^m$带权 $\omega(x_k)$ $(k=0,1,\cdots,m)$正交.即满足(5.4.10),它们可用递推公式表示如下:

$$\begin{cases} \psi_0(x)=1, \psi_1(x)=(x-\alpha_1), \\ \psi_{i+1}(x)=(x-\alpha_{i+1})\psi_i(x)-\beta_i\psi_{i-1}(x) \quad (i=1,2,\cdots,n-1). \end{cases} \tag{5.4.11}$$

其中

$$\alpha_{i+1}=\frac{(x\psi_i,\psi_i)}{(\psi_i,\psi_i)}=\frac{\sum_{k=0}^{m}\omega(x_k)x_k\psi_i^2(x_k)}{\sum_{k=0}^{m}\omega(x_k)\psi_i^2(x_k)}$$

$$(i=0,1,\cdots,n-1);\tag{5.4.12}$$

$$\beta_i=\frac{(\psi_i,\psi_i)}{(\psi_{i-1},\psi_{i-1})}=\frac{\sum_{k=0}^{m}\omega(x_k)\psi_i^2(x_k)}{\sum_{k=0}^{m}\omega(x_k)\psi_{i-1}^2(x_k)}$$

$$(i=1,2,\cdots,n-1).\tag{5.4.13}$$

可以用归纳法证明$\{\psi_i(x)\}_{i=0}^n$是正交的.其中 $\psi_i(x)$为首项系数为 1 (简称首 1)的 i 次多项式.即它们为正交多项式.

如果用正交多项式$\{\psi_i(x)\}_{i=0}^n$作最小二乘拟合,即在

$$\Phi=\mathrm{span}\{\psi_0,\psi_1,\cdots,\psi_n\}$$

中求似合曲线 $P^*(x)=\sum_{k=0}^{n}a_k^*\psi_k$,法方程(5.4.8)可简化为

$$(\psi_k,\psi_k)a_k=(f,\psi_k)\quad(k=0,1,\cdots,n).$$

其解为

$$a_k^*=\frac{(f,\psi_k)}{(\psi_k,\psi_k)}=\frac{\sum_{i=0}^{m}\omega(x_i)f(x_i)\psi_k(x_i)}{\sum_{i=0}^{m}\omega(x_i)\psi_k^2(x_i)}\quad(k=0,1,\cdots,n).\tag{5.4.14}$$

故

$$P^*(x)=\sum_{k=0}^{n}a_k^*\psi_k(x)=\sum_{k=0}^{n}\frac{(f,\psi_k)}{(\psi_k,\psi_k)}\psi_k(x).\tag{5.4.15}$$

即为所求问题的最小二乘解.

例 5.4.3 用正交多项式求例 5.4.1 所给数据的二次最小二乘解.

解 设 $P^*(x)=a_0^*\psi_0(x)+a_1^*\psi_1(x)+a_2^*\psi_2(x)$,

由式(5.4.11)~(5.4.13)有

$$\psi_0 = 1,$$
$$\alpha_1 = \sum_{k=0}^{4} x_k \Big/ \sum_{k=0}^{4} 1 = \frac{2.5}{5} = 0.5,$$
$$\psi_1(x) = x - 0.5,$$
$$\alpha_2 = \sum_{k=0}^{4} x_k (x_k - 0.5)^2 \Big/ \sum_{k=0}^{4} (x_k - 0.5)^2 = 0.5,$$
$$\beta_1 = \sum_{k=0}^{4} (x_k - 0.5)^2 \Big/ \sum_{k=0}^{4} 1 = 0.125.$$

所以

$$\psi_2(x) = (x - \alpha_2)\psi_1(x) - \beta_1 \psi_0(x) = (x - 0.5)^2 - 0.125.$$

由式(5.4.14)可知

$$a_0^* = \sum_{i=0}^{4} y_i \psi_0(x_i) \Big/ \sum_{i=0}^{4} \psi_0^2(x_i) = \sum_{i=0}^{4} y_i \Big/ \sum_{i=0}^{4} 1 = 1.753\ 60,$$
$$a_1^* = \sum_{i=0}^{4} y_i \psi_1(x_i) \Big/ \sum_{i=0}^{4} \psi_1^2(x_i) = 1.707\ 84,$$
$$a_2^* = \sum_{i=0}^{4} y_i \psi_2(x_i) \Big/ \sum_{i=0}^{4} \psi_2^2(x_i) = 0.843\ 66.$$

故

$$\begin{aligned} P^*(x) &= 1.753\ 60\psi_0(x) + 1.707\ 84\psi_1(x) + 0.843\ 66\psi_2(x) \\ &= 1.005\ 1 + 0.846\ 2x + 0.843\ 7x^2. \end{aligned}$$

其结果与例 5.4.1 相同.

由(5.4.9)可知,平方误差为

$$\|\delta\|_2^2 = \|y\|_2^2 - \sum_{i=0}^{n} a_i^* (y, \psi_i).$$

利用式(5.4.14)有

$$(y, \psi_i) = a_i^* (\psi_i, \psi_i),$$

故

$$\|\delta\|_2^2 = \|y\|_2^2 - \sum_{i=0}^{n} (a_i^*)^2 (\psi_i, \psi_i).$$

习题 5

1. 令$\{q_k(x)\}_{k=0}^{\infty}$是区间$[0,1]$上带权$\rho(x)=x$的最高次项系数为1的正交多项式，其中$q_0(x)=1$，求$\int_0^1 xq_k(x)\mathrm{d}x$及$q_2(x)$.

2. 设$\mathrm{T}_n(x)$为n次 Чебышев 多项式

$$\mathrm{T}_n^*(x)=\mathrm{T}_n(2x-1)\quad x\in[0,1],$$

(1) 求$\mathrm{T}_0^*(x),\mathrm{T}_1^*(x),\mathrm{T}_2^*(x),\mathrm{T}_3^*(x)$;

(2) 证明$\{\mathrm{T}_n^*(x)\}$是$[0,1]$上带权$\rho(x)=\dfrac{1}{\sqrt{x-x^2}}$的正交多项式.

3. 设$f(x)=|x-1|$, $x\in[0,2]$，试在下列空间中求$f(x)$的最佳平方逼近函数.

(1) $\Phi_1=\mathrm{span}\{1,x\}$;

(2) $\Phi_2=\mathrm{span}\{1,x^2\}$.

并比较误差.

4. 求a,b使

$$I=\int_0^1(ax+b-\mathrm{e}^x)^2\mathrm{d}x$$

达到最小.

5. 求函数$f(x)=\dfrac{1}{x}$在区间$[1,2]$上的二次最佳平方逼近多项式$S_2^*(x)$，并求$\|f(x)-S_2^*(x)\|_2^2$.

6. 求$f(x)=\mathrm{e}^{-x}$在区间$[1,3]$上的二次最佳平方逼近多项式$S_2^*(x)$.

7. 用 Legendre 多项式做$f(x)=\sin x$在区间$\left[-\dfrac{\pi}{2},\dfrac{\pi}{2}\right]$上的三次最佳平方逼近多项式$S_3^*(x)$.

8. 如何选取常数r，使$P(x)=x^2+r$在区间$[-1,1]$上与零的平方误差最小?

9. 设区间$[-1,1]$上的折线函数

$$\varphi_1(x)=\begin{cases}-x & -1\leqslant x<0,\\ 0 & 0\leqslant x\leqslant 1;\end{cases}\qquad \varphi_2(x)=\begin{cases}0 & -1\leqslant x<0,\\ x & 0\leqslant x\leqslant 1.\end{cases}$$

令函数空间$\Phi=\mathrm{span}\{\varphi_1,\varphi_2\}$，试用$\Phi$中的折线段作$f(x)=x^2$在$[-1,1]$上的最佳平方逼近函数.

10. 以下数据是观测物体的直线运动得到的:

时间 t(s)	0	0.9	1.9	3.0	3.9	5.0
距离 s(m)	0	10	30	50	80	110

求运动方程 $s = at + b$(a, b 待定).

11. 已知离散数据如下：

x_i	0.0	0.5	1.0	1.5	2.0	2.5	3.0	3.5	4.0
y_i	4.000	2.927	2.470	2.393	2.540	2.829	3.198	3.621	4.072

求形如 $S(x) = ax + be^{-x}$ 的最小二乘解(a, b 待定)，并求平方误差 $\|\delta\|_2^2$.

12. 在某化学反应中，得到生成物浓度与时间关系的实验数据如下：

时间 t(s)	1	2	3	4	5	6	7	8	9	10	11	12	13	14	15	16
浓度 $y \times 10^{-3}$	4.00	6.40	8.00	8.80	9.22	9.50	9.70	9.86	10.00	10.20	10.32	10.42	10.50	10.55	10.58	10.60

求形如 $y = ae^{b/t}$(a, b 待定)的最小二乘解.

第 6 章　数值积分与数值微分

在科学技术领域中，微积分有广泛的应用．我们知道，对于定积分

$$I(f)=\int_a^b f(x)\mathrm{d}x, \tag{6.0.1}$$

如果能求出被积函数 $f(x)$ 的原函数 $F(x)$，就可用 Neweon - Leibniz 公式

$$\int_a^b f(x)\mathrm{d}x=F(b)-F(a) \tag{6.0.2}$$

来计算．但是在实际问题中，用这种方法求积分值往往会遇到许多困难．例如，$f(x)$ 的原函数有时不能用初等函数表示，即 $f(x)$ 是属于不可积类型的函数；$f(x)$ 是由测量得到的数据表，此时 $f(x)$ 的解析表达式是未知的；虽然 $f(x)$ 的原函数存在，但该原函数相当复杂且难于求出最后结果．基于上述原因本章研究用数值方法求(6.0.1)的近似解．在最后一节讨论用数值方法求函数的导数即数值微分．

6.1　数值积分公式及其代数精度

6.1.1　数值积分公式

设 $f(x)$ 在节点

$$a\leqslant x_0<x_1<\cdots<x_n\leqslant b$$

处的函数值为 $f(x_k)\quad(k=0,1,\cdots,n)$，取上述这些函数值的带权的和

$$I_n(f)=\sum_{k=0}^{n}A_k f(x_k) \tag{6.1.1}$$

作为(6.0.1)的近似值,即令

$$\int_a^b f(x)\mathrm{d}x \approx \sum_{k=0}^{n} A_k f(x_k), \tag{6.1.2}$$

称(6.1.2)为数值积分公式. $x_k(k=0,1,\cdots,n)$称为求积节点,权 $A_k(k=0,1,\cdots,n)$又称求积系数,A_k 仅与 x_k 的选取有关.称

$$R(f)=\int_a^b f(x)\mathrm{d}x-\sum_{k=0}^{n} A_k f(x_k) \tag{6.1.3}$$

为数值积分公式的余项.

6.1.2 数值积分公式的代数精度

利用余项 $R(f)$可以描述数值积分公式的精度,而刻画其精度的另一概念是代数精度,下面给出代数精度的定义.

定义 6.1.1 若数值积分公式(6.1.2)对于一切次数$\leqslant m$ 的代数多项式,都准确成立(或 $R(f)=0$),则称(6.1.2)至少具有 m 次代数精度;若式(6.1.2)对于一切次数$\leqslant m$ 的代数多项式都准确成立,而对于某个 $m+1$ 次的代数多项式不准确成立(或 $R(f)\neq 0$),则称此求积公式具有 m 次代数精度.

按此定义易证明下述定理.

定理 6.1.1 (6.1.2)具有 m 次代数精度的充分必要条件是当 $f(x)=1,x,x^2,\cdots,x^m$ 时式(6.1.2)准确成立,而当 $f(x)=x^{m+1}$时式(6.1.2)不准确成立.

利用此定理可确定一个求积公式的代数精度.

例 6.1.1 确定下列数值积分公式

$$\int_0^1 f(x)\mathrm{d}x \approx A_0 f(0)+\frac{2}{3}f(x_1)+A_1 f(1)$$

中的待定参数 A_0,x_1,A_1,使其代数精度尽量高,并指出所确定的求积公式的代数精度.

解 令 $f(x)=1,x,x^2$ 使之准确成立,则有

$$\begin{cases} A_0+\dfrac{2}{3}+A_1=1, \\ \dfrac{2}{3}x_1+A_1=\dfrac{1}{2}, \\ \dfrac{2}{3}x_1^2+A_1=\dfrac{1}{3}. \end{cases}$$

解得

$$\begin{cases} x_1=\dfrac{1}{2}, \\ A_0=A_1=\dfrac{1}{6}. \end{cases}$$

故有

$$\int_0^1 f(x)\mathrm{d}x \approx \frac{1}{6}f(0)+\frac{2}{3}f\left(\frac{1}{2}\right)+\frac{1}{6}f(1).$$

当 $f(x)=x^3$ 时，上式左边 = 右边 = $\dfrac{1}{4}$；

当 $f(x)=x^4$ 时，左边 = $\dfrac{1}{5}$，右边 = $\dfrac{5}{24}$，左边 ≠ 右边. 按定理 6.1.1 知所确定的求积公式具有 3 次代数精度.

6.2 插值型数值积分公式与 Newton-Cotes 公式

6.2.1 插值型数值积分公式

设 $f(x)$ 在插值节点 $a \leqslant x_0 < x_1 < \cdots < x_n \leqslant b$ 处的函数值为 $f(x_k)\quad(k=0,1,\cdots,n)$，作 n 次 Lagrange 插值公式

$$L_n(x)=\sum_{k=0}^{n} l_k(x)f(x_k),$$

其中插值基函数

$$l_k(x)=\prod_{\substack{j=0\\ j\neq k}}^{n}\frac{x-x_j}{x_k-x_j}\quad(k=0,1,\cdots,n),$$

其余项为

$$R_n(x)=f(x)-L_n(x)=\frac{f^{(n+1)}(\xi)}{(n+1)!}\omega_{n+1}(x),\tag{6.2.1}$$

其中 $\omega_{n+1}(x)=\prod_{j=0}^{n}(x-x_j)$， $\xi\in(a,b)$且依赖于 x. 于是

$$\int_a^b f(x)\mathrm{d}x\approx\int_a^b L_n(x)\mathrm{d}x=\int_a^b\Big[\sum_{k=0}^{n}l_k(x)f(x_k)\Big]\mathrm{d}x$$

$$=\sum_{k=0}^{n}A_kf(x_k),$$

其中

$$A_k=\int_a^b l_k(x)\mathrm{d}x.\tag{6.2.2}$$

定义 6.2.1 若式(6.1.2)中的求积系数由(6.2.2)表示,则称该数值积分公式是插值型的数值积分公式.

由(6.2.1)易知插值型数值积分公式的余项为

$$R(f)=\int_a^b f(x)\mathrm{d}x-\int_a^b L_n(x)\mathrm{d}x=\int_a^b\frac{f^{(n+1)}(\xi)}{(n+1)!}\omega_{n+1}(x)\mathrm{d}x.\tag{6.2.3}$$

定理 6.2.1 插值型数值积分公式(6.1.2)至少具有 n 次代数精度.

证 设 $f(x)$为任意次数$\leqslant n$ 的代数多项式,则 $f^{(n+1)}(x)=0$,由(6.2.3)知 $R(f)=0$,依定义 6.1.1 知它至少具有 n 次代数精度.

特别地,当 $f(x)\equiv1$ 时,由插值型求积公式(6.1.2)可得

$$\sum_{k=0}^{n}A_k=b-a.\tag{6.2.4}$$

这是插值型求积公式中求积系数所满足的关系式.

6.2.2 Newton-Cotes 公式

Neweon-Cotes 公式是等距节点插值型求积公式. 下面推导此公式.

将区间$[a,b]$分为 n 等分,步长 $h=\frac{b-a}{n}$,取等距节点

$$x_k = a + kh \quad (k=0,1,2,\cdots,n).$$

利用这些节点处的函数值 $f(x_k)$作 $f(x)$的 n 次 Lagrange 插值公式

$$L_n(x) = \sum_{k=0}^{n} l_k(x) f(x_k),$$

则有

$$\int_a^b f(x)\mathrm{d}x \approx \int_a^b \left[\sum_{k=0}^{n} l_k(x) f(x_k)\right]\mathrm{d}x = \sum_{k=0}^{n} A_k f(x_k). \tag{6.2.5}$$

其中

$$A_k = \int_a^b l_k(x)\mathrm{d}x$$

$$= \int_a^b \frac{(x-x_0)(x-x_1)\cdots(x-x_{k-1})(x-x_{k+1})\cdots(x-x_n)}{(x_k-x_0)(x_k-x_1)\cdots(x_k-x_{k-1})(x_k-x_{k+1})\cdots(x_k-x_n)}\mathrm{d}x.$$

令 $x = a + th$,可求得

$$A_k = (b-a)C_k^{(n)}. \tag{6.2.6}$$

其中

$$C_k^{(n)} = \frac{(-1)^{n-k}}{n\cdot k!\ (n-k)!}\int_0^n t(t-1)\cdots(t-k+1)(t-k-1)\cdots (t-n)\mathrm{d}t \quad (k=0,1,\cdots,n). \tag{6.2.7}$$

将(6.2.6)代入(6.2.5),有

$$\int_a^b f(x)\mathrm{d}x \approx (b-a)\sum_{k=0}^{n} C_k^{(n)} f(x_k). \tag{6.2.8}$$

式(6.2.8)称为 Newton-Cotes 公式,$C_k^{(n)}$ 称为 Cotes 系数,只要给出 n 便可由(6.2.7)求出 $C_k^{(n)}$,表 6.1 列出了 $n=1\sim8$ 的 Cotes 系数.

表 6.1

n	$C_k^{(n)}$			
1	$\frac{1}{2}$	$\frac{1}{2}$		
2	$\frac{1}{6}$	$\frac{4}{6}$	$\frac{1}{6}$	
3	$\frac{1}{8}$	$\frac{3}{8}$	$\frac{3}{8}$	$\frac{1}{8}$

续表

n	$C_k^{(n)}$								
4	$\frac{7}{90}$	$\frac{16}{45}$	$\frac{2}{15}$	$\frac{16}{45}$	$\frac{7}{90}$				
5	$\frac{19}{288}$	$\frac{25}{96}$	$\frac{25}{144}$	$\frac{25}{144}$	$\frac{25}{96}$	$\frac{19}{188}$			
6	$\frac{41}{840}$	$\frac{9}{35}$	$\frac{9}{280}$	$\frac{34}{105}$	$\frac{9}{280}$	$\frac{9}{35}$	$\frac{41}{840}$		
7	$\frac{751}{17280}$	$\frac{3577}{17280}$	$\frac{1323}{17280}$	$\frac{2989}{17280}$	$\frac{2989}{17280}$	$\frac{1323}{17280}$	$\frac{3577}{17280}$	$\frac{751}{17280}$	
8	$\frac{989}{28350}$	$\frac{5888}{28350}$	$\frac{-928}{28350}$	$\frac{10496}{28350}$	$\frac{-4540}{28350}$	$\frac{10496}{28350}$	$\frac{-928}{28350}$	$\frac{5888}{28350}$	$\frac{989}{28350}$

利用此表可得到相应的 Newton-Cotes 公式.

例如,当 $n=1$ 时,可得到梯形公式

$$\int_a^b f(x)\mathrm{d}x \approx \frac{b-a}{2}[f(a)+f(b)]=T. \tag{6.2.9}$$

易证明(6.2.9)仅具有一次代数精度.

又如,当 $n=2$ 时,可得到 Simpson 公式

$$\int_a^b f(x)\mathrm{d}x \approx \frac{b-a}{6}\left[f(a)+4f\left(\frac{a+b}{2}\right)+f(b)\right]=S. \tag{6.2.10}$$

可证明(6.2.10)具有 3 次代数精度.

再如,当 $n=4$ 时,可得

$$\int_a^b f(x)\mathrm{d}x \approx \frac{b-a}{90}[7f(x_0)+32f(x_1)+12f(x_2)+32f(x_3)+7f(x_4)] = C. \tag{6.2.11}$$

其中 $x_k=a+k\cdot\frac{b-a}{4}\quad(k=0,1,\cdots,4)$. 式(6.2.11)称为 Cotes 公式,此公式具有 5 次代数精度.

定理 6.2.1 指出:插值型求积公式(6.1.2)至少具有 n 次代数精度.而 Newton-Cotes 公式为等距节点的插值型求积公式,因此也应该至少具有 n 次代数精度.并注意到 $n=2$ 的 Simpson 公式具有 3 次代

数精度，$n=4$ 的 Cotes 公式具有 5 次代数精度，即当 n 为偶数的时候，其代数精度为 $n+1$ 次．更一般的我们有如下的定理．

定理 6.2.2 当 n 为偶数时，Newton-Cotes 公式（6.2.8）至少具有 $n+1$ 次代数精度．

证 因为 Newton-Cotes 公式（6.2.8）至少具有 n 次代数精度，所以当 $f(x)=1,x,\cdots x^n$ 时，余项 $R(f)=0$，要证明（6.2.8）当 n 为偶数时，至少具有 $n+1$ 次代数精度，只需证明当 $f(x)=x^{n+1}$（n 为偶数）时也有 $R(f)=0$ 即可．因为此时可推出（6.2.8）对一切 $\leqslant n+1$ 次的代数多项式均有 $R(f)=0$．

设 $f(x)=x^{n+1}$，n 为偶数，则 $f^{(n+1)}(x)=(n+1)!$，由（6.2.3）可知

$$R(f)=\int_a^b \prod_{j=0}^{n}(x-x_j)\mathrm{d}x.$$

令 $x=a+th$，并注意到 $x_j=a+jh$，$(j=0,1,\cdots,n)$，则有

$$R(f)=h^{n+2}\int_0^n \prod_{j=0}^{n}(t-j)\mathrm{d}t.$$

由于 n 为偶数，设 $n=2m$，$t=u+m$，则有

$$R(f)=h^{2m+2}\int_{-m}^{m} \prod_{j=0}^{2m}(u+m-j)\mathrm{d}u. \tag{6.2.12}$$

设

$$H(u)=\prod_{j=0}^{2m}(u+m-j)=\prod_{j=-m}^{m}(u-j),$$

由上式有

$$\begin{aligned}H(-u)&=\prod_{j=-m}^{m}(-u-j)=(-1)^{2m+1}\prod_{j=-m}^{m}(u+j)\\&=-\prod_{j=-m}^{m}(u+j)=-\prod_{j=-m}^{m}(u-j)=-H(u).\end{aligned}$$

这表明（6.2.12）中的被积函数为奇函数，从而有 $R(f)=0$．证毕．

下面讨论几个常用的 Newton-Cotes 公式的余项．

首次考虑梯形公式（6.2.9），由（6.2.3）可知梯形公式的余项为

$$R_T = \int_a^b \frac{f''(\xi)}{2!}(x-a)(x-b)\mathrm{d}x,$$

其中 $\xi \in (a,b)$且依赖于 x,因为$(x-a)(x-b)$在区间$[a,b]$上不变号(非正),设 $f(x) \in \boldsymbol{C}^2[a,b]$,应用积分中值定理知,存在 $\eta \in [a,b]$,使得

$$\begin{aligned} R_T &= \frac{1}{2}f''(\eta)\int_a^b (x-a)(x-b)\mathrm{d}x \\ &= -\frac{f''(\eta)}{12}(b-a)^3, \end{aligned} \tag{6.2.13}$$

其次研究 Simpson 公式(6.2.10)的余项.利用 Hermite 插值理论,可构造次数≤3 的多项式 $P(x)$,使之满足下列插值条件

$$P(a) = f(a), P(b) = f(b), P\left(\frac{a+b}{2}\right) = f\left(\frac{a+b}{2}\right)$$

及 $$P'\left(\frac{a+b}{2}\right) = f'\left(\frac{a+b}{2}\right).$$

易证明其余项为

$$f(x) - P(x) = \frac{f^{(4)}(\xi)}{4!}(x-a)\left(x-\frac{a+b}{2}\right)^2(x-b).$$

$\xi \in (a,b)$且依赖于 x.

由于 Simpson 公式(6.2.10)具有 3 次代数精度,它对于 $P(x)$应该有余项 $R(f)=0$,故有

$$\begin{aligned} \int_a^b P(x)\mathrm{d}x &= \frac{b-a}{6}\left[P(a) + 4P\left(\frac{a+b}{2}\right) + P(b)\right] \\ &= \frac{b-a}{6}\left[f(a) + 4f\left(\frac{a+b}{2}\right) + f(b)\right] = S. \end{aligned}$$

故 Simpson 公式的余项为

$$\begin{aligned} R_S &= \int_a^b f(x)\mathrm{d}x - S = \int_a^b [f(x) - P(x)]\mathrm{d}x \\ &= \int_a^b \frac{f^{(4)}(\xi)}{4!}(x-a)\left(x-\frac{a+b}{2}\right)^2(x-b)\mathrm{d}x. \end{aligned}$$

由于$(x-a)\left(x-\frac{a+b}{2}\right)^2(x-b)$在$[a,b]$上不变号(非正),设 $f(x) \in \boldsymbol{C}^4[a,b]$,由积分中值定理可得

$$R_S=\frac{f^{(4)}(\eta)}{4!}\int_a^b(x-a)\left(x-\frac{a+b}{2}\right)^2(x-b)\mathrm{d}x$$

$$=-\frac{1}{90}\left(\frac{b-a}{2}\right)^5 f^{(4)}(\eta),\quad \eta\in[a,b], \tag{6.2.14}$$

$n=4$ 的 Cotes 公式的余项为

$$R_C=-\frac{2(b-a)}{945}\left(\frac{b-a}{4}\right)^6 f^{(6)}(\eta),\quad \eta\in[a,b]. \tag{6.2.15}$$

6.2.3 Newton－Cotes 公式的数值稳定性

首先给出 Cotes 系数所满足的关系式.

定理 6.2.3 Cotes 系数满足下列关系式

$$\sum_{k=0}^{n}C_k^{(n)}=1,C_k^{(n)}=C_{n-k}^{(n)}\quad (k=0,1,\cdots,n).$$

证 因 Newton-Cotes 公式(6.2.8)当 $f(x)=1$ 时应余项 $R(f)=0$(或应准确成立),由此立即可知

$$\sum_{k=0}^{n}C_k^{(n)}=1 \tag{6.2.16}$$

成立.

由(6.2.7)可知

$$C_{n-k}^{(n)}=\frac{(-1)^k}{n\cdot(n-k)!\ k!}\int_0^n\prod_{\substack{j=0\\ j\neq n-k}}^{n}(t-j)\mathrm{d}t.$$

令 $t=n-S$ 作变换有

$$C_{n-k}^{(n)}=\frac{(-1)^k}{n\cdot(n-k)!\ k!}\int_n^0\prod_{\substack{j=0\\ j\neq n-k}}^{n}(n-S-j)(-\mathrm{d}S)$$

$$=\frac{(-1)^{k-n}}{n\cdot k!\ (n-k)!}\int_0^n\prod_{\substack{j=0\\ j\neq n-k}}^{n}[S-(n-j)]\mathrm{d}S$$

$$=\frac{(-1)^{n-k}}{n\cdot k!\ (n-k)!}\int_0^n\prod_{\substack{i=0\\ i\neq k}}^{n}(S-i)\mathrm{d}S=C_k^{(n)}.$$

下面讨论 Newton-Cotes 公式的数值稳定性,即讨论舍入误差对计算结果的影响.

设在节点 $x_k(k=0,1,\cdots,n)$ 处 $f(x)$ 的精确值为 $f(x_k)$，而实际参加运算的近似值为 $\tilde{f}(x_k)$，令

$$\varepsilon_k = f(x_k) - \tilde{f}(x_k) \quad (k=0,1,\cdots,n),$$

设

$$\varepsilon = \max_{0 \leqslant k \leqslant n} |\varepsilon_k|,$$

利用 Newton-Cotes 公式(6.2.8)求解，由此引起的计算结果的误差的绝对值为

$$\begin{aligned}|\delta_n| &= \left|(b-a)\sum_{k=0}^{n} C_k^{(n)} f(x_k) - (b-a)\sum_{k=0}^{n} C_k^{(n)} \tilde{f}(x_k)\right| \\ &= (b-a)\left|\sum_{k=0}^{n} C_k^{(n)} \varepsilon_k\right| \\ &\leqslant (b-a)\sum_{k=0}^{n} |C_k^{(n)}| \cdot |\varepsilon_k| \\ &\leqslant (b-a)\varepsilon \sum_{k=0}^{n} |C_k^{(n)}|.\end{aligned}$$

若 $C_k^{(n)}(k=0,1,\cdots,n)$ 同号，则有 $\sum\limits_{k=0}^{n} |C_k^{(n)}| = \left|\sum\limits_{k=0}^{n} C_k^{(n)}\right| = 1$，此时

$$|\delta_n| \leqslant (b-a)\varepsilon.$$

这表明，由输入数据 $f(x_k)$ 的误差 ε_k 引起的计算结果的误差被 $(b-a)\varepsilon$ 控制，此时，(6.2.8)是数值稳定的.

当 $C_k^{(n)}$ 不同号时，尽管 $\sum\limits_{k=0}^{n} C_k^{(n)} = 1$，但 $\sum\limits_{k=0}^{n} |C_k^{(n)}|$ 仍可能很大，并且 $\sum\limits_{k=0}^{n} |C_k^{(n)}|$ 随 n 的增大而增大，因此，这时稳定性得不到保证. 从表6.1可以看出，当 $n \geqslant 8$ 时，$C_k^{(n)}$ 不同号，故一般不采用 $n \geqslant 8$ 的 Newton-Cotes 公式.

6.3 复化求积法

6.3.1 复化求积方法的基本思想

若积分区间较长,直接利用梯形公式、Simpson 公式或 Cotes 公式计算,则误差较大,为了提高精度,通常采用复化求积方法.

具体方法是将区间$[a,b]$ n 等分,步长 $h=\frac{b-a}{n}$,分点坐标为 $x_k=a+kh$,$(k=0,1,\cdots,n)$,n 个小子区间为$[x_k,x_{k+1}]$,$(k=0,1,\cdots,n-1)$.在每个小子区间上应用上述公式求得积分的近似值 I_k,将 I_k 求和便得到复化求积公式.

$$\int_a^b f(x)\mathrm{d}x\approx\sum_{k=0}^{n-1} I_k. \tag{6.3.1}$$

6.3.2 几个常用的复化求积公式

1.复化梯形公式

在子区间$[x_k,x_{k+1}]$ $(k=0,1,\cdots,n-1)$上用梯形公式

$$\int_{x_k}^{x_{k+1}} f(x)\mathrm{d}x\approx\frac{h}{2}[f(x_k)+f(x_{k+1})]$$

代入式(6.3.1)整理后得

$$\int_a^b f(x)\mathrm{d}x\approx\frac{h}{2}\left[f(a)+2\sum_{k=1}^{n-1} f(x_k)+f(b)\right]. \tag{6.3.2}$$

式(6.3.2)称为复化梯形公式.令

$$T_n=\frac{h}{2}\left[f(a)+2\sum_{k=1}^{n-1} f(x_k)+f(b)\right], \tag{6.3.3}$$

下面讨论复化梯形公式(6.3.2)的余项.

由式(6.2.13)知

$$R(f)=\int_a^b f(x)\mathrm{d}x-T_n=\sum_{k=0}^{n-1}\left[\int_{x_k}^{x_{k+1}} f(x)\mathrm{d}x-I_k\right]$$

$$= \sum_{k=0}^{n-1}\left[-\frac{f''(\eta_k)}{12}h^3\right].$$

其中 $\eta_k \in [x_k, x_{k+1}]$，设 $f(x) \in \boldsymbol{C}^2[a,b]$，由连续函数的性质知存在 $\xi \in [a,b]$，使得 $\frac{1}{n}\sum_{k=0}^{n-1} f''(\eta_k) = f''(\xi)$，注意 $nh = b-a$，故

$$R(f) = \int_a^b f(x)\mathrm{d}x - T_n = -\frac{b-a}{12}h^2 f''(\xi), \quad \xi \in [a,b]. \tag{6.3.4}$$

2. 复化 Simpson 公式

设子区间 $[x_k, x_{k+1}]$ $(k=0,1,\cdots,n-1)$ 的中点为 $x_{k+\frac{1}{2}}$，在小子区间上用 Simpson 公式作和，经整理后得到复化 Simpson 公式

$$\int_a^b f(x)\mathrm{d}x \approx \frac{h}{6}\left[f(a) + 4\sum_{k=0}^{n-1} f(x_{k+\frac{1}{2}}) + 2\sum_{k=1}^{n-1} f(x_k) + f(b)\right]. \tag{6.3.5}$$

令

$$S_n = \frac{h}{6}\left[f(a) + 4\sum_{k=0}^{n-1} f(x_{k+\frac{1}{2}}) + 2\sum_{k=1}^{n-1} f(x_k) + f(b)\right], \tag{6.3.6}$$

设 $f(x) \in C^4[a,b]$，类似地由式(6.2.14)可导出复化 Simpson 公式的余项为

$$R(f) = \int_a^b f(x)\mathrm{d}x - S_n = -\frac{b-a}{180}\left(\frac{h}{2}\right)^4 f^{(4)}(\xi), \xi \in [a,b]. \tag{6.3.7}$$

3. 复化 Cotes 公式

将子区间 $[x_k, x_{k+1}]$ 四等分，设分点依次为 $x_{k+\frac{1}{4}}, x_{k+\frac{1}{2}}, x_{k+\frac{3}{4}}$，在子区间 $[x_k, x_{k+1}]$，$(k=0,1,\cdots,n-1)$ 上用 Cotes 公式作和，经整理后得到复化 Cotes 公式

$$\int_a^b f(x)\mathrm{d}x \approx \frac{h}{90}\left[7f(a) + 32\sum_{k=0}^{n-1} f(x_{k+\frac{1}{4}}) + 12\sum_{k=0}^{n-1} f(x_{k+\frac{1}{2}}) + 32\sum_{k=0}^{n-1} f(x_{k+\frac{3}{4}}) + 14\sum_{k=1}^{n-1} f(x_k) + 7f(b)\right]. \tag{6.3.8}$$

令

$$C_n = \frac{h}{90}\left[7f(a) + 32\sum_{k=0}^{n-1} f(x_{k+\frac{1}{4}}) + 12\sum_{k=0}^{n-1} f(x_{k+\frac{1}{2}})\right.$$

$$\left. + 32\sum_{k=0}^{n-1} f(x_{k+\frac{3}{4}}) + 14\sum_{k=1}^{n-1} f(x_k) + 7f(b)\right], \tag{6.3.9}$$

设 $f(x)\in C^6[a,b]$，由式(6.2.15)可知复化 Cotes 公式的余项为

$$R(f) = \int_a^b f(x)\mathrm{d}x - C_n = -\frac{2(b-a)}{945}\left(\frac{h}{4}\right)^6 f^{(6)}(\xi), \quad \xi\in[a,b], \tag{6.3.10}$$

例 6.3.1 用复化梯形公式计算 $\int_0^{\pi}\sin x\,\mathrm{d}x$，为使误差不超过 10^{-5}，需要将 $[0,\pi]$ 分为多少等份？

解 利用式(6.3.4)

$$|R(f)| = \left|-\frac{b-a}{12}h^2 f''(\xi)\right| \leqslant \frac{\pi}{12}\left(\frac{\pi}{n}\right)^2 \cdot \max_{0\leqslant x\leqslant\pi}|-\sin x|$$

$$= \frac{\pi}{12}\left(\frac{\pi}{n}\right)^2 \leqslant 10^{-5},$$

于是有
$$n^2 \geqslant \frac{\pi^3}{12}\times 10^5.$$

故 $n\geqslant 509$，即至少需将 $[0,\pi]$ 分为 509 份.

关于复化求积公式的收敛阶有如下的定义.

定义 6.3.1 若某复化求积公式 $I_n(f)$ 满足

$$\lim_{h\to 0}\frac{I(f)-I_n(f)}{h^P} = C\neq 0 \quad (C\text{ 为定数}),$$

则称该求积公式 $I_n(f)$ 是 P 阶收敛的.

由(6.3.4)，(6.3.7)，(6.3.10)可知：复化梯形公式，复化 Simpson 公式和复化 Cotes 公式分别为 2 阶，4 阶，6 阶收敛的.

设 $f(x)\in C[a,b]$，易证明 T_n, S_n, C_n 当 $h\to 0$（且 $n\to\infty$）时均收敛于 $\int_a^b f(x)\mathrm{d}x$. 仅就 S_n 说明此问题.

将复化 Simpson 公式(6.3.6)改写为

$$S_n = \frac{1}{6}\sum_{k=0}^{n-1} f(x_k)h + \frac{4}{6}\sum_{k=0}^{n-1} f(x_{k+\frac{1}{2}})h + \frac{1}{6}\sum_{k=1}^{n} f(x_k)h.$$

因为 $f(x)\in C[a,b]$,所以有

$$\lim_{\substack{h\to 0\\(n\to\infty)}} S_n = \frac{1}{6}\lim_{\substack{h\to 0\\(n\to\infty)}}\sum_{k=0}^{n-1} f(x_k)h + \frac{4}{6}\lim_{\substack{h\to 0\\(n\to\infty)}}\sum_{k=0}^{n-1} f(x_{k+\frac{1}{2}})h + \frac{1}{6}\lim_{\substack{h\to 0\\(n\to\infty)}}\sum_{k=1}^{n} f(x_k)h$$

$$= \frac{1}{6}\int_a^b f(x)\mathrm{d}x + \frac{4}{6}\int_a^b f(x)\mathrm{d}x + \frac{1}{6}\int_a^b f(x)\mathrm{d}x = \int_a^b f(x)\mathrm{d}x.$$

类似地可证明 T_n, C_n 也收敛于$\int_a^b f(x)\mathrm{d}x$.

例 6.3.2 利用复化求积公式计算积分

$$I = \int_0^1 \frac{4}{1+x^2}\mathrm{d}x.$$

解 (1) 将区间[0,1]8 等分,步长 $h=\frac{1}{8}$,分点 $x_k=\frac{1}{8}k \quad (k=0,1,\cdots,8)$,令 $f(x)=\frac{4}{1+x^2}$,采用复化梯形公式(6.3.2)计算,求得

$$I\approx T_8 = \frac{1}{2\times 8}\left[f(0)+2\sum_{k=1}^{7} f(x_k)+f(1)\right] = 3.138\,988;$$

(2) 将区间[0,1]4 等分,步长 $h=\frac{1}{4}$,采用复化 Simpson 公式(6.3.5)计算,仍然利用原来 9 个分点处的函数值,求得

$$I\approx S_4 = \frac{1}{4\times 6}\left[f(0)+4\sum_{k=0}^{3} f(x_{k+\frac{1}{2}})+2\sum_{k=1}^{3} f(x_k)+f(1)\right]$$

$$= \frac{1}{24}\left\{f(0)+4\left[f\left(\frac{1}{8}\right)+f\left(\frac{3}{8}\right)+f\left(\frac{5}{8}\right)+f\left(\frac{7}{8}\right)\right]\right.$$

$$\left.+2\left[f\left(\frac{1}{4}\right)+f\left(\frac{1}{2}\right)+f\left(\frac{3}{4}\right)\right]+f(1)\right\} = 3.141\,593.$$

这两种方法计算量基本相同(都是利用 9 个分点处的函数值计算),但所得到的结果与积分的真值 $\pi=3.14159265\cdots$ 比较,可以看出复化 Simpson 公式求得的结果要精确得多.

6.4 变步长的梯形公式与 Romberg 算法

6.4.1 变步长的梯形公式

复化求积公式称为定步长的求积公式，它对提高精度是行之有效的. 但对于给定的精度，要确定一个合适的步长往往难以办到，这是因为余项公式中包含有被积函数的高阶导数，具体计算时难免会遇到困难. 因此实际上一般常采用变步长的求积公式. 即让步长逐次折半(步长对分)的过程中，反复使用复化求积公式进行计算，直到相邻两次计算结果之差的绝对值小于允许精度 ε 的要求时终止计算，这种方法称为变步长的求积方法.

例如，对于积分

$$I(f)=\int_a^b f(x)\mathrm{d}x$$

采用变步长的梯形公式进行计算.

将区间 $[a,b]$ n 等分，步长 $h=\dfrac{b-a}{n}$，分点为

$$x_k=a+kh \quad (k=0,1,\cdots,n),$$

按复化梯形公式

$$T_n=\frac{h}{2}\sum_{k=0}^{n-1}[f(x_k)+f(x_{k+1})]$$

计算，需调用 $n+1$ 个函数值.

现在将步长 h 折半，再将上述每个子区间 $[x_k,x_{k+1}]$ $(k=0,1,\cdots,n-1)$ 对分一次，分点增至 $2n+1$ 个，设上述小子区间的中点为

$$x_{k+\frac{1}{2}}=\frac{x_k+x_{k+1}}{2},$$

在 $[x_k,x_{k+1}]$ 上用复化梯形公式并求和得

$$T_{2n}=\sum_{k=0}^{n-1}\frac{h}{4}[f(x_k)+2f(x_{k+\frac{1}{2}})+f(x_{k+1})]$$

$$= \frac{h}{4}\sum_{k=0}^{n-1}[f(x_k)+f(x_{k+1})]+\frac{h}{2}\sum_{k=0}^{n-1}f(x_{k+\frac{1}{2}}),$$

从而有

$$T_{2n}=\frac{1}{2}T_n+\frac{h}{2}\sum_{k=0}^{n-1}f(x_{k+\frac{1}{2}}). \tag{6.4.1}$$

式(6.4.1)称为变步长的梯形公式.即在求 T_{2n}时,可以利用前面已求出的结果 T_n,剩下的仅仅需要求出 n 个新分点处的函数值$f(x_{k+\frac{1}{2}})$,$(k=0,1,\cdots,n-1)$计算式(6.4.1)的后一项即可.

为了便于编程序,通常将区间$[a,b]$的等分数依次取为

$$1=2^0,2=2^1,4=2^2,\cdots$$

并用

$$|T_{2^k}-T_{2^{k-1}}|<\varepsilon \quad (\varepsilon\text{ 为预给精度})$$

来控制二分次数,当满足上面要求时,终止计算,输出 T_{2^k} 作为所求积分的近似值,否则再对分积分区间.

例 6.4.1 用变步长的梯形公式计算

$$I=\int_0^1\frac{\sin x}{x}\mathrm{d}x.$$

解 对于 $f(x)=\dfrac{\sin x}{x}$,定义 $f(0)=1$,首先在区间$[0,1]$上用梯形公式求得

$$T_1=\frac{1}{2}[f(0)+f(1)]=0.920\ 735\ 5,$$

将$[0,1]$对分,其中点函数值 $f\left(\dfrac{1}{2}\right)=0.958\ 851\ 0$,由(6.4.1)有

$$T_2=\frac{1}{2}T_1+\frac{1}{2}f\left(\frac{1}{2}\right)=0.939\ 793\ 3.$$

如此继续下去,将计算结果列于表 6.2

表 6.2

k	T_n	k	T_n
0	0.920 735 5	6	0.946 076 9
1	0.939 793 3	7	0.946 081 5
2	0.944 513 5	8	0.946 082 7
3	0.945 690 9	9	0.946 083 0
4	0.945 985 0	10	0.946 083 1
5	0.946 059 6		

从上表可看出,将积分区间对分了 10 次,求得 I 的近似值为 0.946 083 1(积分精确值为 0.946 083 1…),可见收敛速度比较缓慢.

类似地可导出变步长的 Simpson 公式.

6.4.2 Richardson 外推算法

若用一个步长为 h 的函数 $I_1(h)$ 去逼近问题 I,设其截断误差可表示为

$$I - I_1(h) = \alpha_1^{(1)} h^{P_1} + \alpha_2^{(1)} h^{P_2} + \cdots + \alpha_k^{(1)} h^{P_k} + \cdots, \tag{6.4.2}$$

其中 $\alpha_i^{(1)}, (i=1,2,\cdots)$ 是与 h 无关的常数,并且

$$0 < P_1 < P_2 < \cdots < P_{k-1} < P_k < \cdots,$$

由(6.4.2)可知 $I_1(h)$ 逼近 I 的误差为 $O(h^{P_1})$.

为了提高逼近的精度,选取 q 为满足 $1 - q^{P_1} \neq 0$ 的正数,在(6.4.2)中将 h 换为 qh,则有

$$I - I_1(qh) = \alpha_1^{(1)} (qh)^{P_1} + \alpha_2^{(1)} (qh)^{P_2} + \cdots + \alpha_k^{(1)} (qh)^{P_k} + \cdots. \tag{6.4.3}$$

式(6.4.2)两端同乘以 q^{P_1} 得

$$q^{P_1}[I - I_1(h)] = q^{P_1}[\alpha_1^{(1)} h^{P_1} + \alpha_2^{(1)} h^{P_2} + \cdots + \alpha_k^{(1)} h^{P_k} + \cdots],$$

式(6.4.3)减上式得

$$\begin{aligned}&(1 - q^{P_1}) I - [I_1(qh) - q^{P_1} I_1(h)] \\ &= \alpha_2^{(1)} (q^{P_2} - q^{P_1}) h^{P_2} + \cdots + \alpha_k^{(1)} (q^{P_k} - q^{P_1}) h^{P_k} + \cdots,\end{aligned}$$

上式两端同除以 $1 - q^{P_1}$ 得

$$I-\frac{I_1(qh)-q^{P_1}I_1(h)}{1-q^{P_1}}$$
$$=\alpha_2^{(1)}\frac{q^{P_2}-q^{P_1}}{1-q^{P_1}}h^{P_2}+\cdots+\alpha_k^{(1)}\frac{q^{P_k}-q^{P_1}}{1-q^{P_1}}h^{P_k}+\cdots,$$

令

$$I_2(h)=\frac{I_1(qh)-q^{P_1}I_1(h)}{1-q^{P_1}},$$
$$\alpha_2^{(2)}=\alpha_2^{(1)}\frac{q^{P_2}-q^{P_1}}{1-q^{P_1}},\cdots,$$
$$\alpha_k^{(2)}=\alpha_k^{(1)}\frac{q^{P_k}-q^{P_1}}{1-q^{P_1}},\cdots,$$

$\alpha_i^{(2)}(i=2,3,\cdots)$均为与 h 无关的常数,则有

$$I-I_2(h)=\alpha_2^{(2)}(h)^{P_2}+\alpha_3^{(2)}(h)^{P_3}+\cdots+\alpha_k^{(2)}(h)^{P_k}+\cdots.$$

$I_2(h)$逼近 I 的误差降低为$O(h^{P_2})$.如此继续.

一般地,选取 q 为满足 $1-q^{P_m}\neq 0,(m=1,2,\cdots)$的正数,由此得到序列

$$I_{m+1}(h)=\frac{I_m(qh)-q^{P_m}I_m(h)}{1-q^{P_m}}\quad(m=1,2,\cdots).\qquad(6.4.4)$$

则 $I_{m+1}(h)$逼近 I 的误差由下面的定理给出.

定理 6.4.1 设 $I_1(h)$逼近 I 的截断误差由式(6.4.2)给出,则由式(6.4.4)表示的 $I_{m+1}(h)$逼近 I 的截断误差为

$$I-I_{m+1}(h)=\alpha_{m+1}^{(m+1)}h^{P_{m+1}}+\alpha_{m+2}^{(m+1)}h^{P_{m+2}}+\cdots.$$

其中 $\alpha_i^{(m+1)}(i=m+1,m+2,\cdots)$是与 h 无关的常数.

此定理可以对 m 采用数学归纳法证明,此处从略.

这种利用序列$\{I_{m+1}(h)\}$逐步加速去逼近 I 的方法,称为 Richardson 外推算法.

6.4.3 Romberg 算法

Romberg 算法是利用变步长的梯形求积序列$\{T_{2^k}\}$外推加速去逼近积分真值的算法.

考虑积分

$$I=\int_a^b f(x)\mathrm{d}x,$$

由复化梯形公式有

$$I\approx T_n=\frac{h}{2}\left[f(a)+2\sum_{k=1}^{n-1}f(x_k)+f(b)\right],$$

现在将 T_n 记为 $T_1(h)$，即

$$T_1(h)=\frac{h}{2}\left[f(a)+2\sum_{k=1}^{n-1}f(x_k)+f(b)\right].$$

设 $f(x)$在区间$[a,b]$上任意次可微，根据 Euler-Maclaurin 公式有

$$I-T_1(h)=\alpha_1h^2+\alpha_2h^4+\cdots+\alpha_kh^{2k}+\cdots. \tag{6.4.5}$$

其中 $\alpha_k(k=1,2,\cdots)$是与 h 无关的常数. 于是可利用 Richardson 外推算法，选取 $q=\frac{1}{2}$，由式(6.4.4)有

$$T_{m+1}(h)=\frac{T_m\left(\frac{h}{2}\right)-\left(\frac{1}{2}\right)^{P_m}T_m(h)}{1-\left(\frac{1}{2}\right)^{P_m}},$$

由式(6.4.5)知，$P_m=2m$，$(m=1,2,\cdots)$，代入上式整理后得

$$T_{m+1}(h)=\frac{4^mT_m\left(\frac{h}{2}\right)-T_m(h)}{4^m-1}\quad(m=1,2,\cdots). \tag{6.4.6}$$

由定理 6.4.1 知 $T_{m+1}(h)$逼近 I 的误差为 $O(h^{2(m+1)})$，这种算法称为 Romberg 算法.

当 $m=1$ 时，由式(6.4.6)有

$$T_2(h)=\frac{4}{3}T_1\left(\frac{h}{2}\right)-\frac{1}{3}T_1(h), \tag{6.4.7}$$

则 $T_2(h)$逼近 I 的误差为 $O(h^4)$. 由 $T_1(h)=T_n$，显然 $T_1\left(\frac{h}{2}\right)=T_{2n}$，由式(6.3.3)及式(6.4.1)易知 $T_2(h)=S_n$，事实上

$$T_2(h)=\frac{4}{3}T_{2n}-\frac{1}{3}T_n=\frac{4}{3}\left[\frac{1}{2}T_n+\frac{h}{2}\sum_{k=0}^{n-1}f(x_{k+\frac{1}{2}})\right]-\frac{1}{3}T_n$$

$$=\frac{4h}{6}\sum_{k=0}^{n-1}f(x_{k+\frac{1}{2}})+\frac{1}{3}\cdot\frac{h}{2}\sum_{k=0}^{n-1}[f(x_k)+f(x_{k+1})]$$

$$=\frac{h}{6}\sum_{k=0}^{n-1}\left[f(x_k)+4f(x_{k+\frac{1}{2}})+f(x_{k+1})\right]=S_n,$$

故有

$$S_n=\frac{4}{3}T_{2n}-\frac{1}{3}T_n. \tag{6.4.8}$$

利用式(6.4.8)能从二分前后两个复化梯形值生成复化 Simpson 值 S_n,将误差由 $O(h^2)$变为 $O(h^4)$,从而提高了逼近精度.

当 $m=2$ 时,由式(6.4.6)知

$$T_3(h)=\frac{16}{15}T_2\left(\frac{h}{2}\right)-\frac{1}{15}T_2(h).$$

$T_3(h)$逼近 I 的误差为$O(h^6)$,且 $T_2(h)=S_n$,可知 $T_2\left(\frac{h}{2}\right)=S_{2n}$,可以证明 $T_3(h)=C_n$,故有

$$C_n=\frac{16}{15}S_{2n}-\frac{1}{15}S_n. \tag{6.4.9}$$

利用式(6.4.9)能从二分前后的两个复化 Simpson 值生成复化 Cotes 值 C_n,将误差由 $O(h^4)$变为 $O(h^6)$,逼近精度又一次得到提高.

当 $m=3$ 时,有

$$T_4(h)=\frac{64}{63}T_3\left(\frac{h}{2}\right)-\frac{1}{63}T_3(h).$$

由于 $T_3(h)=C_n$,可知 $T_3\left(\frac{h}{2}\right)=C_{2n}$,令 $R_n=T_4(h)$,则有

$$R_n=\frac{64}{63}C_{2n}-\frac{1}{63}C_n. \tag{6.4.10}$$

(6.4.10)称为 Romberg 公式,利用此公式能从二分前后的两个复化 Cotes 值生成 Romberg 值 R_n,由于 R_n 逼近 I 的误差为 $O(h^8)$,这样由式(6.4.10)将误差由 $O(h^6)$变为 $O(h^8)$.逼近精度再次得到提高.

这样,根据式(6.4.8),(6.4.9)和(6.4.10)从变步长的梯形序列$\{T_{2^k}\}$出发,可逐次求得 Simpson 序列$\{S_{2^k}\}$,Cotes 序列$\{C_{2^k}\}$,Romberg 序列$\{R_{2^k}\}$,利用 Romberg 序列还可以继续外推,但由于外推后构

造的新的求积序列与原来的序列差别不大,故通常只外推到 Romberg 序列为止.

Romberg 算法的计算过程见表 6.3.

表 6.3

k	T_{2^k}	$S_{2^{k-1}}$	$C_{2^{k-2}}$	$R_{2^{k-3}}$
0	①T_1			
1	②T_2	③S_1		
2	④T_4	⑤S_2	⑥C_1	
3	⑦T_8	⑧S_4	⑨C_2	⑩R_1
⋮	⋮	⋮	⋮	⋮

其中①～⑩表示计算顺序,k 代表二分次数.

如果 $f(x)$在区间$[a,b]$上充分光滑,可以证明表 6.3 中各列都收敛到积分$\int_a^b f(x)\mathrm{d}x$,所以当同一列中相邻两个数之差的绝对值小于预给精度 ε 时终止计算.

例 6.4.2 用 Romberg 算法计算例 6.4.1 中的积分.

解 由变步长梯形公式求得二分 3 次的复化梯形值 T_2, T_4, T_8,它们精度都很低.利用 Romberg 算法对其进行加工,将计算结果列于表 6-4 中.

表 6.4

k	T_{2^k}	$S_{2^{k-1}}$	$C_{2^{k-2}}$	$R_{2^{k-3}}$
0	0.920 735 5			
1	0.939 793 3	0.946 145 9		
2	0.944 513 5	0.946 086 9	0.946 083 0	
3	0.945 690 9	0.946 083 4	0.946 083 1	0.946 083 1

从上表可以看出,运用上述二分 3 次的复化梯形值,采用 Romberg 算法加速三次获得了例 6.4.1 需要二分 10 次才能获得的结果,因此加速效果是相当明显的.

6.5 Gauss 求积公式

6.5.1 Gauss 求积公式

设有插值型求积公式

$$\int_a^b f(x)\mathrm{d}x \approx \sum_{k=0}^{n} A_k f(x_k). \tag{6.5.1}$$

为了简化运算过程,可以首先任意给定求积节点 x_k(例如 Newton-Cotes 公式把区间$[a,b]$的等分点作为求积节点),这样就降低了所得求积公式的代数精度.

例 6.5.1 确定求积公式

$$\int_{-1}^{1} f(x)\mathrm{d}x \approx A_0 f(x_0) + A_1 f(x_1) \tag{6.5.2}$$

中的待定参数 A_0, A_1, x_0, x_1,并指出所确定的求积公式的代数精度.

解　方法一:如果限定求积节点 $x_0=-1, x_1=1$,可得插值型求积公式

$$\int_{-1}^{1} f(x)\mathrm{d}x \approx f(-1)+f(1).$$

此公式为梯形公式,具有 1 次代数精度.

方法二:将 A_0, A_1, x_0, x_1 均作为参数考虑,适当选择它们的值,为此令

$f(x)=1, x, x^2, x^3$ 时,使式(6.5.2)准确成立,则有下列非线性方程组

$$\begin{cases} A_0 + A_1 = 2, \\ A_0 x_0 + A_1 x_1 = 0, \\ A_0 x_0^2 + A_1 x_1^2 = \dfrac{2}{3}, \\ A_0 x_0^3 + A_1 x_1^3 = 0. \end{cases}$$

解得 $A_0 = A_1 = 1, x_0 = -\dfrac{\sqrt{3}}{3}, x_1 = \dfrac{\sqrt{3}}{3}$.代入式(6.5.2)有

$$\int_{-1}^{1} f(x)\mathrm{d}x \approx f\left(-\frac{\sqrt{3}}{3}\right) + f\left(\frac{\sqrt{3}}{3}\right).$$

由(6.2.2)可知此公式是插值型求积公式,并且具有 3 次代数精度.这表明对于 $n=1$ 的插值型求积公式(6.5.1)可适当选择求积节点和求积系数的值,使其代数精度达到 $2n+1=2\times1+1=3$ 次.

同理,对于一般插值型求积公式(6.5.1),只要适当选择 $2n+2$ 个待定参数 x_k 与 $A_k(k=0,1,\cdots,n)$的值,使其代数精度提高到 $2n+1$ 次也是完全可能的.

并且,对于插值型求积公式(6.5.1),设其代数精度为 m,可以证明:$n\leqslant m\leqslant 2n+1$.

事实上,由于(6.5.1)是插植型的,由定理 6.2.1 知其代数精度至少为 n 次,即 $m\geqslant n$.

另一方面,考虑

$$\omega_{n+1}(x) = \prod_{i=0}^{n}(x-x_i),$$

则

$$f(x) = \omega_{n+1}^2(x)$$

为 $2n+2$ 次多项式,并且由于 $f(x)$只在节点 $x_i\quad(i=0,1,\cdots,n)$处为零,在其他地方均大于零,故

$$\int_a^b f(x)\mathrm{d}x = \int_a^b \omega_{n+1}^2(x)dx > 0.$$

而

$$\sum_{k=0}^{n} A_k f(x_k) = \sum_{k=0}^{n} A_k \omega_{n+1}^2(x_k) = 0,$$

即对于 $2n+2$ 次多项式 $f(x)=\omega_{n+1}^2(x)$,式(6.5.1)不准确成立,可知其代数精度不会超过 $2n+1$ 次,即 $m\leqslant 2n+1$.

定义 6.5.1 若插值型求积公式(6.5.1)具有 $2n+1$ 次代数精度,则称该求积公式是 Gauss 求积公式,其相应的求积节点 $x_k(k=0,1,\cdots,n)$称为 Gauss 点.

确定 Gauss 求积公式的关键在于确定 Gauss 点.因为如果先确定

了 Gauss 点,再确定其求积系数 $A_k(k=0,1,\cdots,n)$时将变为解线性方程组.解线性方程组要比解非线性方程组方便得多.

关于 Ganss 点的求法,请见下面的定理.

定理 6.5.1 插值型求积公式(6.5.1)中的求积节点 $x_k(k=0,1,\cdots,n)$是 Gauss 点的充分必要条件是 $\omega_{n+1}(x)=\prod_{k=0}^{n}(x-x_k)$与任意次数不超过 n 的多项式 $P(x)$均正交,即满足

$$\int_a^b p(x)\omega_{n+1}(x)\mathrm{d}x=0. \tag{6.5.3}$$

证 **必要性**.设 $P(x)$是任意次数不超过 n 的多项式,插值型求积公式(6.5.1)中的节点 $x_k(k=0,1,\cdots,n)$是 Gauss 点,则(6.5.1)是 Gauss 求积公式.对于次数不超过 $2n+1$ 的多项式 $P(x)\omega_{n+1}(x)$应准确成立,从而

$$\int_a^b P(x)\omega_{n+1}(x)\mathrm{d}x=\sum_{k=0}^{n}A_kP(x_k)\omega_{n+1}(x_k)=0.$$

即 $\omega_{n+1}(x)$与任意次数不超过 n 的多项式$P(x)$均正交.

充分性.设 $\omega_{n+1}(x)$与任意次数不超过 n 的多项式$P(x)$均正交,即式(6.5.3)成立.

任取次数不超过 $2n+1$ 的多项式 $f(x)$,用 $f(x)$除以 $\omega_{n+1}(x)$,记商式为 $P(x)$,余式为 $Q(x)$,$P(x)$与 $Q(x)$均为不超过 n 次的多项式.则

$$f(x)=P(x)\omega_{n+1}(x)+Q(x), \tag{6.5.4}$$

对上式两边在区间$[a,b]$上积分,由式(6.5.3)有

$$\int_a^b f(x)\mathrm{d}x=\int_a^b Q(x)\mathrm{d}x. \tag{6.5.5}$$

由于插值型求积公式至少具有 n 次代数精度,故式(6.5.1)对于$Q(x)$应准确,于是有

$$\int_a^b Q(x)\mathrm{d}x=\sum_{k=0}^{n}A_kQ(x_k). \tag{6.5.6}$$

由(6.5.4)可知

$$Q(x_k)=f(x_k)\quad(k=0,1,\cdots,n).$$

代入式(6.5.6)可得

$$\int_a^b Q(x)\mathrm{d}x=\sum_{k=0}^{n}A_kf(x_k).$$

由式(6.5.5)可知

$$\int_a^b f(x)\mathrm{d}x=\sum_{k=0}^{n}A_kf(x_k).$$

即式(6.5.1)对任意次数不超过 $2n+1$ 的多项式 $f(x)$ 都准确成立.所以该求积公式是 Gauss 求积公式,其相应的求积节点 $x_k(k=0,1,\cdots,n)$ 是 Gauss 点.

由正交多项式的性质可知,$n+1$ 次正交多项式 $g_{n+1}(x)$ 在区间 (a,b) 内有 $n+1$ 个互异的实零点 $x_k(k=0,1,\cdots,n)$,所以有

$$g_{n+1}(x)=a_{n+1}\omega_{n+1}(x)=a_{n+1}\prod_{k=0}^{n}(x-x_k).$$

其中 $a_{n+1}\neq 0$ 为 $g_{n+1}(x)$ 的最高次项(首项)系数.又因为

$$\omega_{n+1}(x)=\frac{1}{a_{n+1}}g_{n+1}(x)$$

也是 $[a,b]$ 上的 $n+1$ 次正交多项式,由正交多项式的性质知 $\omega_{n+1}(x)=\frac{1}{a_{n+1}}g_{n+1}(x)$ 在区间 $[a,b]$ 上与任意次数不超过 n 的多项式 $P(x)$ 均正交,按定理 6.5.1,$\omega_{n+1}(x)$ 的零点,亦即 $g_{n+1}(x)$ 的零点 $x_k(k=0,1,\cdots,n)$ 即为 Gauss 点,于是有如下的推论.

推论 6.5.1　在区间 $[a,b]$ 上 $n+1$ 次正交多项式 $g_{n+1}(x)$ 的零点即为 Gauss 点.

6.5.2　Gauss-Legendre **求积公式**

由于 Legendre 多项式 $\mathrm{P}_n(x)$ 是 $[-1,1]$ 上的正交多项式,权函数 $\rho(x)=1$.由推论 6.5.1,$n+1$ 次 Legendre 多项式

$$\mathrm{P}_{n+1}(x)=\frac{1}{2^{n+1}(n+1)!}\frac{\mathrm{d}^{n+1}}{\mathrm{d}x^{n+1}}(x^2-1)^{n+1}\tag{6.5.7}$$

的零点即为 Gauss 点.故有如下结论.

以 $P_{n+1}(x)$的零点 $x_k(k=0,1,\cdots,n)$为求积节点,建立的 Gauss 求积公式

$$\int_{-1}^{1} f(x)\mathrm{d}x \approx \sum_{k=0}^{n} A_k f(x_k) \tag{6.5.8}$$

称为 Gauss-Legendre 求积公式.

设$P_{n+1}(x)$的首项系数为 A_{n+1},则 $P_{n+1}(x) = A_{n+1}\omega_{n+1}(x) = A_{n+1}\prod_{k=0}^{n}(x-x_k)$,其中 $x_k \quad (k=0,1,\cdots,n)$为 $P_{n+1}(x)$的零点,由于

$$\frac{P_{n+1}(x)}{P_{n+1}'(x_k)} = \frac{A_{n+1}\omega_{n+1}(x)}{A_{n+1}\omega'_{n+1}(x_k)} = \frac{\omega_{n+1}(x)}{\omega_{n+1}'(x_k)},$$

因 Gauss 求积公式也是插值型的,故其求积系数

$$\begin{aligned} A_k &= \int_{-1}^{1} l_k(x)\mathrm{d}x = \int_{-1}^{1} \frac{\omega_{n+1}(x)}{(x-x_k)\omega'_{n+1}(x_k)}\mathrm{d}x \\ &= \int_{-1}^{1} \frac{P_{n+1}(x)}{(x-x_k)P'_{n+1}(x_k)}\mathrm{d}x. \end{aligned} \tag{6.5.9}$$

即 Gauss-Legendre 求积公式(6.5.8)的求积系数由式(6.5.9)确定.

例 6.5.2 求一点及两点 Gauss-Legendre 求积公式.

解 因为一次 Legendre 多项式 $P_1(x)=x$ 的零点为 $x_0=0$,取其为求积节点,构造的 Gauss-Legendre 求积公式形如

$$\int_{-1}^{1} f(x)\mathrm{d}x \approx A_0 f(0),$$

可由式(6.5.9)确定出 $A_0=2$.或者因为它具有一次代数精度,故对 $f(x)=1$ 应准确,由此确定出 A_0 的值同上.从而得到一点 Gauss-Legandre 求积公式为

$$\int_{-1}^{1} f(x)\mathrm{d}x \approx 2f(0). \tag{6.5.10}$$

因二次 Legendre 多项式为 $P_2(x)=\frac{1}{2}(3x^2-1)$,它有两个零点

$\pm\frac{\sqrt{3}}{3}$,取它们为求积节点,构造的 Gauss-Legendre 求积公式形如

$$\int_{-1}^{1} f(x)\mathrm{d}x \approx A_0 f\left(-\frac{\sqrt{3}}{3}\right) + A_1 f\left(\frac{\sqrt{3}}{3}\right).$$

类似地可求得 $A_0 = A_1 = 1$,于是有两点 Gauss-Legendre 求积公式

$$\int_{-1}^{1} f(x)\mathrm{d}x \approx f\left(-\frac{\sqrt{3}}{3}\right) + f\left(\frac{\sqrt{3}}{3}\right). \tag{6.5.11}$$

为了便于应用,表 6.5 给出了 1~5 个节点的 Gauss-Legendre 求积公式的求积节点和求积系数,据此可以方便地写出相应的 Gauss-Legendre 求积公式.

表 6.5

n	x_k	A_k
0	0.000 000 0	2.000 000 0
1	±0.577 350 3	1.000 000 0
2	±0.774 596 7 0.000 000 0	0.555 555 6 0.888 888 9
3	±0.861 136 3 ±0.339 881 0	0.347 8548 0.652 145 2
4	±0.906 179 8 ±0.538 469 3 0.000 000 0	0.236 926 9 0.478 628 7 0.568 888 9

如果积分区间为$[a, b]$,则令

$$x = \frac{b-a}{2}t + \frac{b+a}{2},$$

于是

$$\int_a^b f(x)\mathrm{d}x = \frac{b-a}{2}\int_{-1}^{1} f\left(\frac{b-a}{2}t + \frac{b+a}{2}\right)\mathrm{d}t.$$

对上式右端的积分可采用 Gauss-Legendre 求积公式进行计算.

例如,相应的两点 Gauss-Legendre 求积公式为

$$\int_a^b f(x)\mathrm{d}x \approx \frac{b-a}{2}\left\{ f\left[\frac{b-a}{2}\left(-\frac{\sqrt{3}}{3}\right) + \frac{b+a}{2}\right]\right.$$

$$+f\left[\frac{b-a}{2}\left(\frac{\sqrt{3}}{3}\right)+\frac{b+a}{2}\right]\bigg\},$$

由表 6.5 可以写出三点 Gauss-Legendre 求积公式

$$\int_{-1}^{1} f(x)\mathrm{d}x \approx 0.555\,555\,6 f(-0.774\,596\,7)$$

$$+0.888\,888\,9 f(0)+0.555\,555\,6 f(0.774\,596\,7). \qquad (6.5.12)$$

例 6.5.3 用三点 Gauss-Legendre 求积公式计算例 6.4.1 中的积分.

解 令 $x=\frac{1}{2}(t+1)$,则

$$\int_0^1 \frac{\sin x}{x}\mathrm{d}x=\int_{-1}^{1}\frac{\sin\frac{1}{2}(t+1)}{t+1}\mathrm{d}t$$

$$\approx 0.555\,555\,6\left[\frac{\sin\frac{1}{2}(-0.774\,596\,7+1)}{-0.774\,596\,7+1}\right]$$

$$+0.888\,888\,9\sin\frac{1}{2}+0.555\,555\,6\left[\frac{\sin\frac{1}{2}(0.774\,596\,7+1)}{0.774\,596\,7+1}\right]$$

$$=0.946\,083\,1$$

与精确值 0.946 083 1…比较,可知 Gauss 求积公式精度很高.

例 6.5.4 构造 $\int_2^6 f(x)\mathrm{d}x$ 的 Gauss-Legendre 求积公式,使其具有 7 次代数精度.

解 由 $2n+1=7$,求得 $n=3$,这表明有 4 个求积节点,3 个小区间.作变量置换令

$$x=2t+4,$$

则有

$$\int_2^6 f(x)\mathrm{d}x=2\int_{-1}^{1} f(2t+4)\mathrm{d}t\approx 2\sum_{k=0}^{3}A_k f(2t_k+4).$$

由表 6.5 有

$$\int_2^6 f(x)\,\mathrm{d}x \approx 2\{0.347\,854\,8 f[2(-0.861\,136\,3)+4]+$$

$0.3478548f[2(0.8611363)+4]+0.6521452f[2(-0.3398810)+4]+0.6521452f[2(0.3398810)+4]\}$.

对于 $\int_a^b f(x)\mathrm{d}x$ 也可采用复化 Gauss-Legendre 求积公式. 首先将 $[a,b]$ n 等分,分点为 $x_k=a+kh(k=0,1,\cdots,n)$,步长 $h=\frac{b-a}{n}$,子区间为 $[x_k,x_{k+1}]$,$(k=0,1,\cdots,n)$. 如在子区间 $[x_k,x_{k+1}]$ 上用两点 Gauss-Legendre 求积公式.

$$\int_{x_k}^{x_{k+1}} f(x)\mathrm{d}x \approx \frac{x_{k+1}-x_k}{2}\left\{f\left[\frac{x_k+x_{k+1}}{2}-\frac{x_{k+1}-x_k}{2}\left(\frac{1}{\sqrt{3}}\right)\right]\right.$$
$$\left.+f\left[\frac{x_k+x_{k+1}}{2}+\frac{x_{k+1}-x_k}{2}\left(\frac{1}{\sqrt{3}}\right)\right]\right\},$$

则在 $[a,b]$ 上的复化 Gauss-Legendre 求积公式为

$$\int_a^b f(x)\mathrm{d}x=\sum_{k=0}^{n-1}\int_{x_k}^{x_{k+1}} f(x)\mathrm{d}x$$
$$\approx \frac{h}{2}\sum_{k=0}^{n-1}\left[f\left(\frac{x_k+x_{k+1}}{2}-\frac{h}{2\sqrt{3}}\right)+f\left(\frac{x_k+x_{k+1}}{2}+\frac{h}{2\sqrt{3}}\right)\right].$$

6.5.3 带权的 Gauss 求积公式

考虑带权的积分 $\int_a^b \rho(x)f(x)\mathrm{d}x$,其中 $\rho(x)\geqslant 0$ 为权函数. 若 $\rho(x)=1$,即为通常的积分.

设 $f(x)$ 在插值节点

$$a\leqslant x_0<x_1<\cdots\leqslant x_n\leqslant b$$

处的函数值为 $f(x_k)$ $(k=0,1,\cdots,n)$,作 n 次 Lagrange 插值多项式,

$$L_n(x)=\sum_{k=0}^{n} l_k(x)f(x_k). \tag{6.5.13}$$

其中

$l_k(x)=\prod\limits_{\substack{j=0\\ j\neq k}}^{n}\frac{x-x_j}{x_k-x_j}$ 为 n 次 Lagrange 插值基函数,则

$$\int_a^b \rho(x)f(x)\mathrm{d}x \approx \int_a^b \rho(x)L_n(x)\mathrm{d}x$$
$$= \int_a^b \rho(x)\left[\sum_{k=0}^{n} l_k(x)f(x_k)\right]\mathrm{d}x.$$

从而有

$$\int_a^b \rho(x)f(x)\mathrm{d}x \approx \sum_{k=0}^{n} A_k f(x_k). \tag{6.5.14}$$

其中

$$A_k = \int_a^b \rho(x)l_k(x)\mathrm{d}x. \tag{6.5.15}$$

(6.5.14)称为带权的插值求积公式,其求积系数由式(6.5.15)表示.

定义 6.5.2 若插值型求积公式(6.5.14)具有 $2n+1$ 次代数精度,则称(6.5.14)为 Gauss 求积公式,其求积节点 $x_k(k=0,1,\cdots,n)$称为 Gauss 点.

和定理 6.5.1 类似,有如下的定理.

定理 6.5.2 插值求积公式(6.5.14)中的节点 $x_k(k=0,1,\cdots,n)$ 是 Gauss 点的充分必要条件是 $\omega_{n+1}(x)=\prod_{k=0}^{n}(x-x_k)$与任意次数不超过 n 的多项式 $P(x)$均在区间$[a,b]$上带权 $\rho(x)$正交,即满足

$$\int_a^b \rho(x)P(x)\omega_{n+1}(x)\mathrm{d}x = 0.$$

此定理的证明与定理 6.5.1 类同且有如下推论.

推论 6.5.2 在区间$[a,b]$上带权 $\rho(x)$的 $n+1$ 次正交多项式 $g_{n+1}(x)$的零点即为 Gauss 点.

1. Gauss-Чебышев 求积公式

在区间$[-1,1]$上,取 $\rho(x)=\dfrac{1}{\sqrt{1-x^2}}$,建立的 Gauss 求积公式

$$\int_{-1}^{1} \frac{1}{\sqrt{1-x^2}} f(x)\mathrm{d}x \approx \sum_{k=0}^{n} A_k f(x_k), \tag{6.5.16}$$

称为 Gauss-Чебышев 求积公式,其 Gauss 点为 n+1 次 Чебышев 多项式 $T_{n+1}(x)$的零点

$$x_k = \cos\left(\frac{2k+1}{2n+2}\pi\right) \quad (k=0,1,\cdots,n). \tag{6.5.17}$$

按式(6.5.15)可以证明其求积系数

$$A_k = \frac{\pi}{n+1} \quad (k=0,1,\cdots,n). \tag{6.5.18}$$

将上式带入式(6.5.16)得到 Gauss-Чебышев 求积公式

$$\int_{-1}^{1} \frac{1}{\sqrt{1-x^2}} f(x)\mathrm{d}x \approx \frac{\pi}{n+1}\sum_{k=0}^{n} f(x_k). \tag{6.5.19}$$

例如，二次 Чебышев 多项式 $T_2(x) = 2x^2 - 1$ 的零点为 $\pm\frac{1}{\sqrt{2}}$，取它们为求积节点，由(6.5.18)可得求积系数 $A_0 = A_1 = \frac{\pi}{2}$，于是得到两点 Gauss-Чебышев 求积公式为

$$\int_{-1}^{1} \frac{1}{\sqrt{1-x^2}} f(x)\mathrm{d}x \approx \frac{\pi}{2}\left[f\left(-\frac{1}{\sqrt{2}}\right) + f\left(\frac{1}{\sqrt{2}}\right)\right].$$

类似地，有三点 Gauss-Чебышев 求积公式

$$\int_{-1}^{1} \frac{1}{\sqrt{1-x^2}} f(x)\mathrm{d}x \approx \frac{\pi}{3}\left[f\left(-\frac{\sqrt{3}}{2}\right) + f(0) + f\left(\frac{\sqrt{3}}{2}\right)\right].$$

2. Gauss-Laguerre 求积公式与 Gauss-Hermite 求积公式

在区间$[0,+\infty)$上，取权函数 $\rho(x) = \mathrm{e}^{-x}$，建立的 Gauss 求积公式

$$\int_{0}^{+\infty} \mathrm{e}^{-x} f(x)\mathrm{d}x \approx \sum_{k=0}^{n} A_k f(x_k) \tag{6.5.20}$$

称为 Gauss-Laguerre 求积公式，其 Gauss 点为 $n+1$ 次 Laguerre 正交多项式的零点.

在区间$(-\infty,+\infty)$上，取权函数 $\rho(x) = \mathrm{e}^{-x^2}$ 建立的 Gauss 求积公式

$$\int_{-\infty}^{+\infty} \mathrm{e}^{-x^2} f(x)\mathrm{d}x \approx \sum_{k=0}^{n} A_k f(x_k), \tag{6.5.21}$$

称为 Gauss-Harmite 求积公式，其 Gauss 点为 $n+1$ 次 Hermite 正交多项式的零点.

显然，仅对于某些特殊的区间，特殊的权函数可以利用正交多项式

的零点来确定 Gauss 点，而构造 Gauss 求积公式的更一般的方法则是待定系数法，即建立关于 A_k 和 x_k 的非线性方程组求解；或直接利用定理 6.5.1、定理 6.5.2 首先确定 Gauss 点，而后再确定求积系数.

6.5.4 Gauss 求积公式的收敛性与稳定性

首先讨论 Gauss 求积公式的余项.

定理 6.5.3 设函数 $f(x)\in C^{2n+2}[a,b]$，则 Gauss 求积公式(6.5.14)的余项为

$$R(f)=\int_a^b \rho(x)f(x)\mathrm{d}x-\sum_{k=0}^{n}A_kf(x_k)$$
$$=\frac{f^{(2n+2)}(\eta)}{(2n+2)!}\int_a^b \rho(x)\omega_{n+1}^2(x)\mathrm{d}x,\ \eta\in(a,b). \quad (6.5.22)$$

证 以 Gauss 求积公式(6.5.14)的节点(即 Gauss 点)$x_0,x_1,\cdots,x_n$ 为插值节点，作满足下列插值条件的次数不超过 $2n+1$ 次的 Hermite 插值多项式 $H(x)$

$$H(x_k)=f(x_k),H'(x_k)=f'(x_k)\quad (k=0,1,2,\cdots,n),$$

则插值余项

$$f(x)-H(x)=\frac{f^{(2n+2)}(\xi)}{(2n+2)!}\omega_{n+1}^2(x).$$

其中 $\xi\in(a,b)$且依赖于 x.对上式两端积分，则有

$$\int_a^b \rho(x)f(x)dx-\int_a^b \rho(x)H(x)\mathrm{d}x$$
$$=\int_a^b \rho(x)\frac{f^{(2n+2)}(\xi)}{(2n+2)!}\omega_{n+1}^2(x)\mathrm{d}x. \quad (6.5.23)$$

由于(6.5.14)是 Gauss 求积公式，应具有 $2n+1$ 次代数精度，故对 $H(x)$应准确成立，故有

$$\int_a^b \rho(x)H(x)\mathrm{d}x=\sum_{k=0}^{n}A_kH(x_k).$$

利用插值条件 $H(x_k)=f(x_k)\quad(k=0,1,\cdots,n)$，上式成为

$$\int_a^b \rho(x)H(x)\mathrm{d}x=\sum_{k=0}^{n}A_kf(x_k), \quad (6.5.24)$$

将上式代入式(6.5.23),则有

$$\int_a^b \rho(x) f(x) \mathrm{d}x - \sum_{k=0}^{n} A_k f(x_k) = \int_a^b \rho(x) \frac{f^{(2n+2)}(\xi)}{(2n+2)!} \omega_{n+1}^2(x) \mathrm{d}x.$$

因为 $\omega_{n+1}^2(x)$在$[a,b]$内保号,$\rho(x) \geqslant 0$,对上式右端的积分,运用积分中值定理有

$$\begin{aligned} R(f) &= \int_a^b \rho(x) f(x) \mathrm{d}x - \sum_{k=0}^{n} A_k f(x_k) \\ &= \frac{f^{(2n+2)}(\eta)}{(2n+2)!} \int_a^b \rho(x) \omega_{n+1}^2(x) \mathrm{d}x, \quad \eta \in (a,b). \end{aligned}$$

其次讨论 Gauss 求积公式的数值稳定性.为此首先研究 Gauss 求积公式求积系数的性质.

由于式(6.5.14)对于 $f(x)=1$ 准确成立,故有

$$\sum_{k=0}^{n} A_k = \int_a^b \rho(x) \mathrm{d}x. \tag{6.5.25}$$

又因为式(6.5.14)具有 $2n+1$ 次代数精度,故对于 $2n$ 次多项式 $l_k^2(x)$应准确成立,其中 $l_k(x)$ $(k=0,1,\cdots,n)$是以 Gauss 点 x_k $(k=0,1,\cdots,n)$为插值节点的 n 次 Lagrange 插值基函数.于是有

$$A_k = \sum_{j=0}^{n} A_j l_k^2(x_j) = \int_a^b \rho(x) l_k^2(x) \mathrm{d}x. \tag{6.5.26}$$

这是因为

$$l_k(x) = \prod_{\substack{j=0 \\ j \neq k}}^{n} \frac{x - x_j}{x_k - x_j}, \quad l_k(x_j) = \begin{cases} 1 & (k=j), \\ 0 & (k \neq j). \end{cases}$$

由于 $\rho(x) \geqslant 0$,利用(6.5.26)可知 $A_k > 0$ $(k=0,1,\cdots,n)$,即 Gauss 求积公式的求积系数都是正的.

下面讨论 Gauss 求积公式的数值稳定性.

设 $f(x_k)$的近似值为 $\bar{f}(x_k)$ $(k=0,1,\cdots,n)$,令

$$f(x_k) - \bar{f}(x_k) = \varepsilon_k \quad (k=0,1,\cdots,n),$$

记

$$\varepsilon = \max_{0 \leqslant k \leqslant n} |\varepsilon_k|.$$

由于 Gauss 求积公式求积系数 $A_k > 0$,则计算结果的误差

$$\delta = \left| \sum_{k=0}^{n} A_k f(x_k) - \sum_{k=0}^{n} A_k \bar{f}(x_k) \right| = \left| \sum_{k=0}^{n} A_k \varepsilon_k \right| \leqslant \sum_{k=0}^{n} A_k \mid \varepsilon_k \mid$$
$$\leqslant \varepsilon \cdot \sum_{k=0}^{n} A_k .$$

利用(6.5.25)可知

$$\delta \leqslant \varepsilon \int_a^n \rho(x) \mathrm{d}x = C\varepsilon . \tag{6.5.27}$$

其中

$$C = \int_a^b \rho(x) \mathrm{d}x$$

是一个常数.由(6.5.27)可知 Gauss 求积公式是数值稳定的.

最后讨论 Gauss 求积公式的收敛性,有如下的定理.

定理 6.5.4 对任意 $f(x) \in C[a,b]$,Gauss 求积公式均收敛,即有

$$\lim_{n \to \infty} \sum_{k=0}^{n} A_k f(x_k) = \int_a^b \rho(x) f(x) \mathrm{d}x .$$

证 因为 $f(x) \in C[a,b]$,由 Weierstrass 定理知对任意的 $\varepsilon > 0$,总存在一个多项式 $P(x)$,使得

$$\mid f(x) - P(x) \mid < \frac{\varepsilon}{2} \left[\int_a^b \rho(x) \mathrm{d}x \right]^{-1} . \tag{6.5.28}$$

不妨假定 $P(x)$ 为 m 次多项式,于是

$$\left| \int_a^b \rho(x) f(x) \mathrm{d}x - \sum_{k=0}^{n} A_k f(x_k) \right|$$
$$\leqslant \left| \int_a^b \rho(x) f(x) \mathrm{d}x - \int_a^b \rho(x) P(x) \mathrm{d}x \right|$$
$$+ \left| \int_a^b \rho(x) P(x) \mathrm{d}x - \sum_{k=0}^{n} A_k P(x_k) \right|$$
$$+ \left| \sum_{k=0}^{n} A_k P(x_k) - \sum_{k=0}^{n} A_k f(x_k) \right| .$$

由式(6.5.28)可知

$$\left| \int_a^b \rho(x) f(x) dx - \int_a^b \rho(x) P(x) \mathrm{d}x \right|$$

$$= \left| \int_a^b \rho(x) \left[f(x) - P(x) \right] \mathrm{d}x \right|$$

$$\leqslant \int_a^b \rho(x) \left| f(x) - P(x) \right| \mathrm{d}x \leqslant \frac{\varepsilon}{2}.$$

由于 Gauss 求积公式求积系数为正数，故由式(6.5.28)知

$$\left| \sum_{k=0}^{n} A_k P(x_k) - \sum_{k=0}^{n} A_k f(x_k) \right| \leqslant \sum_{k=0}^{n} A_k \left| f(x_k) - P(x_k) \right|$$

$$< \frac{\varepsilon}{2} \left[\int_a^b \rho(x) \mathrm{d}x \right]^{-1} \sum_{k=0}^{n} A_k = \frac{\varepsilon}{2}.$$

又因为 Gauss 求积公式具有 $2n+1$ 次代数精度，故只要 n 足够大，例如令 $2n+1 \geqslant m$ 或 $n \geqslant \left[\frac{m-1}{2} \right] = N$ 时，便有

$$\left| \int_a^b \rho(x) P(x) \mathrm{d}x - \sum_{k=0}^{n} A_k P(x_k) \right| = 0.$$

综上所述可知，当 $n \geqslant N$ 时有

$$\left| \int_a^b \rho(x) f(x) \mathrm{d}x - \sum_{k=0}^{n} A_k f(x_k) \right| < \frac{\varepsilon}{2} + 0 + \frac{\varepsilon}{2} = \varepsilon. \text{证毕.}$$

6.6 数值微分

本节讨论数值微分. 对于定义在区间$[a,b]$上，列表给出的函数 $y = f(x)$，即

x_k	x_0	x_1	x_2	…	x_n
$y_k = f(x_k)$	$f(x_0)$	$f(x_1)$	$f(x_2)$	…	$f(x_n)$

如何求函数 $f(x)$的导数?

6.6.1 插值型数值微分公式

由上述列表函数，可建立 $f(x)$的 n 次 Lagrange 插值公式 $L_n(x)$，并以 $f(x) \approx L_n(x)$，可得到插值型数值微分公式

$$f'(x) \approx L'_n(x), \tag{6.6.1}$$

$$f^{(m)}(x) \approx L_n^{(m)}(x) \quad (m=2,3,\cdots). \tag{6.6.2}$$

应当说明,即使 $L_n(x)$ 与 $f(x)$ 近似程度很好,它们的导数在某些点上的差别仍然可能很大,故在使用数值微分公式时,要特别注意误差分析.

由于 Lagrange 插值公式 $L_n(x)$ 的余项为

$$f(x) - L_n(x) = \frac{f^{(n+1)}(\xi)}{(n+1)!}\omega_{n+1}(x). \tag{6.6.3}$$

其中 $\omega_{n+1}(x) = \prod_{k=0}^{n}(x - x_k)$,$\xi \in (a,b)$ 且依赖于 x.

对式(6.6.3)两边求导得

$$f'(x) - L'_n(x) = \frac{f^{(n+1)}(\xi)}{(n+1)!}\omega'_{n+1}(x) + \frac{\omega_{n+1}(x)}{(n+1)!}\frac{\mathrm{d}}{\mathrm{d}x}f^{(n+1)}(\xi). \tag{6.6.4}$$

由于 ξ 是 x 的未知函数,故(6.6.4)中第二项很难作出估计.但我们发现,当求插值节点 $x_k(k=0,1,\cdots,n)$ 处的导数时,因 $\omega_{n+1}(x_k)=0$,这时余项公式可表示为

$$\begin{aligned} R &= f'(x_k) - L'_n(x_k) = \frac{f^{(n+1)}(\xi)}{(n+1)!}\omega'_{n+1}(x_k) \\ &= \frac{f^{(n+1)}(\xi)}{(n+1)!}\prod_{\substack{j=0 \\ j\neq k}}^{n}(x_k - x_j). \end{aligned} \tag{6.6.5}$$

下面,我们在等距节点情况下,讨论函数 $f(x)$ 在插值节点处导数的求法.

6.6.2 两点数值微分公式

当 $n=1$ 时,即给出两个插值节点 x_0,x_1 上的函数值 $f(x_0)$,$f(x_1)$,要求 $f(x)$ 在 x_0,x_1 处的导数.由线性插值公式

$$L_1(x) = \frac{x - x_1}{x_0 - x_1}f(x_0) + \frac{x - x_0}{x_1 - x_0}f(x_1),$$

令 $h = x_1 - x_0$,将上式求导得

$$L'_1(x_0) = L'_1(x_1) = \frac{f(x_1) - f(x_0)}{h}.$$

由(6.6.5)得

$$f'(x_0)=\frac{f(x_1)-f(x_0)}{h}-\frac{h}{2}f''(\xi),\xi\in(x_0,x_1),\quad(6.6.6)$$

$$f'(x_1)=\frac{f(x_1)-f(x_0)}{h}+\frac{h}{2}f''(\xi),\xi\in(x_0,x_1).\quad(6.6.7)$$

(6.6.6),(6.6.7)称为带有余项的两点数值微分公式,若略去余项可得

$$f'(x_0)=f'(x_1)\approx\frac{f(x_1)-f(x_0)}{h},\quad(6.6.8)$$

则截断误差为 $O(h)$.

6.6.3 三点数值微分公式

当 $n=2$ 时,即给出三个等距节点 $x_k=x_0+kh$,$(k=0,1,2)$处的函数值 $f(x_k)$,作二次 Lagrange 插值多项式

$$L_2(x)=\frac{(x-x_1)(x-x_2)}{(x_0-x_1)(x_0-x_2)}f(x_0)$$

$$+\frac{(x-x_0)(x-x_2)}{(x_1-x_0)(x_1-x_2)}f(x_1)+\frac{(x-x_0)(x-x_1)}{(x_2-x_0)(x_2-x_1)}f(x_2).$$

上式对 x 求导数得

$$L'_2(x)=\frac{2x-x_1-x_2}{2h^2}f(x_0)-\frac{2x-x_0-x_2}{h^2}f(x_1)+\frac{2x-x_0-x_1}{2h^2}f(x_2),\quad(6.6.9)$$

从而有

$$L'_2(x_0)=\frac{1}{2h}[-3f(x_0)+4f(x_1)-f(x_2)],$$

$$L'_2(x_1)=\frac{1}{2h}[-f(x_0)+f(x_2)],$$

$$L'_2(x_2)=\frac{1}{2h}[f(x_0)-4f(x_1)+3f(x_2)].$$

由式(6.6.5)可得带余项的三点数值微分公式

$$f'(x_0)=L'_2(x_0)+\frac{h^2}{3}f'''(\xi),\xi\in(x_0,x_2),$$

$$f'(x_1)=L'_2(x_1)-\frac{h^2}{6}f'''(\xi),\xi\in(x_0,x_2),$$

$$f'(x_2)=L'_2(x_2)+\frac{h^2}{3}f'''(\xi),\xi\in(x_0,x_2).$$

若略去余项,有

$$f'(x_0)\approx\frac{1}{2h}[-3f(x_0)+4f(x_1)-f(x_2)], \tag{6.6.10}$$

$$f'(x_1)\approx\frac{1}{2h}[f(x_2)-f(x_0)], \tag{6.6.11}$$

$$f'(x_2)\approx\frac{1}{2h}[f(x_0)-4f(x_1)+3f(x_2)]. \tag{6.6.12}$$

截断误差为 $O(h^2)$.

利用式(6.6.2)还可建立高阶导数的数值微分公式.如对(6.6.9)再求导一次有

$$L''_2(x)=\frac{f(x_0)-2f(x_1)+f(x_2)}{h^2},$$

故有二阶三点数值微分公式

$$f''(x_1)\approx\frac{f(x_0)-2f(x_1)+f(x_2)}{h^2}. \tag{6.6.13}$$

设 $f^{(4)}(x)\in C^4[a,b]$,易证明带余项的二阶三点数值微分公式为

$$f''(x_1)=\frac{f(x_0)-2f(x_1)+f(x_2)}{h^2}-\frac{h^2}{12}f^{(4)}(\xi),$$

$$\xi\in(x_0,x_2). \tag{6.6.14}$$

事实上,利用 Taylor 公式有

$$f(x_0)=f(x_1-h)=f(x_1)-hf'(x_1)+\frac{h^2}{2!}f''(x_1)$$
$$-\frac{h^3}{3!}f'''(x_1)+\frac{h^4}{4!}f^{(4)}(\eta_1),\text{其中 }\eta_1\text{ 介于 }x_0,x_1\text{ 间;}$$

$$f(x_2)=f(x_1+h)=f(x_1)+hf'(x_1)+\frac{h^2}{2!}f''(x_1)$$
$$+\frac{h^3}{3!}f'''(x_1)+\frac{h^4}{4!}f^{(4)}(\eta_2),\text{其中 }\eta_2\text{ 介于 }x_1,x_2\text{ 间.}$$

上两式相加并整理后得

$$\frac{f(x_0)-2f(x_1)+f(x_2)}{h^2}=f''(x_1)+\frac{h^2}{4!}[f^{(4)}(\eta_1)+f^{(4)}(\eta_2)].$$

(6.6.15)

由于 $f(x)\in C^4[a,b]$,故有 $\xi\in(x_0,x_2)$使得

$$\frac{1}{2}[f^{(4)}(\eta_1)+f^{(4)}(\eta_2)]=f^{(4)}(\xi).$$

将上式代入式(6.6.15)立即得到式(6.6.14).

由式(6.6.14)可知式(6.6.13)的截断误差为 $O(h^2)$.

6.6.4 利用三次样条插值函数求数值微分

设函数 $f(x)$在插值区间$[a,b]$上各节点

$$a=x_0<x_1<\cdots<x_n=b$$

处的函数值为 $y_k=f(x_k)\quad(k=0,1,\cdots,n)$,并给出适当的边界条件,可建立关于节点上的二阶导数 M_k 的线性方程组,解该方程组求得 M_k $(k=0,1,\cdots,n)$便可求出三次样条插值函数 $S(x)$.由第四章的式(4.6.9)可知在$[x_k,x_{k+1}]\quad(k=0,1,\cdots,n-1)$上 $S(x)$可表为

$$S(x)=\frac{(x_{k+1}-x)^3}{6h_k}M_k+\frac{(x-x_k)^3}{6h_k}M_{k+1}$$

$$+\left(y_k-\frac{h_k^2}{6}M_k\right)\frac{x_{k+1}-x}{h_k}+\left(y_{k+1}-\frac{h_k^2}{6}M_{k+1}\right)\frac{x-x_k}{h_k},x\in[x_k,x_{k+1}].$$

其中 $h_k=x_{k+1}-x_k$.

由第4章式(4.6.8)有

$$f'(x)\approx S'(x)=-\frac{(x_{k+1}-x)^2}{2h_k}M_k+\frac{(x-x_k)^2}{2h_k}M_{k+1}+f[x_k,x_{k+1}]$$

$$-\frac{M_{k+1}-M_k}{6}h_k,x\in[x_k,x_{k+1}].\qquad(6.6.16)$$

对上式再求导得

$$f''(x)\approx S''(x)=\frac{x_{k+1}-x}{h_k}M_k+\frac{x-x_k}{h_k}M_{k+1},x\in[x_k,x_{k+1}].$$

(6.6.17)

若要求插值节点处的导数，按式(6.6.16)有

$$f'(x_k)\approx S'(x_k)=-\frac{h_k}{2}M_k+f[x_k,x_{k+1}]-\frac{M_{k+1}-M_k}{6}h_k$$

$$=f[x_k,x_{k+1}]-\frac{h_k}{6}M_{k+1}-\frac{h_k}{3}M_k \quad (k=0,1,\cdots,n).$$

按式(6.6.17)有

$$f''(x_k)\approx S''(x_k)=M_k \quad (k=0,1,\cdots,n).$$

由第 4 章的定理 4.6.1 可知，若 $f(x)\in C^4[a,b]$，$S(x)$是 $f(x)$ 的满足第一类或第二类边界条件的三次样条插值函数，则 $S'(x)$和 $S''(x)$分别一致收敛于 $f'(x)$和 $f''(x)$，并且有

$$\| f'(x)-S'(x)\|_\infty=O(h^3),$$

$$\| f''(x)-S''(x)\|_\infty=O(h^2).$$

6.6.5 数值微分的外推算法

由三点数值微分公式式(6.6.11)有

$$f'(x)\approx\frac{f\left(x+\frac{h}{2}\right)-f\left(x-\frac{h}{2}\right)}{h}=G(x,h).$$

下面研究上式的截断误差.由 Taylor 公式有

$$f\left(x+\frac{h}{2}\right)=f(x)+\frac{h}{2}f'(x)+\frac{1}{2!}\left(\frac{h}{2}\right)^2f''(x)$$
$$+\frac{1}{3!}\left(\frac{h}{2}\right)^3f'''(x)+\frac{1}{4!}\left(\frac{h}{2}\right)^4f^{(4)}(x)+\cdots;$$

$$f\left(x-\frac{h}{2}\right)=f(x)-\frac{h}{2}f'(x)+\frac{1}{2!}\left(\frac{h}{2}\right)^2f''(x)$$
$$-\frac{1}{3!}\left(\frac{h}{2}\right)^3f'''(x)+\frac{1}{4!}\left(\frac{h}{2}\right)^4f^{(4)}(x)+\cdots.$$

上两式相减整理后得

$$\frac{f\left(x+\frac{h}{2}\right)-f\left(x-\frac{h}{2}\right)}{h}=f'(x)+\frac{f'''(x)}{3!}\left(\frac{h}{2}\right)^2+\cdots.$$

即

$$f'(x)-G(x,h)=\alpha_1 h^2+\alpha_2 h^4+\alpha_3 h^6+\cdots.$$

对于固定的 $x,\alpha_1,\alpha_2,\alpha_3,\cdots$是与 h 无关的常数.由式(6.4.5)可知此误差估计式符合 Richardson 外推算法,选取 $q=\dfrac{1}{2},P_m=2m,m=1,2,\cdots$,有

$$\begin{cases}G_1(h)=G(x,h),\\ G_{k+1}(h)=\dfrac{4^kG_k\left(\dfrac{h}{2}\right)-G_k(h)}{4^k-1}\quad(k=1,2,\cdots).\end{cases}$$

其中 $G_{k+1}(h)$逼近于 $f'(x)$的误差为 $O(h^{2(k+1)})$.此算法的控制条件是

$$\left|G_{k+1}(h)-G_k\left(\frac{h}{2}\right)\right|<\varepsilon\quad(\varepsilon\text{ 是预给精度}).$$

习题 6

1.确定下列求积公式中的待定参数,使其代数精度尽量高,并指出所确定的求积公式的代数精度.

(1) $\int_0^{2h}f(x)\mathrm{d}x\approx A_0f(0)+A_1f(h)+A_2f(2h)$;

(2) $\int_0^2 f(x)\mathrm{d}x\approx A_0f(0)+\dfrac{4}{3}f(x_1)+A_1f(2)$;

(3) $\int_0^h f(x)\mathrm{d}x\approx\dfrac{h}{2}[f(0)+f(h)]+Ah^2[f'(0)-f'(h)]$;

(4) $\int_{-1}^1 f(x)\mathrm{d}x\approx A[f(-1)+2f(x_1)+3f(x_2)]$.

2.确定下列求积公式中的待定参数,使其代数精度尽量高,并求出余项中的常数 k,且指出所确定的求积公式的代数精度.

(1) $\int_0^1 f(x)\mathrm{d}x=A_0f(0)+A_1f(1)+A_2f'(1)+kf'''(\xi),\xi\in(0,1)$;

(2) $\int_{-1}^1 f(x)\mathrm{d}x=A_0f(-1)+A_1f(x_1)+kf'''(\xi),\quad\xi\in(-1,1)$.

3.将计算积分$\int_a^b f(x)\mathrm{d}x$ 的梯形公式 $T=\dfrac{b-a}{2}[f(a)+f(b)]$和中矩形公式 $R=(b-a)f\left(\dfrac{a+b}{2}\right)$做线性组合,导出具有更高精度的求积公式,并指出所求的

求积公式的代数精度.

4. 用 $n=4$ 的复化梯形公式和 $n=2$ 的复化 Simpson 公式计算积分 $\int_1^9 \sqrt{x}\,dx$ 的近似值.

5. 用 $n=6$ 的复化梯形公式和 $n=3$ 的复化 Simpson 公式求积分 $\int_0^{\frac{\pi}{6}} \sqrt{4-\sin^2\theta}\,d\theta$ 的近似值.

6. 分别利用复化梯形公式、复化 Simpson 公式计算下列积分

(1) $\int_0^1 e^{-x}\,dx$, $n=8$;

(2) $\int_0^1 \frac{\ln(1+x)}{1+x^2}\,dx$, $n=5$.

7. 设函数 $f(x)$ 在区间 $[a,b]$ 上连续，证明当步长 $h\to 0$（且 $n\to\infty$）时，复化梯形公式、复化 Cotes 公式均收敛于 $\int_a^b f(x)\,dx$.

8. 用 Romberg 算法计算下列积分 $I=\int_0^{0.618} \sqrt{1-2x+x^3}\,dx$ 的近似值，要求精度 $\varepsilon=10^{-4}$.

9. 试确定积分 $\int_{-2}^2 f(x)\,dx\approx Af(-\alpha)+Bf(0)+Cf(\alpha)$ 中的待定参数 A，B，C 和 α，使其代数精度尽量高，并指出所求的求积公式的代数精度.

10. 确定下列 Gauss 型求积公式中的待定参数.

(1) $\int_0^1 \frac{f(x)}{\sqrt{x}}\,dx\approx A_0 f(x_0)+A_1 f(x_1)$;

(2) $\int_0^1 \ln\frac{1}{x} f(x)\,dx\approx A_0 f(x_0)+A_1 f(x_1)$.

11. 利用三点 Gauss-Legendre 求积公式计算下列积分.

(1) $\int_0^1 e^{-x}\,dx$;　　(2) $\int_1^3 \frac{1}{x}\,dx$.

12. 对于 11 题的(2)，

(1) 用五点 Gauss-Legendre 公式求该积分的近似值；

(2) 将区间 $[1,3]$ 四等分用复化 Gauss-Legendre 求积公式（在每个子区间上用两点 Gauss-Legendre 求积公式）求该积分的近似值.

13. 设有 $f(x)=\frac{1}{(1+x)^2}$ 的数据表如下：

x_k	1.0	1.1	1.2
$f(x_k)$	0.250 0	0.226 8	0.206 6

试用三点公式求 $f'(x)$在 $x=1.0,1.1,1.2$ 处的数值解,并估计误差.

14.给定数据表如下:

x_k	0.50	0.51	0.52	0.53	0.54	0.55
$f(x_k)$	0.479 43	0.388 18	0.496 88	0.505 53	0.514 14	0.522 69

用二阶三点公式求 $f''(0.51)$,$f''(0.53)$的近似值.

第 7 章 常微分方程的数值解法

常微分方程定解问题是自然科学和工程技术领域中常见的数学模型.虽然我们在高等数学中学习了常微分方程的解法,但这些方法只能用来求解几种特殊类型的方程,多数情况是靠数值解法求解.本章介绍常微分方程初值问题数值解法的基本理论和计算机上的常用算法以及常微分方程边值问题的差分解法.

对于一阶常微分方程初值问题

$$\begin{cases} y' = f(x, y), \quad a < x \leqslant b, & (7.0.1) \\ y(a) = y_0. & (7.0.2) \end{cases}$$

其中 $f(x, y)$ 是区域

$$D = \{(x, y) \mid \quad a \leqslant x \leqslant b, \quad y \in \mathbf{R}\}$$

上的实值函数.

定义 7.0.1 若存在常数 $L > 0$,使得对一切的 $x \in [a, b]$ 及 y, $\bar{y} \in \mathbf{R}$,均有

$$|f(x, y) - f(x, \bar{y})| \leqslant L|y - \bar{y}|,$$

则称 $f(x, y)$ 在 D 上关于 y 满足 Lipschitz 条件,其中 L 称为 Lipschitz 常数.

假设 $f(x, y) \in C(D)$,且关于 y 满足 Lipschitz 条件,则(7.0.1),(7.0.2)存在惟一解 $y(x)$.我们在此前提下讨论上述问题的数值解法,其基本思想是在区间 $[a, b]$ 上引入一系列节点

$$a = x_0 < x_1 < x_2 < \cdots < x_N = b,$$

建立在节点上逼近于原初值问题的计算格式(或差分方程),由此计算出 $y_1, y_2, \cdots, y_N$ 即为(7.0.1),(7.0.2)的解 $y(x)$ 在节点 $x_1, x_2, \cdots x_N$ 处的近似值,也称为问题的数值解.相邻两个节点的距离 $h_n = x_{n+1} -$

x_n 称为步长,通常取定步长,此时,$x_n = x_0 + nh$.($h>0$),$n=0,1,\cdots,N$.

计算格式的建立可采用数值微分的方法,也可采用 Taylor 展开或数值积分的方法.

7.1 初值问题计算格式的建立

7.1.1 计算格式的建立

1.数值微分方法

在等距节点下讨论问题.利用两点数值微分公式

$$y'(x_n)=\frac{y(x_{n+1})-y(x_n)}{h}-\frac{h}{2}y''(\xi_n)\quad(x_n<\xi_n<x_{n+1}),\tag{7.1.1}$$

将上式代入(7.0.1)中,有

$$\frac{y(x_{n+1})-y(x_n)}{h}=f(x_n,y(x_n))+\frac{h}{2}y''(\xi_n),$$

略去余项,并以数值解 y_n,y_{n+1}分别代替 $y(x_n)$及 $y(x_{n+1})$,则得差分方程

$$y_{n+1}=y_n+hf(x_n,y_n).\tag{7.1.2}$$

式(7.1.2)称为 Euler 公式.利用此式可由初值 y_0 出发按“步进式”(即沿着节点排列顺序一步步地向前推进)方法,逐次求得数值解 y_1,y_2,$\cdots$,y_N.

由于计算 y_{n+1}时,只用到它前一步的结果 y_n,这类公式称为一步(单步)法公式.又因为(7.1.2)关于 y_{n+1}是显式形式,故 Euler 公式为显式公式,简称显格式.

如果利用下列数值微分公式

$$y'(x_{n+1})=\frac{y(x_{n+1})-y(x_n)}{h}+\frac{h}{2}y''(\xi_n)\quad(x_n<\xi_n<x_{n+1}),$$

类似地可导出

$$y_{n+1}=y_n+hf(x_{n+1},y_{n+1}).$$

上述公式称为后退的 Euler 公式,此公式为单步法公式.又因为它关于 y_{n+1} 成隐式形式,所以该公式为隐式公式,简称隐格式.

若利用下列三点数值微分公式

$$y'(x_n)=\frac{y(x_{n+1})-y(x_{n-1})}{2h}-\frac{h^2}{6}y'''(\xi_n)\quad (x_{n-1}<\xi_n<x_{n+1}),$$

类似地可导出

$$y_{n+1}=y_{n-1}+2hf(x_n,y_n). \tag{7.1.3}$$

式(7.1.3)称为 Euler 两步法公式,原因是当计算 y_{n+1} 时,要用到它前两步的结果 y_{n-1},y_n,除 y_0 之外,需用其他方法求出 y_1,才能用上式起步进行计算.显然(7.1.3)也是显式公式.

2. *Taylor 展开方法*

设 $y(x)\in C^2[a,b]$,由 Taylor 公式有

$$y(x_{n+1})=y(x_n)+hy'(x_n)+\frac{h^2}{2}y''(\xi_n)\quad (x_n<\xi_n<x_{n+1}). \tag{7.1.4}$$

由式(7.0.1)知 $y'(x)=f(x,y(x))$,故上式即为

$$y(x_{n+1})=y(x_n)+hf(x_n,y(x_n))+\frac{h^2}{2}y''(\xi_n). \tag{7.1.5}$$

略去余项,并以 y_n,y_{n+1} 分别代替 $y(x_n)$,$y(x_{n+1})$,得到的差分方程正是 Euler 公式(7.1.2).

3. *数值积分方法*

对式(7.0.1)在区间$[x_n,x_{n+1}]$上积分

$$\int_{x_n}^{x_{n+1}}y'(x)\mathrm{d}x=\int_{x_n}^{x_{n+1}}f(x,y(x))\mathrm{d}x,$$

则有

$$y(x_{n+1})=y(x_n)+\int_{x_n}^{x_{n+1}}f(x,y(x))\mathrm{d}x.$$

对上式中的积分采用不同的数值积分公式可得到不同的差分方程.例如,对上式的积分采用左矩形公式,可得到 Euler 公式.若对上式的积

分采用梯形公式,则有

$$y(x_{n+1})=y(x_n)+\frac{h}{2}[f(x_n,y(x_n))+f(x_{n+1},y(x_{n+1}))]$$

$$-\frac{h^3}{12}f''(\xi_n,y(\xi_n))\quad(x_n<\xi_n<x_{n+1}).$$

若略去余项,以 y_n,y_{n+1} 分别代替 $y(x_n),y(x_{n+1})$,得到差分方程

$$y_{n+1}=y_n+\frac{h}{2}[f(x_n,y_n)+f(x_{n+1},y_{n+1})].\tag{7.1.6}$$

(7.1.6)称为梯形公式.由于它关于 y_{n+1} 成隐式形式,故(7.1.6)为隐式格式(或隐格式).隐格式求解比较困难,当 y_n 已知时,要求 y_{n+1} 需解关于 y_{n+1} 的非线性方程.在实际应用时,(7.1.6)常与 Euler 公式联合使用,构成如下的计算格式

$$\begin{cases}y_{n+1}^{(0)}=y_n+hf(x_n,y_n),\\ y_{n+1}^{(k+1)}=y_n+\frac{h}{2}[f(x_n,y_n)+f(x_{n+1},y_{n+1}^{(k)})]\quad(k=0,1,2,\cdots).\end{cases}\tag{7.1.7}$$

由(7.1.7)可以得到一个序列 $\{y_{n+1}^{(k)}\}$,关于此序列的收敛性,有如下的定理.

定理 7.1.1 设 $f(x,y)$ 在区域 D 上关于 y 满足 Lipschitz 条件,即

$$|f(x,y)-f(x,\bar{y})|\leqslant L|y-\bar{y}|.$$

其中 L 为 Lipschitz 常数,当步长 $h<\frac{2}{L}$ 时,对任意的初值 $y_{n+1}^{(0)}$ 按(7.1.7)生成的序列 $\{y_{n+1}^{(k)}\}$ 收敛于(7.1.6)的解 y_{n+1}.

证明 (7.1.7)的第二式减(7.1.6),两边取绝对值

$$|y_{n+1}^{(k+1)}-y_{n+1}|=\frac{h}{2}|f(x_{n+1},y_{n+1}^{(k)})-f(x_{n+1},y_{n+1})|,$$

由于 $f(x,y)$ 关于 y 满足 Lipschitz 条件,故

$$|y_{n+1}^{(k+1)}-y_{n+1}|\leqslant\frac{hL}{2}|y_{n+1}^{(k)}-y_{n+1}|.$$

由上式可知

$$
|y_{n+1}^{(k)}-y_{n+1}|\leqslant\frac{hL}{2}|y_{n+1}^{(k-1)}-y_{n+1}|\leqslant\left(\frac{hL}{2}\right)^2|y_{n+1}^{(k-2)}-y_{n+1}|
$$
$$
\leqslant\cdots\leqslant\left(\frac{hL}{2}\right)^k|y_{n+1}^{(0)}-y_{n+1}|.
$$

因为 $h<\frac{2}{L}$，有 $\frac{hL}{2}<1$，故当 $k\to\infty$ 时，上式右端趋向于零，从而有 $y_{n+1}^{(k)}\to y_{n+1}\quad(k\to\infty)$. 证毕.

显然(7.1.7)计算量比较大，为减少计算量，可采用预测—校正格式，方法是先用 Euler 公式求得一个初始近似值 $\bar{y}_{n+1}$ 称为预测值，再把 $\bar{y}_{n+1}$ 代入梯形公式右端计算一次求得 y_{n+1} 称之为校正值，即

$$
\left.\begin{aligned}
&\text{预测}:\bar{y}_{n+1}=y_n+hf(x_n,y_n),\\
&\text{校正}:y_{n+1}=y_n+\frac{h}{2}[f(x_n,y_n)+f(x_{n+1},\bar{y}_{n+1})].
\end{aligned}\right\}\tag{7.1.8}
$$

式(7.1.8)称为预测—校正公式或改进的 Euler 公式. 上式也可写成如下形式

$$
y_{n+1}=y_n+\frac{h}{2}[f(x_n,y_n)+f(x_{n+1},y_n+hf(x_n,y_n))].\tag{7.1.9}
$$

例 7.1.1　利用 Euler 公式与改进的 Euler 公式解初值问题

$$
\begin{cases}y'=y-\dfrac{2x}{y},0<x\leqslant1,\\ y(0)=1.\end{cases}
$$

解　取步长 $h=0.1$，Euler 公式为

$$
\begin{aligned}
y_{n+1}&=y_n+0.1\left(y_n-\frac{2x_n}{y_n}\right)\\
&=1.1y_n-(0.2)\cdot\frac{x_n}{y_n}.
\end{aligned}
$$

计算结果见下表：

表 7.1

x_n	0.1	0.2	0.3	0.4	0.5	0.6	0.7	0.8	0.9	1.0
y_n	1.100 0	1.191 8	1.277 4	1.358 2	1.435 1	1.509 0	1.580 3	1.649 8	1.717 8	1.784 8
$y(x_n)$	1.095 4	1.183 2	1.264 9	1.341 6	1.414 2	1.483 2	1.549 2	1.612 5	1.673 3	1.732 1
$y_n-y(x_n)$	0.004 6	0.008 6	0.012 5	0.016 6	0.020 9	0.025 8	0.031 1	0.037 3	0.044 5	0.052 7

此初值问题的解析解为 $y=\sqrt{1+2x}$,从上表可以看出,数值解 y_n 与 $y(x_n)$ 比较,精度较差.

解此问题的改进的 Euler 公式为

$$\begin{cases}\bar{y}_{n+1}=y_n+(0.1)\left(y_n-\dfrac{2x_n}{y_n}\right),\\ y_{n+1}=y_n+\dfrac{0.1}{2}\left[y_n-\dfrac{2x_n}{y_n}+\bar{y}_{n+1}-\dfrac{2x_{n+1}}{\bar{y}_{n+1}}\right].\end{cases}$$

计算结果见下表:

表 7.2

x_n	0.1	0.2	0.3	0.4	0.5	0.6	0.7	0.8	0.9	1.0
y_n	1.095 9	1.184 1	1.266 2	1.343 4	1.436 4	1.486 0	1.552 5	1.615 3	1.678 2	1.737 9
$y_n-y(x_n)$	0.000 5	0.000 9	0.001 3	0.001 8	0.002 2	0.002 8	0.003 3	0.002 8	0.004 9	0.005 8

同 Euler 公式比较,改进的 Euler 方法显然精度提高了.

由于误差大小是评价计算格式优劣的重要依据,故需要给出误差的概念.

7.1.2 截断误差与方法的精度

定义 7.1.1 称误差

$$\mathrm{e}_{n+1}=y(x_{n+1})-y_{n+1}$$

为数值方法在 x_{n+1} 点的截断误差,又称整体截断误差.

设 $y_k=y(x_k)\quad(k=0,1,\cdots,n)$,称误差

$$\varepsilon_{n+1}=y(x_{n+1})-y_{n+1}$$

为数值方法在 x_{n+1} 点的局部截断误差.

整体截断误差 e_{n+1} 是在没有引进舍入误差的情况下,纯粹因为不准确的计算格式造成的,故又称为方法误差.它不仅与 $x=x_{n+1}$ 这一步的计算有关,而且和 $x_n,x_{n-1},\cdots,x_1$ 这几步的计算都有关系.局部截断误差是假设 x_n 之前各数值解没有误差,仅由 x_n 到 x_{n+1} 这一步计算由计算格式引起的误差.

定义 7.1.2 若某数值方法的局部截断误差为

$$\varepsilon_{n+1}=O(h^{P+1}),$$

则称该方法具有 P 阶精度，或称其为 P 阶方法.

例如，Euler 方法 $y_{n+1}=y_n+hf(x_n,y_n)$，令 $y_n=y(x_n)$，则有

$$y_{n+1}=y(x_n)+hf(x_n,y(x_n)).$$

(7.1.5)减上式得

$$\varepsilon_{n+1}=O(h^2).$$

可知，Euler 方法具有一阶精度，为一阶方法. Euler 方法精度很低.

又如，梯形方法(7.1.6)，设 $y_n=y(x_n)$，则有

$$y_{n+1}=y(x_n)+\frac{h}{2}[y'(x_n)+f(x_{n+1},y_{n+1})]. \tag{7.1.10}$$

由 $f(x_{n+1},y_{n+1})$

$$\begin{aligned}&=f(x_{n+1},y(x_{n+1}))+f_y(x_{n+1},\eta_{n+1})[y_{n+1}-y(x_{n+1})]\\&=y'(x_{n+1})+f_y(x_{n+1},\eta_{n+1})[y_{n+1}-y(x_{n+1})],\end{aligned} \tag{7.1.11}$$

其中 η_{n+1} 介于 y_{n+1} 与 $y(x_{n+1})$ 之间，(7.1.11)代入(7.1.10)中，则

$$\begin{aligned}y_{n+1}=y(x_n)&+\frac{h}{2}[y'(x_n)+y'(x_{n+1})]\\&+\frac{h}{2}f_y(x_{n+1},\eta_{n+1})[y_{n+1}-y(x_{n+1})].\end{aligned} \tag{7.1.12}$$

而 $y(x_{n+1})=y(x_n+h)=y(x_n)+hy'(x_n)+\frac{h^2}{2}y''(x_n)+O(h^3)$,

$$\tag{7.1.13}$$

由于

$$y''(x_n)=\frac{y'(x_{n+1})-y'(x_n)}{h}+O(h),$$

将上式代入(7.1.13)中得

$$y(x_{n+1})=y(x_n)+\frac{h}{2}[y'(x_n)+y'(x_{n+1})]+O(h^3). \tag{7.1.14}$$

(7.1.14)减(7.1.12)得

$$y(x_{n+1})-y_{n+1}=O(h^3)-\frac{h}{2}f_y(x_{n+1},\eta_{n+1})[y(x_{n+1})-y_{n+1}]$$

所以 $\varepsilon_{n+1}=y(x_{n+1})-y_{n+1}=\dfrac{1}{1+\dfrac{h}{2}f_y(x_{n+1},\eta_{n+1})}O(h^3)=O(h^3)$.

可见，梯形方法具有二阶精度，是二阶方法.

再如，对于改进的 Euler 方法，可以证明其局部截断误差

$$\varepsilon_{n+1}=O(h^3).$$

可知，此方法也具有二阶精度.其证明请见下一节.

7.2 Runge-Kutta 方法

7.2.1 Runge-Kutta 方法的基本思想

Runge-Kutta 方法是常微分方程数值解中常用的计算格式.它与 Taylor 格式有着密切的联系.为此，首先讨论 Taylor 格式.

设(7.0.1)，(7.0.2)的解 $y(x)\in C^{P+1}[a,b]$，则按照 Taylor 公式

$$y(x_{n+1})=y(x_n)+hy'(x_n)+\frac{h^2}{2!}y''(x_n)+\cdots+\frac{h^P}{P!}y^{(P)}(x_n)+R_n. \tag{7.2.1}$$

其中余项

$$R_n=\frac{h^{P+1}}{(P+1)!}y^{(P+1)}(\xi_n),x_n<\xi_n<x_{n+1}. \tag{7.2.2}$$

由(7.0.1)知 $y'(x)=f(x,y(x))$，故式(7.2.1)即

$$y(x_{n+1})=y(x_n)+hf(x_n,y(x_n))+\frac{h^2}{2!}f^{(1)}(x_n,y(x_n))+\cdots+\frac{h^P}{P!}f^{(P-1)}(x_n,y(x_n))+R_n. \tag{7.2.3}$$

上式略去余项 R_n，并以数值解 y_n 代替 $y(x_n)$，y_{n+1} 代替 $y(x_{n+1})$，可得

$$y_{n+1}=y_n+hf_n+\frac{h^2}{2!}f_n^{(1)}+\cdots+\frac{h^P}{P!}f_n^{(P-1)}. \tag{7.2.4}$$

其中 $f_n=f(x_n,y_n)$，

$$f_n^{(i)}=f^{(i)}(x_n,y_n)\quad(i=1,\cdots,P-1).$$

(7.2.4)称为求解(7.0.1),(7.0.2)的 Taylor 格式.由于其局部截断误差 $\varepsilon_{n+1}=O(h^{P+1})$,可知它是 P 阶方法.

特殊地,当 $P=1$ 时,式(7.2.4)即为 Euler 公式;当 $P\geqslant 2$ 时,由于涉及到 $f(x,y(x))$ 的高阶导数的计算,特别是对于复杂函数 $f(x,y(x))$的求导更麻烦,因此,高阶的 Taylor 算法是不实用的. Runge-Kutta 方法是利用 f 在某些点处函数值的线性组合构造差分方程,从而避免了高阶导数的计算,这就是 Runge-Kutta 方法的基本思想,其一般形式为

$$\begin{cases}y_{n+1}=y_n+h\sum\limits_{i=1}^{r}\lambda_i k_i,\\ k_1=f(x_n,y_n),\\ k_i=f(x_n+\alpha_i h,y_n+h\sum\limits_{j=1}^{i-1}\beta_{ij}k_j)\quad(i=2,3,\cdots,r).\end{cases}\tag{7.2.5}$$

其中 r 是(7.2.5)中调用 f 的个数,称 r 为级数. $\lambda_i,\alpha_i,\beta_{ij}$ 为待定参数,适当确定这些参数,可使(7.2.5)具有尽可能高的精度.

7.2.2 二阶 Runge-Kutta 方法

考虑 $r=2$ 的情况,此时式(7.2.5)成为

$$\begin{cases}y_{n+1}=y_n+h(\lambda_1k_1+\lambda_2k_2),\\ k_1=f(x_n,y_n),\\ k_2=f(x_n+\alpha h,y_n+h\beta k_1).\end{cases}\tag{7.2.6}$$

希望适当选择参数 $\lambda_1,\lambda_2,\alpha,\beta$ 使上式的局部截断误差

$$\varepsilon_{n+1}=y(x_{n+1})-y_{n+1}=O(h^3)\tag{7.2.7}$$

即为二阶方法.

利用二元函数的 Taylor 公式将 k_2 在(x_n,y_n)处展开,

$$k_2=f(x_n,y_n)+h[\alpha f_x(x_n,y_n)+\beta k_1f_y(x_n,y_n)]+O(h^2).$$

把 k_1,k_2 代入(7.2.6)中的第一式得

$$y_{n+1}=y_n+(\lambda_1+\lambda_2)hf(x_n,y_n)+\lambda_2h^2[\alpha f_x(x_n,y_n)$$

$$+\beta f_y(x_n,y_n)\cdot f(x_n,y_n)]+O(h^3), \tag{7.2.8}$$

而

$$\begin{aligned} y(x_{n+1}) &= y(x_n)+hy'(x_n)+\frac{h^2}{2}y''(x_n)+O(h^3) \\ &= y(x_n)+hf(x_n,y(x_n))+\frac{h^2}{2}[f_x(x_n,y(x_n)) \\ &\quad + f_y(x_n,y(x_n))\cdot f(x_n,y(x_n))]+O(h^3). \end{aligned} \tag{7.2.9}$$

注意到 $y_n=y(x_n)$，比较(7.2.8)，(7.2.9)同类项系数，欲使(7.2.7)成立，则参数应满足下列方程组

$$\begin{cases} \lambda_1+\lambda_2=1, \\ \alpha\lambda_2=\dfrac{1}{2}, \\ \beta\lambda_2=\dfrac{1}{2}. \end{cases} \tag{7.2.10}$$

上式含有四个未知元三个方程，因此解不惟一．参数满足(7.2.10)，形如(7.2.6)的一族公式统称二阶 Runge-Kutta 公式．

例如，取 $\lambda_1=\lambda_2=\frac{1}{2}$，$\alpha=\beta=1$，可得

$$\begin{cases} y_{n+1}=y_n+\dfrac{h}{2}(k_1+k_2), \\ k_1=f(x_n,y_n), \\ k_2=f(x_n+h,y_n+hk_1). \end{cases} \tag{7.2.11}$$

这正是改进的 Euler 公式．

若取 $\lambda_1=0$，$\lambda_2=1$，$\alpha=\beta=\frac{1}{2}$，则有

$$\begin{cases} y_{n+1}=y_n+hk_2, \\ k_1=f(x_n,y_n), \\ k_2=f\left(x_n+\dfrac{h}{2},y_n+\dfrac{h}{2}k_1\right), \end{cases} \tag{7.2.12}$$

上式称之为中点公式(或变形的 Euler 公式)．

若取 $\lambda_1=\frac{1}{4}$，$\lambda_2=\frac{3}{4}$，$\alpha=\beta=\frac{2}{3}$，则有

$$
\begin{cases}
y_{n+1} = y_n + \dfrac{h}{4}(k_1 + 3k_2), \\
k_1 = f(x_n, y_n), \\
k_2 = f\left(x_n + \dfrac{2}{3}h, y_n + \dfrac{2}{3}hk_1\right).
\end{cases}
\tag{7.2.13}
$$

称为 Heun 公式.

可见,二阶Runge-Kutta公式,每计算一步需要两次调用 f 的函数值.

用同样的方法可构造三、四阶的 Runge-Kutta 公式.

7.2.3 四阶 Runge-Kutta 方法

当 $r=4$ 的时候,类似于二阶 Runge-Kutta 方法的推导,可得到四阶 Runge-Kutta 公式,这种公式也有一族,其中常用的有标准(经典)的 Runge-Kutta 公式

$$
\begin{cases}
y_{n+1} = y_n + \dfrac{h}{6}(k_1 + 2k_2 + 2k_3 + k_4), \\
k_1 = f(x_n, y_n), \\
k_2 = f\left(x_n + \dfrac{h}{2}, y_n + \dfrac{h}{2}k_1\right), \\
k_3 = f\left(x_n + \dfrac{h}{2}, y_n + \dfrac{h}{2}k_2\right), \\
k_4 = f(x_n + h, y_n + hk_3);
\end{cases}
\tag{7.2.14}
$$

和 Gill 公式

$$
\begin{cases}
y_{n+1} = y_n + \dfrac{h}{6}[k_1 + (2-\sqrt{2})k_2 + (2+\sqrt{2})k_3 + k_4], \\
k_1 = f(x_n, y_n), \\
k_2 = f\left(x_n + \dfrac{h}{2}, y_n + \dfrac{h}{2}k_1\right), \\
k_3 = f\left(x_n + \dfrac{h}{2}, y_n + \dfrac{\sqrt{2}-1}{2}hk_1 + \dfrac{2-\sqrt{2}}{2}hk_2\right), \\
k_4 = f\left(x_n + h, y_n - \dfrac{\sqrt{2}}{2}hk_2 + \dfrac{2+\sqrt{2}}{2}hk_3\right).
\end{cases}
\tag{7.2.15}
$$

Gill 公式是标准的 Runge-Kutta 公式的改进形式，这种算法可节省存贮单元，并能控制舍入误差的增长.

四阶 Runge-Kutta 公式，每一步计算需四次调用 f 的函数值，计算量较大，但其局部截断误差可达 $O(h^5)$，精度较高.

例 7.2.1 用标准的 Runge-Kutta 公式解例 7.1.1.

解 取步长 $h=0.2$，求解此问题的计算公式为

$$\begin{cases} y_{n+1}=y_n+\dfrac{0.2}{6}(k_1+2k_2+2k_3+k_4), \\ k_1=y_n-\dfrac{2x_n}{y_n}, \\ k_2=y_n+\dfrac{h}{2}k_1-\dfrac{2\left(x_n+\dfrac{h}{2}\right)}{y_n+\dfrac{h}{2}k_1}, \\ k_3=y_n+\dfrac{h}{2}k_2-\dfrac{2\left(x_n+\dfrac{h}{2}\right)}{y_n+\dfrac{h}{2}k_2}, \\ k_4=y_n+hk_3-\dfrac{2(x_n+h)}{y_n+hk_3}. \end{cases}$$

计算结果见表 7.3.

表 7.3

x_n	0.2	0.4	0.6	0.8	1.0
y_n	1.183 2	1.341 7	1.483 3	1.612 5	1.732 1
$y_n-y(x_n)$	0.000 0	0.000 0	0.000 0	0.000 1	0.000 1

我们已经知道，标准的 Runge-Kutta 方法每一步计算需调用四个 f 的函数值，而改进的 Euler 方法只需调用两个 f 的函数值，看起来四阶 Runge-Kutta 方法的计算量比改进的 Euler 方法大一倍，但由于将步长 h 放大了一倍，因此二者计算量应差不多. 即在计算量大致相同情况下，对比例 7.1.1 和例 7.2.1，显然标准的 Runge-Kutta 方法比改进的 Euler 方法精度更高.

应需指出，Runge-Kutta 方法的推导是基于 Taylor 展开的方法，它

要求微分方程(7.0.1),(7.0.2)的解光滑性较好.如果方程的解不存在四阶连续导数,采用改进的 Euler 公式可能要比标准的 Runge - Kutta 公式精度高.

7.2.4 变步长的 Runge-Kutta 方法

应用数值方法解常微分方程初值问题,如何适当地选择步长 h,这是一个重要问题.因为对于预先给定的精度 ε,如果步长 h 选得太大,则不能保证 $|y(x_n)-y_n|<\varepsilon$,但如果 h 选得太小,会增加计算的步数,这不仅增大了计算量,还会导致舍入误差的过多积累.下面介绍一种自动控制步长的算法,其基本思路是:用前后两种不同步长计算相同节点处数值解,再根据这两个数值解的误差调节步长,以控制方法的局部截断误差.

以标准的 Runge-Kutta 方法为例.设由节点 x_n 出发,先以 h 为步长求得节点 x_{n+1} 处的数值解记为 $y_{n+1}^{(h)}$,由于该公式的局部截断误差为

$$y(x_{n+1})-y_{n+1}^{(h)}=O(h^5).$$

故

$$y(x_{n+1})-y_{n+1}^{(h)}\approx Ch^5. \tag{7.2.16}$$

其中 C 与 $y^{(5)}(x)$ 在区间 $[x_n,x_{n+1}]$ 内的值有关.然后再将步长 h 折半,即取 $\frac{h}{2}$ 为步长,由 x_n 出发按步长 $\frac{h}{2}$ 跨两步到 x_{n+1},求得 x_{n+1} 处的数值解记为 $y_{n+1}^{(\frac{h}{2})}$,因为每跨一步的局部截断误差为 $C\left(\frac{h}{2}\right)^5$,故有

$$y(x_{n+1})-y_{n+1}^{(\frac{h}{2})}\approx 2C\left(\frac{h}{2}\right)^5. \tag{7.2.17}$$

由(7.2.16)与(7.2.17)可知

$$\frac{y(x_{n+1})-y_{n+1}^{(\frac{h}{2})}}{y(x_{n+1})-y_{n+1}^{(h)}}\approx\frac{1}{16}. \tag{7.2.18}$$

由(7.2.16),(7,2,17),(7.2.18),易得下列误差的事后估计式

$$y(x_{n+1})-y_{n+1}^{(\frac{h}{2})}\approx\frac{1}{15}\left[y_{n+1}^{(\frac{h}{2})}-y_{n+1}^{(h)}\right]. \tag{7.2.19}$$

利用式(7.2.19),可通过检查步长二分前后两个数值解 $y_{n+1}^{\left(\frac{h}{2}\right)}$ 与 $y_{n+1}^{(h)}$ 的偏差

$$\delta = |y_{n+1}^{\left(\frac{h}{2}\right)} - y_{n+1}^{(h)}|$$

来调节步长.具体过程如下:

对预给精度 ε,当 $\delta < \varepsilon$ 时,反复将步长加倍计算,直到第 k 次若 $\delta > \varepsilon$,再反过来取前一次的计算结果作为所求的数值解.

当 $\delta > \varepsilon$ 时,反复将步长折半进行计算,直到第 k_1 次若 $\delta < \varepsilon$,则取第 k_1 次的计算结果作为所求的数值解.

上述这种方法称为变步长的 Runge-Kutta 方法.这种方法从表面上看,为了选择合适的步长,每一步的计算量增加了,但从总体上分析往往是合算的,是一种常用的方法.

7.3 收敛性与稳定性

我们主要讨论显式单步法的收敛性与稳定性,其一般形式为

$$y_{n+1} = y_n + h\varphi(x_n, y_n, h), \qquad (7.3.1),$$

其中 $\varphi(x, y, h)$称为增量函数.

这样的差分公式在理论上是否合理,一方面要看差分方程的解 y_n 是否收敛于原微分方程的精确解 $y(x_n)$,另一方面要讨论的问题是:若计算中某一步 y_n 有舍入误差,随着计算的逐步推进,此舍入误差的传播能否得到控制的问题.前者是方法的收敛性问题,后者是方法的数值稳定性问题,一个不收敛或不稳定的数值方法是毫无实用价值的.

7.3.1 收敛性

定义 7.3.1 设初值问题(7.0.1),(7.0.2)的准确解为 $y(x)$,若对于任意固定的节点 $x_n = x_0 + nh$,当 $h \to 0$(必同时有 $n \to \infty$)时,由单步法(7.3.1)求出的数值解 y_n 均有 $y_n \to y(x_n)$,则称该数值方法收敛,或称数值解收敛于准确解.

定理 7.3.1 对于一个 $P(P \geqslant 1)$阶的显式单步法(7.3.1),若增量

函数 $\varphi(x,y,h)$在区域 $\Omega=\{(x,y,h)\mid a\leqslant x\leqslant b,y\in\mathbf{R},0<h\leqslant h_0\}$ 上关于 y 满足 Lipschitz 条件,即存在常数 $L>0$,使

$$|\varphi(x,y,h)-\varphi(x,\bar{y},h)|\leqslant L|y-\bar{y}|$$

成立,则其整体截断误差

$$|e_n|\leqslant|e_0|e^{L(b-a)}+\frac{Ch^P}{L}[e^{L(b-a)}-1].$$

从而当微分方程的初值精确时,该方法收敛,其整体截断误差为

$$e_n=y(x_n)-y_n=O(h^P).$$

证 设 $y_n=y(x_n)$,由(7.3.1)求得

$$\bar{y}_{n+1}=y(x_n)+h\varphi(x_n,y(x_n),h). \tag{7.3.2}$$

由于(7.3.1)为 P 阶方法,即具有 P 阶精度,故局部截断误差满足

$$|\bar{y}_{n+1}-y(x_{n+1})|=|\varepsilon_{n+1}|\leqslant Ch^{P+1}. \tag{7.3.3}$$

其中常数 $C>0$,由(7.3.1)~(7.3.2),有

$$\begin{aligned}|y_{n+1}-\bar{y}_{n+1}|&\leqslant|y_n-y(x_n)|+h|\varphi(x_n,y_n,h)-\varphi(x_n,y(x_n),h)|\\&\leqslant|y_n-y(x_n)|+hL|y_n-y(x_n)|\\&=(1+hL)|y_n-y(x_n)|=(1+hL)|e_n|.\end{aligned} \tag{7.3.4}$$

于是

$$\begin{aligned}|e_{n+1}|&=|y_{n+1}-y(x_{n+1})|\\&\leqslant|y_{n+1}-\bar{y}_{n+1}|+|\bar{y}_{n+1}-y(x_{n+1})|\\&\leqslant(1+hL)|e_n|+Ch^{P+1}.\end{aligned}$$

由此可得 $|e_n|\leqslant(1+hL)|e_{n-1}|+Ch^{P+1}$.

按上式递推下去,有

$$\begin{aligned}|e_n|&\leqslant(1+hL)^n|e_0|+Ch^{P+1}[1+(1+hL)+(1+hL)^2+\cdots\\&\quad+(1+hL)^{n-1}]\\&=(1+hL)^n|e_0|+Ch^{P+1}\frac{1-(1+hL)^n}{1-(1+hL)}\\&=(1+hL)^n|e_0|+\frac{Ch^P}{L}[(1+hL)^n-1].\end{aligned}$$

因为 $nh=x_n-x_0\leqslant b-a$,故 $n\leqslant\frac{b-a}{h}$.

由于 $x>0$ 时,可证明 $1+x<e^x$,从而有 $(1+x)^{\frac{1}{x}}<e$. 由此可知

$$(1+hL)^{\frac{1}{hL}}<e,$$

从而有 $(1+hL)^n<e^{L(b-a)}$,

于是

$$|e_n|\leqslant|e_0|e^{L(b-a)}+\frac{Ch^P}{L}[e^{L(b-a)}-1]. \tag{7.3.5}$$

由于初值精确,则

$$e_0=y(x_0)-y_0=0.$$

由(7.3.5)可知,$e_n=y(x_n)-y_n=O(h^P)$. (7.3.6)

又因 $P\geqslant1$,由上式知 $\lim\limits_{\substack{h\to0\\(n\to\infty)}} y_n=y(x_n)$. 即方法收敛.

此定理表明,只要增量函数 φ 关于 y 满足 Lipschitz 条件,且初值精确,则当局部截断误差为 $O(h^{P+1})$ 时,整体截断误差为 $O(h^P)$,从而,当 $P\geqslant1$ 时,必有 $y_n\to y(x_n)$($h\to0$ 且 $n\to\infty$),即方法收敛.

由于前面介绍的单步法均满足 $P\geqslant1$(即至少是一阶方法)且均有 $e_0=0$,又因为初值问题(7.0.1),(7.0.2)有惟一解的前提条件是右端函数 f 关于 y 满足 Lipschitz 条件,因此验证方法的收敛性时,只需在上述前提下,验证 φ 关于 y 满足 Lipschitz 条件即可.

例 7.3.1 证明改进的 Euler 方法收敛.

证 改进的 Euler 方法的增量函数

$$\varphi(x,y,h)=\frac{1}{2}[f(x,y)+f(x+h,y+hf(x,y))].$$

因为 $|f(x,y)-f(x,\bar{y})|\leqslant L|y-\bar{y}|$, 常数 $L>0$,

则有

$$\begin{aligned}
&|\varphi(x,y,h)-\varphi(x,\bar{y},h)|\\
\leqslant&\frac{1}{2}[|f(x,y)-f(x,\bar{y})|\\
&+|f(x+h,y+hf(x,y))-f(x+h,\bar{y}+hf(x,\bar{y}))|]\\
\leqslant&\frac{1}{2}[L|y-\bar{y}|+L|y-\bar{y}+h(f(x,y)-f(x,\bar{y}))|]\\
\leqslant&L\left(1+\frac{hL}{2}\right)|y-\bar{y}|.
\end{aligned}$$

设 $0<h\leqslant h_0$（h_0 为定数），故

$$|\varphi(x,y,h)-\varphi(x,\bar{y},h)|\leqslant L\left(1+\frac{h_0L}{2}\right)|y-\bar{y}|=L_1|y-\bar{y}|.$$

其中 $L_1=L\left(1+\dfrac{h_0L}{2}\right)$ 为 φ 关于 y 的 Lipschitz 常数，按定理可知改进的 Euler 方法是收敛的.

类似地，可以验证 Euler 方法和其他 Runge-Kutta 方法的收敛性.

7.3.2 稳定性

在考察方法的收敛性时，我们总是假定数值方法本身的计算是准确的.但实际上求解差分方程时是按节点逐次进行的，若某一步计算有误差（例如由于数据四舍五入引起），此误差必然要传播下去，若计算格式不能有效地控制误差的传播，就会使误差的积累很严重，这样尽管方法收敛，也不可能得到可靠的数值解.所以研究方法的稳定性也是非常必要的.下面介绍绝对稳定性的概念.

设问题(7.0.1)，(7.0.2)在节点 x_n 处的数值解为 y_n（此为理论值），而实际计算时得到其近似值记为 $\tilde{y}_n$（以下称为计算值），称差值

$$\delta_n=\tilde{y}_n-y_n$$

为在节点 x_n 处数值解的扰动（或摄动）.

定义 7.3.2 若某种数值方法在节点值 y_n 上产生了大小为 δ_n 的扰动（$\delta_n\neq0$），此后计算没再引进舍入误差，若以后各节点值 y_m（$m>n$）上产生的扰动满足

$$|\delta_m|\leqslant|\delta_n|\quad(m=n+1,n+2,\cdots,N),\tag{7.3.7}$$

则称该方法是绝对稳定的.

关于方法的绝对稳定性，我们仅就简单但却有代表性的试验方程

$$y'=\lambda y\tag{7.3.8}$$

讨论，其中 λ 为复数，要求 $\mathrm{Re}\lambda<0$，这是初值问题本身稳定性的要求.

选择(7.3.8)的理由是对于一般的方程(7.0.1)可以局部线性化为这种形式，事实上将(7.0.1)中的 $f(x,y)$ 在求解区域内某一点（x_n，y_n）Taylor 展开并局部线性化，则有

$$
\begin{aligned}
y' = f(x, y) &= f(x_n, y_n) + (x - x_n) f_x(x_n, y_n) \\
&\quad + (y - y_n) f_y(x_n, y_n) + \cdots \\
&= f_y(x_n, y_n) y + C_1 x + C_2 + \cdots.
\end{aligned} \tag{7.3.9}
$$

其中

$$
C_1 = f_x(x_n, y_n),
$$

$$
C_2 = f(x_n, y_n) - x_n f_x(x_n, y_n) - y_n f_y(x_n, y_n).
$$

略去高阶项，并令 $\lambda = f_y(x_n, y_n)$，

$$
y = z - \frac{C_1 x}{\lambda} - \frac{C_1}{\lambda^2} - \frac{C_2}{\lambda} \quad (\lambda \neq 0).
$$

对(7.3.9)作变量置换可化为 $z' = \lambda z$，这表明一般形式的微分方程总能化成(7.3.8)的形式.

下面研究用显式单步法

$$
y_{n+1} = y_n + h\varphi(x_n, y_n, h)
$$

求解(7.3.8)的绝对稳定性. 将 $f = \lambda y$ 代入上式可求得数值解

$$
y_{n+1} = s(u) y_n. \tag{7.3.10}
$$

其中 $u = \lambda h$，由于节点值 y_n 有扰动，则实际计算解为

$$
\tilde{y}_{n+1} = s(u) \tilde{y}_n. \tag{7.3.11}
$$

(7.3.11) − (7.3.10)，得误差传播方程

$$
\delta_{n+1} = s(u) \delta_n.
$$

又因 $\quad |\delta_{n+1}| = |s(u)| \cdot |\delta_n|$，

当 $|s(u)| \leqslant 1$ 时，则有 $|\delta_{n+1}| \leqslant |\delta_n|$，进一步归纳可得

$$
|\delta_m| \leqslant |\delta_n|, \; m = n+1, n+2, \cdots, N.
$$

即方法绝对稳定.

定义 7.3.3 对于(7.3.10)中的 $s(u)$，若 $|s(u)| \leqslant 1$，则称该单步法是绝对稳定的. 在复平面上，满足 $|s(u)| \leqslant 1$ 的 u 的区域，称为方法的绝对稳定区域，它与实轴的交称为绝对稳定区间.

例如，用 Euler 方法解(7.3.8)，则数值解

$$
y_{n+1} = (1 + \lambda h) y_n = (1 + u) y_n = s(u) y_n.
$$

其中

$$s(u)=1+u.$$

因此,解$|s(u)|=|1+u|\leqslant 1$,可得 Euler 方法的绝对稳定区域为复平面上的点集$\{z\,|\,|1+z|\leqslant 1\}$,是以$(-1,0)$为中心,以 1 为半径的圆域.

若 λ 是负实数,则由$|1+u|\leqslant 1$,可求得其绝对稳定区间为$-2\leqslant u\leqslant 0$,即$-2\leqslant \lambda h\leqslant 0$.由此可得$0<h\leqslant\frac{-2}{\lambda}$,这表明用 Euler 方法解(7.3.8)时,当步长满足$0<h\leqslant\frac{-2}{\lambda}$时,方法绝对稳定.

又如,用梯形公式解(7.3.8),则数值解为

$$y_{n+1}=y_n+\frac{h}{2}(\lambda y_n+\lambda y_{n+1}),$$

$$\left(1-\frac{u}{2}\right)y_{n+1}=\left(1+\frac{u}{2}\right)y_n,$$

故
$$y_{n+1}=\frac{2+u}{2-u}y_n.$$

可知
$$s(u)=\frac{2+u}{2-u}.$$

由$\left|\frac{2+u}{2-u}\right|\leqslant 1$,可得梯形方法的绝对稳定区域为复平面上的点集$\left\{z\,\middle|\,\left|\frac{2+z}{2-z}\right|\leqslant 1\right\}$,它显然是包含 y 轴的左半平面.

若 λ 为负实数时,因 $h>0$,所以 $u=\lambda h<0$,故$\left|\frac{2+u}{2-u}\right|\leqslant 1$ 恒成立,可知梯形方法是无条件稳定的,步长不受限制,可取$0<h<+\infty$都是绝对稳定的.可见隐式方法稳定性比显式方法好.

用标准的 Runge-Kutta 公式解(7.3.8),则数值解为

$$y_{n+1}=\left(1+u+\frac{u^2}{2}+\frac{u^3}{6}+\frac{u^4}{24}\right)y_n,$$

可知

$$s(u)=1+u+\frac{u^2}{2}+\frac{u^3}{6}+\frac{u^4}{24}.$$

绝对稳定区域是复平面上的点集

$$\{z \mid \left|1+z+\frac{z^2}{2}+\frac{z^3}{6}+\frac{z^4}{24}\right| \leqslant 1\}.$$

当 λ 为负实数时,绝对稳定性要求步长 $0<h\leqslant-\dfrac{2.78}{\lambda}$.

例 7.3.2 用标准的 Runge-Kutta 方法解初值问题

$$\begin{cases} y'=-20y & 0<x<1, \\ y(0)=1. \end{cases}$$

解 我们分别取步长 $h=0.1$ 和 $h=0.2$ 进行计算,现将数值解的误差列于表 7.4 中:

表 7.4

x_n	$h=0.1$	$h=0.2$
0.2	−0.092 795	4.98
0.4	−0.012 010	25.0
0.6	−0.001 366	125.0
0.8	−0.000 152	625.0
1.0	−0.000 017	3 125.0

显然当取步长 $h=0.1$ 时,各步数值解误差较小,而且逐渐衰减.这是因为本题 $\lambda=-20$,用标准 Runge-Kutta 方法解此问题时要求步长 $h\leqslant 0.139$ 时绝对稳定,因此,取步长 $h=0.1$ 时方法绝对稳定.而取步长 $h=0.2$ 时,超出了上述范围,此时是不稳定的.这从表 7.4 中明显看出数值解的误差较大,且逐步增大以致失去控制.

对于一般的方程 $y'=f(x,y)$,由前面的讨论可知,取 $\lambda=f_y(x_n,y_n)$,确定由节点 x_n 到 x_{n+1} 这一步方法的绝对稳定性对步长的限制.

7.4 线性多步法

在求解(7.0.1),(7.0.2)的数值解 y_{n+1} 时,由于 $y_0,y_1,\cdots,y_n$ 已经求得,故可利用这些已知的信息来构造计算公式,以减少计算量并获得较高的精度.其一般形式为

$$y_{n+1}=\alpha_0 y_n+\alpha_1 y_{n-1}+\cdots+\alpha_r y_{n-r}$$

$$+h(\beta_{-1}f_{n+1}+\beta_0 f_n+\beta_1 f_{n-1}+\cdots+\beta_r f_{n-r})$$
$$=\sum_{k=0}^{r}\alpha_k y_{n-k}+h\sum_{k=-1}^{r}\beta_k f_{n-k},\tag{7.4.1}$$
其中
$$f_{n-k}=f(x_{n-k},y_{n-k}),k=-1,0,1,\cdots,r.$$
由于 $f_{n+1}=f(x_{n+1},y_{n+1})$之中含有 y_{n+1},所以当 $\beta_{-1}\neq 0$ 时(7.4.1)为隐式公式,当 $\beta_{-1}=0$ 时,该公式为显式公式,当 $r=0$ 时它是单步法公式.

7.4.1 Adams 公式

1. Adams 显式公式

将(7.0.1)两边在$[x_n,x_{n+1}]$上积分得
$$y(x_{n+1})=y(x_n)+\int_{x_n}^{x_{n+1}}f(x,y(x))\mathrm{d}x.\tag{7.4.2}$$
关键在于求上式右端的积分.取 $r+1$ 个等距节点
$$x_{n-r}<x_{n-r+1}<\cdots<x_n,$$
作 $f(x,y(x))$的 r 次插值多项式$P_r(x)$,设余项为 $E(x)$,则
$$f(x,y(x))=P_r(x)+E(x).$$
将上式代入(7.4.2)得
$$y(x_{n+1})=y(x_n)+\int_{x_n}^{x_{n+1}}P_r(x)\mathrm{d}x+\int_{x_n}^{x_{n+1}}E(x)\mathrm{d}x.$$
略去积分余项,用 y_{n-j} 代替 $y(x_{n-j})$ $(j=0,1,\cdots,r)$, y_{n+1} 代替 $y(x_{n+1})$,$P_r(x)$变为 $\bar{P}_r(x)$,于是有
$$y_{n+1}=y_n+\int_{x_n}^{x_{n+1}}\bar{P}_r(x)\mathrm{d}x.\tag{7.4.3}$$
注意到 $x\in[x_n,x_{n+1}]$,$x\overline{\in}[x_{n-r},x_n]$,故此方法为外推法.由于 x 位于表末,因此采用 Newton 后插公式.令 $x=x_n+th$ $(0\leqslant t\leqslant 1)$,由第 4 章的式(4.3.20)
$$\bar{P}_r(x)=\bar{P}_r(x_n+th)=f_n+t\nabla f_n+\frac{t(t+1)}{2!}\nabla^2 f_n+\cdots+$$

$$\frac{t(t+1)\cdots(t+r-1)}{r!}\nabla^r f_n$$
$$=\sum_{j=0}^{r}(-1)^j\binom{-t}{j}\nabla^j f_n.$$

其中

$$\binom{-t}{j}=\frac{-t(-t-1)(-t-2)\cdots(-t-j+1)}{j!},$$

故

$$\int_{x_n}^{x_{n+1}}\overline{P}_r(x)\mathrm{d}x=h\int_0^1\overline{P}_r(x_n+th)\mathrm{d}t$$
$$=h\int_0^1\left[\sum_{j=0}^{r}(-1)^j\binom{-t}{j}\nabla^j f_n\right]\mathrm{d}t$$
$$=h\sum_{j=0}^{r}\left[(-1)^j\int_0^1\binom{-t}{j}\mathrm{d}t\right]\nabla^j f_n$$
$$=h\sum_{j=0}^{r}\alpha_j\nabla^j f_n.$$

其中

$$\alpha_j=(-1)^j\int_0^1\binom{-t}{j}\mathrm{d}t\quad(j=0,1,\cdots,r).$$

代入(7.4.3)有

$$\begin{cases}y_{n+1}=y_n+h\sum\limits_{j=0}^{r}\alpha_j\nabla^j f_n,\\ \alpha_j=(-1)^j\int_0^1\binom{-t}{j}\mathrm{d}t\quad(j=0,1,\cdots,r).\end{cases}\tag{7.4.4}$$

上式称为 $r+1$ 步 Adams 显式公式.这是因为求 y_{n+1} 时要用到它前 $r+1$ 步的信息 $y_n,y_{n-1},\cdots,y_{n-r}$ 且 y_{n+1} 成显式形式.

α_j 易求出,也可查表得到,下表给出了 α_j 的部分值.

j	0	1	2	3
α_j	1	$\frac{1}{2}$	$\frac{5}{12}$	$\frac{3}{8}$

在(7.4.4)中使用的是差分,这样不方便计算,故需将差分换为函数值.

为此利用第 4 章的式(4.3.9)有

$$\nabla^j f_n = \Delta^j f_{n-j};$$

再由第 4 章的式(4.3.12)有

$$\Delta^j f_{n-j} = \sum_{i=0}^{j}(-1)^i \binom{j}{i} f_{(n-j)+j-i} = \sum_{i=0}^{j}(-1)^i \binom{j}{i} f_{n-i}.$$

于是(7.4.4)中第一式成为

$$\begin{aligned} y_{n+1} &= y_n + h\sum_{j=0}^{r}\alpha_j\left[\sum_{i=0}^{j}(-1)^i\binom{j}{i}f_{n-i}\right] \\ &= y_n + h\sum_{j=0}^{r}\sum_{i=0}^{j}(-1)^i\binom{j}{i}\alpha_j f_{n-i} \\ &= y_n + h\sum_{i=0}^{r}\sum_{j=i}^{r}\left[(-1)^i\binom{j}{i}\alpha_j\right]f_{n-i} = y_n + h\sum_{i=0}^{r}\alpha_{ri}f_{n-i}. \end{aligned}$$

其中

$$\alpha_{ri} = \sum_{j=i}^{r}(-1)^i\binom{j}{i}\alpha_j.$$

故

$$\begin{cases} y_{n+1} = y_n + h\sum_{i=0}^{r}\alpha_{ri}f_{n-i}, \\ \alpha_{ri} = (-1)^i\sum_{j=i}^{r}\binom{j}{i}\alpha_j \quad (i=0,1,\cdots,r). \end{cases} \tag{7.4.5}$$

(7.4.5)仍称为 Adams 显式公式,为 $r+1$ 步显式公式.α_{ri} 与参数 r,i 有关,而 r 的值与取的信息有关.α_{ri} 也可查表,下表给出了其部分值.

i	0	1	2	3
α_{0i}	1			
α_{1i}	$\frac{3}{2}$	$-\frac{1}{2}$		
α_{2i}	$\frac{23}{12}$	$-\frac{16}{12}$	$\frac{5}{12}$	
α_{3i}	$\frac{55}{24}$	$-\frac{59}{24}$	$\frac{37}{24}$	$-\frac{9}{24}$

可以证明(7.4.4),(7.4.5)的局部截断误差为 $O(h^{r+2})$,即为 $r+1$ 阶

方法(具有 $r+1$ 阶精度).

特殊地,当 $r=0$ 时,(7.4.5)成为

$$y_{n+1}=y_n+hf(x_n,y_n),$$

这正是 Euler 公式.

当 $r=1$ 时可得到二阶 Adams 显式公式

$$y_{n+1}=y_n+\frac{h}{2}(3f_n-f_{n-1});$$

当 $r=3$ 时得到四阶 Adams 显式公式

$$y_{n+1}=y_n+\frac{h}{24}(55f_n-59f_{n-1}+37f_{n-2}-9f_{n-3}). \tag{7.4.6}$$

Adams 显式公式除去 Euler 方法之外都不是自开始的.例如上面的四步四阶公式需用到四个信息,所以除去方程给定的初值之外,还需用其他方法提供三个值才能起步进行计算.另外因为是外推法,所以不够精确.为改善精度,下面介绍 Adams 隐式公式.

2. Adams 隐式公式

若利用下面的 $r+1$ 个等距节点

$$x_{n-r+1}<x_{n-r+2}<\cdots<x_n<x_{n+1},$$

做 $f(x,y(x))$ 的 r 次插值多项式,因为 $x\in[x_n,x_{n+1}]$,所以插值点 x 位于插值区间 $[x_{n-r+1},x_{n+1}]$ 之内,这是内插公式.由于 x 在表末,仍然利用 Newton 后插公式.令

$$x=x_{n+1}+th \quad (-1\leqslant t\leqslant 0),$$

重复上面的推导可得

$$\begin{cases} y_{n+1}=y_n+h\sum_{j=0}^{r}b_j\nabla^j f_{n+1}, \\ b_j=(-1)^j\int_{-1}^{0}\binom{-t}{j}\mathrm{d}t \quad (j=0,1,\cdots,r). \end{cases} \tag{7.4.7}$$

若把差分改为函数值表示,则有

$$\begin{cases} y_{n+1}=y_n+h\sum_{k=0}^{r}\beta_{rk}f_{n-k+1}, \\ \beta_{rk}=(-1)^k\sum_{j=k}^{r}\binom{j}{k}b_j \quad (k=0,1,\cdots,r). \end{cases} \tag{7.4.8}$$

式(7.4.7),(7.4.8)称为 Adams 隐式公式.这是因为 y_{n+1} 成隐式形式(如(7.4.8)中当 $k=0$ 时,和式中出现 $f_{n+1}=f(x_{n+1},y_{n+1})$).其中 b_j 与 β_{rk} 可查表得到.下面的表给出了部分值.

j	0	1	2	3
b_j	1	$-\frac{1}{2}$	$-\frac{1}{12}$	$-\frac{1}{24}$

k	0	1	2	3
β_{0k}	1			
β_{1k}	$\frac{1}{2}$	$\frac{1}{2}$		
β_{2k}	$\frac{5}{12}$	$\frac{8}{12}$	$\frac{-1}{12}$	
β_{3k}	$\frac{9}{24}$	$\frac{19}{24}$	$\frac{-5}{24}$	$\frac{1}{24}$

可证明(7.4.7),(7.4.8)的局部截断误差为 $O(h^{r+2})$,故具有 $r+1$ 阶精度,为 $r+1$ 阶方法.

当 $r=1$ 时,该公式为梯形公式,它是二阶 Adams 隐式公式.

$r=3$ 时,该公式为

$$y_{n+1}=y_n+\frac{h}{24}(9f_{n+1}+19f_n-5f_{n-1}+f_{n-2}),\tag{7.4.9}$$

此公式为四阶 Adams 隐式公式.它为三步法公式.

还可证明(7.4.6)的局部截断误差

$$y(x_{n+1})-y_{n+1}=\frac{251}{720}h^5y^{(5)}(\xi_n),\xi_n\in(x_{n-3},x_n).$$

而(7.4.9)的局部截断误差

$$y(x_{n+1})-y_{n+1}=-\frac{19}{720}h^5y^{(5)}(\xi_n),\xi_n\in(x_{n-2},x_{n+1}).$$

比较上述二式,尽管(7.4.6)与(7.4.9)都具有四阶精度,显然隐式公式(7.4.9)精度更好些.

另外从计算量考虑,显式公式计算量较小,因为每步计算只需调用一次 f 用于计算 f_n,其他的 $f_{n-k}(k=1,2,\cdots,r)$ 都是前面已求出的结果，而隐式公式每步计算除调用一次 f 之外，还需要用迭代法解隐式方程.但是隐式方法的数值稳定性较好.

3 Adams 预测一校正公式

由于用 Adams 隐式公式计算量较大，为减少计算量，一种常用的方法是用 $r=3$ 的显式与隐式公式相匹配构成如下的 Adams 预测一校正公式：

$$
\begin{aligned}
&\text{预测：}\quad \bar{y}_{n+1}=y_n+\frac{h}{24}(55f_n-59f_{n-1}+37f_{n-2}-9f_{n-3}),\\
&\text{校正：}\quad y_{n+1}=y_n+\frac{h}{24}(9f(x_{n+1},\bar{y}_{n+1})+19f_n-5f_{n-1}+f_{n-2}).
\end{aligned}
\tag{7.4.10}
$$

此公式具有四阶精度，为四步法公式，除给定的 y_0 之外，还可用同阶单步法再提供 y_1,y_2,y_3 才能起步计算.

例 7.4.1 利用(7.4.10)解例 7.1.1.

解 仍取步长 $h=0.1$，$y_0=1$，用经典的 Runge-Kutta 公式求出：

$$y_1=1.095\ 446,\ y_2=1.183\ 217,\ y_3=1.264\ 912,$$

代入下列计算公式计算：

$$
\begin{cases}
\bar{y}_{n+1}=y_n+\dfrac{h}{24}\Big[55\Big(y_n-\dfrac{2x_n}{y_n}\Big)-59\Big(y_{n-1}-\dfrac{2x_{n-1}}{y_{n-1}}\Big)\\
\qquad\qquad +37\Big(y_{n-2}-\dfrac{2x_{n-2}}{y_{n-2}}\Big)-9\Big(y_{n-3}-\dfrac{2x_{n-3}}{y_{n-3}}\Big)\Big],\\
y_{n+1}=y_n+\dfrac{h}{24}\Big[9\Big(\bar{y}_{n+1}-\dfrac{2x_{n+1}}{\bar{y}_{n+1}}\Big)+19\Big(y_n-\dfrac{2x_n}{y_n}\Big)\\
\qquad\qquad -5\Big(y_{n-1}-\dfrac{2x_{n-1}}{y_{n-1}}\Big)+\Big(y_{n-2}-\dfrac{2x_{n-2}}{y_{n-2}}\Big)\Big].
\end{cases}
$$

计算结果见下表：

表 7.5

x_n	0.4	0.5	0.6	0.7	0.8	0.9	1.0
$\bar{y}_n$	1.341 551	1.414 045	1.483 017	1.548 917	1.612 114	1.672 917	1.731 566
y_n	1.341 641	1.414 213	1.483 239	1.549 192	1.612 450	1.673 318	1.732 048

7.4.2 修正的 Hamming 公式

利用 Taylor 展开原理,可以构造著名的 Milne 4 步 4 阶显式公式

$$y_{n+1}=y_{n-3}+\frac{4h}{3}(2f_n-f_{n-1}+2f_{n-2}). \tag{7.4.11}$$

其局部截断误差

$$\varepsilon_{n+1}^{(1)}=y(x_{n+1})-y_{n+1}=\frac{14}{45}h^5y^{(5)}(\xi_n)+O(h^6),$$
$$\xi_n\in(x_{n-3},x_{n+1}). \tag{7.4.12}$$

类似地可构造著名的 Hamming 公式

$$y_{n+1}=\frac{1}{8}(9y_n-y_{n-2})+\frac{3h}{8}(f_{n+1}+2f_n-f_{n-1}). \tag{7.4.13}$$

这是 3 步 4 阶隐式公式,其局部截断误差

$$y(x_{n+1})-y_{n+1}=-\frac{1}{40}h^5y^{(5)}(\xi_n)+O(h^6),$$
$$\xi_n\in(x_{n-2},x_{n+1}). \tag{7.4.14}$$

将 Milne 公式(7.4.11)与 Hamming 公式(7.4.13)相结合可构成如下的预测一校正公式

$$\begin{cases} y_{n+1}^P=y_{n-3}+\dfrac{4h}{3}(2f_n-f_{n-1}+2f_{n-2}),\\ y_{n+1}=\dfrac{1}{8}(9y_n-y_{n-2})+\dfrac{3h}{8}[f(x_{n+1},y_{n+1}^P)+2f_n-f_{n-1}]. \end{cases} \tag{7.4.15}$$

为以示区别,现将 Hamming 公式(7.4.13)的数值解记为 $\bar{y}_{n+1}$,则(7.4.13),(7.4.14)分别表示为

$$\bar{y}_{n+1}=\frac{1}{8}(9y_n-y_{n-2})+\frac{3h}{8}(f_{n+1}+2f_n-f_{n-1}),$$

$$\varepsilon_{n+1}^{(2)}=y(x_{n+1})-\bar{y}_{n+1}=-\frac{1}{40}h^5y^{(5)}(\xi_n)+O(h^6).$$

利用外推技巧,即$\dfrac{1}{40}\times\varepsilon_{n+1}^{(1)}$加上$\dfrac{14}{45}\times\varepsilon_{n+1}^{(2)}$整理后得

$$y(x_{n+1})-\frac{\frac{1}{40}y_{n+1}+\frac{14}{45}\bar{y}_{n+1}}{\frac{1}{40}+\frac{14}{45}}=O(h^6). \tag{7.4.16}$$

这表明经过外推后的算法的精度提高了一阶.在(7.4.16)中略去余项,整理后得

$$y(x_{n+1})\approx\frac{9}{121}y_{n+1}+\frac{112}{121}\bar{y}_{n+1}.$$

由上式可得

$$y(x_{n+1})-y_{n+1}\approx\frac{112}{121}(\bar{y}_{n+1}-y_{n+1}), \tag{7.4.17}$$

$$y(x_{n+1})-\bar{y}_{n+1}\approx-\frac{9}{121}(\bar{y}_{n+1}-y_{n+1}). \tag{7.4.18}$$

利用(7.4.17)可得 Milne 公式的修正公式

$$y_{n+1}^{mn}=y_{n+1}+\frac{112}{121}(\bar{y}_{n+1}-y_{n+1}). \tag{7.4.19}$$

利用(7.4.18)可得 Hamming 公式的修正公式

$$y_{n+1}^{Hm}=\bar{y}_{n+1}-\frac{9}{121}(\bar{y}_{n+1}-y_{n+1}). \tag{7.4.20}$$

现构成如下的修正 Hamming 预测—校正公式,简称修正 Hamming 公式

预测:$y_{n+1}^{P}=y_{n-3}+\dfrac{4h}{3}(2f_n-f_{n-1}+2f_{n-2})$,

修正:$y_{n+1}^{Q}=y_{n+1}^{P}+\dfrac{112}{121}(y_n^{S}-y_n^{P})$,

校正:$y_{n+1}^{S}=\dfrac{1}{8}(9y_n-y_{n-2})+\dfrac{3h}{8}[f(x_{n+1},y_{n+1}^{Q})+2f_n-f_{n-1})$,

修正:$y_{n+1}=y_{n+1}^{S}-\dfrac{9}{121}(y_{n+1}^{S}-y_{n+1}^{P})$.

此方法精度高且数值稳定性较好.使用此公式计算时,除 y_0 之外,可由同阶单步法提供其他初值 y_1,y_2,y_3 方可起步计算,在求 y_4 时,为方便可取 $y_3^{S}=y_3^{P}$.

7.5　一阶常微分方程组与高阶方程的数值解法

7.5.1　一阶常微分方程组

由 m 个方程构成的一阶常微分方程组初值问题的一般形式为

$$\begin{cases} y'_1 = f_1(x, y_1, y_2, \cdots, y_m), \\ y'_2 = f_2(x, y_1, y_2, \cdots, y_m), \\ \cdots\cdots\cdots\cdots\cdots\cdots\cdots \\ y'_m = f_m(x, y_1, y_2, \cdots, y_m), \\ y_1(x_0) = S_1, y_2(x_0) = S_2, \cdots, y_m(x_0) = S_m. \end{cases} \tag{7.5.1}$$

引进向量记号

$$\boldsymbol{y} = (y_1, y_2, \cdots, y_m)^{\mathrm{T}}, \boldsymbol{F} = (f_1, f_2, \cdots, f_m)^{\mathrm{T}},$$
$$\boldsymbol{y}_0 = (S_1, S_2, \cdots, S_m)^{\mathrm{T}},$$

则(7.5.1)成为向量形式

$$\begin{cases} \boldsymbol{y}' = \boldsymbol{F}(x, \boldsymbol{y}), \\ \boldsymbol{y}(x_0) = \boldsymbol{y}_0. \end{cases} \tag{7.5.2}$$

可以把求解(7.0.1),(7.0.2)的各种数值方法推广到方程组上来.

例如,解(7.5.2)的 Euler 格式为

$$\boldsymbol{y}_{n+1} = \boldsymbol{y}_n + h\boldsymbol{F}(x_n, \boldsymbol{y}_n). \tag{7.5.3}$$

显然这是向量形式.

设 $\boldsymbol{y}_n = (y_{1n}, y_{2n}, \cdots, y_{mn})^{\mathrm{T}}$,(7.5.3)的分量形式为

$$y_{in+1} = y_{in} + hf_i(x_n, y_{1n}, y_{2n}, \cdots, y_{mn}) \quad (i = 1, 2, \cdots, m). \tag{7.5.4}$$

例如,解(7.5.2)的标准 Runge-Kutta 公式向量形式为

$$
\begin{cases}
\boldsymbol{y}_{n+1} = \boldsymbol{y}_n + \dfrac{h}{6}(\boldsymbol{K}_1 + 2\boldsymbol{K}_2 + 2\boldsymbol{K}_3 + \boldsymbol{K}_4), \\
\boldsymbol{K}_1 = \boldsymbol{F}(x_n, \boldsymbol{y}_n), \\
\boldsymbol{K}_2 = \boldsymbol{F}\left(x_n + \dfrac{h}{2}, \boldsymbol{y}_n + \dfrac{h}{2}\boldsymbol{K}_1\right), \\
\boldsymbol{K}_3 = \boldsymbol{F}\left(x_n + \dfrac{h}{2}, \boldsymbol{y}_n + \dfrac{h}{2}\boldsymbol{K}_2\right), \\
\boldsymbol{K}_4 = \boldsymbol{F}(x_n + h, \boldsymbol{y}_n + h\boldsymbol{K}_3).
\end{cases}
\tag{7.5.5}
$$

设 $\boldsymbol{K}_i = (K_{1i}, K_{2i}, \cdots, K_{mi})^{\mathrm{T}} \quad (i = 1, \cdots, 4)$,

则(7.5.5)的分量形式为

$$
\begin{cases}
\boldsymbol{y}_{in+1} = \boldsymbol{y}_{in} + \dfrac{h}{6}(K_{i1} + 2K_{i2} + 2K_{i3} + K_{i4}), \\
K_{i1} = f_i(x_n, y_{1n}, y_{2n}, \cdots, y_{mn}), \\
K_{i2} = f_i\left(x_n + \dfrac{h}{2}, y_{1n} + \dfrac{h}{2}K_{11}, y_{2n} + \dfrac{h}{2}K_{21}, \cdots, \boldsymbol{y}_{mn} + \dfrac{h}{2}K_{m1}\right), \\
K_{i3} = f_i(x_n + \dfrac{h}{2}, y_{1n} + \dfrac{h}{2}K_{12}, y_{2n} + \dfrac{h}{2}K_{22}, \cdots, y_{mn} + \dfrac{h}{2}K_{m2}), \\
K_{i4} = f_i(x_n + h, y_{1n} + hK_{13}, y_{2n} + hK_{23}, \cdots, y_{mn} + hK_{m3})
\end{cases}
$$

$$
(i = 1, 2, \cdots, m). \tag{7.5.6}
$$

例 7.5.1 写出用中点公式(7.2.12)解

$$
\begin{cases}
y' = 3x - 4y + 6z, \\
z' = 5y - 3z, \\
y(0) = 1, z(0) = 3
\end{cases}
$$

的计算公式.

解 解上述问题的中点公式向量形式为

$$
\begin{cases}
\boldsymbol{y}_{n+1} = \boldsymbol{y}_n + h\boldsymbol{K}_2, \\
\boldsymbol{K}_1 = \boldsymbol{F}(x_n, \boldsymbol{y}_n), \\
\boldsymbol{K}_2 = \boldsymbol{F}\left(x_n + \dfrac{h}{2}, \boldsymbol{y}_n + \dfrac{h}{2}\boldsymbol{K}_1\right).
\end{cases}
$$

设 $\boldsymbol{K}_1 = (k_1, l_1)^{\mathrm{T}}, \boldsymbol{K}_2 = (k_2, l_2)^{\mathrm{T}}$,上式分量形式为

$$\begin{cases} y_{n+1} = y_n + hk_2, \\ z_{n+1} = z_n + hl_2, \\ k_1 = 3x_n - 4y_n + 6z_n, \\ l_1 = 5y_n - 3z_n, \\ k_2 = 3\left(x_n + \dfrac{h}{2}\right) - 4\left(y_n + \dfrac{h}{2}k_1\right) + 6\left(z_n + \dfrac{h}{2}l_1\right), \\ l_2 = 5\left(y_n + \dfrac{h}{2}k_1\right) - 3\left(z_n + \dfrac{h}{2}l_1\right), \\ y_0 = 1, z_0 = 3. \end{cases}$$

利用节点 x_n 处的数值解 y_n, z_n，由上式求得 k_1, l_1, k_2, l_2 后，便可求得 y_{n+1}, z_{n+1}，这样，可从初值 y_0, z_0 出发，逐步求得 $y(x), z(x)$ 在各个节点处的数值解.

7.5.2 高阶方程

高阶方程初值问题的一般形式为

$$\begin{cases} y^{(m)} = f(x, y, y', \cdots, y^{(m-1)}), \\ y(x_0) = S_1, y'(x_0) = S_2, \cdots, y^{(m-1)}(x_0) = S_m. \end{cases} \tag{7.5.7}$$

引入新变量

$$y_1 = y, y_2 = y', y_3 = y'', \cdots, y_m = y^{(m-1)}.$$

则(7.5.7)可化为

$$\begin{cases} y'_1 = y_2, \\ y'_2 = y_3, \\ \cdots\cdots \\ y'_m = f(x, y_1, y_2, \cdots, y_m), \\ y_1(x_0) = S_1, y_2(x_0) = S_2, \cdots, y_m(x_0) = S_m. \end{cases} \tag{7.5.8}$$

上式为一阶常微分方程组初值问题，可采用上面介绍的方法求问题的数值解.

例 7.5.2 写出用标准 Runge-Kutta 公式求解

$$\begin{cases} y'' = f(x, y, y'), \\ y(x_0) = S_1, y'(x_0) = S_2 \end{cases}$$

的计算公式.

解 令 $z=y'$,将此问题化为一阶常微分方程组初值问题

$$\begin{cases} y'=z, \\ z'=f(x,y,z), \\ y(x_0)=S_1, z(x_0)=S_2. \end{cases}$$

求此问题数值解的标准 Runge-Kutta 公式为

$$\begin{cases} y_{n+1}=y_n+\dfrac{h}{6}(k_1+2k_2+2k_3+k_4), \\ z_{n+1}=z_n+\dfrac{h}{6}(l_1+2l_2+2l_3+l_4), \\ k_1=z_n, \\ l_1=f(x_n,y_n,z_n), \\ k_2=z_n+\dfrac{h}{2}l_1, \\ l_2=f\left(x_n+\dfrac{h}{2}, y_n+\dfrac{h}{2}k_1, z_n+\dfrac{h}{2}l_1\right), \\ k_3=z_n+\dfrac{h}{2}l_2, \\ l_3=f\left(x_n+\dfrac{h}{2}, y_n+\dfrac{h}{2}k_2, z_n+\dfrac{h}{2}l_2\right), \\ k_4=z_n+hl_3, \\ l_4=f(x_n+h, y_n+hk_3, z_n+hl_3), \\ y_0=S_1, z_0=S_2. \end{cases}$$

7.6 常微分方程边值问题的差分解法

考虑下面的二阶常微分方程

$$y''=f(x,y,y'), x\in(a,b). \tag{7.6.1}$$

常见的边界条件有三种:

第一边界条件为

$$y(a)=\alpha, y(b)=\beta; \tag{7.6.2}$$

第二边界条件为

$$y'(a)=\alpha,\ y'(b)=\beta; \tag{7.6.3}$$

第三边界条件为

$$\begin{aligned} &y'(a)-\alpha_0 y(a)=\alpha_1,\\ &y'(b)+\beta_0 y(b)=\beta_1. \end{aligned} \tag{7.6.4}$$

其中 $\alpha,\beta,\alpha_0,\alpha_1,\beta_0,\beta_1$ 为常数，$\alpha_0,\beta_0\geqslant 0$ 并且 $\alpha_0+\beta_0>0$，(7.6.1)与(7.6.2)构成第一边值问题；(7.6.1)与(7.6.3)构成第二边值问题；(7.6.1)与(7.6.4)构成第三边值问题. 在(7.6.1)中，若 f 关于 y 和 y' 是线性的时候，则称之为二阶线性常微分方程，上述三种边值问题分别称为二阶线性方程第一、第二及第三边值问题.

7.6.1 线性常微分方程第一边值问题的差分格式

考虑下列二阶线性常微分方程第一边值问题

$$\begin{cases} y''-q(x)y=f(x),\ a<x<b,\\ y(a)=\alpha,\ y(b)=\beta. \end{cases} \tag{7.6.5}$$

其中 α,β 为常数，这里假设 $q(x),f(x)\in C[a,b]$且为已知函数，$q(x)\geqslant 0$.

设(7.6.5)的解 $y=y(x)$ 存在且惟一. 我们用差分方法解(7.6.5). 方法是将问题离散化，建立相应的差分方程组，解该方程组可得到边值问题的解在各节点上的近似值，即问题的数值解.

将区间$[a,b]$分为 n 等份，步长 $h=\dfrac{b-a}{n}$，分点为 $x_k=a+kh(k=0,1,\cdots,n)$，利用二阶三点数值微分公式

$$y''(x_k)=\frac{1}{h^2}[y(x_{k-1})-2y(x_k)+y(x_{k+1})]-\frac{h^2}{12}y^{(4)}(\xi_k). \tag{7.6.6}$$

其中 $\xi_k\in(x_{k-1},x_{k+1})$，则在内节点 x_k 处，(7.6.5)中的方程化为

$$\frac{1}{h^2}[y(x_{k-1})-2y(x_k)+y(x_{k+1})]-q(x_k)y(x_k)=f(x_k)+\frac{h^2}{12}y^{(4)}(\xi_k)$$
$$(k=1,2,\cdots,n-1). \tag{7.6.7}$$

略去余项，记 $q_k=q(x_k)$，$f_k=f(x_k)$，并以 y_{k-1},y_k,y_{k+1} 分别近似代替

$y(x_{k-1}), y_{(x_k)}, y(x_{k+1})$，将(7.6.5)离散化，得到差分方程(或差分格式)

$$\left.\begin{aligned}&\frac{y_{k-1}-2y_k+y_{k+1}}{h^2}-q_k y_k=f_k \quad (k=1,2,\cdots,n-1),\\&y_0=\alpha, y_n=\beta.\end{aligned}\right\}\tag{7.6.8}$$

上式含有 $n+1$ 个方程，$n+1$ 个未知元 $y_0, y_1, \cdots, y_n$，差分方程(7.6.8)逼近微分方程(7.6.5)的误差为 $O(h^2)$.

为讨论(7.6.8)解的存在惟一性，现给出如下的定理.

定理 7.6.1 (极值原理)设有差分算子

$$L(y_k)=\frac{1}{h^2}(y_{k-1}-2y_k+y_{k+1})-q_k y_k \quad (q_k \geqslant 0)$$
$$(k=1,2,\cdots,n-1),$$

对于一组不全相等的数 $y_0, y_1, \cdots, y_n$，

(1) 若 $L(y_k)\geqslant 0, k=1,2,\cdots,n-1$，则 $y_0, y_1, \cdots, y_n$ 中正的最大值只能是 y_0 或 y_n；

(2) 若 $L(y_k)\leqslant 0, k=1,2,\cdots,n-1$，则 $y_0, y_1, \cdots, y_n$ 中负的最小值只能是 y_0 或 y_n.

证 仅证明(1).采用反证法.设 $y_m(0<m<n)$ 为这组数中正的最大值，即

$$y_m=\max_{0\leqslant k\leqslant n} y_k=M>0,$$

并且 y_{m-1} 与 y_{m+1} 中至少有一个小于 M，此时有

$$L(y_m)=\frac{y_{m-1}-2y_m+y_{m+1}}{h^2}-q_m y_m<\frac{M-2M+M}{h^2}-q_m M$$
$$=-q_m M\leqslant 0,$$

即 $L(y_m)<0$.这与 $L(y_k)\geqslant 0\ (k=1,2,\cdots,n-1)$矛盾.类似地可证明(2).

由上述定理可以证明差分方程(7.6.8)解的存在惟一性.

定理 7.6.2 差分方程(7.6.8)的解是存在且惟一的.

证 只需证明(7.6.8)对应的齐次方程组

$$\begin{cases} L(y_k) = \dfrac{y_{k-1} - 2y_k + y_{k+1}}{h^2} - q_k y_k = 0 \quad (k = 1,2,\cdots,n-1), \\ y_0 = y_n = 0 \end{cases}$$

(7.6.9)

只有零解.设其解为 $y_i(i=0,1,\cdots,n)$,由于 $L(y_k)=0\ (k=1,2,\cdots,n-1)$,且 $y_0=y_n=0$.由极值原理(1)知,$y_0,y_1,\cdots,y_n$ 中既不能有正数,由极值原理(2)知,此组数中又不能有负数,从而必全为零,即 $y_0=y_1=\cdots=y_n=0$,由此可知(7.6.8)的解存在且惟一.

关于(7.6.8)的解法.将它整理成下列形式

$$\begin{cases} y_{k-1} - (2 + q_k h^2) y_k + y_{k+1} = h^2 f_k \quad (k = 1,2,\cdots,n-1), \\ y_0 = \alpha, y_n = \beta. \end{cases}$$

(7.6.10)

从而有

$$\begin{bmatrix} -(2+q_1h^2) & 1 & & & \\ 1 & -(2+q_2h^2) & 1 & & \\ & \ddots & \ddots & \ddots & \\ & & 1 & -(2+q_{n-2}h^2) & 1 \\ & & & 1 & -(2+q_{n-1}h^2) \end{bmatrix} \begin{bmatrix} y_1 \\ y_2 \\ \vdots \\ y_{n-2} \\ y_{n-1} \end{bmatrix}$$

$$= \begin{bmatrix} h^2 f_1 - \alpha \\ h^2 f_2 \\ \vdots \\ h^2 f_{n-2} \\ h^2 f_{n-1} - \beta \end{bmatrix}. \qquad (7.6.11)$$

这是关于 $y_1,y_2,\cdots,y_{n-1}$ 的线性方程组,系数矩阵为三对角矩阵,可采用追赶法求解.

关于差分方程(7.6.8)解的误差估计见下面的定理.

定理 7.6.3 设 $y_0,y_1,\cdots,y_n$ 是差分方程(7.6.8)的解,$y(x_k)$是边值问题(7.6.5)的解 $y(x)$在节点 x_k 处的值,令截断误差 $e_k=y(x_k)$

$-y_k(k=0,1,\cdots,n)$,则有估计式

$$|e_k|\leqslant\frac{M(b-a)^2}{96}h^2, \quad (k=0,1,\cdots,n). \tag{7.6.12}$$

其中 $M=\max\limits_{a\leqslant x\leqslant b}|y^{(4)}(x)|$.

证 由二阶三点数值微分公式,在内节点 x_k 处,(7.6.5)成为

$$\begin{cases}\dfrac{y(x_{k-1})-2y(x_k)+y(x_{k+1})}{h^2}-q_ky(x_k)=f_k+\dfrac{h^2}{12}y^{(4)}(\xi_k),x_{k-1}<\xi_k<x_{k+1},\\ y(x_0)=\alpha,y(x_n)=\beta.\end{cases} \tag{7.6.13}$$

(7.6.13)-(7.6.8)得

$$\begin{cases}L(e_k)=\dfrac{e_{k-1}-2e_k+e_{k+1}}{h^2}-q_ke_k=\dfrac{h^2}{12}y^{(4)}(\xi_k),\\ e_0=0,e_n=0.\end{cases} \tag{7.6.14}$$

由于 ξ_k 一般是未知的,为得到 e_k 的估计式,现在考虑下列差分格式

$$\begin{cases}L(\varepsilon_k)=\dfrac{\varepsilon_{k-1}-2\varepsilon_k+\varepsilon_{k+1}}{h^2}-q_k\varepsilon_k=-\dfrac{h^2}{12}M,\\ \varepsilon_0=0,\varepsilon_n=0.\end{cases} \tag{7.6.15}$$

其中 $M=\max\limits_{a\leqslant x\leqslant b}|y^{(4)}(x)|$.需证明

$$|e_k|\leqslant\varepsilon_k \quad (k=0,1,\cdots,n). \tag{7.6.16}$$

因为 $L(\varepsilon_k)=-\dfrac{h^2}{12}M\leqslant-\dfrac{h^2}{12}|y^{(4)}(\xi_k)|=-|L(e_k)|$,

所以 $L(\varepsilon_k)\pm L(e_k)\leqslant 0$.

由于 L 为线性算子,故 $L(\varepsilon_k+e_k)\leqslant 0,L(\varepsilon_k-e_k)\leqslant 0$.

又因为 $\varepsilon_0\pm e_0=0,\varepsilon_n\pm e_n=0$,

由极值原理知 $\varepsilon_k+e_k\geqslant 0,\varepsilon_k-e_k\geqslant 0 \quad (k=0,1,\cdots,n)$,从而(7.6.16)成立.

差分格式(7.6.15)中含有 $q_k\varepsilon_k$,仍不容易求解,因此考虑下列更简单的差分方程

$$\begin{cases}\bar{L}(\rho_k)=\dfrac{\rho_{k-1}-2\rho_k+\rho_{k+1}}{h^2}=-\dfrac{h^2}{12}M,\\ \rho_0=0,\rho_n=0.\end{cases} \tag{7.6.17}$$

要证明 $\varepsilon_k \leqslant \rho_k \quad (k=0,1,\cdots,n)$, (7.6.18)

由于 $\bar{L}(\rho_k-\varepsilon_k)=\bar{L}(\rho_k)-\bar{L}(\varepsilon_k)$ （$\bar{L}$ 也为线性算子）

$$=\bar{L}(\rho_k)-[L(\varepsilon_k)+q_k\varepsilon_k]$$

$$=-\frac{h^2}{12}M-\left(-\frac{h^2}{12}M+q_k\varepsilon_k\right)=-q_k\varepsilon_k\leqslant 0,$$

又 $\rho_0-\varepsilon_0=0,\rho_n-\varepsilon_n=0$,由极值原理知

$$\rho_k-\varepsilon_k\geqslant 0\quad (k=0,1,\cdots,n),\text{即 } \varepsilon_k\leqslant\rho_k.$$

由(7.6.16),(7.6.18)知

$$|e_k|\leqslant\varepsilon_k\leqslant\rho_k\quad (k=0,1,\cdots,n).$$

因为差分方程(7.6.17)所对应的边值问题为

$$\begin{cases}\rho''=-\dfrac{h^2}{12}M,a<x<b,\\ \rho(a)=0,\rho(b)=0.\end{cases}\tag{7.6.19}$$

容易求出(7.6.19)的解为

$$\rho(x)=\frac{h^2}{24}M(x-a)(b-x).$$

且不难求出(7.6.17)的差分解

$$\rho_k=\rho(x_k)=\frac{h^2}{24}M(x_k-a)(b-x_k).$$

由于 $\rho(x)$在$[a,b]$上的最大值为

$$\rho\left(\frac{a+b}{2}\right)=\frac{Mh^2}{96}(b-a)^2,$$

故

$$|e_k|\leqslant\varepsilon_k\leqslant\rho_k=\rho(x_k)\leqslant\frac{M(b-a)^2}{96}h^2\quad (k=0,1,\cdots,n).$$

利用此定理,可证明差分方法的收敛性.

由(7.6.12)可知,当 $h\to 0$ 时,有 $e_k\to 0$,即 $y_k\to y(x_k)$,即差分方法(7.6.8)收敛.

下面考虑一般二阶线性常微分方程第一边值问题

$$\begin{cases}y''+p(x)y'-q(x)y=f(x),a<x<b,\\ y(a)=\alpha,y(b)=\beta.\end{cases}\tag{7.6.20}$$

其中 $p(x), q(x), f(x) \in C[a,b]$已知,且 $q(x) \geqslant 0$.

类似于前面的讨论,首先把问题离散化.将区间$[a,b]$分为 n 等份,取步长 $h=\dfrac{b-a}{n}$,分点 $x_k = a + kh\ (k=0,1,\cdots,n)$,利用数值微分公式

$$y''(x_k)=\frac{y(x_{k-1})-2y(x_k)+y(x_{k+1})}{h^2}-\frac{h^2}{12}y^{(4)}(\xi_k),$$

$$y'(x_k)=\frac{y(x_{k+1})-y(x_{k-1})}{2h}-\frac{h^2}{6}y'''(\eta_k),$$

$$\xi_k, \eta_k \in (x_{k-1}, x_{k+1}).$$

在内节点 x_k 处,将上面二式代入(7.6.20)中,略去余项,记 $p_k = p(x_k), q_k = q(x_k), f_k = f(x_k)$,并以 y_{k-1}, y_k, y_{k+1} 分别近似代替 $y(x_{k-1}), y(x_k), y(x_{k+1})$,得到下列差分方程

$$\begin{cases}\dfrac{y_{k-1}-2y_k+y_{k+1}}{h^2}+p_k\dfrac{y_{k+1}-y_{k-1}}{2h}-q_ky_k=f_k \quad (k=1,2,\cdots,n-1),\\ y_0=\alpha, y_n=\beta.\end{cases} \tag{7.6.21}$$

在(7.6.21)的第一式中,两端同乘以 h^2,整理后化为

$$\begin{cases}\left(1-\dfrac{h}{2}p_k\right)y_{k-1}-(2+h^2q_k)y_k+\left(1+\dfrac{h}{2}p_k\right)y_{k+1}=h^2f_k\\ y_0=\alpha, y_n=\beta. \qquad (k=1,2,\cdots,n-1)\end{cases} \tag{7.6.22}$$

其矩阵形式为

$$\begin{bmatrix} -(2+h^2q_1) & 1+\frac{h}{2}p_1 & & & \\ 1-\frac{h}{2}p_2 & -(2+h^2q_2) & 1+\frac{h}{2}p_2 & & \\ & \ddots & \ddots & \ddots & \\ & & 1-\frac{h}{2}p_{n-2} & -(2+h^2q_{n-2}) & 1+\frac{h}{2}p_{n-2} \\ & & & 1-\frac{h}{2}p_{n-1} & -(2+h^2q_{n-1}) \end{bmatrix} \begin{bmatrix} y_1 \\ y_2 \\ \vdots \\ y_{n-2} \\ y_{n-1} \end{bmatrix}$$

$$
= \begin{bmatrix} h^2 f_1 - \left(1 - \dfrac{h}{2} p_1\right)\alpha \\ h^2 f_2 \\ \vdots \\ h^2 f_{n-2} \\ h^2 f_{n-1} - \left(1 + \dfrac{h}{2} p_{n-1}\right)\beta \end{bmatrix} \tag{7.6.23}
$$

假设 $L = \max\limits_{a \leqslant x \leqslant b} |p(x)|$,则当步长 $h < \dfrac{2}{L}$时,可以证明(7.6.23)的解是存在且惟一的.由于为三对角方程组,可采用追赶法求解.

例 7.6.1 用差分法解边值问题

$$
\begin{cases} y'' - y' = -2\sin x \quad \left(0 < x < \dfrac{\pi}{2}\right), \\ y(0) = -1, y\left(\dfrac{\pi}{2}\right) = 1. \end{cases}
$$

解 对比(7.6.20)可知,这里 $p(x) = -1, q(x) = 0, f(x) = -2\sin x, \alpha = -1, \beta = 1$,取 $n = 4$,即步长 $h = \dfrac{\pi}{8}$时,相应的差分方程为

$$
\begin{bmatrix} -2 & 0.803\,6 & \\ 1.196\,3 & -2 & 0.803\,6 \\ & 1.196\,3 & -2 \end{bmatrix} \begin{bmatrix} y_1 \\ y_2 \\ y_3 \end{bmatrix} = \begin{bmatrix} 1.078\,3 \\ -0.218\,1 \\ -1.088\,6 \end{bmatrix}.
$$

可解得 $y_1 = -0.535\,1, y_2 = 0.010\,1, y_3 = 0.550\,3$.问题的解析解为 $y(x) = \sin x - \cos x$,由此有 $y\left(\dfrac{\pi}{8}\right) = -0.541\,2, y\left(\dfrac{\pi}{4}\right) = 0$,

$$
y\left(\frac{3\pi}{8}\right) = 0.541\,2.
$$

7.6.2 第二、三类边界条件的离散化

考虑二阶线性常微分方程第三边值问题

$$
\begin{cases} y'' + p(x)y' - q(x)y = f(x), \quad a < x < b \\ y'(a) - \alpha_0 y(a) = \alpha_1, y'(b) + \beta_0 y(b) = \beta_1. \end{cases} \tag{7.6.24}
$$

其中 $p(x),q(x),f(x)$为已知连续函数,且 $q(x)\geqslant 0,\alpha_0,\beta_0,\alpha_1,\beta_1$ 为常数.

按前面介绍的方法把方程离散化,得到方程

$$\frac{y_{k-1}-2y_k+y_{k+1}}{h^2}+p_k\frac{y_{k+1}-y_{k-1}}{2h}-q_ky_k=f_k$$

$$(k=1,2,\cdots,n-1). \tag{7.6.25}$$

上述方程逼近于微分方程的误差为 $O(h^2)$.

关于边界条件的处理,为了构造与式(7.6.25)具有同样逼近误差的差分方程,利用三点数值微分公式

$$y'(x_0)=\frac{-3y(x_0)+4y(x_1)-y(x_2)}{2h}+O(h^2),$$

$$y'(x_n)=\frac{y(x_{n-2})-4y(x_{n-1})+3y(x_n)}{2h}+O(h^2).$$

将(7.6.24)的边界条件离散化,得差分方程

$$\frac{-3y_0+4y_1-y_2}{2h}-\alpha_0y_0=\alpha_1; \tag{7.6.26}$$

$$\frac{y_{n-2}-4y_{n-1}+3y_n}{2h}+\beta_0y_n=\beta_1. \tag{7.6.27}$$

(7.6.26),(7.6.27)逼近边界条件的误差为 $O(h^2)$.(7.6.25),(7.6.26),(7.6.27)即为(7.6.24)的差分方程.

第二边值问题边界条件的处理与上面相同.

关于(7.6.25),(7.6.26),(7.6.27)的解法.将(7.6.25)的第一个方程与(7.6.26)联立消去 y_2,作为第一个方程,将(7.6.25)的最后一个方程与(7.6.27)联立消去 y_{n-2},作为最后一个方程,中间为式(7.6.25),这样可把它化为三对角方程组,采用追赶法便可求出问题的数值解.

当步长 h 充分小时,可以证明其系数矩阵是按行严格对角占优矩阵,故非奇异.因此,方程组的解是存在且惟一的.

7.6.3 非线性常微分方程边值问题的差分解法

对非线性常微分方程边值问题

$$\begin{cases} y'' = f(x, y, y'), \quad x \in (a, b), \\ y(a) = \alpha, y(b) = \beta. \end{cases} \tag{7.6.28}$$

差分方程的建立与线性常微分方程是类似的,利用二阶三点数值微分公式和三点数值微分公式,将问题离散化得到差分方程

$$\begin{cases} \dfrac{1}{h^2}(y_{k-1} - 2y_k + y_{k+1}) = f\left(x_k, y_k, \dfrac{y_{k+1} - y_{k-1}}{2h}\right) \quad (k = 1, 2, \cdots, n-1), \\ y_0 = \alpha, y_n = \beta. \end{cases} \tag{7.6.29}$$

这是一个非线性方程组,一般采用迭代法求解,例如可用 Newton 迭代法求解.

习题 7

1. 用 Euler 方法解下列初值问题(取步长 h=0.1).

(1) $\begin{cases} y' = x + y, 0 < x < 1, \\ y(0) = 1; \end{cases}$

(2) $\begin{cases} y' = x^2 + y^2, 0 < x < 1, \\ y(0) = 0. \end{cases}$

2. 用改进的 Euler 方法解下列初值问题

(1) $\begin{cases} y' = x^2 + y^2, 0 < x < 1, \\ y(0) = 0, \end{cases}$

取步长 $h = 0.1$;

(2) $\begin{cases} y' + y + xy^2 = 0, 0 < x < 2, \\ y(0) = 1, \end{cases}$

取步长 $h = 0.2$.

3. 用标准的 Runge-Kutta 方法解初值问题

$$\begin{cases} y' = \dfrac{3y}{1+x} \quad 0 < x < 1, \\ y(0) = 1. \end{cases}$$

取步长 $h = 0.2$.

4. 讨论求解初值问题 $\begin{cases} y' = f(x, y), a < x < b, \\ y(a) = y_0 \end{cases}$

的二阶 Runge-Kutta 方法的收敛性.

5. 讨论解初值问题

$$\begin{cases} y' = -10y, a < x < b, \\ y(a) = y_0 \end{cases}$$

的二阶 Runge-Kutta 方法的绝对稳定性对步长的限制.

6. 证明用单步法

$$y_{n+1} = y_n + hf\left(x_n + \frac{h}{2}, y_n + \frac{h}{2}f(x_n, y_n)\right)$$

解方程 $y' = -2ax$ 的初值问题时,可以给出准确解.

7. 写出用标准的 Runge-Kutta 方法和 Adams 预测一校正方法解初值问题

$$\begin{cases} y' = 3xy + 6z, \\ z' = x^2 + yz, \\ y(0) = 1, z(0) = 0 \end{cases}$$

的计算公式.

8. 写出用 Euler 方法和改进的 Euler 方法解初值问题

$$\begin{cases} y'' = \cos y \quad 0 < x < 1, \\ y(0) = 1, y'(0) = 3 \end{cases}$$

的计算公式.

9. 用差分方法解边值问题

$$\begin{cases} y'' - (1 + x^2)y = 1, 0 < x < 1, \\ y(0) = 1, y(1) = 3. \end{cases}$$

取步长 $h = 0.2$.

10. 写出用差分方法解下列边值问题的差分方程组,取步长 $h = 0.2$,要求截断误差为 $O(h^2)$.

(1) $\begin{cases} y'' - 4x^2 y = 1 + 2x, 0 < x < 2, \\ y'(0) = 1, y(2) = 2; \end{cases}$

(2) $\begin{cases} (1 + x^2)y'' - xy' - 3y = 6x - 3, 0 < x < 1, \\ y'(0) - y(0) = -1, y(1) = 2. \end{cases}$

11. 用 Taylor 展开式证明计算格式

$$y_{n+1} = y_{n-1} + 2hf(x_n, y_n)$$

是二阶方法.

第 8 章　非线性方程与方程组的数值解法

在工程和科学技术领域中,许多问题常常归结为求解一元非线性方程

$$f(x)=0$$

和多元的非线性方程组

$$\begin{cases} f_1(x_1,x_2,\cdots,x_n)=0, \\ f_2(x_1,x_2,\cdots,x_n)=0, \\ \cdots\cdots \\ f_n(x_1,x_2,\cdots,x_n)=0. \end{cases}$$

其中 $f(x)$是 x 的非线性函数,$f_1,f_2,\cdots,f_n$ 中至少有一个是$x_1,x_2,\cdots,x_n$ 的非线性函数.本章研究它们的数值解法及其收敛性.首先讨论非线性方程,其次讨论非线性方程组.

8.1　二　分　法

设有一元非线性方程

$$f(x)=0. \tag{8.1.1}$$

若存在 x^* 使满足

$$f(x^*)=0,$$

则称 x^* 为(8.1.1)的根(或解),x^* 又称为函数 $f(x)$的零点.

如果 $f(x)$在区间$[a,b]$上连续,且满足

$$f(a)\cdot f(b)<0,$$

由连续函数的性质知 $f(x)$在$[a,b]$内一定有实根.此时,称区间$[a,$

$b]$为 $f(x)=0$ 的有根区间. 为了讨论问题方便,我们假定在$[a,b]$内仅有一个实根 x^*.

对于方程(8.1.1),假设其有根区间为$[a,b]$.

二分法是首先取其中点 $x_0=\frac{1}{2}(a+b)$将$[a,b]$二分,并计算中点处的函数值 $f(x_0)$,若恰好 $f(x_0)=0$,则 x_0 即为(8.1.1)的根. 否则若 $f(x_0)\neq 0$,设 $f(x_0)$与 $f(a)$异号,说明(8.1.1)的根 x^* 必在 a 与 x_0 之间,这时令 $a_1=a,b_1=x_0$;设 $f(x_0)$与 $f(a)$同号,如图 8-1 所示:说明 x^* 必在 x_0 与 b 之间,此时,令 $a_1=x_0,b_1=b$ 这样我们得到的新的有根区间为$[a_1,b_1]$,其长度显然是$[a,b]$的一半. 下一步对$[a_1,b_1]$采用同样的做法可得到新的有根区间$[a_2,b_2]$,它的长度为$[a_1,b_1]$长度之半. 如此继续下去,可能会在某一步求得根的准确值,如若不然,我们可得到一系列的有根区间

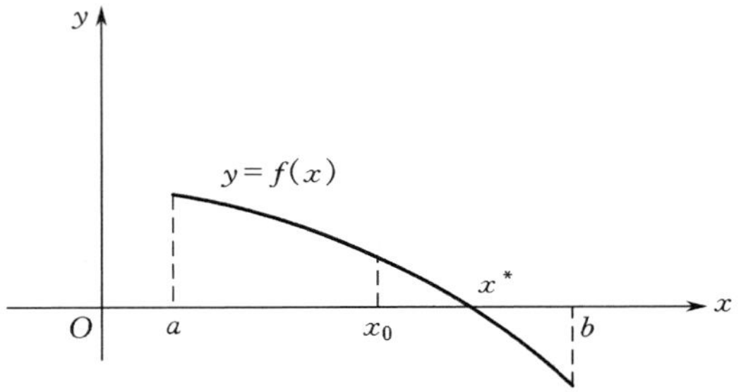

图 8-1

$$[a,b]\supset[a_1,b_1]\supset[a_2,b_2]\supset\cdots\supset[a_k,b_k]\supset\cdots$$

其特点是后一个区间落在前一个区间之内,而且长度只有前一区间的一半. 显然$[a_k,b_k]$的长度为

$$b_k-a_k=\frac{b-a}{2^k} \tag{8.1.2}$$

并且当 $k\to\infty$时,上式趋向于零,这说明如果二分过程一直进行下去,这些区间最终必收缩为一点,此点显然即为(8.1.1)的根 x^*.

上述有根区间$[a_k,b_k]$ $(k=0,1,2,\cdots)$的中点

$$x_k=\frac{a_k+b_k}{2}\quad(k=0,1,2,\cdots) \tag{8.1.3}$$

形成一个序列 $x_0, x_1, \cdots, x_k, \cdots$,此序列必以 x^* 为极限.

由于

$$|x^* - x_k| \leqslant \frac{b_k - a_k}{2} = \frac{b-a}{2^{k+1}}, \tag{8.1.4}$$

故对于预给的精度 $\varepsilon > 0$,只要

$$\frac{b-a}{2^{k+1}} < \varepsilon, \tag{8.1.5}$$

便有 $|x^* - x_k| < \varepsilon$.可以根据式(8.1.5)确定二分的次数 k.

例 8.1.1 用二分法求方程

$$f(x) = x^2 - x - 1 = 0$$

的正根,要求准确到小数点后第一位.

解 因为 $f(x) = x^2 - x - 1 = \left(x - \frac{1}{2}\right)^2 - \frac{5}{4}$,且 $f(1) = -1 < 0$, $f(2) = 1 > 0$,所以所求方程的正根位于区间[1,2]之内.由于要求准确到小数后第一位,故应满足

$$|x^* - x_k| < \frac{1}{2} \times 10^{-1} = 0.05.$$

首先估计一下二分次数 k,由

$$|x^* - x_k| \leqslant \frac{b-a}{2^{k+1}} = \frac{1}{2^{k+1}} < 0.05,$$

可求得 $k = 4$.

二分法的计算结果列如下表:

k	a_k	b_k	$x_k = \frac{a_k + b_k}{2}$	$f(x_k)$的符号
0	1	2	1.5	−
1	1.5	2	1.75	+
2	1.5	1.75	1.625	+
3	1.5	1.625	1.562 5	−
4	1.562 5	1.625	1.593 75	−

所以方程的根 $x^* \approx 1.6$.

二分法算法简单,程序设计容易,且收敛性总能保证.缺点是不能求偶重根.

8.2 迭代法

8.2.1 迭代法的基本思想

为了求方程(8.1.1)的实根,将它化为其等价的方程

$$x=g(x). \tag{8.2.1}$$

构造如下的迭代公式

$$x_{k+1}=g(x_k),k=0,1,\cdots, \tag{8.2.2}$$

上式称为基本迭代法. $g(x)$称为迭代函数.

从根的某个初始近似值 x_0 出发,按式(8.2.2)可生成一个近似根序列$\{x_k\}$.若此序列的极限存在且等于 x^*,即

$$\lim_{k\to\infty}x_k=x^*,$$

则称迭代法(8.2.2)收敛,否则称为不收敛(或发散).

设 $g(x)$连续,且$\{x_k\}$收敛于 x^*,由(8.2.2)两端取极限可得 $x^*=g(x^*)$,这表明 x^* 为(8.2.1)的根.称 x^* 为函数 g 的不动点.

又因(8.2.1)与(8.1.1)等价,故有 $f(x^*)=0$,这样把求解(8.1.1)化为求解 g 的不动点,故(8.2.2)又称不动点迭代法.

并由此可知用迭代法解(8.2.1),它把求解隐式方程 $x=g(x)$化成了计算显式公式(8.2.2),这就是迭代法的基本思想.

迭代法的几何意义可解释如下:求方程(8.2.1)的根,在几何上就是求直线 $y=x$ 与曲线 $y=g(x)$交点 P^* 的横坐标 x^*(如图 8-2 所示).设根的某初始近似值为 x_0,在 $y=g(x)$找到点 P_0,其坐标为 $P_0(x_0,g(x_0))$,按式(8.2.2)显然有

$$x_1=g(x_0).$$

过 P_0 作平行于 x 轴的直线交 $y=x$ 于 $R_1(x_1,x_1)$,再过 R_1 作垂直于 x 轴的直线交 $y=g(x)$于 P_1 点,显然 P_1 点的横坐标与 R_1 的横坐标相同,均为迭代值 x_1,然后再以 x_1 为根的又一个初始近似值,按图中箭头所示的方向继续做下去,这样在 $y=g(x)$上得到点列 P_1,P_2,P_3,

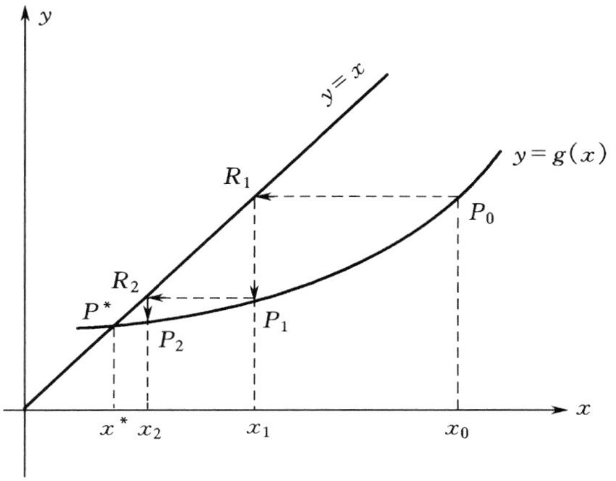

图 8-2

…,它们的横坐标分别是按(8.2.2)确定的迭代值 $x_1,x_2,\cdots$,若迭代过程收敛,序列 $x_1,x_2,\cdots$趋近于方程(8.2.1)亦即(8.1.1)的根 x^*,点列 $P_1,P_2,\cdots$趋近于 P^*点.

8.2.2 迭代格式的适定性与收敛性

设迭代函数 $g(x)$的定义域为区间$[a,b]$,关于迭代格式(8.2.2)的适定性有如下的定义.

定义 8.2.1 对于任意的初值 $x_0\in[a,b]$,若按(8.2.2)生成的序列$\{x_k\}\in[a,b]$,则称迭代格式(8.2.2)是适定的.

自然我们希望迭代格式是适定的,因为如若不然,假设某次迭代的结果 $x_k\notin[a,b]$,则迭代过程将不能继续下去,使迭代失败.

例 8.2.1 求方程 $xe^x-1=0$ 在 $x=0.5$ 附近的根.

解 将原方程改写为 $x=e^{-x}$,迭代格式为

$$x_{k+1}=e^{-x_k},$$

取初值 $x_0=0.5$,迭代结果列表如下:

k	x_k	k	x_k	k	x_k
1	0.606 531	7	0.568 438	13	0.567 186
2	0.545 239	8	0.566 409	14	0.567 119
3	0.579 703	9	0.567 560	15	0.567 157
4	0.560 065	10	0.566 907	16	0.567 135
5	0.571 172	11	0.567 277	17	0.567 148
6	0.564 863	12	0.567 067	18	0.567 141

所求根的准确值为 0.567 143,故可取 0.567 141 为根的近似值.

如果在上例中,将方程改写为 $x=-\ln x$,其迭代格式为

$$x_{k+1}=-\ln x_k.$$

显然 $\ln x$ 的定义域为$(0,+\infty)$,如仍取初值 $x_0=0.5$,迭代 4 次求得 $x_4=-0.00372$,已越出 $\ln x$ 的定义域,则迭代将不能继续下去,可知此迭代格式是不适定的.

很显然,在实际问题中必须考虑迭代格式的适定性与收敛性.我们给出如下的定理.

定理 8.2.1 设 $g(x)$在区间$[a,b]$上连续,并且满足

(1) 对任意 $x\in[a,b]$,总有 $g(x)\in[a,b]$;

(2) 存在常数 L 满足 $0<L<1$,使得

$$|g(x)-g(y)|\leqslant L|x-y|,\ \forall\, x,y\in[a,b],$$

则 $g(x)$在$[a,b]$上存在惟一的不动点 x^*;对于任何初值 $x_0\in[a,b]$,迭代法(8.2.2)适定并且按此公式生成的序列$\{x_k\}$收敛于 x^*.

证 先证 $g(x)$在$[a,b]$内存在惟一的不动点 x^*.令

$$u(x)=x-g(x).$$

由(1)可知

$$u(a)=a-g(a)\leqslant 0,\ u(b)=b-g(b)\geqslant 0.$$

因为 $u(x)$在$[a,b]$上连续,可知 $g(x)$在此区间上有不动点($u(x)$的零点).如果 $g(x)$在$[a,b]$上有两个互异的不动点 x_1^*,x_2^*,由(2)可知

$$|x_1^*-x_2^*|=|g(x_1^*)-g(x_2^*)|\leqslant L|x_1^*-x_2^*|<|x_1^*-x_2^*|.$$

此矛盾说明假设不成立,即 $g(x)$在$[a,b]$上存在惟一的不动点 x^*.

再证(8.2.2)适定和$\{x_k\}$的收敛性.

由条件(1)易知,(8.2.2)是适定的.

再由条件(2)可知

$$
\begin{aligned}
|x_k - x^*| = |g(x_{k-1}) - g(x^*)| &\leqslant L|x_{k-1} - x^*| \\
&\leqslant L^2|x_{k-2} - x^*| \leqslant \cdots \leqslant L^k|x_0 - x^*|.
\end{aligned}
$$

因为 $0<L<1$,于是有 $\lim\limits_{k\to\infty} x_k = x^*$.

在此定理中,条件(2)不容易检验,此条件常常用更强的条件

$$|g'(x)| \leqslant L < 1, \forall x \in [a,b]$$

来代替,于是有下面的定理.

定理 8.2.2 设 $g(x)$在区间$[a,b]$上具有连续的一阶导数,并且满足

(1) 对任意 $x\in[a,b]$,总有 $g(x)\in[a,b]$;

(2) 存在常数 L 满足 $0\leqslant L<1$,使对任意 $x\in[a,b]$,有

$$|g'(x)| \leqslant L, \tag{8.2.3}$$

则 $x_{k+1} = g(x_k)$对任意初值 $x_0\in[a,b]$均收敛于方程(8.2.1)的根 x^*,且有下列误差估计式

$$|x^* - x_k| \leqslant \frac{1}{1-L}|x_{k+1} - x_k|, \tag{8.2.4}$$

$$|x^* - x_k| \leqslant \frac{L^K}{1-L}|x_1 - x_0|. \tag{8.2.5}$$

证 显然定理中的条件(1)保证了迭代格式 $x_{k+1} = g(x_k)$的适定性.下面先证明收敛性.由微分中值定理有

$$x^* - x_{k+1} = g(x^*) - g(x_k) = g'(\xi)(x^* - x_k), \tag{8.2.6}$$

其中 ξ 介于x^*与 x_k 之间.

由条件(2)有

$$|x^* - x_{k+1}| \leqslant L|x^* - x_k|, (k=0,1,2\cdots), \tag{8.2.7}$$

由式(8.2.7)有

$$
\begin{aligned}
|x^* - x_k| &\leqslant L|x^* - x_{k-1}| \leqslant L^2|x^* - x_{k-2}| \leqslant \cdots \\
&\leqslant L^k|x^* - x_0|.
\end{aligned}
$$

因为 $0\leqslant L<1$,故

$$\lim_{k\to\infty} x_k = x^* .$$

其次证明式(8.2.4),利用式(8.2.7)有

$$|x_{k+1}-x_k| = |x^*-x_k-(x^*-x_{k+1})|$$
$$\geqslant |x^*-x_k|-|x^*-x_{k+1}| \geqslant (1-L)|x^*-x_k|,$$

由于 $0\leqslant L<1$,故有

$$|x^*-x_k| \leqslant \frac{1}{1-L}|x_{k+1}-x_k|.$$

再证明式(8.2.5),利用式(8.2.3)有

$$|x_{k+1}-x_k| = |g(x_k)-g(x_{k-1})| \leqslant L|x_k-x_{k-1}|, \tag{8.2.8}$$

代入(8.2.4)得

$$|x^*-x_k| \leqslant \frac{L}{1-L}|x_k-x_{k-1}|.$$

反复利用式(8.2.8)可得

$$|x^*-x_k| \leqslant \frac{L^2}{1-L}|x_{k-1}-x_{k-2}| \leqslant \cdots \leqslant \frac{L^K}{1-L}|x_1-x_0|.$$ 证毕

利用式(8.2.4)可知,当

$$|x_{k+1}-x_k| < \varepsilon \quad (\varepsilon \text{ 为预给精度}) \tag{8.2.9}$$

时,有

$$|x^*-x_k| \leqslant \frac{1}{1-L}\varepsilon .$$

上式表明:当 $|x_{k+1}-x_k|<\varepsilon$ 且当 $L\ll 1$ 时,x_k 已足够精确,故一般常利用式(8.2.9)作为终止迭代之条件.当式(8.2.9)成立时,则输出 x_{k+1} 作为方程的近似解.不过当 $L\approx 1$ 时,即使 $|x_{k+1}-x_k|$ 很小,但误差 $|x^*-x_k|$ 还可能很大,此时收敛缓慢.

由式(8.2.5)易知 L 愈小时,序列 $\{x_k\}$ 收敛得愈快,而且利用该式可以根据预给的精度 ε 计算需要迭代的次数 k.

例 8.2.2 求方程 $x^3-x^2-1=0$ 在 $x=1.5$ 附近的根,要求精度 $\varepsilon=0.000\,5$.

解 设 $f(x)=x^3-x^2-1$,由于

$$f(1.5)=0.125>0, \quad f(1.4)=-0.216<0.$$

又因为 $f(x)$在区间$[1.4,1.5]$上连续,因此在此区间之内含有 $f(x)=x^3-x^2-1=0$ 的根.将原方程化为其等价形式

$$x=\sqrt[3]{1+x^2}=g(x).$$

对任意 $x\in[1.4,1.5]$,易知 $g(x)\in[1.4,1.5]$,即定理8.2.2 的(1)满足,并且由于

$$g'(x)=\frac{2x}{3(1+x^2)^{2/3}},$$

可知在区间$[1.4,1.5]$上$|g'(x)|<\frac{2}{3}$,即定理 8.2.2 的(2)成立,按此定理知迭代格式

$$x_{k+1}=\sqrt[3]{1+x_k^2}$$

对任意初值 $x_0\in[1.4,1.5]$均收敛.

我们取初值 $x_0=1.5$,迭代结果见下表:

k	x_k	k	x_k
1	1.481 25	4	1.467 05
2	1.472 71	5	1.466 24
3	1.468 82	6	1.465 88

由于$|x_6-x_5|<0.000\,5$,故取 x_6 作为方程的近似根.

8.2.3 不动点迭代法的局部收敛性及收敛速度

定理8.2.1 及定理8.2.2 给出了保证不动点迭代法(8.2.2)收敛的充分条件,这一般很难办到,故在实际中运用此迭代法时,人们通常在根 x^* 的邻近进行,需给出局部收敛的概念.

定义 8.2.2 设 x^* 为 $g(x)$的不动点.对于某个 $\delta>0$,称

$$N(x^*,\delta)=[x^*-\delta,x^*+\delta]$$

为 x^* 的一个邻域;若存在 x^* 的一个邻域 $N(x^*,\delta)$,使得对任何初值 $x_0\in N(x^*,\delta)$,按(8.2.2)生成的序列$\{x_k\}\subset N(x^*,\delta)$("$\subset$"读作"包含于")且有$\lim\limits_{k\to\infty}x_k=x^*$,则称(8.2.2)具有局部收敛性.

关于迭代法(8.2.2)的局部收敛性,有如下的定理.

定理 8.2.3 设 $g(x)$在 $x=g(x)$的根 x^* 邻近有连续的一阶导数,且

$$|g'(x^*)|<1, \tag{8.2.10}$$

则迭代法(8.2.2)具有局部收敛性.

证 因为 $g'(x)$在 x^* 邻近连续,由(8.2.10)知存在充分小的邻域 $N(x^*,\delta)$,使对任意 $x\in N(x^*,\delta)$有

$$|g'(x)|\leqslant L<1,$$

其中 L 为一常数.于是有

$$|g(x)-x^*|=|g(x)-g(x^*)|=|g'(\xi)(x-x^*)|,$$

其中 ξ 介于 x 与 x^* 之间.从而

$$|g(x)-x^*|\leqslant L|x-x^*|<|x-x^*|\leqslant\delta.$$

即对任意 $x\in N(x^*,\delta)$,有 $g(x)\in N(x^*,\delta)$,由定理 8.2.2 知迭代过程(8.2.2)对任意 $x\in N(x^*,\delta)$均收敛.即(8.2.2)具有局部收敛性.

如前面的例 8.2.2,由于在根的附近有

$$|g'(x)|\approx|g'(1.5)|\approx 0.456<1,$$

故迭代过程 $x_{k+1}=\sqrt[3]{1+x_k^2}$ 具有局部收敛性.

不同的迭代公式即使都收敛,也有一个收敛速度的区别.下面介绍收敛速度与收敛速度阶的概念.

迭代公式(8.2.2)的收敛速度是指迭代误差

$$e_k=x^*-x_k$$

的下降速度.

定义 8.2.3 设由(8.2.2)生成的序列$\{x_k\}$收敛于(8.2.1)的不动点 x^*.若存在实数 $P\geqslant 1$ 和常数 $C\neq 0$ 使得

$$\lim_{k\to\infty}\frac{e_{k+1}}{e_k^P}=C \tag{8.2.11}$$

成立,则称(8.2.2)是 P 阶收敛的.特别地,当 $P=1$ 时,称之为线性收敛;当 $P>1$ 时称之为超线性收敛;当 $P=2$ 时称为平方收敛.当线性收敛时必有 $0<|C|<1$.

若某迭代公式是 P 阶收敛的,(8.2.11)表明当 x_k 充分接近 x^* 时有

$$|x^*-x_{k+1}|\approx C|x^*-x_k|^p.$$

上式表示每迭代一次近似解误差的下降速度.当 C 数值不大时,此下降速度主要取决于 P 的值.显然 P 越大时,$\{x_k\}$收敛于 x^* 的速度越快.即 P 值的大小是衡量迭代法优劣的重要标志.

下面给出定理 8.2.3 的一个推论.

推论 在定理 8.2.3 条件下,再假设 $g'(x^*)\neq 0$,即 $g'(x^*)$满足 $0<|g'(x^*)|<1$,则(8.2.2)线性收敛.

证 由

$$\begin{aligned}e_{k+1}&=x^*-x_{k+1}=g(x^*)-g(x_k)\\&=g'(\xi_k)(x^*-x_k)=g'(\xi_k)e_k,\end{aligned}$$

其中 ξ_k 介于 x^* 与 x_k 之间,由局部收敛性有

$$\lim_{k\to\infty}\frac{e_{k+1}}{e_k}=g'(x^*)\neq 0.$$

按定义 8.2.3 知(8.2.2)线性收敛.

定理 8.2.4 对于不动点迭代法(8.2.2),若 $g^{(P)}(x)$在所求根 x^* 邻近连续,并且有

$$g'(x^*)=g''(x^*)=\cdots=g^{P-1}(x^*)=0,\quad g^{(P)}(x^*)\neq 0, \tag{8.2.12}$$

则此迭代法在点 x^* 邻近是 P 阶收敛的.

证 因为 $g'(x^*)=0$,由定理 8.2.3 知迭代过程(8.2.2)具有局部收敛性.

将 $g(x_k)$在 x^* 处 Taylor 展开,利用(8.2.12)有

$$g(x_k)=g(x^*)+\frac{g^{(P)}(\xi)}{P!}(x_k-x^*)^P,$$

其中 ξ 介于 x_k 与 x^* 之间.由 $x_{k+1}=g(x_k)$,$x^*=g(x^*)$有

$$x_{k+1}-x^*=\frac{g^{(P)}(\xi)}{P!}(x_k-x^*)^P,$$

于是

$$\frac{e_{k+1}}{e_k^{\ p}} \to (-1)^{P+1}\frac{g^{(P)}(x^*)}{P!} \quad (k\to\infty).$$

即(8.2.2)是 P 阶收敛的.

由此定理可知,迭代过程的收敛速度与迭代函数 $g(x)$的选取有直接的关系.

8.2.4　迭代法收敛的加速

迭代法(8.2.2)即便收敛,但如果收敛得很慢,也没有什么实用价值.因此关于迭代法加速收敛措施的研究是一个重要的课题.

设 x_k 是方程(8.2.1)的根 x^* 的近似值,代入迭代公式计算一次求得

$$\bar{x}_{k+1} = g(x_k).$$

假设 $g'(x)$改变不大,例如有

$$g'(x) \approx L (L \text{ 为定值}),$$

由前面关于收敛性的讨论,自然要求$|g'(x)| \approx |L| < 1$,利用微分中值定理有

$$x^* - \bar{x}_{k+1} = g(x^*) - g(x_k) \approx L(x^* - x_k),$$

由上式解得

$$x^* \approx \frac{1}{1-L}\bar{x}_{k+1} - \frac{L}{1-L}x_k = x_{k+1}.$$

希望 x_{k+1}是比 $\bar{x}_{k+1}$更好的近似解,由于

$$x_{k+1} = \bar{x}_{k+1} + \frac{L}{1-L}(\bar{x}_{k+1} - x_k),$$

故加速收敛的迭代方案可描述如下:

$$\left.\begin{aligned} &\text{校正}: \bar{x}_{k+1} = g(x_k), \\ &\text{改进}: x_{k+1} = \bar{x}_{k+1} + \frac{L}{1-L}(\bar{x}_{k+1} - x_k). \end{aligned}\right\} \tag{8.2.13}$$

例 8.2.3　利用(8.2.13)求解例 8.2.1.

解　在 $x = 0.5$ 附近,$(e^{-x})' \approx (-e^{-x})|_{x=0.5} = L \approx -0.6$,此时(8.2.13)的具体形式为

$$\begin{cases}\bar{x}_{k+1}=e^{-x_k},\\ x_{k+1}=\bar{x}_{k+1}-\dfrac{0.6}{1.6}(\bar{x}_{k+1}-x_k).\end{cases}$$

将计算结果列如下表：

k	$\bar{x}_k$	x_k
0		0.5
1	0.606 531	0.566 582
2	0.567 462	0.567 132
3	0.567 150	0.567 143

在例 8.2.1 中，迭代了 18 次求得方程的近似根为 0.567 141，而根的准确值为 0.567 143，这里仅迭代了三次便获得了比前面迭代 18 次还准确的结果，可见加速效果是很显著的.

在利用(8.2.13)计算时，需要用到导数 $g'(x)$ 的值，显然使用不大方便. 假如方程的近似解为 x_k，可构造如下的计算公式.

迭代：$x_{k+1}^{(1)}=g(x_k)$，

校正：$x_{k+1}^{(2)}=g(x_{k+1}^{(1)})$，

改进：$x_{k+1}=x_{k+1}^{(2)}-\dfrac{(x_{k+1}^{(2)}-x_{k+1}^{(1)})^2}{x_{k+1}^{(2)}-2x_{k+1}^{(1)}+x_k}$. (8.2.14)

此公式中不再含有导数值，但计算改进值 x_{k+1} 时需要利用两次迭代之结果，这种方法称为 Aitken 方法.

下面介绍另一种加速收敛的方法——Steffensen 迭代法.

设迭代法(8.2.2)是线性收敛的，按定义知迭代误差 $e_k=x^*-x_k$ 满足

$$\lim_{k\to\infty}\frac{e_{k+1}}{e_k}=\lim_{k\to\infty}\frac{x^*-x_{k+1}}{x^*-x_k}=C\neq 0\quad(0<|C|<1),$$

当 k 充分大时有

$$\frac{x^*-x_{k+1}}{x^*-x_k}\approx\frac{x^*-x_{k+2}}{x^*-x_{k+1}}.$$

由上式解出 x^* 可得

$$x^*\approx\frac{x_kx_{k+2}-x_{k+1}^2}{x_{k+2}-2x_{k+1}+x_k}=x_k-\frac{(x_{k+1}-x_k)^2}{x_{k+2}-2x_{k+1}+x_k}.$$

希望由此获得比 x_k, x_{k+1}, x_{k+2} 更好的近似解.为此将具有线性收敛速度的迭代法(8.2.2)改造成下述迭代公式:

$$y_k = g(x_k), \qquad z_k = g(y_k),$$

$$x_{k+1} = \frac{x_k z_k - y_k^2}{z_k - 2y_k + x_k} = x_k - \frac{(y_k - x_k)^2}{z_k - 2y_k + x_k} \quad (k=0,1,2,\cdots). \tag{8.2.15}$$

式(8.2.15)称为 Steffensen 迭代法.

如果设

$$x_{k+1} = V(x_k),$$

则(8.2.15)的迭代函数为

$$V(x) = \frac{xg(g(x)) - [g(x)]^2}{g(g(x)) - 2g(x) + x}$$

$$= x - \frac{[g(x) - x]^2}{g(g(x)) - 2g(x) + x}. \tag{8.2.16}$$

定理 8.2.5 设 x^* 是 $g(x)$ 的不动点, $g'(x)$ 在 x^* 处连续且 $g'(x^*) \neq 1$,则 x^* 也是 $V(x)$ 的不动点.反之,若 x^* 是 $V(x)$ 的不动点,则 x^* 也是 $g(x)$ 的不动点;若 x^* 是 $g(x)$ 的不动点, $g'''(x)$ 在 x^* 处连续,且 $g'(x^*) \neq 1$,则 Steffensen 迭代法(8.2.15)至少具有平方收敛性.

此定理的证明从略.

例 8.2.4 利用(8.2.15)求解例 8.2.1.

解 其迭代函数 $g(x) = \mathrm{e}^{-x}$,而 Steffensen 迭代法为

$$y_k = \mathrm{e}^{-x_k}, z_k = \mathrm{e}^{-y_k},$$

$$x_{k+1} = x_k - \frac{(y_k - x_k)^2}{z_k - 2y_k + x_k} \quad (k=0,1,2,\cdots),$$

仍取初值 $x_0 = 0.5$,计算结果见下表.

k	x_k	y_k	z_k
0	0.5	0.606 531	0.545 239
1	0.567 624	0.566 871	0.567 298
2	0.567 143		

由定理 8.2.3 的推论易知解例 8.2.1 的迭代公式 $x_{k+1} = \mathrm{e}^{-x_k}$ 是线性收

敛的.而用式(8.2.15)求到 x_2 获得了方程根的准确值,可见加速效果也是十分明显的.

定理 8.2.5 指出:只要 $g'(x^*)\neq 1$,不管原迭代法(8.2.2)是否收敛,由它构造的 Steffensen 迭代法(8.2.15)至少平方收敛,即(8.2.15)是对(8.2.2)的收敛性及收敛速度的一种改善.当原迭代法的收敛阶是大于等于 2 时,则没有必要使用 Steffensen 迭代法.

例 8.2.5 求方程 $f(x)=x^3-x-1=0$ 的实根.

解 将上述方程改写为 $x=g(x)=x^3-1$,其不动点迭代公式为 $x_{k+1}=x_k^3-1$.由于 $f(x)$连续,且 $f(1)<0,f(2)>0$,可知 $f(x)$的有根区间为[1,2],取初值 $x_0=1.5$,代入 $x_{k+1}=x_k^3-1$ 进行迭代,发现随着迭代次数 k 的不断增大,x_k 越来越大,即$\{x_k\}$不收敛,这表明不动点迭代法 $x_{k+1}=x_k^3-1$ 是发散的.现使用 Steffensen 迭代法对它进行改造如下:

$$y_k=x_k^3-1,\ z_k=y_k^3-1,$$

$$x_{k+1}=x_k-\frac{(y_k-x_k)^2}{z_k-2y_k+x_k}\quad(k=0,1,2,\cdots).$$

仍取初值 $x_0=1.5$,计算结果见下表:

k	x_k	k	x_k
1	1.416 293	4	1.324 804
2	1.355 650	5	1.324 718
3	1.328 948	6	1.324 718

此例表明式(8.2.15)对于不收敛的迭代法也是有效的.

8.3 Newton 法

8.3.1 Newton 法

Newton 法是一种重要的迭代法,它是逐步线性化方法的典型代表.

设方程(8.1.1)的近似根为 x_0,将 $f(x)$在 x_0 处 Taylor 展开

$$f(x)=f(x_0)+f'(x_0)(x-x_0)+\frac{f''(x_0)}{2!}(x-x_0)^2+\cdots,$$

取其前两项得到一个线性方程

$$f(x_0)+f'(x_0)(x-x_0)=0, \tag{8.3.1}$$

于是方程(8.1.1)可用(8.3.1)去近似.设 $f'(x_0)\neq 0$,记(8.3.1)的根为 x_1,则

$$x_1=x_0-\frac{f(x_0)}{f'(x_0)}.$$

这样可以把 x_1 作为(8.1.1)的新的近似根.

一般地,设 x_k 为(8.1.1)的近似根,将 $f(x)$在 x_k 处 Taylor 展开,采用同样的做法,若 $f'(x_k)\neq 0$,则得(8.1.1)的新的近似根

$$x_{k+1}=x_k-\frac{f(x_k)}{f'(x_k)}\quad (k=0,1,2,\cdots). \tag{8.3.2}$$

显然(8.3.2)也是一种迭代法,其迭代函数为

$$g(x)=x-\frac{f(x)}{f'(x)}. \tag{8.3.3}$$

这种迭代法称为 Newton 法,式(8.3.2)称为 Newton 法迭代公式.

Newton 法的几何解释:方程 $f(x)=0$ 的根 x^* 表示曲线 $y=f(x)$ 与 x 轴交点的横坐标.设 x_k 为 x^* 的某个近似值,过曲线 $y=f(x)$上的点 $P(x_k,f(x_k))$作 $y=f(x)$的切线,此切线方程为

$$y-f(x_k)=f'(x_k)(x-x_k).$$

此切线与 x 轴交点(如图 8-3 所示)的横坐标即为按式(8.3.2)计算出的 x_{k+1},故 Newton 法又称为切线法.

例 8.3.1 已知一正数 C,求其平方根 $x=\sqrt{C}$.

解 为解此问题,应用 Newton 法解方程

$$f(x)=x^2-C=0.$$

由式(8.3.2)可导出求平方根 $x=\sqrt{C}$的计算公式

$$x_{k+1}=\frac{1}{2}\left(x_k+\frac{C}{x_k}\right)\quad (k=0,1,2,\cdots). \tag{8.3.4}$$

不难证明此公式对任意初值 $x_0>0$ 均收敛.

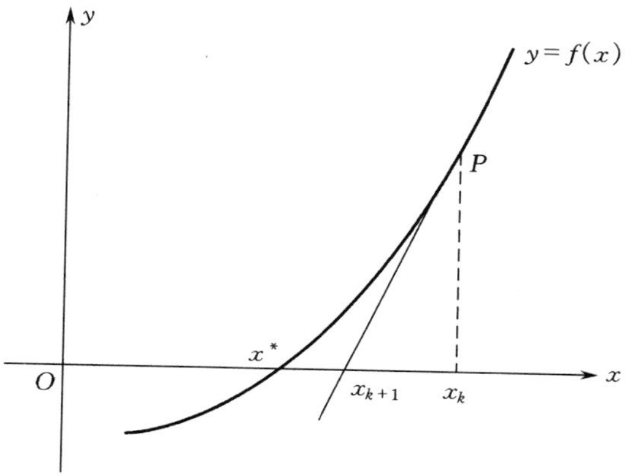

图 8-3

事实上,由式(8.3.4)知

$$x_{k+1}-\sqrt{C}=\frac{1}{2x_k}(x_k^2-2x_k\sqrt{C}+C)=\frac{1}{2x_k}(x_k-\sqrt{C})^2$$

$$(k=0,1,\cdots),$$

对任意 $x_0>0$,由上式可知 $x_k\geqslant\sqrt{C}\quad(k=1,2\cdots)$,且

$$x_{k+1}-x_k=\frac{1}{2}\left(x_k+\frac{C}{x_k}\right)-x_k=\frac{1}{2x_k}(C-x_k^2)\leqslant 0$$

$$(k=1,2\cdots).$$

这表明迭代序列$\{x_k\}_{k=1}^{\infty}$为单调递减且有下界的序列,所以此序列必有极限 x^*.对(8.3.4)两端取极限(令 $k\to\infty$)有$(x^*)^2-C=0$,由于 $x_k>0$,所以有 $x^*=\sqrt{C}$.这表明只要取 $x_0>0$,(8.3.4)都收敛.

例如,求$\sqrt{21}$.

首先取其一个近似值 $x_0=4$,按式(8.3.4)进行迭代,将计算结果列如下表:

k	1	2	3	4
x_k	4.625	4.582 770	4.582 576	4.582 576

只迭代了四次,便获得了精度为 10^{-6} 的结果,可见(8.3.4)是一个有实

用价值的求平方根法的计算公式.

8.3.2 Newton 法的局部收敛性及收敛速度

因为 Newton 法的迭代函数由式(8.3.3)给出,由此可得

$$g'(x)=\frac{f(x)f''(x)}{[f'(x)]^2}. \tag{8.3.5}$$

设 x^* 为(8.1.1)的单根,即有 $f(x^*)=0, f'(x^*)\neq 0$,由式(8.3.5)有 $g'(x^*)=0$,按定理 8.2.2 知,Newton 法具有局部收敛性.

我们还可以进一步求得

$$g''(x^*)=\frac{f''(x^*)}{f'(x^*)},$$

由上式和定理 8.2.4 可知 Newton 法在 x^* 邻近是至少二阶收敛的,又称 Newton 法在 x^* 邻近是至少平方收敛的.

8.3.3 Newton 法的非局部收敛性

由牛顿法的局部收敛性及其收敛速度可知,当初值 x_0 的选取充分靠近 x^* 时,Newton 法收敛且敛速很快.但是如果 x_0 不是充分靠近 x^*,这种方法有可能是发散的,为了使 x_0 的选取保证 Newton 法收敛,下面给出 Newton 法的非局部收敛性定理.

定理 8.3.1 对于方程(8.1.1),设 $f(x)$在区间$[a,b]$上二阶连续可微,如果满足下列条件:

(1) $f(a)f(b)<0$;

(2) $f'(x)\neq 0, \quad x\in[a,b]$;

(3) $f''(x)$在$[a,b]$上不变号;

(4) 在$[a,b]$上任意选取初值 x_0 使满足条件

$$f(x_0)f''(x_0)>0.$$

则 Newton 迭代法收敛.

此定理我们不证,只给出其几何解释.

定理 8.3.1 中的条件(1)表明方程 $f(x)=0$ 在区间$[a,b]$上的根存在;条件(2)表明在所论区间上 $f(x)$单调,方程 $f(x)=0$ 的根唯一;

条件(3)表示 $f(x)$的图形在该区间上凹向不变;条件(4)则保证了当 $x_k \in [a,b]$时,$x_{k+1} \in [a,b]$,如图 8-4 所示.

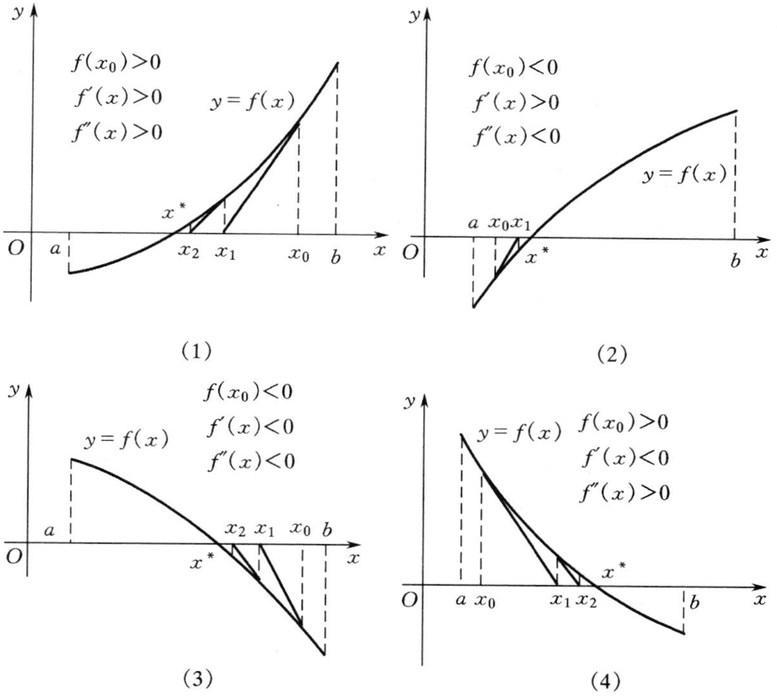

图 8-4

显然 $y=f(x)$的图形无非上述四种情况,从上述几何解释可知 Newton 法收敛.

8.3.4 **简化** Newton **法**

Newton 法的特点是每一步均需要计算 $f(x_k)$及 $f'(x_k)$,其计算量比较大,特别当 $f(x)$比较复杂时,计算起来就更麻烦.为了减少计算量,我们给出简化 Newton 法的计算公式

$$x_{n+1} = x_n - \frac{f(x_n)}{C}, \tag{8.3.6}$$

其中 C 为某一常数.显然(8.3.6)的迭代函数为

$$g(x)=x-\frac{f(x)}{C}, \tag{8.3.7}$$

由于

$$g'(x^*)=1-\frac{f'(x^*)}{C} \tag{8.3.8}$$

由式(8.3.8)可知,若 $C=f'(x^*)$,则 $g'(x^*)=0$,利用定理 8.2.4 可知此时(8.3.6)是至少平方收敛的.显然,如果能取到 $f'(x^*)$的一个较好的近似值作为 C,则(8.3.6)的敛速将是比较快的.

若 $C\neq f'(x^*)$,由式(8.3.8)知 $g'(x^*)\neq 0$,此时(8.3.6)是线性收敛的.例如:一种常见情况是取 $C=f'(x_0)$,这样建立的迭代格式为

$$x_{n+1}=x_n-\frac{f(x_n)}{f'(x_0)}. \tag{8.3.9}$$

上式具有线性收敛速度.

简化 Newton 法计算公式简单,计算量小.这是因为(8.3.6)避免了求导数值;式(8.3.9)在开始求得了 $f'(x_0)$以后,下面的计算总利用此结果,计算量小.

8.3.5 重根时的 Newton 迭代改善法

当 $f(x^*)=0$,而 $f'(x^*)\neq 0$ 时,则 x^* 是 $f(x)$的单零点(或是 $f(x)=0$ 的单根)此时运用 Newton 迭代法求解它至少具有平方收敛性.但当遇到 $f(x)=0$ 的重根时,Newton 迭代法的收敛速度要减慢.

事实上,若 x^* 是 $f(x)$的 m 重零点($m\geqslant 2$),则有

$$f(x^*)=f'(x^*)=\cdots=f^{(m-1)}(x^*)=0,\text{而 } f^{(m)}(x^*)\neq 0.$$

Newton 迭代法迭代函数为

$$g(x)=x-\frac{f(x)}{f'(x)}, \tag{8.3.10}$$

令 $x=x^*+h$,则有

$$g(x^*+h)=x^*+h-\frac{f(x^*+h)}{f'(x^*+h)}. \tag{8.3.11}$$

利用 Taylor 公式有

$$f(x^*+h)=\frac{f^{(m)}(x^*)}{m!}h^m+O(h^{m+1})$$
$$=\frac{f^{(m)}(x^*)}{m!}h^m(1+O(h)),$$
$$f'(x^*+h)=\frac{f^{(m)}(x^*)}{(m-1)!}h^{m-1}+O(h^m)$$
$$=\frac{f^{(m)}(x^*)h^{m-1}}{(m-1)!}(1+O(h)),$$
从而
$$\frac{f(x^*+h)}{f'(x^*+h)}=\frac{h}{m}(1+O(h)).$$
由(8.3.11)得
$$g(x^*+h)=x^*+h-\frac{h}{m}[1+O(h))]$$
$$=x^*+\left(1-\frac{1}{m}\right)h+O(h^2),$$
于是有
$$g'(x^*)=\lim_{h\to 0}\frac{g(x^*+h)-g(x^*)}{h}=\lim_{h\to 0}\frac{g(x^*+h)-x^*}{h}$$
$$=1-\frac{1}{m}.$$
这表明当 $m\geqslant 2$ 时，$g'(x^*)\neq 0$，按定理 8.2.4 知 Newton 迭代法不再是平方收敛，而是线性收敛的.

为了提高收敛速度，需对原迭代法做适当的修改.

方法一：通过上面的讨论可知，若将迭代函数变为
$$g(x)=x-m\frac{f(x)}{f'(x)},$$
则 $g'(x^*)=0$，按定理可知此时不动点迭代法是至少平方收敛的. 于是得到求 $m(m\geqslant 2)$ 重根的 Newton 迭代法公式为
$$x_{k+1}=x_k-m\frac{f(x_k)}{f'(x_k)}\quad(k=0,1\cdots).\tag{8.3.12}$$
此方法需要知道根的重数 m.

但在实际问题中，根的重数 m 往往是不知道的，因此又有下面的方法二.

方法二：用 $f(x)$ 构造函数

$$\mu(x)=\frac{f(x)}{f'(x)},$$

显然若 x^* 为 $f(x)$ 的 m 重零点($m\geqslant 2$)，则 x^* 是 $\mu(x)$ 的单零点. 对 $\mu(x)$ 用 Newton 迭代法则至少具有平方局部收敛性. 该迭代公式为

$$x_{k+1}=x_k-\frac{\mu(x_k)}{\mu'(x_k)}.$$

因为

$$\frac{\mu(x)}{\mu'(x)}=\frac{f(x)f'(x)}{[f'(x)]^2-f(x)f''(x)},$$

故有

$$x_{k+1}=x_k-\frac{f(x_k)f'(x_k)}{[f'(x_k)]^2-f(x_k)f''(x_k)}\quad(k=0,1,2\cdots).\tag{8.3.13}$$

此公式需要求二阶导数 $f''(x)$.

8.4 弦 截 法

利用 Newton 法解方程 $f(x)=0$，其优点是在根 x^* 邻近具有较高的收敛速度，但需要计算 $f'(x)$. 为了避免计算导数 $f'(x)$，下面研究弦截法.

设 x_k, x_{k-1} 是方程 $f(x)=0$ 的两个近似根，过两点 $P_k(x_k, f(x_k))$，$P_{k-1}(x_{k-1}, f(x_{k-1}))$ 作线性插值多项式

$$P(x)=f(x_k)+\frac{f(x_k)-f(x_{k-1})}{x_k-x_{k-1}}(x-x_k),\tag{8.4.1}$$

并求 $P(x)=0$ 的根作为 $f(x)=0$ 的第 $k+1$ 次的近似根. 将 $P(x)=0$ 的根记为 x_{k+1}，则有

$$x_{k+1}=x_k-\frac{f(x_k)}{f(x_k)-f(x_{k-1})}(x_k-x_{k-1})\quad(k=1,2,3\cdots).\tag{8.4.2}$$

公式(8.4.2)的几何解释：如图 8-5 所示，我们是以弦$\overline{P_{k-1}P_k}$与 x 轴交点的横坐标 x_{k+1} 作为方程 $f(x)=0$ 的新的近似根.故这种方法称为弦截法，(8.4.2)称为弦截法迭代公式.

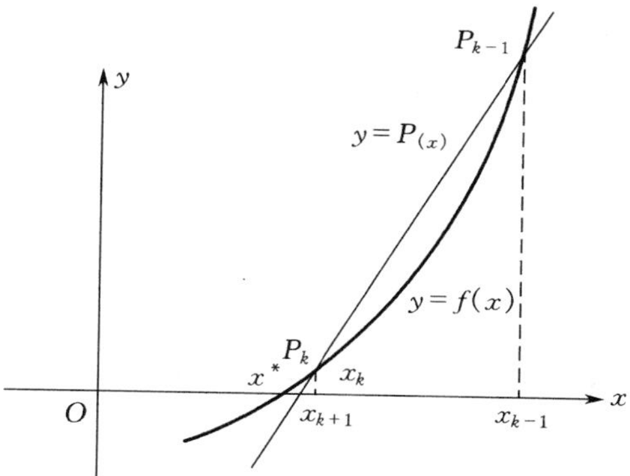

图 8-5

由式(8.4.2)可知，当计算 x_{k+1} 时，要用到它前两步的结果 x_k，x_{k-1}，故它是两步法迭代格式，需事先给出两个初始近似根 x_0，x_1 才能起步进行计算.

例 8.4.1 用弦截法解方程 $xe^x-1=0$.

解 取初值 $x_0=0.5$，$x_1=0.6$，将计算结果列于下表：

k	2	3	4
x_k	0.567 54	0.567 15	0.567 14

与例 8.2.1 比较，可见弦截法的收敛速度也是比较快的.

定理 8.4.1 对于方程(8.1.1)，若

(1) $f(x)$在根 x^* 的某个充分小的邻域 $N(x^*,\delta)$内有直到二阶的连续导数；

(2) $f'(x^*)\neq 0$.

则对任意的初值 $x_0, x_1 \in N(x^*, \delta)$，弦截法均收敛.且该方法具有超线性收敛速度，其收敛阶 $P=\frac{1+\sqrt{5}}{2}\approx 1.618$.

此定理我们不证.

前面的讨论中，若用 $P_0(x_0, f(x_0))$ 代替 $P_{k-1}(x_{k-1}, f(x_{k-1}))$，则有

$$x_{k+1}=x_k-\frac{f(x_k)}{f(x_k)-f(x_0)}(x_k-x_0). \tag{8.4.3}$$

上式称为单点弦截法.它可以看成是将(8.1.1)化为其等价形式

$$x=x-\frac{f(x)}{f(x)-f(x_0)}(x-x_0)=g(x). \tag{8.4.4}$$

建立的迭代格式.可以证明这种方法具有局部收敛性且具有线性收敛速度.

8.5 非线性方程组的解法

非线性方程组的一般形式为

$$\begin{cases} f_1(x_1, x_2, \cdots, x_n)=0, \\ f_2(x_1, x_2, \cdots, x_n)=0, \\ \cdots\cdots\cdots\cdots\cdots\cdots \\ f_n(x_1, x_2, \cdots, x_n)=0. \end{cases} \tag{8.5.1}$$

其中 $f_i(x_1, x_2, \cdots, x_n)(i=1,2,\cdots,n)$ 为定义在 $D\subset \boldsymbol{R}^n$ 上的多元实值函数且至少有一个是非线性函数.若记

$$\boldsymbol{x}=(x_1, x_2, \cdots, x_n)^{\mathrm{T}},$$

$$\boldsymbol{F}(\boldsymbol{x})=(f_1(\boldsymbol{x}), f_2(\boldsymbol{x}), \cdots, f_n(\boldsymbol{x}))^{\mathrm{T}},$$

则(8.5.1)可简写为

$$\boldsymbol{F}(\boldsymbol{x})=0, \quad \boldsymbol{x}\in D\subset \boldsymbol{R}^n. \tag{8.5.2}$$

若存在 $\boldsymbol{x}^*\in D$ 使得 $F(\boldsymbol{x}^*)=0$，则称 $\boldsymbol{x}^*$ 为方程组(8.5.2)的解，又称算子 F 的零点，对于非线性方程组一般采用迭代法去求解.

8.5.1 不动点迭代法

将(8.5.1)化为其等价的方程组

$$x_i = g_i(x_1, x_2, \cdots, x_n) \quad (i=1,2,\cdots,n). \tag{8.5.3}$$

上式简记为

$$\boldsymbol{x} = \boldsymbol{G}(\boldsymbol{x}), \boldsymbol{x} \in D. \tag{8.5.4}$$

其中 $\boldsymbol{G}(\boldsymbol{x}) = (g_1(\boldsymbol{x}), g_2(\boldsymbol{x}), \cdots . g_n(\boldsymbol{x}))^{\mathrm{T}}$,则求解(8.5.2)等价于求解(8.5.4).为求解(8.5.4),构造不动点迭代法

$$\boldsymbol{x}^{(k+1)} = \boldsymbol{G}(\boldsymbol{x}^{(k)}) \quad k=0,1,\cdots, \tag{8.5.5}$$

其中 $\boldsymbol{x}^{(k)} = (x_1^{(k)}, x_2^{(k)}, \cdots, x_n^{(k)})^{\mathrm{T}}$,(8.5.5)的分量形式为

$$x_i^{(k+1)} = g_i(x_1^{(k)}, x_2^{(k)}, \cdots, x_n^{(k)})$$

$$(i=1,2,\cdots,n; k=0,1,2,\cdots).$$

(8.5.5)称为基本迭代法,又称不动点迭代法.因为求 $\boldsymbol{x}^{(k+1)}$ 时只用到它前一步的迭代结果 $\boldsymbol{x}^{(k)}$,故(8.5.5)为一步迭代法,其中 $\boldsymbol{G}$ 称为迭代函数或迭代算子.

关于迭代法的适定性与收敛性有如下的定义.

定义 8.5.1 对于任意初始向量 $\boldsymbol{x}^{(0)} \in D$,若按式(8.5.5)生成的向量序列 $\{\boldsymbol{x}^{(k)}\} \subset D$,则称不动点迭代法(8.5.5)是适定的.

定义 8.5.2 若按(8.5.5)生成的向量序列 $\{\boldsymbol{x}^{(k)}\}$ 的极限存在且等于 $\boldsymbol{x}^* \in D$,即

$$\lim_{k\to\infty} \boldsymbol{x}^{(k)} = \boldsymbol{x}^*,$$

则称(8.5.5)收敛,否则称之为不收敛.

设 $\boldsymbol{G}$ 在 D 上连续,且 $\lim\limits_{k\to\infty} \boldsymbol{x}^{(k)} = \boldsymbol{x}^*$,则有

$$\boldsymbol{x}^* = \lim_{k\to\infty} \boldsymbol{x}^{(k+1)} = \lim_{k\to\infty} \boldsymbol{G}(\boldsymbol{x}^{(k)}) = \boldsymbol{G}(\lim_{k\to\infty} \boldsymbol{x}^{(k)}) = \boldsymbol{G}(\boldsymbol{x}^*),$$

即 $\boldsymbol{x}^*$ 为 $\boldsymbol{G}$ 的不动点.

这表明:如果 $\boldsymbol{G}$ 连续且(8.5.5)收敛,按(8.5.5)生成的 $\{\boldsymbol{x}^{(k)}\}$ 一定收敛于 $\boldsymbol{G}$ 的不动点.

例 8.5.1 解下列非线性方程组

$$\begin{cases} x_1 + 2x_2 - 3 = 0, \\ 2x_1^2 + x_2{}^2 - 5 = 0, \end{cases} \qquad 1 \leqslant x_1 \leqslant 2; 0.5 \leqslant x_2 \leqslant 1.5.$$

解 其等价形式为$\begin{cases} x_1 = \dfrac{1}{\sqrt{2}}(5 - x_2^2)^{\frac{1}{2}}, \\ x_2 = \dfrac{1}{2}(3 - x_1). \end{cases}$

其不动点迭代法为$\begin{cases} x_1^{(k+1)} = \dfrac{1}{\sqrt{2}}[5 - (x_2^{(k)})^2]^{\frac{1}{2}}, \\ x_2^{(k+1)} = \dfrac{1}{2}(3 - x_1^{(k)}). \end{cases}$

取初始向量 $\boldsymbol{x}^{(0)} = (1.5, 1.0)^{\mathrm{T}}$. 计算结果见下表：

k	$x_1^{(k)}$	$x_2^{(k)}$
1	1.414 2	0.750 0
2	1.489 5	0.755 3
3	1.488 2	0.755 9
4	1.488 1	0.756 0
5	1.488 0	0.756 0
6	1.488 0	0.756 0

可取 $\boldsymbol{x}^{(6)} = (1.488\,0, 0.756\,0)^{\mathrm{T}}$ 作为方程组的近似解. 若将原方程组改写为

$$\begin{cases} x_1 = 3 - 2x_2, \\ x_2 = (5 - 2x_1^2)^{\frac{1}{2}}. \end{cases}$$

构造不动点迭代法

$$\begin{cases} x_1^{(k+1)} = 3 - 2x_2^{(k)}, \\ x_2^{(k+1)} = \sqrt{5 - 2(x_1^{(k)})^2}. \end{cases}$$

仍取 $\boldsymbol{x}^{(0)} = (1.5, 1.0)^{\mathrm{T}}$ 进行迭代，其结果是不收敛的.

显然迭代法的适定性与收敛性都与迭代函数 $\boldsymbol{G}$ 有着密切的关系，为进一步讨论的需要先给出几个基本概念.

定义 8.5.3 设 X 是赋范线性空间，$x_0 \in X$，实数 $r > 0$，记

$$B(x_0, r) = \{x \in X \mid \| x - x_0 \| < r\},$$

称 $B(x_0,r)$ 为以 x_0 为中心 r 为半径的开球.

定义 8.5.4 设 X 为赋范线性空间, $\boldsymbol{A}$ 为 X 中的集合.

(1) 若对于每一点 $x\in A$, 存在 $r>0$ 使得开球 $B(x,r)\subset A$, 则称 $\boldsymbol{A}$ 为 X 中的开集;

(2) 若 A 的余集 A^C 是 X 中的开集, 则称 A 为 X 中的闭集.

定理 8.5.1 设 A 是赋范线性空间 X 中的集合, A 是闭集的充分必要条件是: 对于 A 中的任意序列 $\{x_n\}$, 若 $x_n\to x$ ($n\to\infty$ 时), 则 $x\in A$.

此定理的证明要用到较多预备知识, 此处从略.

定理 8.5.2 (压缩映射原理) 设函数 $\boldsymbol{G}:D\subset\boldsymbol{R}^n\to\boldsymbol{R}^n$ 在闭集 $M\subset D$ 上满足条件

(1) $\boldsymbol{G}$ 在 M 上是映内的, 即 $\boldsymbol{G}(M)\subset M$;

(2) $\boldsymbol{G}$ 对某种范数是压缩映射, 即存在常数 $q\in(0,1)$, 使得

$$\|\boldsymbol{G}(\boldsymbol{x})-\boldsymbol{G}(\boldsymbol{y})\|\leqslant q\|\boldsymbol{x}-\boldsymbol{y}\|,\ \forall\,\boldsymbol{x},\boldsymbol{y}\in M. \tag{8.5.6}$$

则

(1) 方程组(8.5.4)在 M 上存在惟一解 $\boldsymbol{x}^*$;

(2) 对任意 $\boldsymbol{x}^{(0)}\in M$, (8.5.5)适定且收敛于 $\boldsymbol{x}^*$, 并有误差估计式

$$\|\boldsymbol{x}^{(k)}-\boldsymbol{x}^*\|\leqslant\frac{q}{1-q}\|\boldsymbol{x}^{(k)}-\boldsymbol{x}^{(k-1)}\|. \tag{8.5.7}$$

证 任给 $\boldsymbol{x}^{(0)}\in M$, 由定理的条件(1)可知(8.5.5)适定. 再由式(8.5.6)知

$$\begin{aligned}\|\boldsymbol{x}^{(k+1)}-\boldsymbol{x}^{(k)}\| &= \|\boldsymbol{G}(\boldsymbol{x}^{(k)})-\boldsymbol{G}(\boldsymbol{x}^{(k-1)})\|\\ &\leqslant q\|\boldsymbol{x}^{(k)}-\boldsymbol{x}^{(k-1)}\|\leqslant q^2\|\boldsymbol{x}^{(k-1)}-\boldsymbol{x}^{(k-2)}\|\leqslant\cdots\\ &\leqslant q^k\|\boldsymbol{x}^{(1)}-\boldsymbol{x}^{(0)}\|.\end{aligned}$$

于是对任何正整数 $P\geqslant1$ 有

$$\begin{aligned}\|\boldsymbol{x}^{(k+P)}-\boldsymbol{x}^{(k)}\| &\leqslant \|\boldsymbol{x}^{(k+P)}-\boldsymbol{x}^{(k+P-1)}\|\\ &+\|\boldsymbol{x}^{(k+P-1)}-\boldsymbol{x}^{(k+P-2)}\|+\cdots+\|\boldsymbol{x}^{(k+1)}-\boldsymbol{x}^{(k)}\|\end{aligned}$$

$$\leqslant(q^{P-1}+q^{P-2}+\cdots+q+1)q^k\|\boldsymbol{x}^{(1)}-\boldsymbol{x}^{(0)}\|\leqslant\frac{q^k}{1-q}\|\boldsymbol{x}^{(1)}-\boldsymbol{x}^{(0)}\|.$$

因为 $q\in(0,1)$, 由上式可知 $\{\boldsymbol{x}^{(k)}\}$ 为 $M\subset\boldsymbol{R}^n$ 中的 Cauchy 序列, 从而

有极限,设为 $\boldsymbol{x}^*$.又因 M 为闭集,由定理 8.5.1 知 $\boldsymbol{x}^* \in M$.

下面证明 $\boldsymbol{x}^*$ 为(8.5.4)的解,由于压缩映射必为连续映射,故 $\boldsymbol{G}$ 是连续的.在(8.5.5)两端取极限有 $\boldsymbol{x}^* = \boldsymbol{G}(\boldsymbol{x}^*)$,即 $\boldsymbol{x}^*$ 为(8.5.4)的解.

下面证明(8.5.4)的解是惟一的.设 $\boldsymbol{G}$ 在 M 上有两个互异的解 $\boldsymbol{x}^*, \boldsymbol{y}^*$,即 $\boldsymbol{G}(\boldsymbol{x}^*) = \boldsymbol{x}^*$ 且 $\boldsymbol{G}(\boldsymbol{y}^*) = \boldsymbol{y}^*$,由压缩性有

$$\begin{aligned} 0 < \| \boldsymbol{x}^* - \boldsymbol{y}^* \| &= \| \boldsymbol{G}(\boldsymbol{x}^*) - \boldsymbol{G}(\boldsymbol{y}^*) \| \leqslant q \| \boldsymbol{x}^* - \boldsymbol{y}^* \| \\ &< \| \boldsymbol{x}^* - \boldsymbol{y}^* \|. \end{aligned}$$

这是一个矛盾.因此(8.5.4)的解是惟一的.

最后证明式(8.5.7).由式(8.5.6)有

$$\begin{aligned} \| \boldsymbol{x}^{(k+1)} - \boldsymbol{x}^{(k)} \| &= \| \boldsymbol{G}(\boldsymbol{x}^{(k)} - \boldsymbol{G}(\boldsymbol{x}^{(k-1)}) \| \\ &\leqslant q \| \boldsymbol{x}^{(k)} - \boldsymbol{x}^{(k-1)} \|, \end{aligned}$$

而

$$\begin{aligned} \| \boldsymbol{x}^{(k+P)} - \boldsymbol{x}^{(k)} \| &\leqslant \sum_{i=1}^{P} \| \boldsymbol{x}^{(k+i)} - \boldsymbol{x}^{(k+i-1)} \| \\ &\leqslant (q^{P-1} + q^{P-2} + \cdots + q + 1) \| \boldsymbol{x}^{(k+1)} - \boldsymbol{x}^{(k)} \| \\ &\leqslant \frac{q}{1-q} \| \boldsymbol{x}^{(k)} - \boldsymbol{x}^{(k-1)} \|, \end{aligned}$$

在上式中固定 k,令 $P \to \infty$ 即得式(8.5.7).

对于迭代法(8.5.5)常常用

$$\| \boldsymbol{x}^{(k)} - \boldsymbol{x}^{(k-1)} \| < \varepsilon \qquad (\varepsilon \text{ 为预给精度})$$

来控制迭代.

关于不动点迭代法(8.5.5)的局部收敛性有如下的定义.

定义 8.5.5 对于迭代函数 $\boldsymbol{G}: D \subset \boldsymbol{R}^n \to \boldsymbol{R}^n$, $\boldsymbol{x}^* \in D$ 是 $\boldsymbol{G}$ 的不动点.若存在开球 $B(\boldsymbol{x}^*, \delta) = \{\boldsymbol{x} \mid \| \boldsymbol{x} - \boldsymbol{x}^* \| < \delta\} \subset D$,使得对任意 $\boldsymbol{x}^{(0)} \in B(\boldsymbol{x}^*, \delta)$,按(8.5.5)生成的序列 $\{\boldsymbol{x}^{(k)}\} \subset B(\boldsymbol{x}^*, \delta)$ 且有 $\lim\limits_{k \to \infty} \boldsymbol{x}^{(k)} = \boldsymbol{x}^*$,则称(8.5.5)在点 $\boldsymbol{x}^*$ 附近具有局部收敛性.

对于(8.5.5)有如下的局部收敛性定理.

定理 8.5.3 对于迭代函数 $\boldsymbol{G}: D \subset \boldsymbol{R}^n \to \boldsymbol{R}^n$, $\boldsymbol{x}^* \in D$ 是 $\boldsymbol{G}$ 的不动点.若存在开球 $B(\boldsymbol{x}^*, \delta) \subset D$ 及常数 $q \in (0,1)$ 使得对任意

$\boldsymbol{x}\in B(\boldsymbol{x}^*,\delta)$,均有

$$\|\boldsymbol{G}(\boldsymbol{x})-\boldsymbol{x}^*\|\leqslant q\|\boldsymbol{x}-\boldsymbol{x}^*\|, \tag{8.5.8}$$

则迭代法(8.5.5)在点 $\boldsymbol{x}^*$ 附近具有局部收敛性.

证 任给 $\boldsymbol{x}^{(0)}\in B(\boldsymbol{x}^*,\delta)$,一般地假设 $\boldsymbol{x}^{(k)}\in B(\boldsymbol{x}^*,\delta)$,即有 $\|\boldsymbol{x}^{(k)}-\boldsymbol{x}^*\|<\delta$,由式(8.5.8)可知

$$\begin{aligned}\|\boldsymbol{x}^{(k+1)}-\boldsymbol{x}^*\|&=\|\boldsymbol{G}(\boldsymbol{x}^{(k)})-\boldsymbol{x}^*\|\leqslant q\|\boldsymbol{x}^{(k)}-\boldsymbol{x}^*\|\\&<\|\boldsymbol{x}^{(k)}-\boldsymbol{x}^*\|<\delta,\end{aligned} \tag{8.5.9}$$

故 $\boldsymbol{x}^{(k+1)}\in B(\boldsymbol{x}^*,\delta)$. 可见对一切 $k\geqslant 0$ 均有 $\{\boldsymbol{x}^{(k)}\}\subset B(\boldsymbol{x}^*,\delta)$.

再证明 $\{\boldsymbol{x}^{(k)}\}$ 收敛于 x^*. 由于

$$\begin{aligned}\|\boldsymbol{x}^{(k)}-\boldsymbol{x}^*\|&\leqslant q\|\boldsymbol{x}^{(k-1)}-\boldsymbol{x}^*\|\leqslant q^2\|\boldsymbol{x}^{(k-2)}-\boldsymbol{x}^*\|\leqslant\cdots\\&\leqslant q^k\|\boldsymbol{x}^{(0)}-\boldsymbol{x}^*\|,\end{aligned}$$

因为 $q\in(0,1)$,由上式可知 $\lim\limits_{k\to\infty}\boldsymbol{x}^{(k)}=\boldsymbol{x}^*$. 按定义 8.5.5 知迭代法(8.5.5)具有局部收敛性.

为给出局部收敛的另一个定理,先给出导算子的定义.

定义 8.5.6 设有向量值函数 $\boldsymbol{F}:D\subset\boldsymbol{R}^n\to\boldsymbol{R}^m\ (m>1)$,其具体形式为

$$\boldsymbol{F}(\boldsymbol{x})=(f_1(\boldsymbol{x}),f_2(\boldsymbol{x}),\cdots,f_m(\boldsymbol{x}))^{\mathrm{T}},$$
$$\boldsymbol{x}=(x_1,x_2,\cdots,x_n)^{\mathrm{T}},\boldsymbol{x}\in D.$$

若存在线性算子 $\boldsymbol{A}(\boldsymbol{x})$,使对任意的 $\boldsymbol{h}\in\boldsymbol{R}^n$, $\boldsymbol{h}\neq 0$, $\boldsymbol{x}+\boldsymbol{h}\in D$,均有

$$\lim_{h\to 0}\frac{1}{\|\boldsymbol{h}\|}\|\boldsymbol{F}(\boldsymbol{x}+\boldsymbol{h})-\boldsymbol{F}(\boldsymbol{x})-\boldsymbol{A}(\boldsymbol{x})\boldsymbol{h}\|=0, \tag{8.5.10}$$

则称 $\boldsymbol{F}$ 在点 $\boldsymbol{x}$ 处可微(Fréchet 可微),称 $\boldsymbol{A}(\boldsymbol{x})$ 为 $\boldsymbol{F}$ 在 $\boldsymbol{x}$ 处的导算子(Fréchet 导算子),记为

$$\boldsymbol{F}'(\boldsymbol{x})=\boldsymbol{A}(\boldsymbol{x}).$$

其中

$$F'(x)=\begin{bmatrix}\frac{\partial f_1}{\partial x_1} & \frac{\partial f_1}{\partial x_2} & \cdots & \frac{\partial f_1}{\partial x_n}\\ \frac{\partial f_2}{\partial x_1} & \frac{\partial f_2}{\partial x_2} & \cdots & \frac{\partial f_2}{\partial x_n}\\ \cdots & \cdots & \cdots & \cdots\\ \frac{\partial f_m}{\partial x_1} & \frac{\partial f_m}{\partial x_2} & \cdots & \frac{\partial f_m}{\partial x_n}\end{bmatrix},$$

称为 $\boldsymbol{F}(\boldsymbol{x})$在 $\boldsymbol{x}$ 处的 Jacobi 矩阵.

同多元函数一样,若 $\boldsymbol{F}$ 在 $\boldsymbol{x}$ 处可微,则 $\boldsymbol{F}$ 在 $\boldsymbol{x}$ 处连续.若 $\boldsymbol{F}$ 在域 D 上每点都可微,则称 $\boldsymbol{F}$ 在 D 上可微.特别地,若 $\boldsymbol{F}(\boldsymbol{x})$在 D 上可微且 $\boldsymbol{F}'(\boldsymbol{x})$在 D 上连续,则称 $\boldsymbol{F}(\boldsymbol{x})$在 D 上连续可微.

关于(8.5.5)的局部收敛性,还有如下的定理.

定理 8.5.4 设 $\boldsymbol{x}^* \in D$ 是 $\boldsymbol{G}: D\subset \boldsymbol{R}^n \to \boldsymbol{R}^n$ 的不动点,若 $\boldsymbol{G}$ 在点 $\boldsymbol{x}^*$ 处可微,且 $\boldsymbol{G}'(\boldsymbol{x}^*)$的谱半径

$$\rho(\boldsymbol{G}'(\boldsymbol{x}^*))<1,$$

则迭代法(8.5.5)在点 $\boldsymbol{x}^*$ 附近具有局部收敛性.

证 因为矩阵的谱半径是矩阵范数的下确界,故对适合

$$\rho(\boldsymbol{G}'(\boldsymbol{x}^*))+2\varepsilon<1$$

的 $\varepsilon>0$,总存在一种算子范数 $\|\cdot\|_\alpha$ 使得

$$\|\boldsymbol{G}'(\boldsymbol{x}^*)\|_\alpha<\rho(\boldsymbol{G}'(\boldsymbol{x}^*))+\varepsilon,$$

再由导算子的定义可知,对上述 ε,存在 $\delta>0$,使当 $\boldsymbol{x}\in B(\boldsymbol{x}^*,\delta)\subset D$ 时,恒有

$$\|\boldsymbol{G}(\boldsymbol{x})-\boldsymbol{G}(\boldsymbol{x}^*)-\boldsymbol{G}'(\boldsymbol{x}^*)(\boldsymbol{x}-\boldsymbol{x}^*)\|\leqslant\varepsilon\|\boldsymbol{x}-\boldsymbol{x}^*\|.$$

其中 $\|\cdot\|$ ($\|\cdot\|$ 为范数的简写记号)指向量的任一种范数.自然对 $\|\cdot\|_\alpha$ 也成立.从而有

$$\begin{aligned}\|\boldsymbol{G}(\boldsymbol{x})-\boldsymbol{x}^*\|_\alpha &\leqslant \|\boldsymbol{G}(\boldsymbol{x})-\boldsymbol{G}(\boldsymbol{x}^*)-\boldsymbol{G}'(\boldsymbol{x}^*)(\boldsymbol{x}-\boldsymbol{x}^*)\|_\alpha\\ &+\|\boldsymbol{G}'(\boldsymbol{x}^*)(\boldsymbol{x}-\boldsymbol{x}^*)\|_\alpha\leqslant[\rho(\boldsymbol{G}'(\boldsymbol{x}^*))+2\varepsilon]\|\boldsymbol{x}-\boldsymbol{x}^*\|_\alpha,\\ &\qquad \boldsymbol{x}\in B(\boldsymbol{x}^*,\delta).\end{aligned}$$

即存在 $0<q=\rho(\boldsymbol{G}'(\boldsymbol{x}^*))+2\varepsilon<1$,使得对任意 $\boldsymbol{x}\in B(\boldsymbol{x}^*,\delta)$均有

$$\|\boldsymbol{G}(\boldsymbol{x})-\boldsymbol{x}^*\|_\alpha\leqslant q\|\boldsymbol{x}-\boldsymbol{x}^*\|_\alpha.$$

这正是定理 8.5.3 中的条件(8.5.8),利用定理 8.5.3 知迭代法(8.5.5)在点 $\boldsymbol{x}^*$ 附近具有局部收敛性.

推论 8.5.1 在定理 8.5.4 的条件下,若 $\boldsymbol{G}'(\boldsymbol{x}^*)$ 存在且 $\|\boldsymbol{G}'(\boldsymbol{x}^*)\|<1$,则迭代法(8.5.5)在 $\boldsymbol{x}^*$ 附近具有局部收敛性. 特别地,若 $\boldsymbol{G}'(\boldsymbol{x})$ 在 $\boldsymbol{x}^*$ 的邻域 $B(\boldsymbol{x}^*,\delta)\subset D$ 上存在且 $\|\boldsymbol{G}'(\boldsymbol{x})\|<1$,则迭代法(8.5.5)在 $\boldsymbol{x}^*$ 附近具有局部收敛性.

此推论由 $\rho(\boldsymbol{A})\leqslant\|\boldsymbol{A}\|$ 易证.

迭代格式的收敛速度是衡量算法优劣的重要标志之一,而收敛速度是用收敛阶来描述的,现定义如下.

定义 8.5.7 设向量序列 $\{\boldsymbol{x}^{(k)}\}$ 收敛于方程组(8.5.4)的解 $\boldsymbol{x}^*$,若存在实数 $P\geqslant 1$ 和 $C>0$,使得当 $k\geqslant k_0$ 时有

$$\|\boldsymbol{x}^{(k+1)}-\boldsymbol{x}^*\|\leqslant C\|\boldsymbol{x}^{(k)}-\boldsymbol{x}^*\|^P, \tag{8.5.11}$$

则称 $\{\boldsymbol{x}^{(k)}\}$ 至少 P 阶收敛. 当 $P=1$ 时称为至少线性收敛(此时 $0<C<1$). 当 $P=2$ 时称 $\{\boldsymbol{x}^{(k)}\}$ 至少平方收敛. 若当 $P\leqslant P_0$ 时(8.5.11)成立,而当 $P>P_0$ 时此式不成立,则称 $\{\boldsymbol{x}^{(k)}\}$ 是 P_0 阶收敛的. 如果当 $k\geqslant k_0$ 时 $\boldsymbol{x}^{(k)}=\boldsymbol{x}^*$ 成立;或者 $\boldsymbol{x}^{(k)}\neq\boldsymbol{x}^*$,有

$$\lim_{k\to\infty}\frac{\|\boldsymbol{x}^{(k+1)}-\boldsymbol{x}^*\|}{\|\boldsymbol{x}^{(k)}-\boldsymbol{x}^*\|^P}=0,$$

则称 $\{\boldsymbol{x}^{(k)}\}$ 是超 P 阶收敛的,当 $P=1$ 时称 $\{\boldsymbol{x}^{(k)}\}$ 超线性收敛,当 $P=2$ 时称 $\{\boldsymbol{x}^{(k)}\}$ 超平方收敛.

8.5.2 Newton 迭代法及其变形

Newton 迭代法及其变形是求解非线性方程组的有效算法. Newton 迭代法是逐步线性化方法的典型代表.

首先介绍 Newton 迭代法.

设 $\boldsymbol{x}^*$ 是非线性方程组(8.5.1)或(8.5.2)的解,$\boldsymbol{x}^{(k)}=(x_1^{(k)},x_2^{(k)},\cdots,x_n^{(k)})^{\mathrm{T}}\in D$ 是某个迭代值,为 $\boldsymbol{x}^*$ 的近似值,利用多元函数的 Taylor 公式有

$$f_i(\boldsymbol{x})\approx N_i(\boldsymbol{x})=f_i(\boldsymbol{x}^{(k)})+\sum_{j=1}^{n}\frac{\partial f_i(\boldsymbol{x}^{(k)})}{\partial x_j}(x_j-x_j^{(k)}),$$

$$i=1,2,\cdots,n.$$

即在 $\boldsymbol{x}^{(k)}$ 附近用线性函数 $N_i(\boldsymbol{x})$ 近似代替 $f_i(\boldsymbol{x})$，于是求解(8.5.1)化为求解线性方程组

$$N_i(\boldsymbol{x})=0,\quad i=1,2,\cdots,n.$$

即

$$f_i(\boldsymbol{x}^{(k)})+\sum_{j=1}^{n}\frac{\partial f_i(\boldsymbol{x}^{(k)})}{\partial x_j}(x_j-x_j^{(k)})=0,\quad i=1,2,\cdots,n. \tag{8.5.12}$$

其矩阵形式为

$$\boldsymbol{F}(\boldsymbol{x}^{(k)})+\boldsymbol{F}'(\boldsymbol{x}^{(k)})(\boldsymbol{x}-\boldsymbol{x}^{(k)})=0. \tag{8.5.13}$$

其中 $\boldsymbol{F}(\boldsymbol{x})$ 的导数

$$\boldsymbol{F}'(\boldsymbol{x})=\begin{bmatrix}\dfrac{\partial f_1(\boldsymbol{x})}{\partial x_1} & \dfrac{\partial f_1(\boldsymbol{x})}{\partial x_2} & \cdots & \dfrac{\partial f_1(\boldsymbol{x})}{\partial x_n}\\ \dfrac{\partial f_2(\boldsymbol{x})}{\partial x_1} & \dfrac{\partial f_2(\boldsymbol{x})}{\partial x_2} & \cdots & \dfrac{\partial f_2(\boldsymbol{x})}{\partial x_n}\\ \cdots & \cdots & \cdots & \cdots\\ \dfrac{\partial f_n(\boldsymbol{x})}{\partial x_1} & \dfrac{\partial f_n(\boldsymbol{x})}{\partial x_2} & \cdots & \dfrac{\partial f_n(\boldsymbol{x})}{\partial x_n}\end{bmatrix}.$$

若 $\boldsymbol{F}'(\boldsymbol{x}^{(k)})$ 非奇异，用(8.5.13)的解作为(8.5.1)的第 $k+1$ 次近似解 $\boldsymbol{x}^{(k+1)}$，于是有

$$\boldsymbol{x}^{(k+1)}=\boldsymbol{x}^{(k)}-[\boldsymbol{F}'(\boldsymbol{x}^{(k)})]^{-1}\boldsymbol{F}(\boldsymbol{x}^{(k)}),(k=0,1,2,\cdots). \tag{8.5.14}$$

称上式为求解(8.5.1)的 Newton 迭代公式.

在式(8.5.14)中含有 $[\boldsymbol{F}'(\boldsymbol{x}^{(k)})]^{-1}$，为了避免求逆矩阵，可将(8.5.14)改写为

$$\begin{cases}\boldsymbol{F}'(\boldsymbol{x}^{(k)})\boldsymbol{y}^{(k)}=-\boldsymbol{F}(\boldsymbol{x}^{(k)}),\\ \boldsymbol{x}^{(k+1)}=\boldsymbol{x}^{(k)}+\boldsymbol{y}^{(k)}\end{cases}\quad(k=0,1,2,\cdots). \tag{8.5.15}$$

称之为实用 Newton 公式.

当 $\boldsymbol{x}^{(k)}$ 已知时，可先用直接法解(8.5.15)的第一个方程求 $\boldsymbol{y}^{(k)}$，它是一个线性方程组.这样避免了求逆矩阵，当求得 $\boldsymbol{y}^{(k)}$ 之后，代入(8.5.

15)的第二个方程求 $\boldsymbol{x}^{(k+1)}$,如此继续,并用

$$\| \boldsymbol{x}^{(k+1)} - \boldsymbol{x}^{(k)} \| < \varepsilon \qquad (\varepsilon \text{ 为预给精度})$$

控制迭代的次数.

显然 Newton 迭代法式(8.5.14)的不动点形式为

$$\boldsymbol{x}^{(k+1)} = \boldsymbol{G}(\boldsymbol{x}^{(k)}) \quad (k=0,1,2,\cdots);$$

$$\boldsymbol{G}(\boldsymbol{x}) = \boldsymbol{x} - [\boldsymbol{F}'(\boldsymbol{x})]^{-1}\boldsymbol{F}(\boldsymbol{x}).$$

上式称为 Newton 迭代函数.

例 8.5.2 用实用 Newton 公式解例 8.5.1 中的方程组.

解 $\boldsymbol{F}(\boldsymbol{x}) = \begin{bmatrix} x_1 + 2x_2 - 3 \\ 2x_1^2 + x_2^2 - 5 \end{bmatrix}, \boldsymbol{F}'(\boldsymbol{x}) = \begin{pmatrix} 1 & 2 \\ 4x_1 & 2x_2 \end{pmatrix}.$

令

$$\boldsymbol{x}^{(k)} = (x_1^{(k)}, x_2^{(k)})^{\mathrm{T}}, \boldsymbol{y}^{(k)} = (y_1^{(k)}, y_2^{(k)})^{\mathrm{T}}.$$

由式(8.5.15)知

$$\begin{cases} \begin{pmatrix} 1 & 2 \\ 4x_1^{(k)} & 2x_2^{(k)} \end{pmatrix} \begin{bmatrix} y_1^{(k)} \\ y_2^{(k)} \end{bmatrix} = - \begin{bmatrix} x_1^{(k)} + 2x_2^{(k)} - 3 \\ 2(x_1^{(k)})^2 + (x_2^{(k)})^2 - 5 \end{bmatrix}, \\ \boldsymbol{x}^{(k+1)} = \boldsymbol{x}^{(k)} + \boldsymbol{y}^{(k)}, \end{cases}$$

仍取初始向量 $\boldsymbol{x}^{(0)} = (1.5, 1.0)^{\mathrm{T}}$,计算结果见下表:

k	1	2	3	4
$x_1^{(k)}$	1.500 0	1.488 1	1.488 0	1.488 0
$x_2^{(k)}$	0.750 0	0.756 0	0.756 0	0.756 0

与例 8.5.1 比较,显然实用 Newton 公式收敛速度较快.

下面讨论 Newton 迭代法的局部收敛性.为此给出如下的引理.

引理 8.5.1 假设映射 $A: D \subset \boldsymbol{R}^m \to \boldsymbol{R}^{n\times n}$ 在点 $\boldsymbol{x}^{(0)} \in D$ 连续且 $\boldsymbol{A}(\boldsymbol{x}^{(0)})$可逆,那么存在 $\delta>0$,和 $r>0$,使得 $\boldsymbol{A}(x)$可逆,且

$$\| [\boldsymbol{A}(\boldsymbol{x})]^{-1} \| \leqslant r, \qquad \forall\, \boldsymbol{x} \in D \cap \bar{B}(\boldsymbol{x}^{(0)}, \delta),$$

其中 $\bar{B}(\boldsymbol{x}^{(0)}, \delta) = \{\boldsymbol{x} \in R^n \mid \| \boldsymbol{x} - \boldsymbol{x}^{(0)} \| \leqslant \delta\}$,$[\boldsymbol{A}(\boldsymbol{x})]^{-1}$在 $\boldsymbol{x}^{(0)}$ 处连续.

此引理的证明从略.

定理 8.5.5 设 $\boldsymbol{x}^* \in D$ 是(8.5.2)的解,$\boldsymbol{F}: D \subset \boldsymbol{R}^n \to \boldsymbol{R}^n$ 在开球

$B(\boldsymbol{x}^*,\delta)\subset D$ 上连续可微，而且 $\boldsymbol{F}'(\boldsymbol{x}^*)$ 非奇异，则存在开球 $B(\boldsymbol{x}^*,\eta)\subset B(\boldsymbol{x}^*,\delta)$，使得对任意的初始向量 $\boldsymbol{x}^{(0)}\in B(\boldsymbol{x}^*,\eta)$，按 Newton 迭代法(8.5.4)生成的向量序列 $\{\boldsymbol{x}^{(k)}\}\subset B(\boldsymbol{x}^*,\eta)$，且超线性收敛于 $\boldsymbol{x}^*$.

证 因为 Newton 迭代函数

$$\boldsymbol{G}(\boldsymbol{x})=\boldsymbol{x}-[\boldsymbol{F}'(\boldsymbol{x})]^{-1}\boldsymbol{F}(\boldsymbol{x}),$$

由上式可知(8.5.2)的解 $\boldsymbol{x}^*$ 为 $\boldsymbol{G}$ 的不动点. 且 Newton 迭代格式(8.5.14)正是求 $\boldsymbol{G}$ 的不动点的基本迭代法(或不动点迭代法)(8.5.5).

因为 $\boldsymbol{F}$ 在开球 $B(\boldsymbol{x}^*,\delta)$ 上连续可微且 $\boldsymbol{F}'(\boldsymbol{x}^*)$ 非奇异，由引理 8.5.1，存在开球 $B(\boldsymbol{x}^*,\eta)\subset B(\boldsymbol{x}^*,\delta)$，使得对任意 $\boldsymbol{x}\in B(\boldsymbol{x}^*,\eta)$，$\boldsymbol{F}'(\boldsymbol{x})$ 非奇异. 这表明在开球 $B(\boldsymbol{x}^*,\eta)$ 内 $\boldsymbol{G}$ 有定义.

下面证明收敛性. 令

$$\beta=\|[\boldsymbol{F}'(\boldsymbol{x}^*)]^{-1}\|, \tag{8.5.16}$$

对任意 $\varepsilon\in\left(0,\dfrac{1}{4\beta}\right)$，由导算子的定义知，只要 η 充分小，则有

$$\|\boldsymbol{F}(\boldsymbol{x})-\boldsymbol{F}(\boldsymbol{x}^*)-\boldsymbol{F}'(\boldsymbol{x}^*)(\boldsymbol{x}-\boldsymbol{x}^*)\|\leqslant\varepsilon\|\boldsymbol{x}-\boldsymbol{x}^*\|,\quad \boldsymbol{x}\in B(\boldsymbol{x}^*,\eta). \tag{8.5.17}$$

又因为 $F'(\boldsymbol{x})$ 连续，则有

$$\|\boldsymbol{F}'(\boldsymbol{x})-\boldsymbol{F}'(\boldsymbol{x}^*)\|\leqslant\varepsilon,\quad \boldsymbol{x}\in B(\boldsymbol{x}^*,\eta). \tag{8.5.18}$$

由于

$$\begin{aligned}
&\|[\boldsymbol{F}'(\boldsymbol{x})]^{-1}\|-\|[\boldsymbol{F}'(\boldsymbol{x}^*)]^{-1}\|\\
\leqslant&\|[\boldsymbol{F}'(\boldsymbol{x})]^{-1}-[\boldsymbol{F}'(\boldsymbol{x}^*)]^{-1}\|\\
\leqslant&\|[\boldsymbol{F}'(\boldsymbol{x})]^{-1}\|\,\|F'(\boldsymbol{x}^*)-F'(\boldsymbol{x})\|\,\|[F'(\boldsymbol{x}^*)]^{-1}\|\\
\leqslant&\varepsilon\beta\|[\boldsymbol{F}'(\boldsymbol{x})]^{-1}\|,
\end{aligned}$$

由(8.5.16)

$$(1-\varepsilon\beta)\|[\boldsymbol{F}'(\boldsymbol{x})]^{-1}\|\leqslant\beta,$$

因为 $\varepsilon\in\left(0,\dfrac{1}{4\beta}\right)$，故有

$$\|[\boldsymbol{F}'(\boldsymbol{x})]^{-1}\|\leqslant\frac{\beta}{1-\varepsilon\beta}<2\beta,\quad \boldsymbol{x}\in\beta(\boldsymbol{x}^*,\eta). \tag{8.5.19}$$

由于

$$
\begin{aligned}
\boldsymbol{G}(\boldsymbol{x})-\boldsymbol{x}^{*} &= -[\boldsymbol{F}'(\boldsymbol{x})]^{-1}\boldsymbol{F}(\boldsymbol{x})+\boldsymbol{x}-\boldsymbol{x}^{*} \\
&= -[\boldsymbol{F}'(\boldsymbol{x})]^{-1}[\boldsymbol{F}(\boldsymbol{x})-\boldsymbol{F}(\boldsymbol{x}^{*})-\boldsymbol{F}'(\boldsymbol{x}^{*})(\boldsymbol{x}-\boldsymbol{x}^{*})] \\
&\quad -[\boldsymbol{F}'(\boldsymbol{x})]^{-1}\boldsymbol{F}'(\boldsymbol{x}^{*})(\boldsymbol{x}-\boldsymbol{x}^{*})+\boldsymbol{x}-\boldsymbol{x}^{*},
\end{aligned}
$$

注意到 $\quad -[\boldsymbol{F}'(\boldsymbol{x})]^{-1}[\boldsymbol{F}'(\boldsymbol{x}^{*})-\boldsymbol{F}'(\boldsymbol{x})](\boldsymbol{x}-\boldsymbol{x}^{*})$

$$
= -[\boldsymbol{F}'(\boldsymbol{x})]^{-1}\boldsymbol{F}'(\boldsymbol{x}^{*})(\boldsymbol{x}-\boldsymbol{x}^{*})+(\boldsymbol{x}-\boldsymbol{x}^{*}),
$$

于是有

$$
\begin{aligned}
\boldsymbol{G}(\boldsymbol{x})-\boldsymbol{x}^{*} &= -[\boldsymbol{F}'(\boldsymbol{x})]^{-1}[\boldsymbol{F}(\boldsymbol{x})-\boldsymbol{F}(\boldsymbol{x}^{*})-\boldsymbol{F}'(\boldsymbol{x}^{*})(\boldsymbol{x}-\boldsymbol{x}^{*})] \\
&\quad -[\boldsymbol{F}'(\boldsymbol{x})]^{-1}[\boldsymbol{F}'(\boldsymbol{x}^{*})-\boldsymbol{F}'(\boldsymbol{x})](\boldsymbol{x}-\boldsymbol{x}^{*}).
\end{aligned}
$$

对上式两端取范数得

$$
\begin{aligned}
&\|\boldsymbol{G}(\boldsymbol{x})-\boldsymbol{x}^{*}\| \\
&\leqslant \|[\boldsymbol{F}'(\boldsymbol{x})]^{-1}\|\cdot\|\boldsymbol{F}(\boldsymbol{x})-\boldsymbol{F}(\boldsymbol{x}^{*})-\boldsymbol{F}'(\boldsymbol{x}^{*})(\boldsymbol{x}-\boldsymbol{x}^{*})\| \\
&\quad +\|[\boldsymbol{F}'(\boldsymbol{x})]^{-1}\|\cdot\|\boldsymbol{F}'(\boldsymbol{x}^{*})-\boldsymbol{F}'(\boldsymbol{x})\|\cdot\|\boldsymbol{x}-\boldsymbol{x}^{*}\|. \qquad (8.5.20)
\end{aligned}
$$

由式(8.5.17),(8.5.18),(8.5.19)可知

$$
\|\boldsymbol{G}(\boldsymbol{x})-\boldsymbol{x}^{*}\|<4\beta\varepsilon\|\boldsymbol{x}-\boldsymbol{x}^{*}\|,\boldsymbol{x}\in B(\boldsymbol{x}^{*},\eta). \qquad (8.5.21)
$$

因为 $\varepsilon\in\left(0,\dfrac{1}{4\beta}\right)$,可知 $0<4\beta\varepsilon<1$,(8.5.21)表明存在常数 $q=4\beta\varepsilon\in(0,1)$使对任意 $\boldsymbol{x}\in B(\boldsymbol{x}^{*},\eta)$,均有

$$
\|\boldsymbol{G}(\boldsymbol{x})-\boldsymbol{x}^{*}\|<q\|\boldsymbol{x}-\boldsymbol{x}^{*}\|.
$$

按定理 8.5.3,对任意 $\boldsymbol{x}^{(0)}\in B(\boldsymbol{x}^{*},\eta)$按 Newton 迭代法(8.5.14)生成的$\{\boldsymbol{x}^{(k)}\}\subset B(\boldsymbol{x}^{*},\eta)$,且收敛于 $\boldsymbol{x}^{*}$.

在(8.5.21)中,令 $\boldsymbol{x}=\boldsymbol{x}^{(k)}$则有

$$
\|\boldsymbol{x}^{(k+1)}-\boldsymbol{x}^{*}\|=\|\boldsymbol{G}(\boldsymbol{x}^{(k)})-\boldsymbol{x}^{*}\|<4\beta\varepsilon\|\boldsymbol{x}^{(k)}-\boldsymbol{x}^{*}\|.
$$

由 ε 的任意性有

$$
\lim_{k\to\infty}\frac{\|\boldsymbol{x}^{(k+1)}-\boldsymbol{x}^{*}\|}{\|\boldsymbol{x}^{(k)}-\boldsymbol{x}^{*}\|}=0.
$$

按定义知$\{\boldsymbol{x}^{(k)}\}$超线性收敛于 $\boldsymbol{x}^{*}$.

定理 8.5.6 在定理 8.5.5 的条件下,若还设

$$
\|\boldsymbol{F}'(\boldsymbol{x})-\boldsymbol{F}'(\boldsymbol{x}^{*})\|_{\infty}\leqslant\alpha\|\boldsymbol{x}-\boldsymbol{x}^{*}\|_{\infty},\boldsymbol{x}\in B(\boldsymbol{x}^{*},\delta), \qquad (8.5.22)
$$

其中 $\alpha>0$,则对任意的初值 $\boldsymbol{x}^{(0)}\in B(\boldsymbol{x}^{*},\eta)$,按 Newton 迭代法

(8.5.14)生成的向量序列$\{\boldsymbol{x}^{(k)}\}$至少平方收敛于$\boldsymbol{x}^*$.

证 收敛性已由定理8.5.5证明,下面证明$\{\boldsymbol{x}^{(k)}\}$至少平方收敛于$\boldsymbol{x}^*$.

由多元函数的Taylor公式有

$$f_i(\boldsymbol{x})=f_i(\boldsymbol{x}^*)+\sum_{j=1}^{n}\frac{\partial f_i(\boldsymbol{\xi}_i)}{\partial x_j}(x_j-x_j^*),$$

其中

$$\boldsymbol{x}=(x_1,x_2,\cdots,x_n)^{\mathrm{T}},\boldsymbol{x}^*=(x_1^*,x_2^*,\cdots,x_n^*)^{\mathrm{T}},$$

$$\boldsymbol{\xi}_i=(1-\theta_i)\boldsymbol{x}^*+\theta_i\boldsymbol{x},\theta_i\in(0,1),i=1,2,\cdots,n.$$

因为$f_i(\boldsymbol{x}^*)=0,\quad i=1,2,\cdots,n$,故

$$f_i(\boldsymbol{x})=\sum_{j=1}^{n}\frac{\partial f_i(\boldsymbol{\xi}_i)}{\partial x_j}(x_j-x_j^*),i=1,2,\cdots,n.$$

其矩阵形式为

$$\boldsymbol{F}(\boldsymbol{x})=\begin{bmatrix}\dfrac{\partial f_1(\boldsymbol{\xi}_1)}{\partial x_1} & \cdots & \dfrac{\partial f_1(\boldsymbol{\xi}_1)}{\partial x_n}\\ \vdots & & \vdots\\ \dfrac{\partial f_n(\boldsymbol{\xi}_n)}{\partial x_1} & \cdots & \dfrac{\partial f_n(\boldsymbol{\xi}_n)}{\partial x_n}\end{bmatrix}\begin{bmatrix}x_1-x_1^*\\ \vdots\\ x_n-x_n^*\end{bmatrix}.$$

而

$$\boldsymbol{F}'(\boldsymbol{x}^*)(\boldsymbol{x}-\boldsymbol{x}^*)=\begin{bmatrix}\dfrac{\partial f_1(\boldsymbol{x}^*)}{\partial x_1} & \cdots & \dfrac{\partial f_1(\boldsymbol{x}^*)}{\partial x_n}\\ \vdots & & \vdots\\ \dfrac{\partial f_n(\boldsymbol{x}^*)}{\partial x_1} & \cdots & \dfrac{\partial f_n(\boldsymbol{x}^*)}{\partial x_n}\end{bmatrix}\begin{bmatrix}x_1-x_1^*\\ \vdots\\ x_n-x_n^*\end{bmatrix},$$

故

$$\begin{aligned}&\|\boldsymbol{F}(\boldsymbol{x})-\boldsymbol{x}^*)(\boldsymbol{x}-\boldsymbol{x}^*)\|_\infty\\ \leqslant&\max_{1\leqslant i\leqslant n}\sum_{j=1}^{n}\left|\frac{\partial f_i(\boldsymbol{\xi}_i)}{\partial x_j}-\frac{\partial f_i(\boldsymbol{x}^*)}{\partial x_j}\right|\cdot\|\boldsymbol{x}-\boldsymbol{x}^*\|_\infty.\end{aligned}$$

由式(8.5.22)可知

$$\|\boldsymbol{F}(\boldsymbol{x})-\boldsymbol{F}'(\boldsymbol{x}^*)(\boldsymbol{x}-\boldsymbol{x}^*)\|_\infty\leqslant\alpha\|\boldsymbol{x}-\boldsymbol{x}^*\|_\infty^2.\quad(8.5.23)$$

将(8.5.19),(8.5.22),(8.5.23)代入(8.5.20)得

$$\| \boldsymbol{G}(\boldsymbol{x}) - \boldsymbol{x}^* \|_\infty < 4\beta\alpha \| \boldsymbol{x} - \boldsymbol{x}^* \|_\infty^2,$$

于是有

$$\| \boldsymbol{x}^{(k+1)} - \boldsymbol{x}^* \|_\infty = \| \boldsymbol{G}(\boldsymbol{x}^{(k)} - \boldsymbol{x}^* \|_\infty < 4\beta\alpha \| \boldsymbol{x}^{(k)} - \boldsymbol{x}^* \|_\infty^2.$$

按定义知$\{\boldsymbol{x}^{(k)}\}$至少平方收敛于 $\boldsymbol{x}^*$.故通常称 Newton 迭代法是平方收敛的,这样的收敛速度是比较快的.

用 Newton 迭代法解(8.5.1)要求 $\boldsymbol{F}$ 可微且$\boldsymbol{F}'(\boldsymbol{x}^{(k)})$非奇异.且在定理8.5.5条件下 Newton 迭代法仅具有局部收敛性.即对初值 $\boldsymbol{x}^{(0)}$要求相当苛刻.它要求 $\boldsymbol{x}^{(0)}$很靠近方程组的解 $\boldsymbol{x}^*$ 才行.这就限制了 Newton 法的应用.为了放宽对条件的限制,为了减少计算量,下面介绍 Newton 迭代法的几种变形公式.

(1) 阻尼 Newton 法.

为克服 $\boldsymbol{F}'(\boldsymbol{x}^{(k)})$的奇异性或病态程度,引进阻尼因子 η_k,使矩阵$\boldsymbol{F}'(\boldsymbol{x}^{(k)}) + \eta_k\boldsymbol{I}$($\boldsymbol{I}$ 为单位矩阵)非奇异或使该矩阵病态程度减弱,现把实用 Newton 公式改写为如下的阻尼 Newton 法公式:

$$\begin{cases} [\boldsymbol{F}'(\boldsymbol{x}^{(k)}) + \eta_k \boldsymbol{I}]\boldsymbol{y}^{(k)} = -\boldsymbol{F}(\boldsymbol{x}^{(k)}), \\ \boldsymbol{x}^{(k+1)} = \boldsymbol{x}^{(k)} + \boldsymbol{y}^{(k)} \quad (k = 0,1,2,\cdots). \end{cases} \tag{8.5.24}$$

当 η_k 选得适当时,式(8.5.24)是线性收敛的.

(2) 简化 Newton 公式.

为减少计算量,将 $\boldsymbol{F}'(\boldsymbol{x}^{(k)})$均取为 $\boldsymbol{F}'(\boldsymbol{x}^{(0)})$可得如下的简化 Newton 公式:

$$\boldsymbol{x}^{(k+1)} = \boldsymbol{x}^{(k)} - [\boldsymbol{F}'(\boldsymbol{x}^{(0)})]^{-1}\boldsymbol{F}(\boldsymbol{x}^{(k)}) \quad (k = 0,1,\cdots). \tag{8.5.25}$$

(8.5.25)也是线性收敛的.

(3) 修正 Newton 公式.

设 $\boldsymbol{x}^{(k)}$已经求出,如何求 $\boldsymbol{x}^{(k+1)}$? 可构造如下的修正 Newton 公式:

$$\begin{cases} \boldsymbol{x}^{(k,0)} = \boldsymbol{x}^{(k)}, \\ \boldsymbol{x}^{(k,i)} = \boldsymbol{x}^{(k,i-1)} - [\boldsymbol{F}'(\boldsymbol{x}^{(k)})]^{-1}\boldsymbol{F}(\boldsymbol{x}^{(k,i-1)}) \quad (i = 1,2,\cdots,m), \\ \boldsymbol{x}^{(k+1)} = \boldsymbol{x}^{(k,m)} \end{cases}$$

$$(k=0,1,2,\cdots). \tag{8.5.26}$$

即使用简化 Newton 公式,由 $\boldsymbol{x}^{(k)}=\boldsymbol{x}^{(k,0)}$ 计算到 $\boldsymbol{x}^{(k,m)}$,从而求出 $\boldsymbol{x}^{(k+1)}$.其结果是提高了收敛速度,可以证明(8.5.26)是 $m+1$ 阶收敛的.

式(8.5.26)的一个特例($m=2$ 的情况)为

$$\begin{cases} \boldsymbol{x}^{(k,0)}=\boldsymbol{x}^{(k)}, \\ \boldsymbol{x}^{(k,1)}=\boldsymbol{x}^{(k,0)}-[\boldsymbol{F}'(\boldsymbol{x}^{(k)})]^{-1}\boldsymbol{F}(\boldsymbol{x}^{(k,0)}), \\ \boldsymbol{x}^{(k+1)}=\boldsymbol{x}^{(k,2)}=\boldsymbol{x}^{(k,1)}-[\boldsymbol{F}'(\boldsymbol{x}^{(k)})]^{-1}\boldsymbol{F}(\boldsymbol{x}^{(k,1)}) \end{cases}$$

$$(k=0,1,2,\cdots). \tag{8.5.27}$$

此格式较实用,它是三阶收敛的.

(4) 离散的 Newton 公式.

在(8.5.14)中,将 $\boldsymbol{F}'(\boldsymbol{x}^{(k)})$中的元素$\dfrac{\partial f_i(\boldsymbol{x}^{(k)})}{\partial x_j}$, $(i,j=1,2,\cdots,n)$换为差商

$$\frac{f_i(\boldsymbol{x}^{(k)}+h_j^{(k)}\boldsymbol{e}_j)-f_i(\boldsymbol{x}^{(k)})}{h_j^{(k)}},$$

其中 $\boldsymbol{h}^{(k)}=(h_1^{(k)},h_2^{(k)},\cdots,h_n^{(k)})^{\mathrm{T}}$,$\{\boldsymbol{h}^{(k)}\}$为事先选定的向量序列,$\boldsymbol{e}_j=(0,0,\cdots,0,1,0,\cdots,0)^{\mathrm{T}}\quad(j=1,\cdots,n)$,记

$$\boldsymbol{J}(\boldsymbol{x}^{(k)},\boldsymbol{h}^{(k)})=$$

$$\begin{bmatrix} \dfrac{f_1(\boldsymbol{x}^{(k)}+h_1^{(k)}\boldsymbol{e}_1)-f_1(\boldsymbol{x}^{(k)})}{h_1^{(k)}} & \cdots & \dfrac{f_1(\boldsymbol{x}^{(k)}+h_n^{(k)}\boldsymbol{e}_n)-f_1(\boldsymbol{x}^{(k)})}{h_n^{(k)}} \\ \vdots & & \vdots \\ \dfrac{f_n(\boldsymbol{x}^{(k)}+h_1^{(k)}\boldsymbol{e}_1)-f_n(\boldsymbol{x}^{(k)})}{h_1^{(k)}} & \cdots & \dfrac{f_n(\boldsymbol{x}^{(k)}+h_n^{(k)}\boldsymbol{e}_n)-f_n(\boldsymbol{x}^{(k)})}{h_n^{(k)}} \end{bmatrix},$$

即用 $\boldsymbol{J}(\boldsymbol{x}^{(k)},\boldsymbol{h}^{(k)})$代替 $\boldsymbol{F}'(\boldsymbol{x}^{(k)})$,将(8.5.14)改写为如下的离散 Newton 公式:

$$\boldsymbol{x}^{(k+1)}=\boldsymbol{x}^{(k)}-[\boldsymbol{J}(\boldsymbol{x}^{(k)},\boldsymbol{h}^{(k)}]^{-1}\boldsymbol{F}(\boldsymbol{x}^{(k)})\quad(k=0,1,\cdots). \tag{8.5.28}$$

在一定条件下(8.5.28)是超线性收敛的.在实用中通常取

$$h_j^{(k)}=\|\boldsymbol{F}(\boldsymbol{x}^{(k)})\|h_j\quad(j=1,2,\cdots,n),$$

其中 $\boldsymbol{h}=(h_1,h_2,\cdots,h_n)^{\mathrm{T}}$，且 $h_j\neq 0$ 是不依赖于 k 的常数. 这样在迭代过程中，$h_j^k\to 0$ 与 $\boldsymbol{x}^{(k)}\to\boldsymbol{x}^*$（$k\to\infty$ 时）（即 $\|\boldsymbol{F}(\boldsymbol{x}^{(k)})\|\to 0$）是同步进行的.

（5）带松弛因子的 Newton 公式.

引入松弛因子 ω_k，构造迭代公式：

$$\boldsymbol{x}^{(k+1)}=\boldsymbol{x}^{(k)}-\omega_k[\boldsymbol{F}'(\boldsymbol{x}^{(k)})]^{-1}\boldsymbol{F}(\boldsymbol{x}^{(k)})\quad(k=0,1,\cdots),\tag{8.5.29}$$

此公式称为带松弛因子的 Newton 公式，ω_k 的选择要求在 $\boldsymbol{R}^n$ 中某范数意义下满足

$$\|\boldsymbol{F}(\boldsymbol{x}^{(k+1)})\|\leqslant\|\boldsymbol{F}(\boldsymbol{x}^{(k)})\|\quad(k=0,1,2\cdots),$$

即使 $\boldsymbol{F}(\boldsymbol{x}^{(k)})$ 具有下降的性质. 此性质可使(8.5.29)的收敛域变大，等于放宽了对初始向量 $\boldsymbol{x}^{(0)}$ 的要求. 关于(8.5.29)的收敛性，有如下的定理.

定理 8.5.7 设 $\boldsymbol{x}^*\in D$ 为(8.5.2)的解，$\boldsymbol{F}:D\subset\boldsymbol{R}^n\to\boldsymbol{R}^n$ 于 $B(\boldsymbol{x}^*,\delta)\subset D$ 上连续可微且 $\boldsymbol{F}'(\boldsymbol{x}^*)$ 非奇异，对任意的 $\varepsilon>0$，若 ω_k 满足 $\varepsilon\leqslant\omega_k\leqslant 2-\varepsilon\quad(k=0,1,2,\cdots)$，则按(8.5.29)生成的向量序列 $\{\boldsymbol{x}^{(k)}\}$ 收敛于 $\boldsymbol{x}^*$.

此定理的证明从略.

习题 8

1. 用二分法求方程 $x^3+4x^2-10=0$ 在区间[1,2]内的根，要求 $|x_{k+1}-x_k|<0.005$.

2. 为求方程 $x^3-x^2-1=0$ 在 $x_0=1.5$ 附近的根，将方程改写为下列等价形式，建立相应的迭代公式如下：

（1）$x=1+\dfrac{1}{x^2}$，迭代公式为

$$x_{k+1}=1+\frac{1}{(x_k)^2};$$

（2）$x=\dfrac{1}{\sqrt{x-1}}$，迭代公式为

$$x_{k+1}=\frac{1}{\sqrt{x_k-1}}.$$

试分析上述两种迭代法的收敛性,并选取收敛的迭代公式求出方程具有4位有效数字的近似根.

3.用基本迭代法解方程

$$9x^2-\sin x-1=0,$$

取初值 $x_0=0.4$,当 $|x_{k+1}-x_k|\leqslant 10^{-9}$ 时终止迭代.

4.给定函数 $f(x)$,设对一切 x,$f'(x)$ 存在且 $0<m\leqslant f'(x)\leqslant M$,证明对于范围 $0<\lambda<\frac{2}{M}$ 内的任意定数 λ,迭代过程

$$x_{k+1}=x_k-\lambda f(x_k)$$

均收敛于 $f(x)$ 的根 x^*.

5.用 Newton 迭代法解 1 中的方程,取初值 $x_0=1.5$,当 $|x_{k+1}-x_k|<0.05$ 时终止迭代.

6.用 Newton 迭代法解

$$x^3+2x^2+10x-20=0,$$

取初值 $x_0=1$,当 $|x_{k+1}-x_k|<10^{-9}$ 时终止迭代.

7.对于方程 $f(x)=x^n-a=0$ 应用 Newton 迭代法,导出求 $\sqrt[n]{a}$ 的迭代公式.

8.试讨论对下列函数应用 Newton 迭代法的收敛性和收敛速度.

(1) $f(x)=\begin{cases}\sqrt{x}, x\geqslant 0,\\ -\sqrt{-x}, x<0;\end{cases}$

(2) $f(x)=\begin{cases}\sqrt[3]{x^2}, x\geqslant 0,\\ -\sqrt[3]{x^2}, x<0.\end{cases}$

9.用实用 Newton 迭代格式解非线性方程组

$$\begin{cases}3x_1-\cos(x_1x_2)-0.5=0,\\ x_1^2-81(x_2+0.1)^2+\sin x_3+1.06=0,\\ \mathrm{e}^{-x_1x_2}+20x_3+\frac{10}{3}\pi-1=0.\end{cases}$$

取初始向量 $\boldsymbol{x}^{(0)}=(0.1,0.1,-0.1)^{\mathrm{T}}$,迭代5次.

10.用 Newton 迭代法解非线性方程组

$$\begin{cases}x_1^2-x_2-1=0,\\ (x_1-2)^2+(x_2-0.5)^2-1=0.\end{cases}$$

取初始向量 $\boldsymbol{x}^{(0)}=(1,0)^{\mathrm{T}}$,迭代 4 次.

11.用弦截法求 $f(x)=x^3-3x-1=0$ 在 $x_0=2$ 附近的根(根的准确值 $x^*=1.879\,385\,24\cdots$),取初值 $x_0=2,x_1=1.9$,要求计算结果准确到四位有效数字.

第 9 章　偏微分方程的数值方法

偏微分方程定解问题,是表述自然现象和科学技术领域中各种现象的最主要的数学工具之一.由于大多数偏微分方程的理论解很难得到或是不能解析地表示出来,因而借助电子计算机给出其数值解就显得尤为重要.

数值求解偏微分方程定解问题的主要方法有两种,即差分方法和有限元方法.它们的共同点都是将连续的偏微分方程进行离散化,从而采取适当形式将其化为线性代数方程组,并通过求解代数方程组给出其数值解.本章将分别介绍这两种方法.

在本章中,将分别就椭圆型、抛物型和双曲型偏微分方程定解问题的差分方法进行介绍,并讨论相应的差分方法的解的存在惟一性、收敛性及稳定性.并对有限元方法的基本内容进行简单的介绍.

9.1　椭圆型方程的差分方法

9.1.1　差分格式的构造

考虑一类特殊的椭圆型方程——Poisson 方程

$$-\Delta u=-\left(\frac{\partial^2 u}{\partial x^2}+\frac{\partial^2 u}{\partial y^2}\right)=f(x,y)\quad((x,y)\in\Omega),\quad(9.1.1)$$

其中 Ω 是 xy 平面上的有界区域,其边界 Γ 为分段光滑曲线,$f(x,y)$ 是 x,y 的光滑函数.对于方程(9.1.1),在边界 Γ 上有三种形式的边界条件:

(1) 第一边界条件

$$u|_{\Gamma}=\alpha(x,y); \tag{9.1.2}$$

问题(9.1.1),(9.1.2)称为 Dirichlet 问题.

(2) 第二边界条件：

$$\left.\frac{\partial u}{\partial \boldsymbol{n}}\right|_{\Gamma}=\beta(x,y); \tag{9.1.3}$$

其中 $\boldsymbol{n}$ 表示边界 Γ 的外法线方向.问题(9.1.1),(9.1.3)称为 Neumann 问题.

(3) 第三边界条件

$$\left.\left[\frac{\partial u}{\partial n}+\delta(x,y)u\right]\right|_{\Gamma}=\gamma(x,y). \tag{9.1.4}$$

这里 $\delta(x,y)\geqslant 0$,(9.1.1),(9.1.4)称为 Robbins 问题.

在(9.1.2)～(9.1.4)中出现的函数 $\alpha(x,y)$,$\beta(x,y)$,$\gamma(x,y)$及 $\delta(x,y)$均定义为在 Γ 上的光滑函数.

为构造定解问题的差分格式,首先在 xy 平面上作两族与坐标轴平行的直线：

$$x=ih_1 \quad (i=0,\pm1,\pm2,\cdots).$$

$$y=jh_2 \quad (j=0,\pm1,\pm2,\cdots).$$

其中 $h_1,h_2>0$ 分别为沿 x 方向与 y 方向的步长.这样,区域 Ω 被上述直线剖分为矩形网格.两族直线的交点(ih_1,jh_2)称为网点(或节点),记为(x_i,y_j)或简记为(i,j).在上述矩形剖分中,如果两个网点(x_i,y_j)与(x_l,y_m)满足

$$\left|\frac{x_i-x_l}{h_1}\right|+\left|\frac{y_j-y_m}{h_2}\right|=1, \tag{9.1.5}$$

或

$$|i-l|+|j-m|=1, \tag{9.1.6}$$

则称它们是相邻的.

用 $\Omega_h=\{(i,j)\in\Omega\}$表示所有位于 Ω 内部的网点集合,并称这样的点为内点;用 Γ_h 表示网线 $x=x_i$ 或 $y=y_j$ 与 Γ 的交点集合,并称这样的点为界点.令 $\bar{\Omega}_h=\Omega_h\cup\Gamma_h$,则 $\bar{\Omega}_h$ 就是代替连续区域 $\bar{\Omega}=\Omega\cup\Gamma$ 的矩形网格区域.若内点(i,j)的四个相邻点都属于 Ω_h,则称(i,j)为

正则内点,否则称为非正则内点.如图 9-1 所示,标以“○”的点为正则内点,标以“●”的点为非正则内点,标以“*”的点为界点.

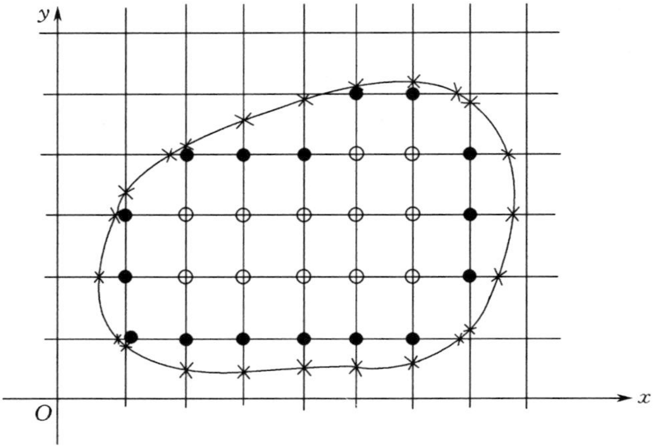

图 9-1

对于方程(9.1.1),在 Ω_h 的任一正则内点(i,j)处,利用二阶差商与微分的关系式

$$\frac{\delta_x^2 u(x_i,y_j)}{h_1^2}=\frac{u(x_{i+1},y_j)-2u(x_i,y_j)+u(x_{i-1},y_j)}{h_1^2}$$

$$=\left[\frac{\partial^2 u}{\partial x^2}\right]_{ij}+\frac{h_1^2}{12}\left[\frac{\partial^4 u}{\partial x^4}\right]_{ij}+O(h_1^4), \qquad (9.1.7)$$

及

$$\frac{\delta_y^2 u(x_i,y_j)}{h_2^2}=\frac{u(x_i,y_{j+1})-2u(x_i,y_j)+u(x_i,y_{j-1})}{h_2^2}$$

$$=\left[\frac{\partial^2 u}{\partial y^2}\right]_{ij}+\frac{h_2^2}{12}\left[\frac{\partial^4 u}{\partial y^4}\right]_{ij}+O(h_2^4), \qquad (9.1.8)$$

可将 Poisson 方程(9.1.1)变为

$$-\left[\frac{1}{h_1^2}\delta_x^2 u(x_i,y_j)+\frac{1}{h_2^2}\delta_y^2 u(x_i,y_j)+R_{ij}\right]=f_{ij}. \qquad (9.1.9)$$

其中

$$R_{ij} = -\frac{h_1^2}{12}\left[\frac{\partial^4 u}{\partial x^4}\right]_{ij} - \frac{h_2^2}{12}\left[\frac{\partial^4 u}{\partial y^4}\right]_{ij} + O(h_1^4 + h_2^4)$$
$$= O(h_1^2 + h_2^2)$$
$$= O(h^2),$$
$$f_{ij} = f(x_i, y_j),$$
$$h = \max\{h_1, h_2\}.$$

如果在式(9.1.9)中略去余项 R_{ij}，并以(i,j)点的数值解 u_{ij} 代替真解 $u(x_i, y_j)$，则得到逼近方程(9.1.1)的差分格式

$$-\Delta_h u_{ij} \equiv -\left[\frac{u_{i+1,j} - 2u_{ij} + u_{i-1,j}}{h_1^2} + \frac{u_{i,j+1} - 2u_{ij} + u_{i,j-1}}{h_2^2}\right] = f_{ij}. \tag{9.1.10}$$

在正则内点(i,j)处，由于差分方程(9.1.10)中只出现未知网函数(即数值解)u 在点(i,j)及其四个邻点上的值(如图 9-2 所示)，故称式(9.1.10)为五点差分格式.

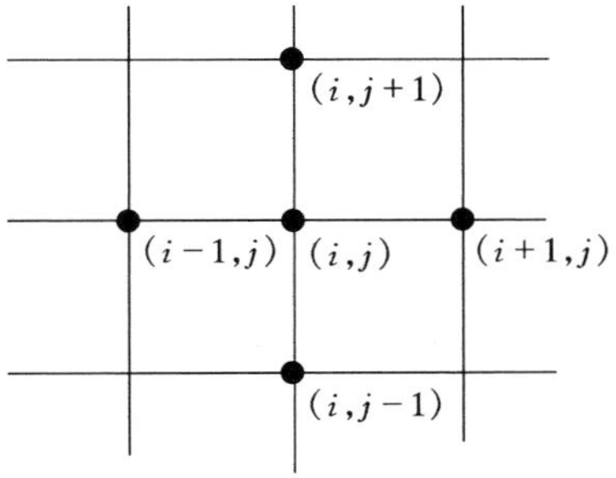

图 9-2

特别地，若 $h_1 = h_2 = h$，即为正方形网格形式，差分方程(9.1.10)简化为

$$-\frac{1}{h^2}(u_{i+1,j} + u_{i-1,j} + u_{i,j+1} + u_{i,j-1} - 4u_{ij}) = f_{ij}. \tag{9.1.11}$$

如果用图 9-3 所示的五个点去构造方程(9.1.1)的差分格式，当 $h_1 = h_2 = h$ 时，有

$$-\bar{\Delta}_h u_{ij} \equiv -\left[\frac{u_{i+1,j+1} + u_{i+1,j-1} + u_{i-1,j+1} + u_{i-1,j-1} - 4u_{ij}}{2h^2}\right] = f_{ij}. \tag{9.1.12}$$

差分算子 $\bar{\Delta}_h$ 的局部截断误差 $\bar{R}_{ij}(u) = O(h^2)$，这是另一种五点差分格式，不常用. 若改用图 9-4 所示的九个点去构造差分格式，则有

$$-\frac{1}{3}[2\Delta_h+\bar{\Delta}_h]u_{ij}=f_{ij}+\frac{h^2}{12}\Delta_h f_{ij}. \tag{9.1.13}$$

其局部截断误差为 $O(h^4)$.

一般来说,具有高阶局部截断误差的差分格式,其数值解的精度也高.因此,局部截断误差的阶数是评价某种差分格式优劣的主要标志之一.

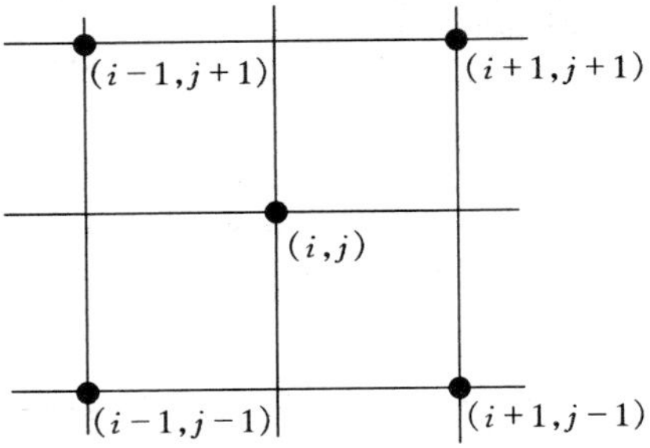

图 9-3

9.1.2 边界条件的处理

这里,我们对差分格式(9.1.11)讨论不同边界条件的处理方法.

(1) Dirichlet 问题.

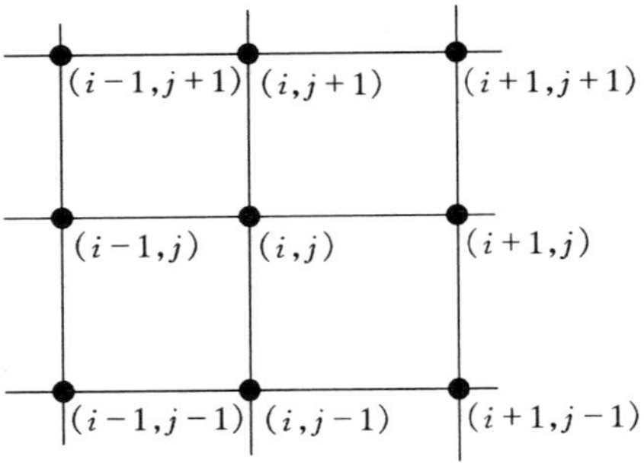

图 9-4

注意到正则内点的任意性,式(9.1.11)实际上是一个线性方程组,方程个数即为正则内点的个数.而未知元的个数为 Ω_h 中全部内点的个数,因而需要对非正则内点建立适当的方程.

由于非正则内点的四个相邻节点均属于 $\bar{\Omega}_h$,即不是内点就是界点,因而通常有三种方法用来补充列出(i,j)处的差分方程.

如图 9-5 所示,设点(i,j)为非正则内点,而点$(i,j+s_2)$,$(i-s_3,j)$及$(i,j-s_4)$中至少有一个界点,点$(i+s_1,j)$为另一个内点,则建立点(i,j)处差分方程的具体方法为:

第一种办法是直接迁移法,设点(i',j')为所有界点中与点(i,j)最近的点,则取

$$u_{ij}=\alpha(x_{i'},y_{j'}). \tag{9.1.14}$$

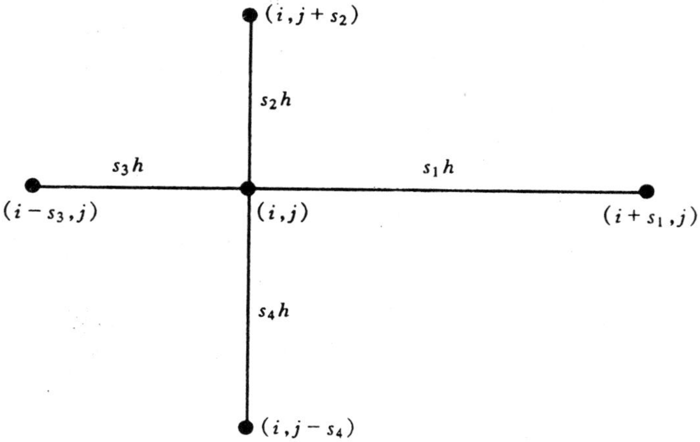

图 9-5

此时，局部截断误差阶为 $O(h)$.

第二种办法是线性插值，这时可采用沿 x 方向或 y 方向的插值. 如沿 x 方向插值，则有

$$u_{ij}=\frac{1}{s_1+s_3}[s_1u_{i-s_3,j}+s_3u_{i+s_1,j}]. \tag{9.1.15}$$

此时，局部截断误差阶为 $O(h^2)$.

第三种方法是列出不等距差分方程. 即将非正则内点视为正则内点，并利用 Taylor 展开式，建立如下形式的五点差分格式：

$$-\Delta_h^* u_{ij}\equiv-\frac{1}{h^2}[\beta_1u_{i+s_1,j}+\beta_2u_{i,j+s_2}+\beta_3u_{i-s_3,j}+\beta_4u_{i,j-s_4}-\beta_0u_{ij}]=f_{ij}. \tag{9.1.16}$$

其中

$$\beta_1=\frac{2}{s_1(s_1+s_3)},\beta_2=\frac{2}{s_2(s_2+s_4)},$$

$$\beta_3=\frac{2}{s_3(s_1+s_3)},\beta_4=\frac{2}{s_4(s_2+s_4)},$$

$$\beta_0=\sum_{i=1}^4\beta_i.$$

差分格式(9.1.16)的局部截断误差阶为 $O(h^2)$.

对于问题(9.1.1)、(9.1.2),如果区域 Ω 为 $(0,1)\times(0,1)$,即为一正方形区域.取 $h_1=h_2=h$,则内点可按如下顺序排列:(1,1),(2,1),…,(N-1,1);(1,2),…,(N-1,2);…;(1,N-1),…,(N-1,N-1).这里 $N=1/h$.如记 $\boldsymbol{u}_h=(u_{11},\cdots,u_{N-1,1};u_{12}\cdots,u_{N-1,2};\cdots;u_{1,N-1},\cdots,u_{N-1,N-1})^{\mathrm{T}}$,则利用边界条件(9.1.2)可以将式(9.1.11)化为如下的矩阵形式:

$$\frac{1}{h^2}\boldsymbol{H}\boldsymbol{u}_h=\boldsymbol{D}. \tag{9.1.17}$$

其中

$$\boldsymbol{H}=\begin{bmatrix} \boldsymbol{B} & -\boldsymbol{I} & & & \\ -\boldsymbol{I} & \boldsymbol{B} & -\boldsymbol{I} & & \\ & \ddots & \ddots & \ddots & \\ & & -\boldsymbol{I} & \boldsymbol{B} & -\boldsymbol{I} \\ & & & -\boldsymbol{I} & \boldsymbol{B} \end{bmatrix}$$

为 $(N-1)^2$ 阶方阵,$\boldsymbol{I}$ 为 $N-1$ 阶单位阵,而 $\boldsymbol{B}$ 为 $N-1$ 阶矩阵:

$$\boldsymbol{B}=\begin{bmatrix} 4 & -1 & & & \\ -1 & 4 & -1 & & \\ & \ddots & \ddots & \ddots & \\ & & -1 & 4 & -1 \\ & & & -1 & 4 \end{bmatrix}$$

向量 $\boldsymbol{D}\in\boldsymbol{R}^{(N-1)^2}$ 的各分量由边值 $\alpha(x,y)$ 及右端项 $f(x,y)$ 在网点上的值来确定.

(2) Neumann 问题和 Robbins 问题.

我们注意到,Robbins 问题的边界条件为式(9.1.4),且当 $\delta(x,y)\equiv0$ 时即为 Neumann 边界条件.不妨设 $\Omega=(0,1)\times(0,1)$,为处理其边界条件,首先把网格扩充至 $\bar{\Omega}_h$ 之外,即在其四周各增加一排节点.下面以 $x=0$ 时的边界点 $(0,j)$ 为例,讨论边界点处差分格式的建立.在点 $(0,j)$ 处,方程(9.1.4)可以离散为

$$\frac{u_{-1,j}-u_{1,j}}{2h}+\delta_{0,j}u_{0,j}=\gamma_{0,j}, \tag{9.1.18}$$

则由 Poisson 方程在点$(0,j)$处的差分格式(9.1.11)与式(9.1.18)联立,可消去 $u_{-1,j}$从而得到点$(0,j)$处的差分方程,其未知量均为方程组中的待求值.对其他边界进行类似处理,便可以得到一个含有$(N+1)^2$个未知量,$(N+1)^2$ 个方程的线性代数方程组.

值得注意的是,对 $\delta(x,y)\equiv0$ 时的 Neumann 问题,上述方程组为奇异的,该问题仅当条件

$$\int_L \gamma(x,y)\mathrm{d}L=0$$

满足时解存在,其中 $L=\partial\Omega$.另外,为保证解的惟一性,需要给定区域 Ω 内任意一点处的函数值 $u(x,y)$.

9.1.3 极值原理与差分格式的收敛性

本段中,我们将利用极值原理研究差分法的数值解对微分方程真解的收敛性以及收敛速度的估计.

考虑二阶椭圆型方程第一边值问题的差分格式.沿用前面的记号,分别以 Ω_h,Γ_h 表示内点和界点的集合,并将全部网点按一维顺序统一编号,则在 i 点处的差分格式可以写为

$$L_h v_i\equiv a_{ii}v_i-\sum_{i\in U(i)}a_{ij}v_j=\varphi_i \quad (i\in\Omega_h), \tag{9.1.19}$$

其中,系数 a_{ij} 及 φ_i 为已知函数;$\boldsymbol{U}(i)$为点 i 的空心邻域,是 $\bar{\Omega}_h$ 的一个子集,$i\notin\boldsymbol{U}(i)$.

另外,假设系数 a_{ii},a_{ij}满足条件

$$a_{ii}>0 \quad (a_{ij}>0,i\in\Omega_h,j\in U(i)), \tag{9.1.20}$$

$$d_{ii}\equiv a_{ii}-\sum_{j\in\boldsymbol{U}(i)}a_{ij}\geqslant0, \tag{9.1.21}$$

于是,差分格式(9.1.19)可以改写为

$$L_h v_i\equiv d_{ii}v_i+\sum_{j\in\boldsymbol{U}(i)}a_{ij}(v_i-v_j)=\varphi_i \quad (i\in\Omega_h). \tag{9.1.22}$$

可以验证,本节中的五点格式(9.1.10)及(9.1.12)都是满足条件

(9.1.20),(9.1.21)的.

此外,还假设网域 $\bar{\Omega}_h$ 是连通的,即对任意两个互不相同的网点 k, $l\in\Omega_h$,必有一串网点 $p_i\in\Omega_h$ $(i=1,2,\cdots,m)$,使得

$$p_1\in \boldsymbol{U}(k),p_2\in \boldsymbol{U}(p_1),\cdots,p_m\in \boldsymbol{U}(p_{m-1}),\quad l\in \boldsymbol{U}(p_m).$$

并且

$$a_{kp_1}\neq 0,a_{p_m l}\neq 0,a_{p_ip_{i+1}}\neq 0\quad (i=1,\cdots,m-1).\tag{9.1.23}$$

与微分方程理论中的极值原理相类似,我们有以下差分方程的极值原理.

定理 9.1.1 设网域 $\bar{\Omega}_h$ 是连通的,且定义在其上的网函数 v_i 不为常数函数,若当 $i\in\Omega_h$ 时,有 $L_hv_i\leqslant 0$(或 $L_hv_i\geqslant 0$),则 v_i 不能在内点处取正的最大值(或负的最小值).

采用反证法可以完成上述定理的证明,这里我们不给出其详细过程.由极值原理,可有以下推论:

推论 9.1.1 若 $i\in\Gamma_h$,网函数 $v_i\geqslant 0$(或 $v_i\leqslant 0$),且当 $i\in\Omega_h$ 时,$L_hv_i\geqslant 0$(或 $L_hv_i\leqslant 0$),则当 $i\in\bar{\Omega}_h$ 时,$v_i\geqslant 0$(或 $v_i\leqslant 0$).

推论 9.1.2 差分格式

$$\begin{cases}L_hv_i=\varphi_i & (i\in\Omega_h),\\ v_i=\alpha_i & (i\in\Gamma_h),\end{cases}\tag{9.1.24}$$

有惟一解.

定理 9.1.2 (比较定理)设 v_i 是差分格式(9.1.24)之解,V_i 是问题

$$\begin{cases}L_hV_i=\bar{\varphi}_i & (i\in\Omega_h),\\ V_i=\bar{\alpha}_i & (i\in\Gamma_h),\end{cases}\tag{9.1.25}$$

之解,如果格式的右端项满足:

$$\begin{cases}|\varphi_i|\leqslant\bar{\varphi}_i & (i\in\Omega_h),\\ |\alpha_i|\leqslant\bar{\alpha}_i & (i\in\Gamma_h),\end{cases}\tag{9.1.26}$$

则一定有

$$|v_i|\leqslant V_i\quad (i\in\Omega_h).\tag{9.1.27}$$

证 由给定条件及推论 9.1.1 知,在 $\bar{\Omega}_h$ 上 $V_i \geqslant 0$. 并且,$u_i = V_i + v_i$ 及 $w_i = V_i - v_i$ 分别满足格式

$$\begin{cases} L_h u_i = \bar{\varphi}_i + \varphi_i \geqslant 0 \quad (i \in \Omega_h), \\ u_i = \bar{\alpha}_i + \alpha_i \geqslant 0 \quad (i \in \Gamma_h), \end{cases}$$

和

$$\begin{cases} L_h w_i = \bar{\varphi}_i - \varphi_i \geqslant 0 \quad (i \in \Omega_h), \\ w_i = \bar{\alpha}_i - \alpha_i \geqslant 0 \quad (i \in \Gamma_h). \end{cases}$$

故有

$$u_i \geqslant 0, w_i \geqslant 0 \quad (i \in \bar{\Omega}_h).$$

因此,在 $\bar{\Omega}_h$ 上有

$$|v_i| \leqslant V_i.$$

我们称 V_i 为 v_i 的优函数. 由比较定理,有

推论 9.1.3 差分方程

$$\begin{cases} L_h v_i = 0 \quad (i \in \Omega_h), \\ v_i = \alpha_i \quad (i \in \Gamma_h) \end{cases} \tag{9.1.28}$$

的解 v_i 满足不等式

$$\max_{\bar{\Omega}_h} |v_i| \leqslant \max_{\Gamma_h} |\alpha_i|. \tag{9.1.29}$$

证 设 V_i 为问题

$$\begin{cases} L_h V_i = 0 \quad (i \in \Omega_h), \\ V_i = |\alpha_i| \quad (i \in \Gamma_h) \end{cases}$$

的解,则由比较定理,有

$$|v_i| \leqslant V_i \quad (i \in \bar{\Omega}_h).$$

即 V_i 为问题(9.1.28)之解 v_i 的优函数. 若 $V_i \equiv \text{const}$, 则 $V_i \equiv \max_{\Gamma_h} |\alpha_i|$;若 $V_i \neq \text{const}$, 则其最大点不可能是内点,故 $\max_{\bar{\Omega}_h} V_i = \max_{\Gamma_h} V_i = \max_{\Gamma_h} |\alpha_i|$.

下面分析一下 Poisson 方程第一边值问题

$$\begin{cases} -\left(\dfrac{\partial^2 u}{\partial x^2}+\dfrac{\partial^2 u}{\partial y^2}\right)=f(x,y),((x,y)\in\Omega), \\ u|_{\Gamma}=\alpha(x,y) \end{cases} \tag{9.1.30}$$

的五点差分格式

$$\begin{cases} L_h u_i=\varphi_i \quad (i\in\Omega_h), \\ u_i=\alpha_i \quad (i\in\Gamma_h) \end{cases}$$

之解 u_i 的收敛性.

令 $u(i)$表示 $u(x,y)$在网点 i 处的值,$e_i=u(i)-u_i$ 为误差函数.则 e_i 满足差分格式

$$\begin{cases} L_h e_i=R_i \quad (i\in\Omega_h), \\ e_i=0 \quad (i\in\Gamma_h). \end{cases} \tag{9.1.31}$$

其中局部截断误差 R_i 满足

$$R_i=\begin{cases} O(h^2),\text{当点 } i \text{ 为正则内点}, \\ O(h),\text{当点 } i \text{ 为非正则内点}. \end{cases}$$

不妨设

$$|R_i|\leqslant Kh,$$

其中 K 为正常数.

另外,设以原点为中心、包含 $\bar{\Omega}$ 的最小圆的半径为ρ,并令

$$E_i=\frac{hK}{4}(\rho^2-x_i^2-y_i^2),$$

其中(x_i,y_i)为点 i 的坐标.将算子 L_h 对E_i 进行变换,有

$$L_h E_i=Kh, i\in\Omega_h, \tag{9.1.32}$$

并且由 E_i 的构造形式,有

$$E_i\geqslant 0 \quad (i\in\Gamma_h). \tag{9.1.33}$$

上述的 E_i 显然是e_i 的优函数,于是有

$$|e_i|\leqslant E_i=\frac{hK}{4}(\rho^2-x_i^2-y_i^2),$$

从而

$$\max_{\Omega_h}|e_i|\leqslant\frac{1}{4}K\rho^2 h. \tag{9.1.34}$$

以上分析说明了五点格式的收敛性,如果采用更细致的分析,可以提高误差估计(9.1.34)的阶,并有

$$\max_{\Omega_h}|e_i|\leqslant Ch^2$$

其中 C 为正常数.具体内容参见汤怀民、胡健伟编著的《微分方程数值方法》一书.

9.2 发展型方程的差分方法

在本节和下一节中,我们讨论一类与椭圆型方程不同的发展型偏微分方程的差分方法,并对其稳定性和收敛性进行研究.具体地,我们将分别对抛物型方程和双曲型方程的差分方法进行讨论.

9.2.1 抛物型方程的差分格式

本节中,我们以较简单的一维热传导方程的初边值问题

$$\begin{cases} Lu=\dfrac{\partial u}{\partial t}-a^2\dfrac{\partial^2 u}{\partial x^2}=f(x,t) & (0<x<l,0<t<T), \\ u(x,0)=\varphi(x) & (0\leqslant x\leqslant l), \\ u(0,t)=\psi_1(t),u(l,t)=\psi_2(t) & (0\leqslant t\leqslant T) \end{cases} \tag{9.2.1}$$

为模型,讨论其差分格式的设计.在问题(9.2.1)中,φ,ψ_1,ψ_2 都是已知函数,且满足相容性条件

$$\varphi(0)=\psi_1(0),\varphi(l)=\psi_2(0).$$

如图 9-6 所示,用平行直线族

$$x=jh\quad(j=0,1,\cdots,N),$$

$$t=k\tau\quad(k=0,1,\cdots,K)$$

对 $x-t$ 平面上半部分作矩形网格剖分.其中 h,τ 为正常数,分别称作空间步长和时间步长,且 $h=l/N$,$K=[T/\tau]$.网点(x_j,t_k)称为第 k 时间层

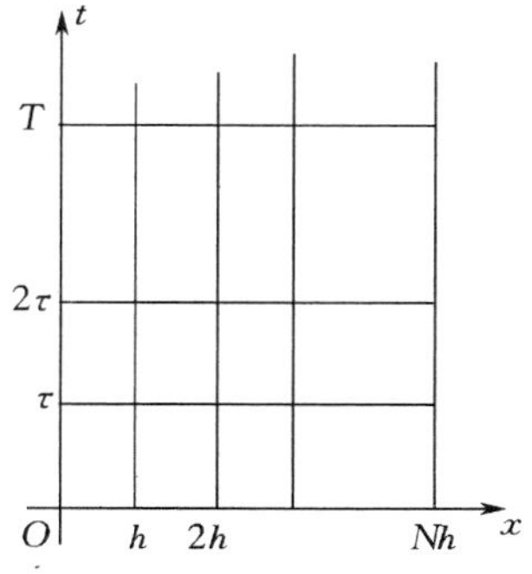

图 9-6

的第 j 个节点，简记为 (j,k)，并用 u_j^k 表示网函数在该点的数值.

(1) 最简显格式.

我们知道，在网点 (j,k) 处，导数与差商之间有下述关系

$$\frac{[u]_j^{k+1}-[u]_j^k}{\tau}=\left[\frac{\partial u}{\partial t}\right]_j^k+O(\tau),$$

$$\frac{1}{h^2}\delta_x^2[u]_j^k=\left[\frac{\partial^2 u}{\partial x^2}\right]_j^k+O(h^2).$$

其中 $\delta_x^2[u]_j^k=[u]_{j+1}^k-2[u]_j^k+[u]_{j-1}^k$，$[u]_j^k$ 表示函数 u 在点 (j,k) 处的值 $u(x_j,t_k)$. 由此有

$$\begin{aligned}L_h[u]_j^k &\equiv \frac{[u]_j^{k+1}-[u]_j^k}{\tau}-\frac{a^2}{h^2}\delta_x^2[u]_j^k\\ &=[Lu]_j^k+O(\tau+h^2),\end{aligned}\tag{9.2.2}$$

略去余项 $R_j^k=O(\tau+h^2)$，并以 u_j^k 代替 $u(x_j,t_k)$，则得到差分方程

$$L_h u_j^k\equiv\frac{u_j^{k+1}-u_j^k}{\tau}-\frac{a^2}{h^2}\delta_x^2 u_j^k=f_j^k$$

$$(j=1,2,\cdots,N-1;k=0,1,\cdots,K-1).\tag{9.2.3}$$

式中 $f_j^k=f(x_j,t_k)$.

差分方程(9.2.3)称为方程(9.2.1)的最简显格式(古典显格式)，该格式所用到的网点如图 9-7 所示.

若记 $r=\frac{\tau}{h^2}$ 为网格比，则式(9.2.3)可以简写为便于计算的形式

$$u_j^{k+1}=u_j^k+ra^2\delta_x^2u_j^k+\tau f_j^k.\tag{9.2.4}$$

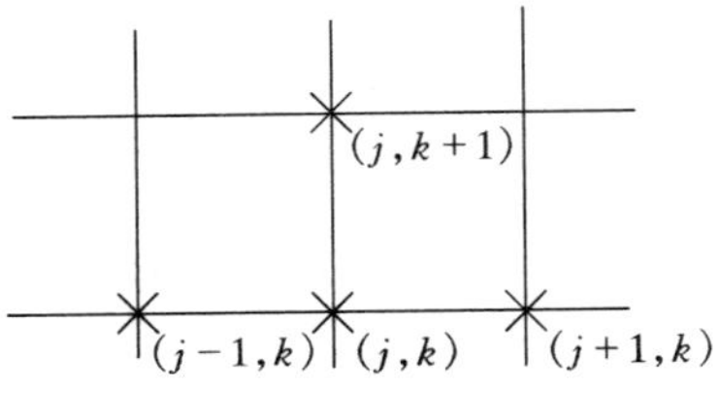

图 9-7

利用式(9.2.4)及问题(9.2.1)的初始和边界条件在网点上的值

$$\begin{cases}u_j^0=\varphi_j=\varphi(x_j),\\ u_0^k=\psi_1(t_k),u_N^k=\psi_2(t_k),\end{cases}\tag{9.2.5}$$

就可以依次计算出 $k=1,2,\cdots,K$ 时，各时间层上的数值解 u_j^k.

为以后讨论方便,也可将上述古典显格式写成向量形式.记

$$\boldsymbol{u}_h^k=(u_1^k,u_2^k,\cdots,u_{N-1}^k)^{\mathrm{T}},$$

$$\boldsymbol{g}_h^k=(ra^2\psi_1(t_k),0,\cdots,0,ra^2\psi_2(t_k))^{\mathrm{T}},$$

$$\boldsymbol{f}_h^k=(f_1^k,f_2^k,\cdots,f_{N-1}^k)^{\mathrm{T}},$$

$$\boldsymbol{\varphi}=(\varphi(x_1),\varphi(x_2),\cdots,\varphi(x_{N-1}))^{\mathrm{T}},$$

$$\boldsymbol{C}=\begin{bmatrix}0 & 1 & & & \\ 1 & 0 & 1 & & \\ & \ddots & \ddots & \ddots & \\ & & 1 & 0 & 1 \\ & & & 1 & 0\end{bmatrix}_{(N-1)\times(N-1)}$$

则(9.2.4)和(9.2.5)的向量形式为

$$\begin{cases}\boldsymbol{u}_h^{k+1}=[(1-2ra^2)\boldsymbol{I}+ra^2\boldsymbol{C}]\boldsymbol{u}_h^k+\tau\boldsymbol{f}_h^k+\boldsymbol{g}_h^k,\\ \boldsymbol{u}_h^0=\boldsymbol{\varphi}.\end{cases}\tag{9.2.6}$$

(2) 最简隐格式.

若沿 t 方向改用后差公式

$$\frac{[u]_j^{k+1}-[u]_j^k}{\tau}=\left[\frac{\partial u}{\partial t}\right]_j^{k+1}+O(\tau),$$

而 x 方向的导数与差商间的关系表示为

$$\frac{1}{h^2}\delta_x^2[u]_j^{k+1}=\left[\frac{\partial^2 u}{\partial x^2}\right]_j^{k+1}+O(h^2),$$

则得到逼近方程(9.2.1)的另一种差分方程

$$L_h u_j^{k+1}\equiv\frac{u_j^{k+1}-u_j^k}{\tau}-\frac{a^2}{h^2}\delta_x^2 u_j^{k+1}=f_j^{k+1}$$

$$(j=1,2,\cdots,N-1;k=0,1,\cdots,K-1).\tag{9.2.7}$$

它的局部截断误差阶为 $O(\tau+h^2)$.式(9.2.7)称为方程(9.2.1)的最简隐格式(古典隐格式).这是因为在待求的 $k+1$ 时间层上,有不止一个网点值出现在差分格式内.古典

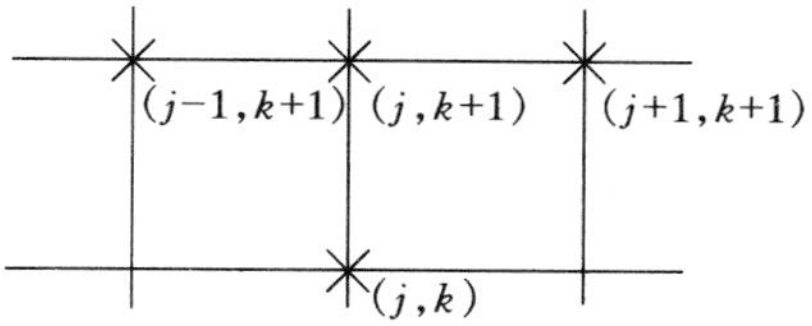

图 9-8

隐格式所用到的网点如图 9-8 所示.

方程(9.2.7)与边值条件(9.2.5)构成一个封闭的线性代数方程组.与显格式不同,当从已知层(k 层)去计算 $k+1$ 层的未知值 $\{u_j^{k+1}\}_{j=1}^{N-1}$ 时,需求解一个 $N-1$ 阶的线性代数方程组.

利用向量形式,最简隐格式可以表示为:

$$\begin{cases}[(1+2a^2r)\boldsymbol{I}-a^2r\boldsymbol{C}]\boldsymbol{u}^{k+1}=\boldsymbol{u}^k+\tau\boldsymbol{f}^{k+1}+\boldsymbol{g}^{k+1},\\ \boldsymbol{u}^0=\boldsymbol{\varphi}.\end{cases}\tag{9.2.8}$$

这里为使记号简单,将 $\boldsymbol{u}_h^k$ 记为 $\boldsymbol{u}^k$,$\boldsymbol{f}_h^k$ 记为 $\boldsymbol{f}^k$,$\boldsymbol{g}_h^k$ 记为 $\boldsymbol{g}^k$,以后将采用这里的简单记法.我们注意到,方程组(9.2.8)的系数矩阵是严格对角占优的三对角矩阵,可用追赶法进行求解.

(3) Crank-Nicholson 格式.

把$(j,k+1)$处的隐格式与(j,k)处的显格式相加被 2 除,可以得到 Crank-Nicholson 格式(简称为 CN 格式):

$$\begin{aligned}L_hu_j^{k+\frac{1}{2}}&\equiv\frac{u_j^{k+1}-u_j^k}{\tau}-\frac{a^2}{2h^2}\delta_x^2(u_j^{k+1}+u_j^k)\\&=\frac{1}{2}(f_j^{k+1}+f_j^k)\\&\quad(j=1,2,\cdots,N-1;k=0,1,\cdots,K-1).\end{aligned}\tag{9.2.9}$$

通过差商与导数间关系进行分析,可知 CN 格式的局部截断误差阶为 $O(h^2+\tau^2)$.

CN 格式也是一种隐格式,每一点的方程(9.2.9)都要涉及到六个点,如图 9-9 所示.

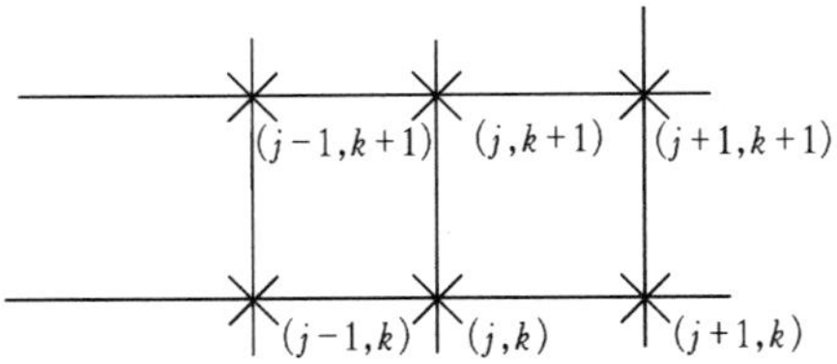

图 9-9

CN 格式可以简写为

$$u_j^{k+1}-\frac{r}{2}a^2\delta_x^2u_j^{k+1}=u_j^k+\frac{r}{2}a^2\delta_x^2u_j^k+\frac{\tau}{2}(f_j^{k+1}+f_j^k),\tag{9.2.10}$$

而其向量形式为

$$\begin{cases}[(1+a^2r)\boldsymbol{I}-\dfrac{a^2r}{2}\boldsymbol{C}]\boldsymbol{u}^{k+1}\\ =[(1-a^2r)\boldsymbol{I}+\dfrac{a^2r}{2}\boldsymbol{C}]\boldsymbol{u}^k+\dfrac{\tau}{2}(\boldsymbol{f}^k+\boldsymbol{f}^{k+1})+\dfrac{1}{2}(\boldsymbol{g}^k+\boldsymbol{g}^{k+1}),\\ \boldsymbol{u}^0=\boldsymbol{\varphi}.\end{cases}$$

(9.2.11)

(4) 双层加权格式.

我们注意到,CN 格式是将最简显格式和最简隐格式加权平均而得到的,其权重均为$\frac{1}{2}$.如果将以上两个格式的权重分别取为$(1-\theta)$和 θ,其中 θ 为参数,$0\leqslant\theta\leqslant1$,则可得(9.2.1)的加权格式

$$\frac{u_j^{k+1}-u_j^k}{\tau}-\frac{a^2}{h^2}\delta_x^2(\theta u_j^{k+1}+(1-\theta)u_j^k)=\theta f_j^{k+1}+(1-\theta)f_j^k$$

$$(j=1,2,\cdots,N-1;k=0,1,\cdots,K-1).\qquad(9.2.12)$$

此式又可以写为

$$(1+2\theta ra^2)u_j^{k+1}-\theta ra^2(u_{j+1}^{k+1}+u_{j-1}^{k+1})$$
$$=[1-2(1-\theta)ra^2]u_j^k+(1-\theta)ra^2(u_{j+1}^k+u_{j-1}^k)+\tau[\theta f_j^{k+1}+(1-\theta)f_j^k].$$

(9.2.13)

其向量形式为

$$\begin{aligned}&[(1+2\theta ra^2)\boldsymbol{I}-\theta ra^2\boldsymbol{C}]\boldsymbol{u}^{k+1}\\ &=[(1-2(1-\theta)ra^2)\boldsymbol{I}+(1-\theta)ra^2\boldsymbol{C}]\boldsymbol{u}^k\\ &\quad+\tau[\theta\boldsymbol{f}^{k+1}+(1-\theta)\boldsymbol{f}^k]+[\theta\boldsymbol{g}^{k+1}+(1-\theta)\boldsymbol{g}^k].\end{aligned}\qquad(9.2.14)$$

我们注意到,由于格式中含有 k 层和 $k+1$ 层的网函数值,故称格式(9.2.12)或(9.2.13)为双层加权格式.当 $\theta=0$ 时,此格式为最简显格式;当 $\theta=1$ 时,则为最简隐格式;当 $\theta=\frac{1}{2}$时为 CN 格式.当 $\theta=\frac{1}{2}$时,该格式的局部截断误差阶为 $O(\tau^2+h^2)$,否则为 $O(\tau+h^2)$.

(5) Richardson 格式.

前面构造的都是双层格式,下面介绍一种三层格式.若在最简显格式中,将时间导数项由向前差商改为中心差商,亦即

$$\frac{[u]_j^{k+1}-[u]_j^{k-1}}{2\tau}=\left[\frac{\partial u}{\partial t}\right]_j^k+O(\tau^2),$$

则得到 Richardson 格式

$$\frac{u_j^{k+1}-u_j^{k-1}}{2\tau}-\frac{a^2}{h^2}\delta_x^2 u_j^k=f_j^k$$

$$(j=1,2,\cdots,N-1;k=1,2,\cdots,K-1). \tag{9.2.15}$$

由前面的分析知，Richardson 格式的局部截断误差阶为 $O(\tau^2+h^2)$，而且在求 $k+1$ 层的值时，需用到前面两层上的值. 因而，为利用该格式进行逐层计算，需事先提供第一层上的值. 格式所用到的网点如图 9-10 所示.

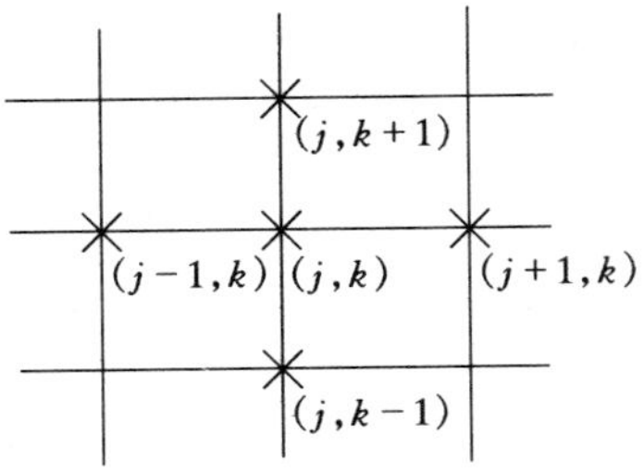

图 9-10

格式(9.2.15)可以改写为

$$u_j^{k+1}=2ra^2\delta_x^2 u_j^k+u_j^{k-1}+2\tau f_j^k, \tag{9.2.16}$$

或写成向量形式

$$\boldsymbol{u}^{k+1}=2ra^2(\boldsymbol{C}-2I)\boldsymbol{u}^k+\boldsymbol{u}^{k-1}+2\tau\boldsymbol{f}^k+2\boldsymbol{g}^k. \tag{9.2.17}$$

9.2.2 一阶双曲型方程的差分格式

考虑常系数方程

$$\begin{cases}\dfrac{\partial u}{\partial t}+a\dfrac{\partial u}{\partial x}=0 & (-\infty<x<+\infty,t>0),\\ u(x,0)=\varphi(x) & (-\infty<x<+\infty).\end{cases} \tag{9.2.18}$$

其中 a 为常数. 下面以方程(9.2.18)为模型方程，建立其若干差分格式.

(1) 偏心格式与中心差分格式.

对方程(9.2.18)中的偏导数 $\frac{\partial u}{\partial x}$，$\frac{\partial u}{\partial t}$，利用差商代替导数的方法，容易建立以下三种简单的差分格式，对 $j=0,\pm1,\pm2,\cdots$ 以及 $k=0,1,2,\cdots$，有左偏心格式

$$\frac{u_j^{k+1}-u_j^k}{\tau}+a\,\frac{u_j^k-u_{j-1}^k}{h}=0;\qquad(9.2.19)$$

右偏心格式

$$\frac{u_j^{k+1}-u_j^k}{\tau}+a\,\frac{u_{j+1}^k-u_j^k}{h}=0;\qquad(9.2.20)$$

中心差分格式

$$\frac{u_j^{k+1}-u_j^k}{\tau}+a\,\frac{u_{j+1}^k-u_{j-1}^k}{2h}=0.\qquad(9.2.21)$$

利用 Taylor 展开式,可知前两个式子的局部截断误差阶为 $O(\tau+h)$,第三个式子的局部截断误差阶为 $O(\tau+h^2)$.

(2) Lax 格式.

在方程(9.2.18)中,将偏导数$\frac{\partial u}{\partial t}$用

$$\frac{u_j^{k+1}-\frac{1}{2}(u_{j-1}^k+u_{j+1}^k)}{\tau}$$

代替,并用中心差商代替$\frac{\partial u}{\partial x}$,则有 Lax 格式

$$u_j^{k+1}=\frac{1}{2}(u_{j-1}^k+u_{j+1}^k)-\frac{a\tau}{2h}(u_{j+1}^k-u_{j-1}^k).\qquad(9.2.22)$$

若记 $r=\tau/h$ 为网格比,则 Lax 格式可以写为

$$u_j^{k+1}=\frac{1}{2}[(1-ar)u_{j+1}^k+(1+ar)u_{j-1}^k]$$

$$(j=0,\pm1,\pm2,\cdots;k=0,1,2,\cdots).\qquad(9.2.23)$$

Lax 格式的局部截断误差阶为 $O(\tau+h^2)$.

(3) Lax-Wendroff 格式.

现在来构造一个二阶格式.为了提高截断误差的阶,由 Taylor 展开得到

$$[u]_j^{k+1}=[u]_j^k+\tau\left[\frac{\partial u}{\partial t}\right]_j^k+\frac{\tau^2}{2}\left[\frac{\partial^2 u}{\partial t^2}\right]_j^k+O(\tau^3).\qquad(9.2.24)$$

由方程(9.2.18),有

$$\frac{\partial u}{\partial t}=-a\,\frac{\partial u}{\partial x},$$

$$\frac{\partial^2 u}{\partial t^2}=\frac{\partial}{\partial t}\left(\frac{\partial u}{\partial t}\right)=\frac{\partial}{\partial t}\left(-a\frac{\partial u}{\partial x}\right)=a^2\frac{\partial^2 u}{\partial x^2}.$$

以之代进(9.2.24),有

$$[u]_j^{k+1}=[u]_j^k-a\tau\left[\frac{\partial u}{\partial x}\right]_j^k+\frac{a^2\tau^2}{2}\left[\frac{\partial^2 u}{\partial x^2}\right]_j^k+O(\tau^3).$$

再利用

$$\left[\frac{\partial u}{\partial x}\right]_j^k=\frac{1}{2h}([u]_{j+1}^k-[u]_{j-1}^k)+O(h^2),$$

$$\left[\frac{\partial^2 u}{\partial x^2}\right]_j^k=\frac{1}{h^2}\delta_x^2[u]_j^k+O(h^2),$$

我们得到

$$[u]_j^{k+1}=[u]_j^k-\frac{ar}{2}([u]_{j+1}^k-[u]_{j-1}^k)+\frac{a^2r^2}{2}\delta_x^2[u]_j^k$$
$$+O(\tau h^2)+O(\tau^3).$$

其中 $r=\tau/h$. 略去其误差项,得到 Lax-Wendroff 格式(以下简写为 LW 格式).

$$u_j^{k+1}=u_j^k-\frac{ar}{2}(u_{j+1}^k-u_{j-1}^k)+\frac{a^2r^2}{2}\delta_x^2u_j^k. \tag{9.2.25}$$

其局部截断误差阶为 $O(\tau^2+h^2)$.

此外,对于初边值问题

$$\begin{cases}\dfrac{\partial u}{\partial t}+a\dfrac{\partial u}{\partial x}=0 & (0<t\leqslant T,0<x<+\infty),\\ u(x,0)=\varphi(x) & (0\leqslant x<+\infty),\\ u(0,t)=\psi(t) & (0\leqslant t\leqslant T),\end{cases} \tag{9.2.26}$$

其中 $a>0$. 前面所建立的几个显格式依然适用. 下面,讨论问题(9.2.26)的隐格式.

(4) 最简隐格式.

利用网点$(j,k+1)$,$(j-1,k+1)$及(j,k),可以建立最简隐格式

$$\frac{u_j^{k+1}-u_j^k}{\tau}+a\frac{u_j^{k+1}-u_{j-1}^{k+1}}{h}=0$$
$$(k=0,1,2,\cdots;j=1,2,\cdots). \tag{9.2.27}$$

该格式所用网点如图 9-11 所示. 最简隐格式的局部截断误差阶为 $O(\tau+h)$. 令 $r=\tau/h$,则格式(9.2.27)可以改写为

$$u_j^{k+1}=\frac{ar}{1+ar}u_{j-1}^{k+1}+\frac{1}{1+ar}u_j^k. \tag{9.2.28}$$

由此,连同初边值条件

$$u_j^0=\varphi_j,\ u_0^k=\psi_{(t_k)}\quad (j=1,2,\cdots;k=0,1,2,\cdots), \tag{9.2.29}$$

可在 $x\in(0,+\infty)$, $t\in(0,T]$的所有网点上,显式地求出问题(9.2.26)的数值解.

(5) Wendroff 格式.

如图 9-12 所示,在点$\left(j-\frac{1}{2},k+\frac{1}{2}\right)$处,如将其偏导数分别表示为

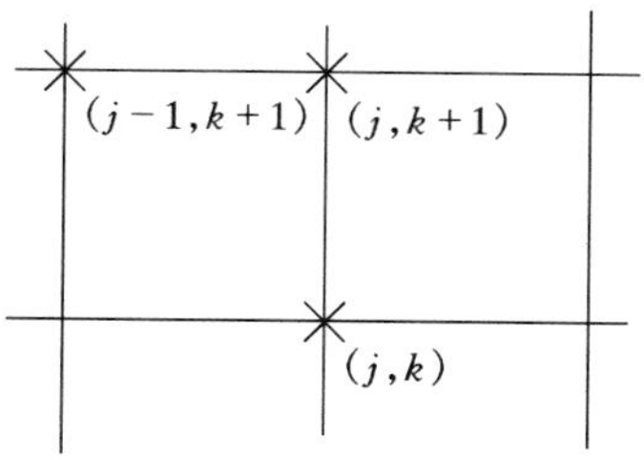

图 9-11

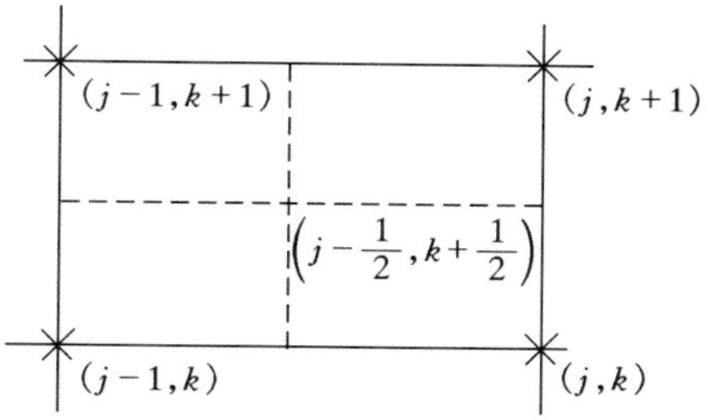

图 9-12

$$\left[\frac{\partial u}{\partial t}\right]_{j-\frac{1}{2}}^{k+\frac{1}{2}}=\frac{1}{2}\left(\left[\frac{\partial u}{\partial t}\right]_{j-1}^{k+\frac{1}{2}}+\left[\frac{\partial u}{\partial t}\right]_{j}^{k+\frac{1}{2}}\right)+O(h^2)$$

$$=\frac{1}{2}\left\{\frac{1}{\tau}([u]_{j-1}^{k+1}-[u]_{j-1}^{k})+\frac{1}{\tau}([u]_{j}^{k+1}-[u]_{j}^{k})+O(\tau^2)\right\}+O(h^2),$$

$$\left[\frac{\partial u}{\partial x}\right]_{j-\frac{1}{2}}^{k+\frac{1}{2}}=\frac{1}{2}\left(\left[\frac{\partial u}{\partial x}\right]_{j-\frac{1}{2}}^{k}+\left[\frac{\partial u}{\partial x}\right]_{j-\frac{1}{2}}^{k+1}\right)+O(\tau^2)$$

$$=\frac{1}{2}\left\{\frac{1}{h}([u]_{j}^{k}-[u]_{j-1}^{k})+\frac{1}{h}([u]_{j}^{k+1}-[u]_{j-1}^{k+1})+O(h^2)\right\}+O(\tau^2),$$

则可得到问题(9.2.26)的另一种差分格式

$$\frac{1}{2}\left(\frac{u_{j-1}^{k+1}-u_{j-1}^{k}}{\tau}+\frac{u_{j}^{k+1}-u_{j}^{k}}{\tau}\right)+\frac{a}{2}\left(\frac{u_{j}^{k}-u_{j-1}^{k}}{h}+\frac{u_{j}^{k+1}-u_{j-1}^{k+1}}{h}\right)=0$$

$$(k=0,1,2,\cdots;j=1,2,\cdots). \tag{9.2.30}$$

这就是 Wendroff 格式(简写为 W 格式),其局部截断误差阶为 $O(\tau^2+h^2)$.

令 $r=\tau/h$,则 W 格式可以改写为

$$u_{j}^{k+1}=u_{j-1}^{k}+\frac{1-ra}{1+ra}(u_{j}^{k}-u_{j-1}^{k+1}). \tag{9.2.31}$$

利用初边值条件(9.2.29),可以显式地求解问题(9.2.26).

(6) 蛙跳格式.

如果对 x,t 的导数都采用中心差商来近似,即利用如图 9-13 中所示的四个点构造差分格式,则有蛙跳格式

$$\frac{u_{j}^{k+1}-u_{j}^{k-1}}{2\tau}+a\frac{u_{j+1}^{k}-u_{j-1}^{k}}{2h}=0. \tag{9.2.32}$$

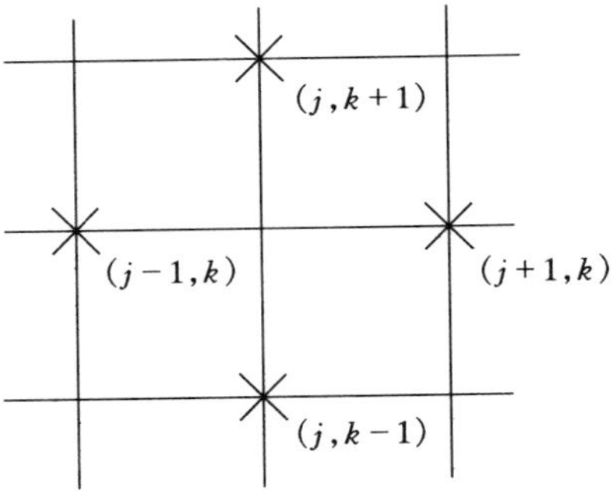

图 9-13

其局部截断误差阶为 $O(\tau^2+h^2)$. 记 $r=\tau/h$,则蛙跳格式可以改写为

$$u_{j}^{k+1}=u_{j}^{k-1}-ar(u_{j+1}^{k}-u_{j-1}^{k}). \tag{9.2.33}$$

这是一个三层显式格式,因此在实际计算过程中,$k=1$ 时的数值解需要采用适当的二层格式给出,然后才能用格式(9.2.33)进行求解.

9.2.3 二阶双曲型方程的差分格式

我们以波动方程

$$
\begin{cases}
Lu \equiv \dfrac{\partial^2 u}{\partial t^2} - a^2 \dfrac{\partial^2 u}{\partial x^2} = f(x,t) \quad (0<x<l, 0<t<T), \\
u(x,0) = \varphi(x), \dfrac{\partial}{\partial t}u(x,0) = \psi(x) \quad (0 \leqslant x \leqslant l), \\
u(0,t) = \mu_1(t), u(l,t) = \mu_2(t) \quad (0 \leqslant t \leqslant T)
\end{cases}
\tag{9.2.34}
$$

为例,讨论二阶线性双曲型方程定解问题差分格式的构造.这里 $a>0$,$f(x,t)$,$\varphi(x)$,$\psi(x)$,$\mu_1(t)$及 $\mu_2(t)$都是已知函数,且满足条件

$$
\varphi(0) = \mu_1(0), \varphi(l) = \mu_2(0). \tag{9.2.35}
$$

现对方程(9.2.34)建立显式的差分格式.取时间步长为 τ,空间步长为 h,对 $x-t$ 平面进行矩形网格剖分,不妨设 $h=l/N$,$\tau=T/K$.在网点(j,k)处,用二阶中心差商分别代替式(9.2.34)中的二阶导数,则得到近似(9.2.34)的差分方程

$$
\frac{u_j^{k+1} - 2u_j^k + u_j^{k-1}}{\tau^2} - a^2 \frac{u_{j+1}^k - 2u_j^k + u_{j-1}^k}{h^2} = f_j^k
$$

$$
(j=1,2,\cdots,N-1; k=1,2,\cdots,K-1). \tag{9.2.36}
$$

其局部截断误差阶为 $O(\tau^2+h^2)$,若记 $r=\tau/h$ 为网比,则有更为明确的形式

$$
u_j^{k+1} = a^2 r^2 (u_{j-1}^k + u_{j+1}^k) + 2(1-a^2 r^2) u_j^k - u_j^{k-1} + \tau^2 f_j^k
$$

$$
(j=1,2,\cdots,N-1; k=1,2,\cdots,K-1). \tag{9.2.37}
$$

这就是求解问题(9.2.34)的显格式.该格式所用到的网点如图 9-14 所示.差分方程(9.2.37)的初始条件取形式

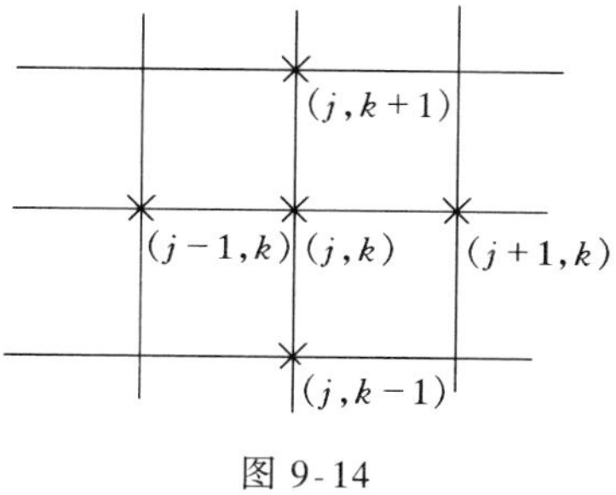

图 9-14

$$\begin{cases} u_j^0 = \varphi_j, \\ u_j^1 = \dfrac{1}{2} r^2 a^2 (\varphi_{j-1} + \varphi_{j+1}) + (1 - r^2 a^2) \varphi_j + \tau \psi_j + \dfrac{1}{2} \tau^2 f_j^0. \end{cases} \tag{9.2.38}$$

上式中的第二式是这样导出的:先用中心差商代替$\dfrac{\partial}{\partial t} u(x,0)$,即

$$\frac{1}{2\tau}(u_j^1 - u_j^{-1}) = \psi_j,$$

并假设差分方程(9.2.36)在 $k=0$ 时成立,即

$$\frac{u_j^1 - 2u_j^0 + u_j^{-1}}{\tau^2} - a^2 \frac{u_{j+1}^0 - 2u_j^0 + u_{j-1}^0}{h^2} = f_j^0.$$

从以上两式中消去 u_j^{-1},即得到所要的式子.

下面建立隐式差分格式.在第 k 层内节点(j,k)处,仍然用中心差商逼近$\dfrac{\partial^2 u}{\partial t^2}$,而用第 $k-1,k,k+1$ 层上二阶中心差商的加权平均去逼近$\dfrac{\partial^2 u}{\partial x^2}$,于是有三层隐格式

$$\begin{aligned} \frac{1}{\tau^2}(u_j^{k+1} - 2u_j^k + u_j^{k-1}) = \frac{a^2}{h^2}[\theta(u_{j+1}^{k+1} - 2u_j^{k+1} + u_{j-1}^{k+1}) \\ + (1-2\theta)(u_{j+1}^k - 2u_j^k + u_{j-1}^k) + \theta(u_{j+1}^{k-1} - 2u_j^{k-1} + u_{j-1}^{k-1})] + f_j^k \\ (j=1,2,\cdots,N-1;k=1,2,\cdots,K-1). \end{aligned} \tag{9.2.39}$$

这里 $\theta \in [0,1]$是参数.当 $\theta=0$ 时,就得到三层显格式(9.2.36).为便于计算,上式可写为

$$\begin{aligned} &(1+2\theta a^2 r^2) u_j^{k+1} - \theta a^2 r^2 (u_{j+1}^{k+1} + u_{j-1}^{k+1}) \\ &= 2[1-(1-2\theta) a^2 r^2] u_j^k + (1-2\theta) a^2 r^2 (u_{j+1}^k + u_{j-1}^k) \\ &\quad - (1+2\theta a^2 r^2) u_j^{k-1} + \theta a^2 r^2 (u_{j+1}^{k-1} + u_{j-1}^{k-1}) + \tau^2 f_j^k. \end{aligned} \tag{9.2.40}$$

上述格式的局部截断误差阶为 $O(\tau^2 + h^2)$.一个最常用的隐格式是取 $\theta = \dfrac{1}{4}$,此时有

$$\frac{1}{\tau^2}(u_j^{k+1} - 2u_j^k + u_j^{k-1}) = \frac{a^2}{4h^2}[u_{j+1}^{k+1} - 2u_j^{k+1} + u_{j-1}^{k+1}$$

$$+2(u_{j+1}^{k}-2u_{j}^{k}+u_{j-1}^{k})+u_{j+1}^{k-1}-2u_{j}^{k-1}+u_{j-1}^{k-1}]+f_{j}^{k}$$
$$(j=1,2,\cdots,N-1;k=1,2,\cdots,K-1). \tag{9.2.41}$$

9.3 发展型方程差分格式的收敛性和稳定性

9.3.1 收敛性、稳定性及相容性的概念

在9.2中,我们分别讨论了抛物型方程及双曲型方程的若干差分格式.本节将对上述格式的适用性进行理论上的分析.这里将限于讨论双层格式的情形.对于三层格式,将采用一定的方式将其化为双层格式,然后再对其进行分析.

考虑到发展型偏微分方程的一般形式为

$$Lu=f. \tag{9.3.1}$$

其中 L 为微分算子,$f=f(x,t)$ 为区域 Ω 上的已知函数.在网点 (j,k) 处,有

$$[Lu]_{j}^{k}=f(x_{j},t_{k}). \tag{9.3.2}$$

显然,对于问题(9.3.1),在一定的初边值条件下,其差分格式可以写为

$$L_{h}u_{j}^{k}=f_{j}^{k}. \tag{9.3.3}$$

这里 L_h 表示差分算子,而 f_j^k 可能不等于 $[f]_j^k$,只是函数 $f(x_j,t_k)$ 的某一种近似.从而,式(9.3.3)的局部截断误差为

$$R_{j}^{k}=R_{j}^{k}(u)=L_{h}[u]_{j}^{k}-[Lu]_{j}^{k}. \tag{9.3.4}$$

对固定的 u,式(9.3.4)定义了 Ω_h 上的一个网格函数 R_h,它表示了用差分算子 L_h 代替微分算子 L 所产生的方法误差.下面,考虑差分格式的相容性概念.记 $r_j^k=[f]_j^k-f_j^k$,它表示右端项的局部截断误差.

定义 9.3.1 设 $\boldsymbol{U}$ 是某一适当光滑的函数类,若当 $\tau,h\to0$,且 $k\tau=t\in(0,T]$ 时,对于任意 $u\in\boldsymbol{U}$,有 $\|\boldsymbol{R}^k\|\to0$,则称 L_h 是微分算子 L 的相容逼近.另外,若当 $\tau,h\to0$,且 $k\tau=t$ 时,又有 $\|\boldsymbol{r}^k\|\to0$,则称差分方程(9.3.3)是微分方程(9.3.1)的相容逼近,或称差分格式(9.3.3)

是相容的. 这里 $\boldsymbol{R}^k$ 和 $\boldsymbol{r}^k$ 分别为 $t=k\tau$ 上的网函数 R_j^k 和 r_j^k 所形成的向量值函数.

值得注意的是,当差分格式为相容的格式时,由它所提供的差分解与真解之间有可能存在较大的误差,甚至两者相去甚远,这就需要对其进行详细的理论分析. 为此,我们将引入差分解的收敛性和稳定性的概念.

定义 9.3.2 设 u 为微分方程的真解,若对任意 $t\in(0,T]$,当 $h\to 0$, $\tau\to 0$ 及 $k\tau=t$ 时,相应的差分格式的解 u_j^k 都满足关系式

$$\|\boldsymbol{u}^k-[\boldsymbol{u}]^k\|\to 0,$$

则称差分解收敛于准确解,或称差分格式是收敛的. 这里 $[\boldsymbol{u}]^k=([u]_1^k,[u]_2^k,\cdots,[u]_{N-1}^k)^{\mathrm{T}}$.

由式(9.3.2)和(9.3.4)得

$$L_h[u]_j^k=[f]_j^k+R_j^k,$$

与式(9.3.3)相减,得

$$L_h([u]_j^k-u_j^k)=R_j^k+r_j^k.$$

若记 $\mathrm{e}_j^k=[u]_j^k-u_j^k$,则有

$$L_h\mathrm{e}_j^k=R_j^k+r_j^k. \tag{9.3.5}$$

因此,差分解的收敛性问题可以转化为通过局部截断误差来估计误差函数 e_j^k 的问题,亦即转化为通过右端项 f_j^k 来估计 u_j^k 的问题,这就是下面描述的稳定性问题.

定义 9.3.3 称差分格式(9.3.3)按范数 $\|\cdot\|$ 关于右端稳定,如存在与网格 Ω_h 及网函数 f_h 无关的正数 M 和 h_0,使当 $h\in(0,h_0)$时,有

$$\|\boldsymbol{u}_h\|\leqslant M\|\boldsymbol{f}_h\|. \tag{9.3.6}$$

其中 $\|\boldsymbol{f}_h\|$ 为右端项 $\boldsymbol{f}_h$ 的某一范数.

如果差分方程的解 $\boldsymbol{u}_h$ 关于右端稳定,则由式(9.3.5),其误差满足

$$\|\boldsymbol{e}_h\|\leqslant M\|\boldsymbol{R}_h+\boldsymbol{r}_h\|.$$

若相容性成立,则必有 $\|\boldsymbol{e}_h\|\to 0$(当 $h,\tau\to 0$). 即格式的稳定性与其收

敛性之间存在着一定的联系.这里,我们不加证明地给出揭示这种关系的 Lax 等价定理.

定理 9.3.1 对于给定的偏微分方程定解问题,如果逼近它的差分格式是相容的,则此格式的收敛性是其稳定性的充分必要条件.

利用 Lax 等价定理,人们往往把差分格式的收敛性问题转化为分析其稳定性和相容性问题.

我们注意到,如果差分格式(9.3.3)为双层格式,则可以将其改写为

$$\sum_{m=1}^{N-1} a_{jm}^{(k)} u_m^{k+1} = \sum_{m=1}^{N-1} b_{jm}^{(k)} u_m^k + \tau f_j^k \quad (j=1,2,\cdots,N-1). \tag{9.3.7}$$

如果记

$$\boldsymbol{A}^{(k)} = [a_{jm}^{(k)}]_{j,m=1}^{N-1}, \boldsymbol{B}^{(k)} = [b_{jm}^{(k)}]_{j,m=1}^{N-1},$$

则其矩阵形式为

$$\boldsymbol{A}^{(k)} \boldsymbol{u}^{k+1} = \boldsymbol{B}^{(k)} \boldsymbol{u}^k + \tau \boldsymbol{f}^k. \tag{9.3.8}$$

对差分格式(9.3.7)和(9.3.8),我们将进一步完善稳定性的概念.

定义 9.3.4 差分格式(9.3.8)称为按范数 $\|\cdot\|$ 关于初值稳定,如存在与网格 Ω_h 及网函数 $\boldsymbol{f}_h$ 无关的正数 M 和 τ_0,使对任意 $\tau \in (0, \tau_0)$, $h = g(\tau)$,相应于(9.3.8)的齐次方程

$$\boldsymbol{A}^{(k)} \boldsymbol{v}^{k+1} = \boldsymbol{B}^{(k)} \boldsymbol{v}^k \tag{9.3.9}$$

的任意解 $\boldsymbol{v}^k$,均满足不等式

$$\| \boldsymbol{v}^{k+1} \| \leqslant M \| \boldsymbol{v}^{k_0} \| \quad \left(\forall k, 0 \leqslant k_0 \leqslant k < \frac{T}{\tau}\right). \tag{9.3.10}$$

此外,初值问题关于右端的稳定性还可如下定义.

定义 9.3.5 差分格式(9.3.8)称为按范数 $\|\cdot\|$ 关于右端稳定,若存在与网格 Ω_h 及网函数 $\boldsymbol{f}_h$ 无关的正数 M 和 τ_0,使对任意 $\tau \in (0, \tau_0)$, $h = g(\tau)$,相应于(9.3.8)的满足零初始条件 $\boldsymbol{u}^0 = \boldsymbol{0}$ 的解 $\boldsymbol{u}^k$,有估计式

$$\| \boldsymbol{u}^k \| \leqslant M\tau \sum_{m=0}^{k-1} \| \boldsymbol{f}^m \| \quad \left(\forall k, 0 < k \leqslant \frac{T}{\tau}\right). \tag{9.3.11}$$

下面具体介绍两种常用的稳定性判别方法.

9.3.2 矩阵方法

作为一种直接方法,矩阵方法是从差分方程(9.3.8)出发,在 $(\boldsymbol{A}^{(k)})^{-1}$存在的前提下,由其齐次方程(9.3.9)构造过渡矩阵

$$\boldsymbol{H}^k=(\boldsymbol{A}^{(k)})^{-1}\boldsymbol{B}^{(k)}, \tag{9.3.12}$$

并通过对 $\boldsymbol{H}^{(k)}$进行直接估计来给出稳定性条件的一个方法.

考虑到本章中所讨论的差分方程都是常系数的,故

$$\boldsymbol{A}=\boldsymbol{A}^{(k)}, \boldsymbol{B}=\boldsymbol{B}^{(k)}, \boldsymbol{H}=\boldsymbol{H}^{(k)}.$$

即过渡矩阵 $\boldsymbol{H}$ 与 k 无关.此时的差分格式为

$$\boldsymbol{Au}^{k+1}=\boldsymbol{Bu}^k+\tau\boldsymbol{f}^k, \tag{9.3.13}$$

其相应的齐次差分方程为

$$\boldsymbol{Av}^{k+1}=\boldsymbol{Bv}^k. \tag{9.3.14}$$

注意到,当$(\boldsymbol{A}^{(k)})^{-1}$关于 k 一致有界时,由差分格式关于初值稳定,可推出格式关于右端稳定(见[6]).因此,对差分格式(9.3.13),只需对其关于初值的稳定性进行讨论.

引理 9.3.1 差分格式

$$\boldsymbol{v}^{k+1}=\boldsymbol{Hv}^k \tag{9.3.15}$$

稳定的充分必要条件为,存在正常数 M 和 τ_0,使当 $\tau\in(0,\tau_0)$,$h=g(\tau)$时,有

$$\|\boldsymbol{H}^k\|\leqslant M \quad \left(\forall k, 0<k<\frac{T}{\tau}\right). \tag{9.3.16}$$

证 对任何 $k_0>0$,从式(9.3.15)得

$$\boldsymbol{v}^k=\boldsymbol{H}^{k-k_0}\boldsymbol{v}^{k_0} \quad (k\geqslant k_0).$$

由定义 9.3.4,格式(9.3.15)稳定的充要条件为存在正数 M,使得

$$\|\boldsymbol{v}^k\|=\|\boldsymbol{H}^{k-k_0}\boldsymbol{v}^{k_0}\|\leqslant M\|\boldsymbol{v}^{k_0}\|.$$

注意到 k_0 及 $\boldsymbol{v}^{k_0}$的任意性,即有式(9.3.16).

定理 9.3.2 差分格式(9.3.15)稳定的必要条件是,存在与 τ 无关的正数 M,使得

$$\rho(\boldsymbol{H})\leqslant 1+M_1\tau. \tag{9.3.17}$$

其中 $\rho(\boldsymbol{H})=\max\limits_j|\lambda_j|$表示矩阵 $\boldsymbol{H}$ 的谱半径,$\{\lambda_j\}_{j=1}^{N-1}$为矩阵 $\boldsymbol{H}$ 的特征

值.

证 因为矩阵的谱半径不超过它的任何一种范数,从式(9.3.16)知,如格式(9.3.15)稳定,则有

$$\rho(\boldsymbol{H}^k)=\rho^k(\boldsymbol{H})\leqslant\|\boldsymbol{H}^k\|\leqslant M. \tag{9.3.18}$$

而(9.3.17)和(9.3.18)是等价的,证毕.

差分格式稳定的必要条件(9.3.17)是十分重要的,它可用来证明一种格式是不稳定的.在很多情形下,它也是稳定的充分条件.

定理 9.3.3 当 $\boldsymbol{H}=\boldsymbol{A}^{-1}\boldsymbol{B}$ 为实对称矩阵时,式(9.3.17)是差分方程(9.3.15)按 L_2—范数稳定的充要条件.

证 这里只需证明其充分性.注意到,当 $\boldsymbol{H}$ 为实对称矩阵时,$\boldsymbol{H}^n$ 也为实对称矩阵,且有

$$\|\boldsymbol{H}^n\|_2=\rho(\boldsymbol{H}^n)=\rho^n(\boldsymbol{H}).$$

当(9.3.17)成立时,式(9.3.18)显然成立,从而有式(9.3.16)成立.即格式(9.3.15)稳定,证毕.

下面应用矩阵方法分析常系数热传导方程的几个古典格式的稳定性.

注意到矩阵

$$\boldsymbol{C}=\begin{bmatrix}0 & 1 & & & \\ 1 & 0 & 1 & & \\ & \ddots & \ddots & \ddots & \\ & & 1 & 0 & 1\\ & & & 1 & 0\end{bmatrix}_{(N-1)\times(N-1)}$$

的特征值为

$$\lambda_j(\boldsymbol{C})=2\cos\pi jh\quad(j=1,2,\cdots,N-1). \tag{9.3.19}$$

于是可以有以下分析。

(1) 最简显格式.

由式(9.2.6),此格式的过渡矩阵为

$$\boldsymbol{H}=(1-2ra^2)\boldsymbol{I}+ra^2\boldsymbol{C}.$$

其特征值为

$$\lambda_j(\boldsymbol{H})=1-2ra^2+2ra^2\cos\pi jh$$

$$=1-4ra^2\sin^2\frac{\pi jh}{2}$$

$$(j=1,2,\cdots,N-1;h=\frac{1}{N}).$$

为使式(9.3.17)成立,当且仅当

$$ra^2\leqslant\frac{1}{2},\tag{9.3.20}$$

注意到 $\boldsymbol{H}$ 为对称矩阵,故式(9.3.20)为最简显格式(9.2.6)稳定的充要条件.由此可见,该格式是条件稳定的,为保证其收敛性,必须使

$$\tau\leqslant\frac{h}{2a^2}.\tag{9.3.21}$$

(2) 最简隐格式.

此时 $\boldsymbol{A}=(1+2ra^2)\boldsymbol{I}-ra^2\boldsymbol{C},\boldsymbol{B}=\boldsymbol{I},\boldsymbol{H}=\boldsymbol{A}^{-1}$

均为对称矩阵,注意到 $\boldsymbol{A}$ 的特征值为

$$\lambda_j(\boldsymbol{A})=1+2ra^2-2ra^2\cos\pi jh$$

$$=1+4ra^2\sin^2\frac{\pi jh}{2},$$

故 $\lambda_j(\boldsymbol{A})>1,(j=1,2,\cdots,N-1)$.因此 $\boldsymbol{H}$ 的特征值 $\lambda_j(\boldsymbol{H})=\frac{1}{\lambda_j(\boldsymbol{A})}<1$.故对任意 $r>0$,格式稳定.以后称其为无条件稳定的.

(3) CN 格式.

注意到 $\boldsymbol{A}=(1+a^2r)\boldsymbol{I}-\frac{a^2r}{2}\boldsymbol{C},\boldsymbol{B}=(1-a^2r)\boldsymbol{I}+\frac{a^2r}{2}\boldsymbol{C}$,故

$$\boldsymbol{H}=[(1+a^2r)\boldsymbol{I}-\frac{a^2r}{2}\boldsymbol{C}]^{-1}[(1-a^2r)\boldsymbol{I}+\frac{a^2r}{2}\boldsymbol{C}]$$

为对称矩阵,且其特征值为

$$\lambda_j(\boldsymbol{H})=\frac{1-2a^2r\sin^2\frac{\pi jh}{2}}{1+2a^2r\sin^2\frac{\pi jh}{2}}.$$

由 $\lambda_j(\boldsymbol{H})\in(-1,1)$,有

$$\begin{cases} 1-2a^2 r\sin^2\dfrac{\pi jh}{2}\leqslant 1+2a^2 r\sin^2\dfrac{\pi jh}{2}, \\ -1-2a^2 r\sin^2\dfrac{\pi jh}{2}\leqslant 1-2a^2 r\sin^2\dfrac{\pi jh}{2}. \end{cases}$$

易知,上述不等式组对任意 $r>0$ 恒成立,故 CN 格式是无条件稳定的.

9.3.3 分离变量法

作为分析差分格式稳定性的工具,矩阵方法具有一定的通用性,可处理某些变系数问题.但在实际应用中会遇到一些困难,因为矩阵方法需要计算高阶矩阵的特征值.为此,下面我们将介绍一种应用比较广泛的分析常系数差分格式稳定性的另一种方法——分离变量法,或称为 Von Neumann 方法.

在考虑稳定性时,可限于考虑齐次差分格式

$$\sum_{m\in\Omega_1} a_m u_{j+m}^{k+1}=\sum_{m\in\Omega_0} b_m u_{j+m}^{k}\quad (j=1,2,\cdots,N-1;h=l/N). \tag{9.3.22}$$

式中 Ω_0,Ω_1 分别表示在 $k,k+1$ 层上 m 可以取值的集合.例如,对抛物型问题的最简显格式(9.2.3)有,$\Omega_0=\{-1,0,1\}$,$\Omega_1=\{0\}$,并且有 $a_0=1,b_0=1-2ra^2,b_{-1}=b_1=ra^2$.而对其最简隐格式(9.2.7)有,$\Omega_0=\{0\}$,$\Omega_1=\{-1,0,1\}$,$a_{-1}=a_1=-ra^2$,$a_0=1+2ra^2$,$b_0=1$.

对于给定的网函数 $\boldsymbol{u}_h^k$,固定 k,将 $\boldsymbol{u}_h^k$ 的定义域($t=t_k$ 上的所有网格节点)扩充为实数区间$[0,l]$.为此,可将 $u^k(x)$定义为如下的阶梯函数

$$u^k(x)=\begin{cases} u^k(0) & (0\leqslant x\leqslant \dfrac{h}{2}), \\ u_j^k & (x_j-\dfrac{h}{2}<x\leqslant x_j+\dfrac{h}{2}), \\ u^k(l) & (l-\dfrac{h}{2}<x\leqslant l), \end{cases}$$

我们限于讨论第一类边界条件的情形.在稳定性研究中,总可假设边界条件是齐次的,故

$$u^k(0)=u^k(l)=0.$$

因此,可以将 $u^k(x)$周期地延拓到整个数轴上.将 $u^k(x)$展成 Fourier 级数

$$u^k(x)=\sum_{m=-\infty}^{+\infty} v_m^k \mathrm{e}^{\mathrm{i}2\pi mx/l} \quad (\mathrm{i}=\sqrt{-1}). \tag{9.3.23}$$

由 Parseval 等式,有

$$\| u^k \|_0^2=\sum_{m=-\infty}^{+\infty} |v_m^k|^2. \tag{9.3.24}$$

这里 $\|\cdot\|_0$ 为 L_2—范数,即

$$\| u^k \|_0^2=\int_0^l |u^k(x)|^2 \mathrm{d}x.$$

对于延拓后的连续函数 $u^k(x)$,式(9.3.22)可以改写为

$$\sum_{j\in\Omega_1} a_j u^{k+1}(x+jh)=\sum_{j\in\Omega_0} b_j u^k(x+jh). \tag{9.3.25}$$

将式(9.3.23)代入上式,并整理有

$$\begin{aligned}&\sum_{m=-\infty}^{+\infty} \mathrm{e}^{\mathrm{i}2m\pi x/l}\Big(\sum_{j\in\Omega_1} a_j \mathrm{e}^{\mathrm{i}2m\pi jh/l}\Big) v_m^{k+1}\\ &=\sum_{m=-\infty}^{+\infty} \mathrm{e}^{\mathrm{i}2m\pi x/l}\Big(\sum_{j\in\Omega_0} b_j \mathrm{e}^{\mathrm{i}2m\pi jh/l}\Big) v_m^{k}.\end{aligned}$$

注意到

$$\int_0^l \mathrm{e}^{\mathrm{i}2m\pi x/l}\cdot \mathrm{e}^{-\mathrm{i}2n\pi x/l}\mathrm{d}x=\int_0^1 \mathrm{e}^{\mathrm{i}2\pi mx}\cdot \mathrm{e}^{-\mathrm{i}2\pi nx}\mathrm{d}x=\begin{cases}0 & (m\neq n),\\ 1 & (m=n),\end{cases}$$

则由上式可以推出

$$\Big(\sum_{j\in\Omega_1} a_j \mathrm{e}^{\mathrm{i}2m\pi jh}\Big) v_m^{k+1}=\Big(\sum_{j\in\Omega_0} b_j \mathrm{e}^{\mathrm{i}2m\pi jh}\Big) v_m^{k} \quad (m=0,\pm1,\pm2,\cdots). \tag{9.3.26}$$

令 $\sigma=2m\pi/l$,并记

$$G(\sigma,\tau)=\Big(\sum_{j\in\Omega_1} a_j \mathrm{e}^{\mathrm{i}\sigma jh}\Big)^{-1}\Big(\sum_{j\in\Omega_0} b_j \mathrm{e}^{\mathrm{i}\sigma jh}\Big),$$

则式(9.3.26)可以改写为

$$v_m^{k+1}=G(\sigma,\tau)v_m^k\quad(m=0,\pm1,\pm2,\cdots).\tag{9.3.27}$$

这里 $h=g(\tau)$，并称 $G(\sigma,\tau)$ 为格式(9.3.25)的传播因子.反复利用式(9.3.27)，有

$$v_m^k=G^k(\sigma,\tau)v_m^0.\tag{9.3.28}$$

注意到式(9.3.24)，从上式可以推知，格式(9.3.22)按 L_2—范数稳定的充要条件为

$$|G^k(\sigma,\tau)|\leqslant M\quad(\forall\,\tau\in(0,\tau_0),0<k\tau\leqslant T).\tag{9.3.29}$$

这里 σ 为任意实数，M 为与 τ,σ 无关的正常数.显然，该条件等价于

$$|G(\sigma,\tau)|\leqslant 1+M_1\tau.\tag{9.3.30}$$

对一切实数 σ，$0<\tau<\tau_0$，M_1 为与 τ,σ 无关的正常数.这就是著名的 Von Neumann 条件.因此，为判断常系数差分格式的稳定性，只要算出传播因子 $G(\sigma,\tau)$，然后求出使 Von Neumann 条件(9.3.30)成立的步长 τ 和 $h=g(\tau)$ 所应满足的条件即可.这是因为，对于单个方程的双层差分格式，Von Neumann 条件是格式稳定的充要条件.而对于三层格式，则可以将其化为两层的格式组，相应的传播因子 $G(\sigma,\tau)$ 转化为传播矩阵，此时的 Von Neumann 条件为

$$\rho(\boldsymbol{G})\leqslant 1+M\tau.\tag{9.3.31}$$

当 $\boldsymbol{G}(\sigma,\tau)$ 为正规矩阵，即 $\boldsymbol{G}\boldsymbol{G}^*=\boldsymbol{G}^*\boldsymbol{G}$ 时，Von Neumann 条件成为格式稳定的充分必要条件.

对于具体的差分格式，$G(\sigma,\tau)$ 是容易计算的.实际上，只要取 $u^k(x)=v_m^k\mathrm{e}^{\mathrm{i}\sigma x}$，并将其代入式(9.3.25)，并消去公因子，即可得到式(9.3.26)，从而求得传播因子 $G(\sigma,\tau)$.现在对上一节中给出的若干差分格式，采用分离变量法讨论其稳定性条件.

(1) 抛物型方程的最简隐格式.

这个格式可以写为

$$(1+2ra^2)u^{k+1}(x)-ra^2(u^{k+1}(x-h)+u^{k+1}(x+h))=u^k(x).$$

其中 $r=\tau/h^2$，令 $u^k(x)=v_m^k\mathrm{e}^{\mathrm{i}\sigma x}$，代入上式，则有

$$[1+2ra^2-ra^2(\mathrm{e}^{-\mathrm{i}\sigma h}+\mathrm{e}^{\mathrm{i}\sigma h})]v_m^{k+1}=v_m^k.$$

传播因子

$$G(\sigma,\tau)=\left[1+4ra^2\sin^2\left(\frac{\sigma h}{2}\right)\right]^{-1}.$$

因此,对任何 $r>0$,Von Neumann 条件均成立,最简隐格式无条件稳定.这与用矩阵方法得到的结论相同,但其算法较简单.

下面用分离变量法对双曲型方程的差分格式进行稳定性分析.

(2) 一阶双曲型方程的偏心格式.

方程(9.2.18)的左、右偏心格式分别为

$$u^{k+1}(x)=u^k(x)-ar(u^k(x)-u^k(x-h)),$$
$$u^{k+1}(x)=u^k(x)-ar(u^k(x+h)-u^k(x)).$$

其中 $r=\tau/h$.令 $u^k(x)=v_m^k\mathrm{e}^{\mathrm{i}\sigma x}$,分别代入上式,则得到它们的传播因子

$$G_L(\sigma,\tau)=ra\mathrm{e}^{-\mathrm{i}\sigma h}+(1-ra),$$
$$G_R(\sigma,\tau)=(1+ra)-ra\mathrm{e}^{\mathrm{i}\sigma h}.$$

从 $|G_L(\sigma,\tau)|\leqslant1$,有 $r^2a^2\leqslant ra$,或

$$\left(\frac{a\tau}{h}\right)^2\leqslant\frac{a\tau}{h}.$$

故左偏心格式稳定的充分必要条件为 $a>0$,且

$$\frac{a\tau}{h}\leqslant1.$$

同理,右偏心格式稳定的充要条件为 $a<0$,且

$$\left|\frac{a\tau}{h}\right|\leqslant1.$$

由此可知,当 $a>0$(或 $a<0$)时,左(或右)偏心格式才有实用价值.通常地,左(或右)偏心格式也称作左(或右)迎风格式.

(3) 波动方程的三层显格式.

由式(9.2.37),波动方程

$$\frac{\partial^2u}{\partial t^2}=a^2\frac{\partial^2u}{\partial x^2}\quad(0<x<1,0<t\leqslant T)\tag{9.3.32}$$

的三层显格式为

$$u_j^{k+1}=a^2r^2(u_{j-1}^k+u_{j+1}^k)+2(1-a^2r^2)u_j^k-u_j^{k-1}$$

$$(j=1,2,\cdots,N-1). \tag{9.3.33}$$

为采用分离变量法分析其稳定性条件,要把上述格式化为双层格式组.为此令

$$v=\frac{\partial u}{\partial t}, w=a\frac{\partial u}{\partial x},$$

则方程(9.3.32)化为

$$\begin{cases}\dfrac{\partial v}{\partial t}=a\dfrac{\partial w}{\partial x},\\ \dfrac{\partial w}{\partial t}=a\dfrac{\partial v}{\partial x}.\end{cases} \tag{9.3.34}$$

对方程组(9.3.34)建立显格式

$$\begin{cases}\dfrac{v_j^{k+1}-v_j^k}{\tau}=a\dfrac{w_{j+\frac{1}{2}}^k-w_{j-\frac{1}{2}}^k}{h},\\ \dfrac{w_{j-\frac{1}{2}}^{k+1}-w_{j-\frac{1}{2}}^k}{\tau}=a\dfrac{v_j^{k+1}-v_{j-1}^{k+1}}{h}.\end{cases} \tag{9.3.35}$$

这就是 Courant-Friedrichs-Lewy 格式,令

$$v_j^k=\frac{u_j^k-u_j^{k-1}}{\tau}, w_{j-\frac{1}{2}}^k=a\frac{u_j^k-u_{j-1}^k}{h},$$

则可验证,格式组(9.3.35)与显格式(9.3.33)是等价的.因此可以通过(9.3.35)对(9.3.33)进行稳定性分析.

将 $v^k(x)=V_m^k\mathrm{e}^{\mathrm{i}\sigma x}$, $w^k(x)=W_m^k\mathrm{e}^{\mathrm{i}\sigma x}$ 代入式(9.3.35)中得

$$\begin{cases}V_m^{k+1}=V_m^k+ar(\mathrm{e}^{\mathrm{i}\sigma\frac{h}{2}}-\mathrm{e}^{-\mathrm{i}\sigma\frac{h}{2}})W_m^k,\\ W_m^{k+1}-ar(\mathrm{e}^{\mathrm{i}\sigma\frac{h}{2}}-\mathrm{e}^{-\mathrm{i}\sigma\frac{h}{2}})V_m^{k+1}=W_m^k.\end{cases}$$

经整理,有

$$\begin{bmatrix}V_m^{k+1}\\ W_m^{k+1}\end{bmatrix}=G(\sigma,\tau)\begin{bmatrix}V_m^k\\ W_m^k\end{bmatrix}.$$

其中,传播矩阵

$$\boldsymbol{G}(\sigma,\tau)=\begin{pmatrix}1 & \mathrm{i}c\\ \mathrm{i}c & 1-c^2\end{pmatrix}.$$

这里 $c=2ar\sin\frac{\sigma h}{2}$. $\boldsymbol{G}(\sigma,\tau)$的特征方程为

$$\lambda^2-(2-c^2)\lambda+1=0.$$

而特征根 λ_1,λ_2 按模均不大于 1 的充要条件为

$$|2-c^2|\leqslant 2,$$

亦即

$$ra\leqslant 1.$$

这是差分格式(9.3.33)稳定的必要条件,我们还需讨论其充分性条件.

(i) 当 $ar<1$ 时,$\boldsymbol{G}(\sigma,\tau)$有两个互异特征根

$$\lambda_1=\bar{\lambda}_2,|\lambda_1|=|\lambda_2|.$$

与其相对应的特征向量分别为

$$\boldsymbol{e}_1=\frac{1}{\sqrt{2}c}(\mathrm{i}c,\lambda_1-1)^{\mathrm{T}},$$

$$\boldsymbol{e}_2=\frac{1}{\sqrt{2}c}(\mathrm{i}c,\lambda_2-1)^{\mathrm{T}}.$$

从而$\{\boldsymbol{G}^k(\sigma,\tau)\}$关于 k,σ 及 $\tau\in(0,\tau_0)$一致有界,故 $ar<1$ 时格式(9.3.35)稳定.

(ii) 当 $ar=1$ 时,$G(\sigma,\tau)$有重根$\left(当\ \sigma=\frac{\pi}{h}时\right)$

$$\lambda_1=\lambda_2=-1.$$

可以证明$\left\{\boldsymbol{G}^k\left(\frac{\pi}{h},2\right)\right\}$关于 h 是无界的,故格式(9.3.35)不稳定.

综上所述,格式(9.3.35)从而(9.3.33)稳定的充要条件为 $ar<1$.

采用分离变量法还可以对上节中的其他格式进行稳定性分析,具体分析过程读者可作为练习加以完善或参阅相关的参考文献.

9.4 有限元方法简介

作为求解偏微分方程定解问题的一种有效方法,有限元法在近年来发展迅速,并已广泛地应用于结构工程等实际应用之中.这里以椭圆型方程边值问题为例,介绍有限元方法的基本思想和解题途径.

9.4.1 边值问题的变分原理

考虑二阶变系数椭圆型方程边值问题

$$\begin{cases} Lu = -\dfrac{\partial}{\partial x}\left(p\dfrac{\partial u}{\partial x}\right) - \dfrac{\partial}{\partial y}\left(p\dfrac{\partial u}{\partial y}\right) - qu = f \quad ((x,y)\in\Omega), \\ u\Big|_{\Gamma_1} = \varphi(x,y), \\ \left(p\dfrac{\partial u}{\partial \boldsymbol{n}} + \omega u\right)\Big|_{\Gamma_2} = \psi(x,y). \end{cases}$$

其中 Ω 是 $x-y$ 平面上由分段光滑曲线 $\Gamma=\Gamma_1\cup\Gamma_2(\Gamma_1\cap\Gamma_2=\varnothing)$ 围成的有界区域，$p,q,f,\omega,\varphi,\psi$ 均为已知函数，且 $p(x,y)\geqslant p_{\min}>0$，$q\geqslant 0,\omega>0$. 上述定解问题的求解一般可归结为变分问题——泛函极值问题.

问题(9.4.1)的变分问题可以表述如下.

在容许函数类

$$\boldsymbol{H}=\{u\mid\iint\limits_{\Omega}(u^2+u_x^2+u_y^2)\mathrm{d}x\mathrm{d}y<+\infty, u\Big|_{\Gamma_1}=\varphi\}$$

中，求函数 u，使得泛函

$$J(u)=\iint\limits_{\Omega}(pu_x^2+pu_y^2+qu^2-2fu)\mathrm{d}x\mathrm{d}y+\int_{\Gamma_2}(\omega u^2-2\psi u)\mathrm{d}s \tag{9.4.2}$$

取得极小值，即求 $u^*\in\boldsymbol{H}$，使得

$$J(u^*)=\min_{u\in\boldsymbol{H}}J(u). \tag{9.4.3}$$

这里 u^* 称为泛函 $J(u)$ 的极值函数，或称为变分问题(9.4.3)之解. 以下定理表明了边值问题(9.4.1)与变分问题(9.4.3)的等价性. 我们这里不加证明地引入这一定理.

定理 9.4.1 设 $u\in C^2(\bar{\Omega})$ 是微分方程边值问题(9.4.1)之解，则它也是变分问题(9.4.3)之解；反之，若 u 是问题(9.4.3)之解，且 $u\in C^2(\bar{\Omega})$，则 u 一定是边值问题(9.4.1)之解.

定理 9.4.1 通常被称为等价定理，由此可将边值问题(9.4.1)的求

解化为求解变分问题(9.4.3)的极值问题.值得注意的是,对于第二、第三类边界条件,变分问题(9.4.3)的解 u^* 可以自动满足;而对于第一类边界条件,则需在容许函数类 $\boldsymbol{H}$ 中进行限制.因此称第一类边界条件为强制边界条件,而称第二、三类边界条件为自然边界条件.

古典变分方法是在 $\boldsymbol{H}$ 的有限维子空间中利用极小化序列求近似的极值函数,并可以归结为线性代数方程组的求解问题.在此基础上,如适当地选取基函数,对方程组进行简化,并给出极值函数在区域 Ω 上的各节点处的近似值,则可得到其数值解,这就是有限元法的基本思想.

9.4.2 三角剖分与单元分析

为将变分问题离散化,需要将求解区域 Ω 进行网格剖分.由于二维区域的特殊性,当把它剖分为一系列子区域时可以有多种多样的形式.这里只对三角形剖分加以介绍,这是因为它简单实用,并且可以较好地适应求解区域的形状.

设 Ω 的边界 Γ 分片光滑.如果 Γ 不是由折线段组成的,那么就采用裁弯取直的办法,用适当的折线 Γ_h 逼近它,形成一个多边形区域 Ω_h.亦即用 Γ_h 近似 Γ,用 Ω_h 近似 Ω.然后将 Ω_h 剖分为一系列三角形(如图 9-15),这些小三角形称为单元,记为 $e_k(1\leqslant k\leqslant N_e)$.于是

$$\bar{\Omega}_h=\bigcup_{k=1}^{Ne}e_k. \qquad (9.4.4)$$

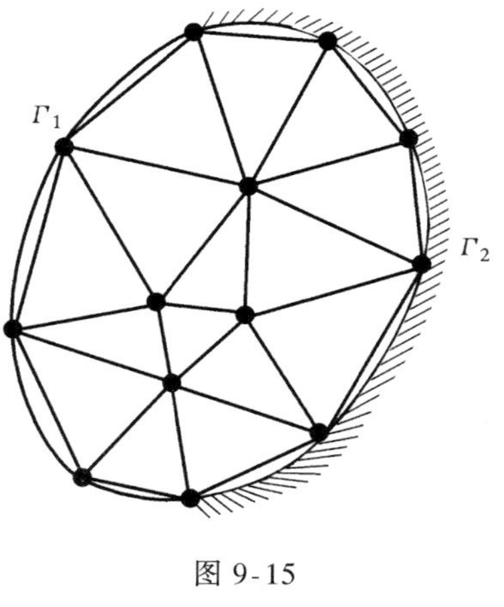

图 9-15

而三角形的顶点称为节点,记为 P_i,其坐标为$(x_i,y_i)(1\leqslant i\leqslant N_P)$.这样,就完成了区域的剖分.

另外,我们把 Γ_h 上对应 Γ_1 的部分记为 $\Gamma_h^{(1)}$,对应 Γ_2 的部分记作 $\Gamma_h^{(2)}$.

设 h 为所有单元中最大边的长度，即将 h 作为一种度量尺度. 在上述三角剖分下，由式(9.4.2)定义的泛函可以近似为

$$J(u)=\sum_{i=1}^{Ne}\iint_{e_i}(pu_x^2+pu_y^2+qu^2-2fu)\mathrm{d}x\mathrm{d}y$$
$$+\int_{\Gamma_h^{(2)}}(\omega u^2-2\psi u)\mathrm{d}s. \tag{9.4.5}$$

为对以上泛函进行化简，首先建立单元 e_i 上的基函数. 这里我们讨论最简单的情形——线性函数.

在 $\{e_k\}_{k=1}^{Ne}$ 中任意取出一个单元，不妨记为 e，设它的顶点分别为 $P_i(x_i, y_i)$，$P_j(x_j, y_j)$和 $P_m(x_m, y_m)$. 为确定，不妨设上述三点是按逆时针顺序进行排序的，从而有 $e=\Delta P_iP_jP_m$，如图 9-16 所示.

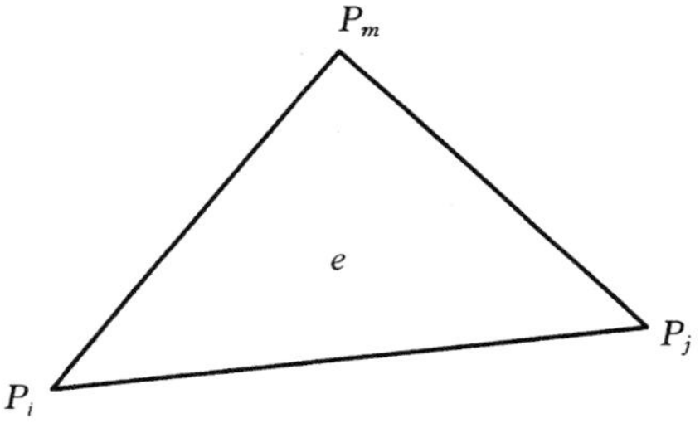

图 9-16

这里，每一个函数 u 在e 上的限制是线性函数，只要给出单元 e 上三个顶点的函数值 u_i, u_j, u_m，则可将 u 在e 上表示为

$$w(x,y)=N_i(x,y)u_i+N_j(x,y)u_j+N_m(x,y)u_m. \tag{9.4.6}$$

其中 $N_i(x,y), N_j(x,y), N_m(x,y)$为 e 上的分片线性插值基函数，其具体表达式为

$$N_i(x,y)=\frac{1}{2\Delta e}(a_ix+b_iy+c_i). \tag{9.4.7}$$

这里

$$\Delta e=\frac{1}{2}\begin{vmatrix} x_i & y_i & 1 \\ x_j & y_j & 1 \\ x_m & y_m & 1 \end{vmatrix}, \tag{9.4.8}$$

$$a_i=\begin{vmatrix} y_j & 1 \\ y_m & 1 \end{vmatrix},\ b_i=-\begin{vmatrix} x_j & 1 \\ x_m & 1 \end{vmatrix},\ c_i=\begin{vmatrix} x_j & y_j \\ x_m & y_m \end{vmatrix}. \tag{9.4.9}$$

类似地，可以有 $N_j(x,y)$和 $N_m(x,y)$的表达式，它们的系数 a_j,b_j,c_j,a_m,b_m,c_m 的表达式可以通过a_i,b_i,c_i 的表达式求得，只要将其下标按照$\{i,j,m\}$的顺序作轮换即可.

在每个单元上都做类似的线性插值，则插值函数 $w(x,y)$是 Ω_h 上的分片线性连续函数. 在单元 e 上，由于

$$\begin{aligned}\frac{\partial w}{\partial x}&=\frac{\partial N_i}{\partial x}u_i+\frac{\partial N_j}{\partial x}u_j+\frac{\partial N_m}{\partial x}u_m\\&=\frac{1}{2\Delta e}(a_iu_i+a_ju_j+a_mu_m),\end{aligned} \tag{9.4.10}$$

所以

$$\iint_e pw_x^2\,\mathrm{d}x\mathrm{d}y=\frac{1}{4\Delta e^2}\iint_e p(a_iu_i+a_ju_j+a_mu_m)^2\,\mathrm{d}x\mathrm{d}y.$$

如果将函数 $p(x,y)$在单元 e 上用其中某一点 S 处的值 p_s 表示为常数，则有

$$\iint_e pw_x^2\,\mathrm{d}x\mathrm{d}y\approx\frac{p_s}{4\Delta e}(u_i,u_j,u_m)\begin{bmatrix} a_ia_i & a_ia_j & a_ia_m \\ a_ja_i & a_ja_j & a_ja_m \\ a_ma_i & a_ma_j & a_ma_m \end{bmatrix}\begin{pmatrix} u_i \\ u_j \\ u_m \end{pmatrix}.$$

若记

$$\boldsymbol{K}_{e_1}=\frac{p_s}{4\Delta e}\begin{bmatrix} a_ia_i & a_ia_j & a_ia_m \\ a_ja_i & a_ja_j & a_ja_m \\ a_ma_i & a_ma_j & a_ma_m \end{bmatrix}, \tag{9.4.11}$$

$$\boldsymbol{U}_e=(u_i,u_j,u_m)^{\mathrm{T}}, \tag{9.4.12}$$

则有

$$\iint_e pw_x^2\,\mathrm{d}x\mathrm{d}y\approx\boldsymbol{U}_e^{\mathrm{T}}\boldsymbol{K}_{e_1}\boldsymbol{U}_e. \tag{9.4.13}$$

类似地，有

$$\iint_e pw_y^2\,\mathrm{d}x\mathrm{d}y\approx\boldsymbol{U}_e^{\mathrm{T}}\boldsymbol{K}_{e_2}\boldsymbol{U}_e. \tag{9.4.14}$$

其中

$$\boldsymbol{K}_{e_2}=\frac{p_s}{4\Delta e}\begin{bmatrix} b_ib_i & b_ib_j & b_ib_m \\ b_jb_i & b_jb_j & b_jb_m \\ b_mb_i & b_mb_j & b_mb_m \end{bmatrix}, \tag{9.4.15}$$

并且,有

$$\iint_e qw\,\mathrm{d}x\mathrm{d}y \approx \boldsymbol{U}_e^{\mathrm{T}}\boldsymbol{K}_{e_3}\boldsymbol{U}_e. \tag{9.4.16}$$

其中

$$\boldsymbol{K}_{e_3}=\frac{q_s\Delta e}{12}\begin{bmatrix} 2 & 1 & 1 \\ 1 & 2 & 1 \\ 1 & 1 & 2 \end{bmatrix}. \tag{9.4.17}$$

q_s 为函数 $q(x,y)$ 在 e 上某点 S 处的值.此外,如果取 f_s 为函数 $f(x,y)$ 在 e 上某点 S 处的值,则有

$$\begin{aligned}\iint_e fw\,\mathrm{d}x\mathrm{d}y &\approx \iint_e f_S(N_iu_i+N_ju_j+N_mu_m)\mathrm{d}x\mathrm{d}y \\ &= \boldsymbol{F}_e^{\mathrm{T}}\boldsymbol{U}_e.\end{aligned} \tag{9.4.18}$$

其中

$$\boldsymbol{F}_e=\frac{1}{3}f_S\Delta e(1,1,1)^{\mathrm{T}}. \tag{9.4.19}$$

分别用 w, w_x, w_y 代替 u, u_x 及 u_y,则在单元 e 上,有

$$\begin{aligned}&\iint_e [pu_x{}^2+pu_y{}^2+qu^2-2fu]\mathrm{d}x\mathrm{d}y \\ &\approx \boldsymbol{U}_e^{\mathrm{T}}\boldsymbol{K}_e\boldsymbol{U}_e-2\boldsymbol{F}_e^{\mathrm{T}}\boldsymbol{U}_e \quad (\forall\, e\in\Omega_h).\end{aligned} \tag{9.4.20}$$

其中

$$\boldsymbol{K}_e=\boldsymbol{K}_{e_1}+\boldsymbol{K}_{e_2}+\boldsymbol{K}_{e_3}. \tag{9.4.21}$$

称为单元刚度矩阵,$\boldsymbol{F}_e$ 称为单元荷载向量.

为了计算 $\int_{\Gamma_h^{(2)}}(\omega u^2-2\psi u)\mathrm{d}s$.注意到其积分只在单元 $\boldsymbol{e}$ 的边界 $\partial\boldsymbol{e}$ 与 $\Gamma_h^{(2)}$ 的交集上进行.为确定起见,不妨设单元 $e=\Delta P_iP_jP_m$ 与 $\Gamma_h^{(2)}$ 的交集为线段 $P_iP_j=L$.因此,由插值函数(9.4.6)可知

$$\int_L (\omega w^2 - 2\psi w)\mathrm{d}s = \int_L [\omega(N_i u_i + N_j u_j)^2 - 2\psi(N_i u_i + N_j u_j)]\mathrm{d}s.$$

在 L 上将 ω,ψ 看成常数，以 L 上某点的值 ω_L 及 ψ_L 来代替，则有

$$\begin{aligned}&\int_L (\omega w^2 - 2\psi w)\mathrm{d}s\\&\approx \frac{1}{6}\omega_L l(2u_i^2 + 2u_i u_j + 2u_j^2) - 2\cdot\frac{l}{2}\psi_L(u_i + u_j)\\&= \frac{\omega_L l}{6}(u_i, u_j)\begin{pmatrix}2 & 1\\1 & 2\end{pmatrix}\begin{pmatrix}u_i\\u_j\end{pmatrix} - \psi_L l(1,1)\begin{pmatrix}u_i\\u_j\end{pmatrix}.\end{aligned}$$

其中 l 为 L 的长度.若记

$$\boldsymbol{K}_L = \frac{\omega_L l}{6}\begin{pmatrix}2 & 1\\1 & 2\end{pmatrix}, \boldsymbol{F}_L = \frac{\psi_L l}{2}\begin{pmatrix}1\\1\end{pmatrix}, \tag{9.4.22}$$

及

$$\boldsymbol{U}_L = (u_i, u_j)^{\mathrm{T}},$$

则有

$$\int_L (\omega w^2 - 2\psi w)\mathrm{d}s \approx \boldsymbol{U}_L^{\mathrm{T}}\boldsymbol{K}_L\boldsymbol{U}_L - 2\boldsymbol{F}_L^{\mathrm{T}}\boldsymbol{U}_L. \tag{9.4.23}$$

称 $\boldsymbol{K}_L$ 为 L 上的单元刚度矩阵，$\boldsymbol{F}_L$ 为 L 上的单元荷载向量.以 w 代替 u，则有

$$\int_L (\omega u^2 - 2\psi u)\mathrm{d}s \approx \boldsymbol{U}_L^{\mathrm{T}}\boldsymbol{K}_L\boldsymbol{U}_L - 2\boldsymbol{F}_L^{\mathrm{T}}\boldsymbol{U}_L \quad (\forall L \in \Gamma_h^{(2)}). \tag{9.4.24}$$

9.4.3 总体刚度矩阵及有限元法的求解过程

由式(9.4.20)和(9.4.24)给出了单元上的积分值，故泛函 $J(u)$ 可以表示为

$$J(u) \approx \sum_{i=1}^{Ne}(\boldsymbol{U}_{e_i}^{\mathrm{T}}\boldsymbol{K}_{e_i}\boldsymbol{U}_{e_i} - 2\boldsymbol{F}_{e_i}^{\mathrm{T}}\boldsymbol{U}_{e_i}) + \sum_{L\in\Gamma_h^{(2)}}(\boldsymbol{U}_L^{\mathrm{T}}\boldsymbol{K}_L\boldsymbol{U}_L - 2\boldsymbol{F}_L^{\mathrm{T}}\boldsymbol{U}_L).$$

注意到以上求和过程是按单元迭加的，且所有节点是统一编号的，所以迭加的结果是将各单元刚度矩阵及荷载向量组合成 N_P 阶的总体

刚度矩阵$\boldsymbol{K}$和N_P维的总体荷载向量$\boldsymbol{F}$,从而有

$$J(u)\approx \boldsymbol{U}^{\mathrm{T}}\boldsymbol{K}\boldsymbol{U}-2\boldsymbol{F}^{\mathrm{T}}\boldsymbol{U}. \tag{9.4.25}$$

泛函$J(u)$被简化为关于$\boldsymbol{U}=(u_1,u_2,\cdots,u_{N_P})^{\mathrm{T}}$的二次函数,由极值原理,其极小点是线性方程组

$$\frac{\partial}{\partial \boldsymbol{u}_i}(\boldsymbol{U}^{\mathrm{T}}\boldsymbol{K}\boldsymbol{U}-2\boldsymbol{F}^{\mathrm{T}}\boldsymbol{U})=0\quad(\boldsymbol{i}=1,2,\cdots,\boldsymbol{N_P}), \tag{9.4.26}$$

即

$$\boldsymbol{K}\boldsymbol{U}=\boldsymbol{F} \tag{9.4.27}$$

之解.解方程组(9.4.27),即可得到边值问题(9.4.1)的数值解,即有限元解.

可以证明,以上方法数值解的局部截断误差阶为$O(h)$,当$h\to 0$时,有限元解收敛于准确解.

综上所述,有限元法的具体求解步骤为:

(1) 将微分方程定解问题化为变分问题;

(2) 对区域Ω进行剖分,并为节点统一编号,给出其坐标;

(3) 构造插值基函数,建立有限元空间;

(4) 计算单元刚度矩阵和单元荷载向量;

(5) 合成总体刚度矩阵和总体荷载向量,并形成基本的线性代数方程组;

(6) 求解线性代数方程组,给出有限元解.

最后需要指出的是,由于第一类边界条件已经给出了边界Γ_1上的u值,故式(9.4.27)中应将Γ_1上节点对应的方程删掉,故线性代数方程组的阶数要在N_P阶的基础上相应地减小.

此外,对于抛物型方程和双曲型方程的初边值问题,也可以采用与其相应的有限元方法进行求解.

作为计算数学中的一个庞大而又复杂的分支,偏微分方程数值解法的内容极其丰富,并且有着广泛的应用.本章仅对其中的一些基本知识进行了简要的介绍,关于该门学科的一些较为详尽的内容以及近年

来发展起来的新内容，并没有包含在内.有兴趣的读者可参考有关专著及文献.

习题 9

1.试构造椭圆型方程

$$-\nabla(p\nabla u)=-\left[\frac{\partial}{\partial x}\left(p\frac{\partial u}{\partial x}\right)+\frac{\partial}{\partial y}\left(p\frac{\partial u}{\partial y}\right)\right]=f \qquad (x,y)\in\Omega$$

的五点差分格式，并给出其局部截断误差(这里 $p=p(x,y)\geqslant p_{\min}>0$).

2.设在区域 $\bar{\Omega}:0\leqslant x\leqslant 1,0\leqslant y\leqslant 1$ 上，有边值问题

$$\begin{cases}-\left(\dfrac{\partial^2 u}{\partial x^2}+\dfrac{\partial^2 u}{\partial y^2}\right)=8 \quad ((x,y)\in\Omega),\\ u|_{x=1}=0,\dfrac{\partial u}{\partial y}|_{y=1}=-u,\\ \dfrac{\partial u}{\partial x}|_{x=0}=\dfrac{\partial u}{\partial y}|_{y=0}=0.\end{cases}$$

试用五点差分格式求问题的数值解，取步长 $h_1=h_2=\dfrac{1}{4}$.

3.试分析 Poisson 方程第一边值问题的第二种五点差分格式的收敛性.

4.构造求解抛物型问题

$$\frac{\partial u}{\partial t}=\frac{\partial^2 u}{\partial x^2}+\frac{\partial^2 u}{\partial y^2}$$

的最简显格式及最简隐格式，并分析其相容性.

5.试构造初边值问题

$$\begin{cases}\dfrac{\partial u}{\partial t}=x\dfrac{\partial^2 u}{\partial x^2} \qquad (0<x<0.5,0<t\leqslant T),\\ u(x,0)=\varphi(x) \quad (0\leqslant x\leqslant 0.5),\\ u(0,t)=0,\dfrac{\partial u}{\partial x}(0.5,t)=-0.5u(0.5,t) \quad (0\leqslant t\leqslant T)\end{cases}$$

的显格式，并分析其稳定性条件.

6.热传导方程

$$\frac{\partial u}{\partial t}=a^2\frac{\partial^2 u}{\partial x^2}$$

的双层加权格式为

$$\begin{aligned}&(1+2\theta ra)u_j^{n+1}-\theta ra(u_{j+1}^{n+1}+u_{j-1}^{n+1})\\&=[1-2(1-\theta)ra]u_j^n+(1-\theta)ra(u_{j+1}^n+u_{j-1}^n),\end{aligned}$$

试研究其稳定性条件.

7. 对于初值问题

$$\frac{\partial u}{\partial t}+\frac{\partial u}{\partial x}=0,$$

$$u(x,0)=\begin{cases}1 & (x<0),\\ 1/2 & (x=0),\\ 0 & (x>0),\end{cases}$$

试分别用左偏心格式和 LW 格式计算其数值解 u^k, $k=1,2,3$, 取 $\tau/h=\frac{1}{2}$.

8. 试研究波动方程(9.2.34)的双层加权格式(9.2.39)的稳定性.

参考文献

[1]黄友谦,李岳生.数值逼近.北京:高等教育出版社,1987

[2]杨凤翔,翟瑞彩,孙晶.数值分析.天津:天津大学出版社,1996

[3]孙　瓛.数值线代数讲义.天津:南开大学出版社,1987

[4]关　治,陈景良.数值计算方法.北京:清华大学出版社,1990

[5]聂铁军等.数值计算方法.西安:西北工业大学出版社,1990

[6]汤怀民,胡健伟.微分方程数值方法.天津:南开大学出版社,1990

[7]陈明逵,凌永祥.计算方法教程.西安:西安交通大学出版社,1992

[8]冯　康等.数值计算方法.北京:国防工业出版社,1978

[9]施妙根,顾丽珍.科学和工程计算基础.北京:清华大学出版社,1999

[10]易大义等.计算方法.杭州:浙江大学出版社,1995

[11]李庆扬,王能超等.数值分析.武汉:华中工学院出版社,1983

[12]袁慰平等.数值分析.南京:东南大学出版社,1992

[13]曹志浩等.矩阵计算和方程求根.北京:人民教育出版社,1981